北京理工大学"双一流"建设精品出版工程

Science and Application of Material Surface Interface
(2nd Edition)

材料表界面科学及应用
（第2版）

邹美帅 翟进贤 郭晓燕 ◎ 编著

北京理工大学出版社
BEIJING INSTITUTE OF TECHNOLOGY PRESS

内 容 简 介

本书以材料表界面为核心，全面阐述了气液界面、液液界面、单分子不溶膜、固液界面润湿现象、固液及固气界面，以及表面活性剂和吸附剂的基本原理，同时探讨了这些原理在工程应用中的前沿进展。

本书采用开放性设计理念，内容涵盖广泛，适用性强，并配套提供了丰富的数字资源，旨在强化新工科教育理念。它可作为高等工科院校材料、化工、选矿、纺织等相关专业本科生和研究生的表界面化学课程教材或教学参考书，也非常适合相关的工程技术人员用于自学和参考。

版权专有 侵权必究

图书在版编目（CIP）数据

材料表界面科学及应用 / 邹美帅，翟进贤，郭晓燕编著. -- 2版. -- 北京：北京理工大学出版社，2024.9.

ISBN 978-7-5763-4042-6

Ⅰ.O647

中国国家版本馆 CIP 数据核字第 2024YL8225 号

责任编辑：李颖颖	文案编辑：李颖颖
责任校对：周瑞红	责任印制：李志强

出版发行 / 北京理工大学出版社有限责任公司
社　　址 / 北京市丰台区四合庄路 6 号
邮　　编 / 100070
电　　话 /（010）68944439（学术售后服务热线）
网　　址 / http://www.bitpress.com.cn

版 印 次 / 2024 年 9 月第 2 版第 1 次印刷
印　　刷 / 廊坊市印艺阁数字科技有限公司
开　　本 / 787 mm × 1092 mm　1/16
印　　张 / 20.25
字　　数 / 473 千字
定　　价 / 86.00 元

图书出现印装质量问题，请拨打售后服务热线，负责调换

前言

为深入贯彻落实党的二十大精神，加强基础学科、交叉学科发展，服务于现代化产业体系建设，培养德智体美劳全面发展的社会主义建设者和接班人，本书针对当今新技术革命中的材料表界面领域，以"立德树人、启迪思维、传授知识、培养能力"为主线进行编著。

材料表界面是指物质相与相交界处过渡区域。材料表界面的结构、组成、性能与其体相迥然不同，形成独立的新相——表界面相，而表界面相性质对多相材料的功能特性起着关键作用。材料表界面科学就是研究物质在多相体系形成表界面上的特征及其发生物理化学变化的规律，是化学学科的一个分支。材料表界面科学同时涉及化学、物理、材料科学、生物科学、环境科学、药学等多种学科，又属于一门交叉学科。掌握材料表界面理论知识是开展高比表、界面功能材料研究的重要理论工具。

本书共分为 9 章，从理想的气体-溶剂表面着手，介绍表面张力、表面能、表面热力学函数、表面张力应用及测试方法。随后各章节依次介绍气体-溶液表面、表面活性剂、液液界面、不溶性单分子膜、固液界面润湿、固气界面吸附、固液界面吸附、吸附剂的基本知识及其相关应用。为方便读者深刻理解掌握表界面理论知识、强化"四个自信"，书中引入立体化新媒体素材、有机融入思政元素，力求将本书打造成系统科学与立德树人一体的参考用书。

编著者在编写过程中参考了许多相关文献，同时也参阅了国内外同行所做的大量相关研究成果，在此恕不一一列出。由于编著者水平有限，若未能全面、准确地理解文献深邃的学术思想，希望读者不吝赐教。

本书是在编著者多年教学讲义基础上编写的。由于编著者学识有限，加上时间仓促，书中疏漏和错误之处敬请读者批评指正。

本书的出版得到了北京理工大学出版社的关心与支持。杨荣杰、张鑫鹏、何吉宇、李晓东、李建民、刘人天、金璞玉、薄荣琪等同志对本书的校稿、插图付出了辛勤的劳动，在此一并表示衷心感谢！

编著者

目 录
CONTENTS

第1章 液体表面 ··· 001
1.1 表面张力与表面自由能 ·· 001
1.2 表面张力物理定性解释 ·· 003
1.3 温度压力对表面张力的影响 ··· 004
1.4 表面热力学基础 ··· 005
 1.4.1 表面热力学基本公式 ·· 006
 1.4.2 比表面热力学函数 ··· 007
 1.4.3 表面熵和表面焓 ·· 007
1.5 弯曲液面表面现象 ·· 008
 1.5.1 弯曲液面附加压力 ··· 008
 1.5.2 附加压力与曲率半径的关系 ·· 009
 1.5.3 毛细现象 ·· 012
1.6 蒸气压力与曲率关系 ··· 014
 1.6.1 弯曲液面蒸气压 ·· 014
 1.6.2 液体过热 ·· 017
 1.6.3 过冷蒸气 ·· 018
 1.6.4 Kelvin公式应用 ··· 019
1.7 液体表面张力测试方法 ·· 020
 1.7.1 毛细上升法 ··· 020
 1.7.2 脱环法 ··· 021
 1.7.3 滴体积法（滴重法）··· 021
 1.7.4 吊片法 ··· 025
 1.7.5 气泡最大压力法（泡压法）··· 025
 1.7.6 悬滴法 ··· 026
习题与问题 ··· 028
参考文献 ·· 029

第2章 溶液表面 ··· 032
2.1 溶液表面张力与表面活性 ··· 032

2.1.1 水溶液表面张力的三种特性 ·················· 032
2.1.2 Traube 规则 ·································· 034
2.1.3 表面活性物质与表面活性剂 ·················· 035
2.2 溶液表面吸附 ·································· 035
2.2.1 表面吸附 ····································· 035
2.2.2 表面吸附量 ·································· 036
2.3 Gibbs 吸附公式 ································ 037
2.3.1 Gibbs 吸附公式的导出 ······················ 037
2.3.2 Gibbs 吸附公式实验验证 ···················· 039
2.3.3 离子型表面活性剂溶液 Gibbs 吸附公式 ······ 040
2.4 吸附量计算及吸附等温线 ······················ 041
2.4.1 吸附量计算 ·································· 041
2.4.2 吸附等温线 ·································· 043
2.5 表面活性物质在溶液表面的构象 ·············· 044
2.6 饱和吸附量影响因素 ··························· 044
2.7 吸附热力学函数 ································ 046
2.7.1 标准吸附自由能 ······························· 046
2.7.2 标准吸附焓和吸附熵 ·························· 047
2.8 动表面张力与吸附速率 ························ 047
2.8.1 动表面张力 ·································· 047
2.8.2 溶液表面吸附速率 ··························· 048
2.8.3 动表面张力测定方法 ·························· 049
习题与问题 ·· 050
参考文献 ··· 051

第3章 表面活性剂 ································ 053
3.1 表面活性剂结构 ································ 053
3.2 表面活性剂分类 ································ 054
3.2.1 按亲水基分类 ································ 054
3.2.2 按疏水基分类 ································ 056
3.2.3 高分子表面活性剂 ··························· 056
3.2.4 新型表面活性剂 ······························· 057
3.2.5 生物表面活性剂 ······························· 057
3.3 表面活性剂溶液特性 ··························· 058
3.3.1 表面特性 ····································· 058
3.3.2 溶液特性 ····································· 059
3.3.3 溶解度特性 ·································· 060
3.4 表面活性剂表面吸附 Gibbs 公式应用 ········ 061
3.4.1 非离子型表面活性剂溶液表面吸附量 ········ 061

- 3.4.2 离子型表面活性剂溶液表面吸附量 ……………………………………… 061
- 3.4.3 混合表面活性剂溶液表面吸附量 ……………………………………… 063
- 3.5 表面活性剂溶液表面吸附等温线 ………………………………………………… 063
- 3.6 表面活性剂吸附量及降低表面张力的影响因素 ………………………………… 064
  - 3.6.1 表面吸附量的影响因素 ………………………………………………… 064
  - 3.6.2 降低表面张力的影响因素 ……………………………………………… 065
- 3.7 表面活性剂表面吸附层的结构与状态 …………………………………………… 067
  - 3.7.1 吸附层构象 ……………………………………………………………… 067
  - 3.7.2 $\pi-a$ 特性 ……………………………………………………………… 068
  - 3.7.3 双电层 …………………………………………………………………… 068
- 3.8 表面活性剂溶液表面吸附热力学 ………………………………………………… 069
- 3.9 表面活性剂溶液动表面张力与吸附速率 ………………………………………… 070
- 3.10 表面活性剂表面吸附应用机理 …………………………………………………… 071
- 3.11 胶束 ………………………………………………………………………………… 071
  - 3.11.1 cmc 测定方法 ………………………………………………………… 071
  - 3.11.2 表面活性剂分子对 cmc 的影响 ……………………………………… 074
  - 3.11.3 cmc 其他影响因素 …………………………………………………… 076
  - 3.11.4 胶束结构、大小与形状 ………………………………………………… 078
- 3.12 胶束生成热力学 …………………………………………………………………… 081
  - 3.12.1 相分离模型 ……………………………………………………………… 081
  - 3.12.2 质量作用模型 …………………………………………………………… 083
- 3.13 胶束生成动力学 …………………………………………………………………… 086
- 3.14 胶束增溶 …………………………………………………………………………… 087
  - 3.14.1 增溶热力学 ……………………………………………………………… 087
  - 3.14.2 增溶方式 ………………………………………………………………… 088
  - 3.14.3 增溶影响因素 …………………………………………………………… 088
  - 3.14.4 增溶应用 ………………………………………………………………… 089
- 3.15 胶束催化 …………………………………………………………………………… 090
- 3.16 液晶 ………………………………………………………………………………… 090
- 3.17 反胶束 ……………………………………………………………………………… 092
- 3.18 囊泡与脂质体 ……………………………………………………………………… 093
- 3.19 表面活性剂 HLB 值 ……………………………………………………………… 094
  - 3.19.1 HLB 值估算方法 ……………………………………………………… 094
  - 3.19.2 HLB 值的测定 ………………………………………………………… 097
- 习题与问题 ……………………………………………………………………………… 097
- 参考文献 ………………………………………………………………………………… 099

第4章 液液界面 …………………………………………………………………… 101

- 4.1 黏附功和内聚能 …………………………………………………………………… 101

4.2 液液界面铺展·· 102
4.3 液液界面张力理论·· 104
 4.3.1 Antonoff 规则·· 105
 4.3.2 Good-Girifalco 理论·· 105
 4.3.3 Fowkes 理论··· 106
 4.3.4 吴氏倒数法·· 107
4.4 液液界面吸附·· 108
 4.4.1 Gibbs 吸附公式在液液界面的应用··· 108
 4.4.2 液液界面吸附等温线特点·· 110
4.5 液液界面吸附层结构··· 110
4.6 表面活性剂对液液界面性能的影响·· 112
 4.6.1 界面张力··· 112
 4.6.2 本征曲率··· 112
 4.6.3 混合表面活性剂体系界面张力·· 113
4.7 超低界面张力·· 114
 4.7.1 超低界面张力体系··· 114
 4.7.2 滴外形法测定界面张力··· 116
 4.7.3 超低界面张力应用··· 117
4.8 乳状液和微乳状液·· 118
 4.8.1 乳状液·· 118
 4.8.2 微乳状液··· 119
4.9 微乳状液的应用··· 121
4.10 破乳·· 124
 4.10.1 物理机械方法·· 124
 4.10.2 物理化学方法·· 124
习题与问题··· 125
参考文献·· 125

第 5 章 不溶性单分子膜·· 127

5.1 不溶性单分子膜的发展与制备·· 127
 5.1.1 不溶性单分子膜的发展··· 127
 5.1.2 不溶性单分子膜的制备··· 128
5.2 不溶性单分子膜的性质··· 128
 5.2.1 表面压·· 128
 5.2.2 表面膜电势·· 129
 5.2.3 表面粘度··· 130
5.3 不溶性单分子膜状态··· 132
 5.3.1 气态膜·· 132
 5.3.2 二维空间气液平衡··· 134

	5.3.3 液态扩张膜	134
	5.3.4 转变膜	135
	5.3.5 液态凝聚膜	135
	5.3.6 固态凝聚膜	135
5.4	不溶膜状态影响因素	136
5.5	不溶膜光学研究方法	137
	5.5.1 吸收光谱	138
	5.5.2 反射光谱	138
5.6	混合不溶膜	139
5.7	高分子不溶膜	141
5.8	单分子膜应用举例	142
	5.8.1 成膜物分子量测定	142
	5.8.2 抑制水蒸发	143
5.9	L-B 膜	143
5.10	生物膜	144
5.11	L-B 膜的应用	145
	5.11.1 生物膜化学模拟	145
	5.11.2 仿生功能材料	146
	5.11.3 生物传感器	146
	5.11.4 病理药理研究应用	146
	5.11.5 临床诊断应用	146
习题与问题		147
参考文献		148

第6章 固液界面润湿 150

6.1	固体表面	150
	6.1.1 非热力学平衡	150
	6.1.2 固体形貌	151
	6.1.3 表面结晶学	153
	6.1.4 表面晶格缺陷	154
	6.1.5 晶体表面结构	154
6.2	固体表面张力和表面自由能	155
	6.2.1 固体表面张力特性	155
	6.2.2 固体表面能理论计算	156
	6.2.3 固体表面能估测法	156
6.3	润湿过程	157
6.4	接触角与润湿	159
	6.4.1 Young 氏方程	159
	6.4.2 接触角与润湿关系	160

- 6.4.3 Young 氏方程计算固体表面张力 ················ 160
- 6.5 接触角滞后 ································· 162
  - 6.5.1 不平衡状态 ····························· 163
  - 6.5.2 固体表面粗糙性——Wenzel 方程 ············ 163
  - 6.5.3 固体表面不均匀性——Cassie 方程 ··········· 164
- 6.6 动态接触角 ································· 167
- 6.7 接触角测定 ································· 168
  - 6.7.1 角度测量法 ····························· 168
  - 6.7.2 长度测量法 ····························· 169
  - 6.7.3 表面张力法 ····························· 171
  - 6.7.4 透过高度法 ····························· 171
- 6.8 固体表面润湿性质 ···························· 172
  - 6.8.1 低能表面润湿性质 ························ 172
  - 6.8.2 高能表面自憎现象 ························ 174
- 6.9 润湿剂 ···································· 175
  - 6.9.1 润湿剂分子对润湿性能的影响 ················ 175
  - 6.9.2 润湿剂吸附状态对固体表面性能的影响 ········· 176
- 6.10 润湿热 ··································· 177
- 6.11 超疏水和超亲水表面 ························· 177
  - 6.11.1 超疏水表面结构 ························· 178
  - 6.11.2 滑动角 ································ 179
  - 6.11.3 接触线 ································ 181
  - 6.11.4 超疏水表面制备 ························· 182
  - 6.11.5 超疏水研究现状 ························· 184
- 6.12 润湿应用 ································· 185
  - 6.12.1 洗涤 ·································· 185
  - 6.12.2 矿物浮选 ······························ 186
  - 6.12.3 纺织印染 ······························ 187
  - 6.12.4 采油 ·································· 187
  - 6.12.5 医药农药 ······························ 188
  - 6.12.6 热交换器 ······························ 188
  - 6.12.7 钛合金表面修饰 ························· 188
- 6.13 固体表面组成和结构测试方法 ················· 189
  - 6.13.1 低能电子衍射 ··························· 189
  - 6.13.2 俄歇电子能谱 ··························· 190
  - 6.13.3 光电子能谱 ····························· 190
- 习题与问题 ····································· 191
- 参考文献 ······································· 192

第7章 固气界面吸附 ... 194

7.1 吸附 ... 194
7.1.1 物理吸附和化学吸附 ... 194
7.1.2 吸附剂 ... 195
7.1.3 吸附驱动力 ... 195

7.2 吸附热 ... 197

7.3 吸附曲线 ... 198
7.3.1 吸附等温线基本类型 ... 198
7.3.2 吸附等压线和吸附等量线 ... 199
7.3.3 吸附等温线测定方法 ... 200

7.4 固气界面吸附影响因素 ... 202
7.4.1 温度 ... 202
7.4.2 压力 ... 202
7.4.3 吸附剂与吸附质的性质 ... 203

7.5 气体吸附模型 ... 203
7.5.1 二维吸附模型吸附等温式 ... 204
7.5.2 Langmuir 单分子层吸附理论 ... 206
7.5.3 BET 吸附方程——多分子层吸附理论 ... 209
7.5.4 Polanyi 吸附势能理论和 D–R 公式 ... 215

7.6 多孔固体吸附特性 ... 220
7.6.1 毛细凝结 ... 220
7.6.2 吸附滞后 ... 220
7.6.3 孔结构与滞后圈形状 ... 221

7.7 吸附法测定固体表面特性 ... 223
7.7.1 比表面 ... 223
7.7.2 孔径 ... 229
7.7.3 表面分数维 ... 231

7.8 固气界面吸附应用 ... 232
7.8.1 分子筛 ... 232
7.8.2 硅胶 ... 234
7.8.3 变温吸附 ... 234
7.8.4 变压吸附 ... 235

7.9 化学吸附 ... 237
7.9.1 CO 化学吸附 ... 237
7.9.2 氢化学吸附 ... 238
7.9.3 CO_2 化学吸附 ... 239

习题与问题 ... 239

参考文献 ... 241

第8章 固液界面吸附 ······ 243

8.1 固体自溶液吸附机理和特性 ······ 243
8.1.1 吸附机理 ······ 243
8.1.2 溶液吸附特性 ······ 244

8.2 二元溶液吸附 ······ 244
8.2.1 U型复合吸附等温线 ······ 245
8.2.2 S型复合吸附等温线 ······ 245
8.2.3 直线型复合吸附等温线 ······ 246
8.2.4 稀溶液吸附 ······ 247

8.3 电解质溶液吸附 ······ 249
8.3.1 离子吸附与双电层 ······ 249
8.3.2 电解质离子在固液界面吸附 ······ 251

8.4 大分子溶液吸附 ······ 253
8.4.1 大分子吸附形态 ······ 253
8.4.2 吸附等温式 ······ 253
8.4.3 吸附速率 ······ 254
8.4.4 大分子吸附影响因素 ······ 254

8.5 表面活性剂溶液吸附 ······ 255
8.5.1 吸附驱动力 ······ 255
8.5.2 吸附等温线和理论吸附模型 ······ 257
8.5.3 单一表面活性剂吸附 ······ 258
8.5.4 混合表面活性剂吸附 ······ 261

8.6 混合溶液吸附 ······ 262
8.6.1 混合溶质吸附 ······ 262
8.6.2 混合溶剂吸附 ······ 263

8.7 固液吸附影响因素 ······ 264
8.7.1 温度 ······ 264
8.7.2 溶解度 ······ 264
8.7.3 吸附剂、溶质和溶剂三者性质 ······ 265
8.7.4 吸附孔 ······ 266
8.7.5 盐效应 ······ 266

8.8 稀溶液吸附热力学 ······ 267
8.8.1 Gibbs吸附公式应用 ······ 267
8.8.2 标准吸附自由能 ······ 268

8.9 固液吸附应用 ······ 270
8.9.1 抑制金属腐蚀 ······ 270
8.9.2 抗静电 ······ 271
8.9.3 制备薄膜 ······ 271

    8.9.4 水处理 271
    8.9.5 液相色谱 272
  习题与问题 272
  参考文献 274

第9章 吸附剂 275
  9.1 吸附剂常规物理参数 275
    9.1.1 比表面（积） 275
    9.1.2 孔结构 275
    9.1.3 密度 276
    9.1.4 粒度 277
    9.1.5 强度 278
  9.2 硅胶 278
    9.2.1 硅胶制备 279
    9.2.2 硅胶结构与物化性质 279
    9.2.3 表面结构 280
    9.2.4 吸附性质 281
    9.2.5 其他 SiO_2 类吸附剂 283
    9.2.6 硅胶应用 284
  9.3 分子筛 284
    9.3.1 分子筛的化学组成与结构 284
    9.3.2 分子筛分类 286
    9.3.3 吸附性质 288
    9.3.4 新型分子筛 292
  9.4 活性炭 293
    9.4.1 活性炭的制备 293
    9.4.2 活性炭的组成及性质 294
    9.4.3 活性炭结构 294
    9.4.4 表面性质 295
    9.4.5 吸附性质 297
    9.4.6 其他碳质吸附剂 297
    9.4.7 活性炭应用 300
  9.5 活性氧化铝 301
    9.5.1 表面性质 301
    9.5.2 吸附性质 302
  9.6 黏土 303
    9.6.1 蒙脱土和海泡石 303
    9.6.2 蒙脱土吸附性质 304

9.7 吸附树脂 … 305
　9.7.1 吸附性质 … 305
　9.7.2 吸附质结构影响 … 306
习题与问题 … 306
参考文献 … 306

第1章
液体表面

纯液体与其蒸气间的界面，通常称为液体表面，它是各类界面中最简单的一种。它的化学组成简单，且具有物理、化学性能均一性。所以，我们从这里入手开始界面化学的学习。

1.1 表面张力与表面自由能

液体表面最基本的特性是倾向于收缩。这种现象表现在当外界作用力对液滴影响很小时，液滴常趋于球形，如常见的汞珠、荷叶上的水珠。液膜自动收缩实验也更好地认识这一自然现象。用玻璃棒或细金属丝弯制成一个一边可以活动的方框，使液体在此方框上形成液膜 $ABCD$，其中 CD 为活动边，长度为 l，如图 1-1 所示。若活动边与框架 AD、BC 间的摩擦力极小，可忽略不计，欲保持液膜形状就必须在活动边 CD 上施加一个适当大小的外力，否则 CD 边将自动移向 AB 边。这说明液体表面存在收缩的力。实验研究表明，当活动边与 BC、AD 两框间的摩擦力可忽略不计时，为保持液膜形状不变，所施外力 f 与活动边 CD 的长度 l 成正比，可以表示为

$$f = 2\gamma l \tag{1-1}$$

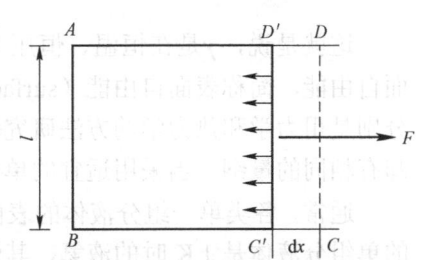

图 1-1 液体表面张力示意图

式中，γ 代表液体的表面张力系数，该值是垂直通过液体表面上任一单位长度、与液面相切的收缩表面的力，常简称为表面张力（surface tension）；系数"2"代表液膜中存在前、后两个表面。表面张力是液体的基本物理、化学性质之一。在一定的温度、压力下，组分一定的液体有特定的表面张力值，单位为 mN/m。

力有三要素，即作用点、大小和方向。对于液体表面张力，其作用点在液体表面上；表面张力的大小是指单位长度上的力，即表面张力是作用在单位长度上的力；力的作用点是"作用线"，它实际上是二维空间中压力的概念；液体表面积收缩的过程体现了表面张力的方向。

表面张力的方向如图 1-2 所示。其中，图 1-2（a）所示为烧杯中的水，在其表面上任一位置取单位长度或取一个圆，由图可见，平面液面单位长度的两侧都存在表面张力，其大小相等，方向相反，互相抵消。若为圆圈，在其周圈上任意点取切线单位长度，各单位长度切线的两侧均存在表面张力，且大小相等，合力也为零。图 1-2（b）所示为管口上的液滴因重力 G 的作用使其表面积增加，而表面张力从相反方向使液滴表面积收缩，形成弯曲液面。

该表面张力的方向在管口周围的各个切面上。

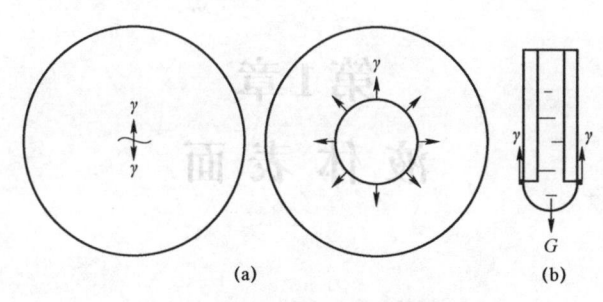

图1-2 表面张力的方向
(a) 平面液体；(b) 弯曲液面

考虑液膜面积变化过程中的能量变化，液体表面自动收缩的现象也可从能量的角度来研究。图1-1所示的体系中，当作用于活动边上的外力大于总表面张力 $2\gamma l$ 时，活动边即沿合力方向运动，于是液膜扩大，外力对体系做功，此功属于有用功。在可逆情况下，$f' = 2\gamma l + \mathrm{d}f$；活动边位移距离为 Δd 时，体系自由能的增量 ΔG 为

$$\Delta G = f'\Delta d = (2\gamma l + \mathrm{d}f)\Delta d = 2\gamma l\Delta d + \mathrm{d}f\Delta d = \gamma \Delta A + \mathrm{d}f\Delta d \quad (1-2)$$

式中，$\Delta A = 2l\Delta d$，是体系表面积的改变量；由于 $\mathrm{d}f$ 是 $2\gamma l$ 的无穷小，于是

$$\Delta G = 2\gamma \Delta A \quad (1-3)$$

这就是说，γ 是在恒温、恒压下增加单位表面积时体系自由能的增量，故 γ 又称为比表面自由能，简称表面自由能（surface free energy），其单位为 mJ/m^2。表面张力和表面自由能分别是用力学和热力学的方法研究液体表面现象时采用的不同物理量，虽然其物理意义不同，却有相同的量纲。当采用适宜的单位时，二者具有相同的值。

通常，各类单一组分液体的表面张力数值为 $10^{-1} \sim 10^3$ mN/m。目前，已知表面张力最低的单组分液体是 1 K 时的液氦，其值为 0.365 mN/m；最高的是在 1 550 ℃ 熔化的铁，其值为 1 880 mN/m。常温下，表面张力最低的液体是氟碳化合物，可低于 10 mN/m。表1-1列出了一些液体的表面张力值。

表1-1 一些液体的表面张力值

液体	温度/℃	表面张力/(mN·m⁻¹)	液体	温度/℃	表面张力/(mN·m⁻¹)
全氟戊烷	20	9.89	三氯甲烷	25	26.67
全氟庚烷	20	13.19	乙醚	25	20.14
全氟环己烷	20	15.70	甲醇	20	22.50
正己烷	20	18.43	乙醇	20	22.39
正庚烷	20	20.30	硝基苯	20	43.35
正辛烷	20	21.8	汞	20	486.5
水	20	72.8		25	485.5
	25	72.0		30	484.5
	30	71.2	铁	熔点	1 880
苯	20	28.88	铂	熔点	1 800

续表

液体	温度/℃	表面张力/(mN·m^{-1})	液体	温度/℃	表面张力/(mN·m^{-1})
苯	30	27.56	铜	熔点	1 300
甲苯	20	28.52	银	1 100	878.5
四氟化碳	22	26.76	硝酸钠	308	116.6

表 1-1 表明：各种液体中，液体金属是表面张力最大的一类，其表面张力均在几百 mN/m 以上；其次是水，其表面张力在 25 ℃时为 72 mN/m。在各类有机化合物中，具有极性的碳氢化合物液体的表面张力高于相应的非极性碳氢化合物，含芳环或共轭双键化合物的表面张力高于相应的饱和碳氢化合物。在同系物中，分子量较大者表面张力较高。液体的表面张力与温度有关，温度上升则表面张力下降。

1.2 表面张力物理定性解释

表面张力的存在是基于两个事实。① 液体表面分子间在一定距离内存在相互作用力；② 与液体表面相邻的气相密度明显低于其液相密度，处于液体内部的分子，其分子间的作用力只在较短的距离内起作用，且任一分子周围的其他分子对该分子的作用是等同的（因为该作用力来自各个方向，大小相等，合力为零，所以液体内部的分子在体相中运动无须做功）。与液体内部的分子不同，处于液体表面的分子因其位于表面，该分子的另一侧为空气或液体本身的蒸气，其密度比液面的另一侧小得多，即气相一方对液体表面分子的作用力比来自液体内部的作用力要小得多，于是受到不平衡力的作用，合力指向液体内部，如图 1-3 所示。

若液体分子从其体相移至表面，则必须有较高的能量，以克服此力的作用。因此，相同体积的液体，处于表面的分子越多，表面积越大，体系的能量也就越高，或者说增加表面积，就是增加体系的能量。此能量的增加来自环境对体系的做功，故又称为表面功，见式（1-4）。例如，用喷雾器洒农药、小麦磨成面粉都是大块物质变成细小颗粒、比表面积增加、体系能量增加的过程，且均需外界环境对其做功。比表面积是指单位质量的物质所具有的表面积，单位是 m^2/kg；或单位体积物质所具有的表面积，单位是 m^{-1}。

$$W = \gamma \Delta A \text{ 或 } dW = \gamma dA \qquad (1-4)$$

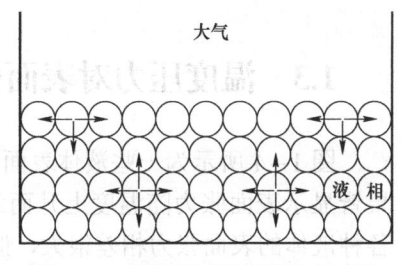

图 1-3 液体表面分子受力示意图

从历史上看，表面张力的概念比表面自由能的概念早一个多世纪，最早是在 18 世纪对液体毛细上升现象的观察。表面自由能的概念是 19 世纪末 20 世纪初由 Gibbs 提出的，但人们曾否认表面张力，或持怀疑态度。实验事实证明了表面张力的存在，但怎样从微观角度解释表面张力，空位理论有一定的说服力。

处于液体表面层的分子时时刻刻都在剧烈运动中，即表面层与气相及液相内部有着极其频繁的分子交换过程。依据气体分子运动论和液体扩散理论，20 ℃时每平方厘米表面、每秒至少有 2.9×10^{20} 个分子从气相到液相表面或从液相表面到气相的分子交换。而表面上的分子与紧挨下层液体间的分子交换更快，相同条件下可达 1.7×10^{25} 个分子。

设一个新分割、尚未达到平衡的表面，据前所述，表面分子受到指向液体内部的引力，则它离开表面进入液体内部的趋势大于它从内部迁移到表面的趋势。这会使单位时间内有较多分子离开液体表面进入液体内部，而只有较少液体内部分子进入液体表面。结果较少的分子占据表面层，使表面层二维空间中分子间距离变大。当距离大于平衡值时分子间的引力大于斥力时，表面分子处于张力状态，抑制表面分子逃离表面的趋势，直到张力变得足够大，使单位时间内从单位表面进入内部的分子数与从内部迁移到表面的分子数相等，从而体系便在某一表面张力定值下达到平衡。

这种表面层分子稀薄化、分子间距离变大的设想与 Prigogime 和 Saraga 用统计力学方法得到的表面热力学函数模型不谋而合。例如，氩在 85 K 下，设表面上含 30%的空位，相当于分子间距平均增加了 20%，由表面热力学函数模型计算得到的表面自由能 G^s、表面熵 S^s 和表面能 U^s 的值与其各自的实验值非常吻合，如表 1-2 所示。

表 1-2　液体氩表面热力学函数的计算值和实验值

热力学函数	表面含 30%空位时的计算值	实验值
$G^s/(mJ \cdot m^{-2})$	13.0	13.2
$U^s/(mJ \cdot m^{-2})$	37.3	35.3
$S^s/(mJ \cdot m^{-2} \cdot K^{-1})$	0.27	0.26

1.3　温度压力对表面张力的影响

图 1-4 所示为一些液体表面张力随温度变化的实验结果。可以看出，几乎所有的实验结果皆显示表面张力随温度上升而线性下降，即表面张力的温度系数（$d\gamma/dT$）为负值。虽然各种液体的表面张力相差很大，但各自 γ-T 直线斜率却相差不大。常温下，有机化合物同系物的 $-d\gamma/dT$ 值随碳原子数的增加而逐渐降低，并趋于一定值。对于极性有机物，碳原子数增至 10 附近即可达到稳定的温度关系，$-d\gamma/dT$ 趋于一定值；而非极性有机化合物则需要更高的碳原子数才行。需要注意的是，液体表面张力与温度的线性关系并不严格成立。一方面，

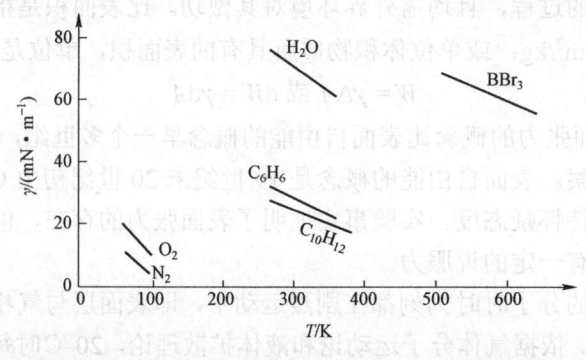

图 1-4　一些液体表面张力随温度变化的实验结果

液体在达到它的临界温度以前（相差 30 K 以内），表面张力随温度的变化已明显偏离线性关系。另一方面，即使在一般温度范围内也非准确的线性关系。个别液体的表面张力温度系数甚至为正值，如液体金属铜、锌。

研究表面张力与温度的关系虽已有很长的历史，但至今还没有一个成功的理论关系。常用的关系式都是经验性或半经验性的，可分为线性方程或其改进式两类。例如，最简单的是

$$\gamma = \gamma_0 (1 - bT) \quad (1-5)$$

式中，T 为绝对温度；$-b$ 为表面张力的温度系数。从形式上看，γ_0 应为 0 K 时的液体表面张力，但实际上液体这时已变为固态，可见 γ_0 只是公式中的一个常数而已。另外，基于临界温度时液体表面张力降为零的现象，van der Waals 得出

$$\gamma = \gamma_0 (1 - T/T_c)^n \quad (1-6)$$

式中，T_c 代表液体的临界温度；指数 n 一般为接近 1 的常数。液态金属的 n 为 1，有机化合物的 n 约为 11/9。

另一类表面张力-温度关系的表达式为

$$\gamma = \gamma_0 + aT + bT^2 + cT^3 + \cdots \quad (1-7)$$

例如，Harkins 测定的水表面张力与温度的关系被表示为

$$\gamma = 75.796 - 0.145t - 0.000\,24t^2 \quad (1-8)$$

式中，t 为温度，单位为℃。此式适用的温度为 10~60 ℃。

压力对表面张力的影响较为复杂。通常，液体表面张力随大气压力的变化不大。但是，液体表面张力是气液界面的特性，与构成界面两相的化学成分相关。为了增加对体系的压力，气相中必须有传递压力的气体。随着气体的不同，其在液体界面的吸附作用、液相中的溶解作用也均不相同，对表面张力的影响也就各异。图 1-5 所示为不同气相组分时水表面张力随其压力的变化曲线。应该指出，这种变化不能简单地归结于压力这个物理变量，而应考虑压力导致气相组分在液相中的溶解度发生变化，从而导致水的表面张力发生改变。

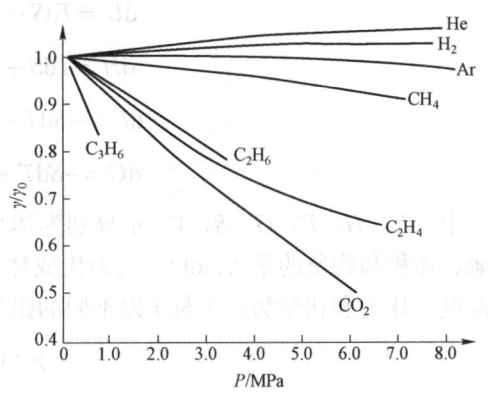

图 1-5 不同气相组分时水表面张力随气相组分压力的变化曲线

1.4 表面热力学基础

化学热力学是进行物理化学研究的重要理论方法，它通过各种热力学变量间的数量关系来寻求体系性质的内在规律。在界面化学发展历程中，热力学起到了重要作用，即使在当今科技发展中，热力学仍是开展界面研究的重要手段。

进行热力学研究首先必须确定研究体系及其热力学变量。一般化学热力学讨论的体系往

往忽略表面部分，而开展胶体与界面化学等研究则不可如此。表面热力学研究的着眼点是界面，即两个不同体相的交界面。由于界面与相邻两个不同体相间存在着物理的不可分割性，表面热力学体系常常被选定为由相邻的两体相及其交界面的共同体。实际上，相界面并不是严格的二维平面，而应是两体相间的过渡区域，如图 1-6（a）中的 $AA'BB'$ 区域，故又称为界面相。另外，由于界面间存在表面收缩

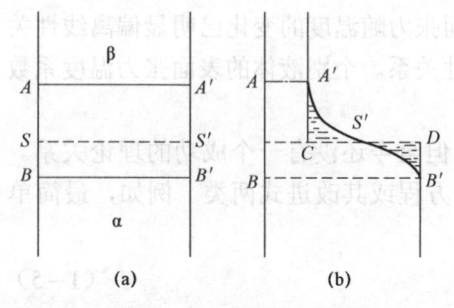

图 1-6 表面热力学体系

的力和不可忽略的表面积变化，体系增加了强度变量 γ（表面张力）和广度变量 A（面积）。因此，这样选定的表面热力学体系为一个不均匀的多相体系，它的任何广度变量 Y 必然为各相中相应变量的加和，即

$$Y = Y^\alpha + Y^\beta + Y^s \tag{1-9}$$

式中，上标 α、β 分别为两体相；s 代表表界面相。

1.4.1 表面热力学基本公式

鉴于表面热力学体系特性，状态发生改变时热力学比一般体系多了一种能量传递的途径——表面功 $\gamma \mathrm{d}A$。外界对体系做功则可改写为 $\mathrm{d}W = -P\mathrm{d}V + \gamma\mathrm{d}A$。于是，将热力学第一和第二定律应用于包含表面热力学的体系时，各热力学函数的表达式则改写为

$$\mathrm{d}U = T\mathrm{d}S - P\mathrm{d}V + \sum \mu_i \mathrm{d}n_i + \gamma \mathrm{d}A \tag{1-10}$$

$$\mathrm{d}H = T\mathrm{d}S + V\mathrm{d}P + \sum \mu_i \mathrm{d}n_i + \gamma \mathrm{d}A \tag{1-11}$$

$$\mathrm{d}F = -S\mathrm{d}T - P\mathrm{d}V + \sum \mu_i \mathrm{d}n_i + \gamma \mathrm{d}A \tag{1-12}$$

$$\mathrm{d}G = -S\mathrm{d}T + V\mathrm{d}P + \sum \mu_i \mathrm{d}n_i + \gamma \mathrm{d}A \tag{1-13}$$

式中，U、H、F、G、S、V、n 分别为体系的内能、焓、Helmholtz 自由能、Gibbs 自由能、熵、体积和物质的量（mol），均为构成体系的各相中相应变量的加和；符号 T、P、μ 分别为温度、压力和化学势；下标 i 为不同的组分。自式（1-10）～式（1-13）不难看出

$$\gamma = (\mathrm{d}U / \mathrm{d}A)_{S,V,n_i} \tag{1-14}$$

$$\gamma = (\mathrm{d}H / \mathrm{d}A)_{S,P,n_i} \tag{1-15}$$

$$\gamma = (\mathrm{d}F / \mathrm{d}A)_{T,V,n_i} \tag{1-16}$$

$$\gamma = (\mathrm{d}G / \mathrm{d}A)_{T,P,n_i} \tag{1-17}$$

即表面能在不同条件下分别等于增加单位面积时体系的内能增量、焓增量、Helmholz 自由能增量或 Gibbs 自由能增量。另外，若在恒定所有强度变量条件下积分式（1-13），则可得到

$$G = \gamma A + \sum \mu_i n_i \tag{1-18}$$

在不考虑界面贡献时，体系自由能 G' 可以表示为

$$G' = \sum \mu_i n_i \tag{1-19}$$

比较式（1-18）和式（1-19），即得 $\gamma = (G - G')/A$。由此可见，表面自由能是因体系含

有单位表面而获得的过剩自由能,故又称为比表面过剩自由能。

1.4.2 比表面热力学函数

研究界面化学问题时,还可以把上述包含界面的体系等效为由两个均匀的 α、β 体相和一个 s 界面相。这样,界面相 s 就具有几何面的特性,如图 1–6 中所示的 SS'。确定此等效体系的原则是使分界面 SS' 的位置满足如下关系:

$$n_i = n_i^\alpha + n_i^\beta = C_i^\alpha V^\alpha + C_i^\beta V^\beta \quad (1-20)$$

式中,n_i 为液相组分 i 在其体相内对应界面厚度的物质的量;n_i^α、n_i^β 分别为在界面 SS' 两侧组分 i 偏离其相应体相浓度的总量;C_i^α、C_i^β 分别为在界面 SS' 两侧偏离其相应体相的摩尔体积浓度;V^α 和 V^β 分别为偏离 α 相和 β 相本体浓度的体积。式(1–20)在图 1–6(b)中表现为 $A'CS'$ 的面积与 $S'DB'$ 的面积相等。

若只考虑图 1–6 中的界面相 s 且其强度变量不变,由式(1–10)~式(1–13)可写出相应界面相 s 的热力学关系式:

$$dU^s = TdS^s - PdV^s + \sum \mu_i dn_i^s + \gamma dA \quad (1-21)$$

$$dH^s = TdS^s + V^s dP + \sum \mu_i dn_i^s + \gamma dA \quad (1-22)$$

$$dF^s = -S^s dT - PdV^s + \sum \mu_i dn_i^s + \gamma dA \quad (1-23)$$

$$dG^s = -S^s dT + V^s dP + \sum \mu_i dn_i^s + \gamma dA \quad (1-24)$$

这些公式是应用热力学解决各种表面问题的基础。对于纯液体表面,V^s、n^s 为常数。将界面热力学基本公式应用于纯液体表面,即得

$$dU^s = TdS^s + \gamma dA = dH^s \quad (1-25)$$

$$dF^s = -S^s dT + \gamma dA = dG^s \quad (1-26)$$

在恒温条件下积分得到

$$\gamma = G^s / A = F^s / A \quad (1-27)$$

这说明,纯液体的表面张力等于单位面积表面所拥有的自由能。

1.4.3 表面熵和表面焓

(1)表面熵

表面熵为恒温、恒压条件下一定量液体增加单位表面积时体系熵的增量。对于物质的量一定的纯溶剂体系,压力一定条件下由式(1–24),根据全微分性质可以得到

$$(dS^s / dA)_{T,P} = -(d\gamma / dT)_{A,P} \quad (1-28)$$

式中,右边为实验可测量的量,一般液体的表面张力温度系数为负值,故表面熵值应为正值。换句话说,在恒温、恒压条件下一般液体的表面扩展过程是熵增加的过程。

Prigogine 由表面空位模型假设,用统计力学方法计算所得的表面熵也为正值,且与实验值符合得很好(见表 1–2),这说明在表面空位模型或表面层稀薄化模型中,表面层稀薄化是表面熵增加的原因。

(2)表面内能

表面内能(surface energy)是恒温、恒容条件下增加单位面积时体系内能的增量,即

$(dU^s/dA)_{T,V}$。根据式（1-23）可得

$$\gamma = \left(\frac{\partial F^s}{\partial A}\right)_{T,V} = \left[\frac{\partial (U^s - TS^s)}{\partial A}\right]_{T,V}$$

整理后，得

$$\left(\frac{\partial U^s}{\partial A}\right)_{T,V} = \gamma + T\left(\frac{\partial S^s}{\partial A}\right)_{T,V} = \gamma - T\left(\frac{\partial \gamma}{\partial T}\right)_{T,V} \quad (1-29)$$

显然，式（1-29）等号右边第一项以功的形式得到能量，而第二项以热的形式得到能量。在恒温、恒容条件下，扩大液体的表面积是吸热过程。

(3) 表面焓

表面焓（surface enthalpy）是在恒温、恒压条件下增加单位面积时体系焓的增量，根据式（1-24）可得

$$\gamma = \left(\frac{\partial G^s}{\partial A}\right)_{T,P} = \left[\frac{\partial (H^s - TS^s)}{\partial A}\right]_{T,P}$$

整理后，得

$$\left(\frac{\partial H^s}{\partial A}\right)_{T,P} = \gamma + T\left(\frac{\partial S^s}{\partial A}\right)_{T,P} = \gamma - T\left(\frac{\partial \gamma}{\partial T}\right)_{A,P} \quad (1-30)$$

同样，式（1-30）右边第一项以功的形式得到能量，而第二项以热的形式得到能量。

1.5 弯曲液面表面现象

大块液体（如烧杯中水）的表面是平的，而在许多情况下液体的表面是弯曲的，如毛细管中的液面、气泡、雨滴等。液面弯曲的程度对液体的性质有影响，尤其是在分散程度较高的、不互溶液体体系中，表面现象更为突出，更要特别重视。

1.5.1 弯曲液面附加压力

弯曲液面与水平液面的压力是不相同的，如用细管吹肥皂泡后，必须把管口气泡堵住才能持续存在，否则气泡就会马上自动收缩。这是因为肥皂泡是弯曲的液膜，而液膜两边存在压力差，且泡内的压力大于泡外，这个压力差称为附加压力（ΔP）。弯曲液面产生附加压力的原因是液面存在表面张力和曲率。

对于弯曲液面，如图1-7（a）和图1-7（b）所示。由于表面张力是作用于切面上的单

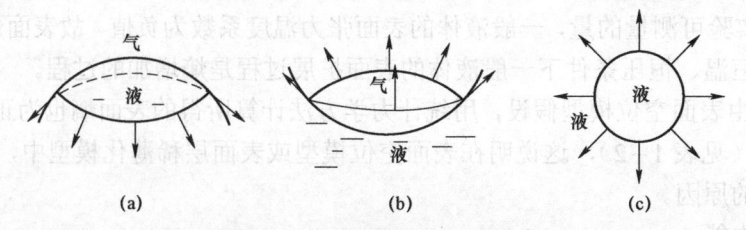

图1-7 各种液面下的附加压力
(a) 凸液面；(b) 凹液面；(c) 平液面

位长度并使液面收缩的力，一周都有，但不在一个平面上，合力指向曲率中心，故凸液面下的压力较大，其压力为大气压力 P_0 与附加压力 ΔP 之和，如图 1-7（a）所示。

$$P_凸 = P_0 + \Delta P \tag{1-31}$$

凹液面则相反，如图 1-7（b）所示，附加压力 ΔP 指向气体，凹液面下所受压力为

$$P_凹 = P_0 - \Delta P \tag{1-32}$$

对于平液面，如图 1-7（c）所示，表面张力作用在同一平面上，一周都有，大小相等，且合力为零，因此平面液面的附加压力为零。

综上所述，在表面张力的作用下，弯曲液面两边存在着压力差 ΔP，称为附加压力，其方向总是指向曲率中心。

1.5.2　附加压力与曲率半径的关系

（1）液面曲率

液面弯曲程度通常用曲率（curvature）来描述。曲线上任意一点的曲率可用它的法线与坐标轴的夹角随弧长的变化率 $d\alpha/dS$ 来度量，如图 1-8（a）所示。不难导出，曲率等于与该点相切之圆半径 R 的倒数，R 称作曲线在该处的曲率半径。曲面上任意一点的曲率为此点的一对正交法平面与该曲面相交两段曲线 P_1OP_2 和 Q_1OQ_2 的曲率 $1/R_1$ 和 $1/R_2$ 的平均值，如图 1-8（b）所示，即

$$1/R = (1/R_1 + 1/R_2)/2 \tag{1-33}$$

式中，R_1 和 R_2 为曲面在此点的主半径。微分几何证明，曲面上任意一点的曲率与其正交法平面的取法无关，这是曲面在该点的特性。球面的两主半径相等，其曲率等于球半径的倒数。主半径可以是正值，也可以是负值。习惯上规定，曲率圆心所处曲面的一侧取正值，反之取负值；凸液面的曲率为正值，凹液面的曲率为负值，平液面的曲率为零。

（2）弯曲液面附加压力——Laplace 公式

设细玻璃管口悬挂一个半径为 R 的液泡，细管中的活塞与细管内壁摩擦力不计，当活塞内外压强保持一致时，液泡体积、形状则维持不变，如图 1-9 所示。当环境给细管中活塞施加一略大于其平衡的压力 dP 推动活塞时，液泡半径增加，其增量为 dR，体积增量为 dV，且表面积增量为 dA。

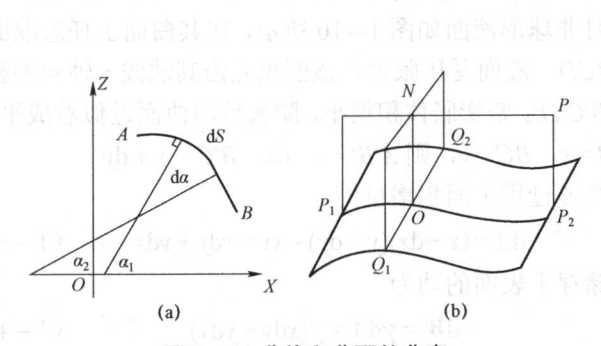

图 1-8　曲线和曲面的曲率

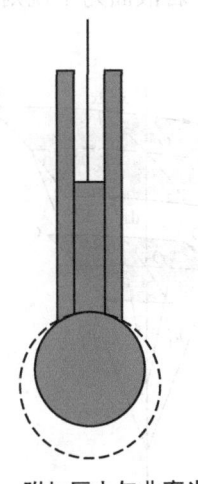

图 1-9　附加压力与曲率半径

此时，环境对液泡体系做功量为

$$(P_0 + \Delta P + \mathrm{d}P)\mathrm{d}V - P_0 \mathrm{d}V = (\Delta P + \mathrm{d}P)\mathrm{d}V = \Delta P \mathrm{d}V \qquad (1-34)$$

式中，P_0 为环境大气压强，ΔP 为弯曲液面附加压强。

环境对液泡做功量 $\Delta P \mathrm{d}V$ 用于液泡表面积增加，而存储于液体表面上，即在液泡胀大过程中其 Gibbs 表面自由能增加。因此

$$\Delta P \mathrm{d}V = \gamma \mathrm{d}A，\text{或} \Delta P = \gamma \mathrm{d}A/\mathrm{d}V \qquad (1-35)$$

对于球形形状，球体积为

$$V = \frac{4}{3}\pi R^3$$

则

$$\mathrm{d}V = 4\pi R^2 \mathrm{d}R$$

球面积为

$$A = 4\pi R^2$$

则

$$\mathrm{d}A = 8\pi R \mathrm{d}R$$

于是

$$\frac{\mathrm{d}A}{\mathrm{d}V} = \frac{8\pi R \mathrm{d}R}{4\pi R^2 \mathrm{d}R} = \frac{2}{R} \qquad (1-36)$$

所以

$$\Delta P = \frac{\gamma \mathrm{d}A}{\mathrm{d}V} = \frac{2\gamma}{R} \qquad (1-37)$$

由式（1-31）和式（1-32）可知：

1）凸液面，液泡的曲率半径 R 为正，ΔP 为正，即附加压力指向液体内部，R 越小，ΔP 就越大。

2）平液面，$R \to \infty$，ΔP 为 0，跨越液面不存在压力差。

3）凹液面，R 为负，ΔP 为负，附加压力指向空气，如水中的气泡。

另外，若液面为不规则曲面，即不呈球形，其曲面内外两侧压力差表示为

$$\Delta P = \gamma(1/R_1 + 1/R_2) \qquad (1-38)$$

式中，R_1、R_2 分别为曲面的两个主半径。式（1-37）或式（1-38）称为 Yang-Laplace 公式。式（1-38）推导如下：

对非球形液面如图 1-10 所示，在其曲面上任意取面积元 $ABCD$；液面受压胀大，该面积元沿其法线 z 轴向外膨胀至 $A'B'C'D'$。若膨胀体积很小，膨胀后的曲面近似看成平面。设 $AB=x$，$BC=y$，则 $A'B'=x+\mathrm{d}x$，$B'C'=y+\mathrm{d}y$。

则该过程中面积增量为

$$\mathrm{d}A = (x+\mathrm{d}x)(y+\mathrm{d}y) - xy = x\mathrm{d}y + y\mathrm{d}x \qquad (1-39)$$

储存于表面的功为

$$\mathrm{d}W = \gamma \mathrm{d}A = \gamma(x\mathrm{d}y + y\mathrm{d}x) \qquad (1-40)$$

可逆膨胀时，外界所做体积功为

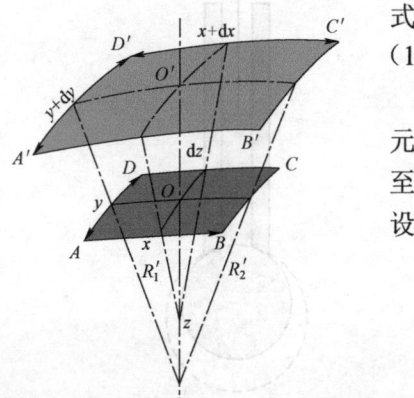

图 1-10 不规则曲面的扩展示意图

$$dW = (\Delta P + dP)dV = \Delta Pxydz + xydPdz \quad (1-41)$$

同样地，体积功存储于液体表面，即

$$\gamma(xdy + ydx) = \Delta Pxydz \quad (1-42)$$

图 1-10 中，因为 △AOB≌△A'OB'，△BO'C≌△B'O'C'，于是

$$\frac{x+dx}{R_1+dz} = \frac{x}{R_1} = \frac{dx}{dz} \quad (1-43)$$

$$\frac{y+dy}{R_2+dz} = \frac{y}{R_2} = \frac{dy}{dz} \quad (1-44)$$

由式（1-43）、式（1-44）可得

$$dx = xdz/R_1 \quad (1-45)$$
$$dy = ydz/R_2 \quad (1-46)$$

将式（1-45）、式（1-46）代入式（1-42），得

$$\gamma(xydz/R_2 + yxdz/R_1) = \Delta Pxydz$$

即

$$\Delta P = \gamma(1/R_2 + 1/R_1) \quad (1-47)$$

这就是 Laplace 公式的一般形式。当液面为球形时，式（1-47）还原为式（1-37）。此式说明由于存在表面张力，弯曲液面对其一侧施以附加压力时，其值大小取决于液体的表面张力和液面的曲率。

在特定条件下，这种附加压力是绝对不可忽视的。下面举两个实例。

1)"气塞"现象

护士给病人注射各种针剂药物时，注射前一定要严格检查针筒中是否有小气泡，若有小气泡一定要设法排出。这是因为血液中一旦混有小气泡，就可能在血管中产生弯曲液面。当带有气泡的血液流向较粗或较细的血管时，气泡两边的弯曲液面的曲率发生变化（图 1-11），导致弯曲液面的附加压力不等，结果产生血液流动受阻，这就是"气塞"现象。

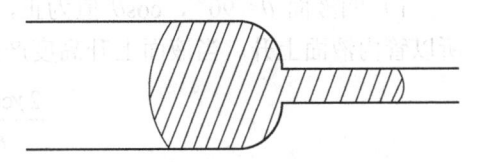

图 1-11 气塞示意图

我国地势西高东低、呈三级阶梯状分布。当人体从高压区域转到低压区域时，必须逐渐缓慢地过渡。这是因为气体在体液中的溶解度随环境气压的增加而增大。在高压条件下，血液和组织液中溶进大量气体，如果外界气压突然下降，血液和组织液中的气体就会急剧释放出来，结果在血管中形成许多小气泡，就像刚打开汽水瓶时冒出的小气泡一样。这些小气泡堵塞微细血管，阻碍血液正常流通，导致人昏迷，甚至死亡。因此，海底潜水员在返回海面途中必须缓慢上升，否则会发生"气塞"现象；当飞机高速起飞，气压突然降低时，飞行员也有发生"气塞"的风险。

2)"气蚀"现象

20 世纪初，当第一批远洋巨轮制造成功、下水试航，经 12 h 航行后，发现螺旋桨变得千疮百孔，不能再用。经过多年的研究，最后证实是由水中无数的、极细微的小气泡造成的。通常把小气泡对金属螺旋桨所造成的损坏称为"气蚀"。

这是因为当螺旋桨在水中高速运转时，水在巨大压力的冲击下可生成无数的小气泡，并

形成一大片气泡云。这些气泡有的小到肉眼都难以分辨，它们具有极小的曲率半径，周围液体对气泡产生一个极大的压力，这就是附加压力。当液膜破裂时，液泡产生的压力可达几千兆巴（Mbar，1 Mbar = 10^5 MPa）。无数个小气泡用这样大的压力连续而密集地撞击在金属机件上，使得机件受到破坏，这就是"气蚀"现象。

1.5.3 毛细现象

所谓毛细现象，是指在毛细力作用下，流体发生宏观流动的现象。如毛细玻璃管插入水中，管内水液面会上升；毛细玻璃管插入汞中，管内汞液面会下降（图1-12）。毛细现象的实质是液面曲率导致流体内部产生压力差，按照流体力学规律发生从高压处向低压处的流动。

毛细上升和毛细下降已早为人所知，但毛细现象并不仅限于此。石油在地层中的流动、血管内壁沉积物对血液流动的影响、粉尘的黏附以及泡沫和乳浊液的稳定性都与毛细现象有关。液体在毛细管中上升（或下降）的高度 h 与液体的表面张力有关。

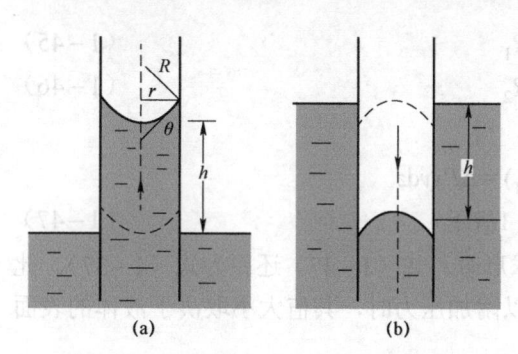

图 1-12 液体在毛细管中的上升或下降
（a）上升；（b）下降

（1）毛细上升和下降

毛细上升和下降的现象可以应用曲面两侧存在压力差的原理进行解释，也可应用力学原理直接从表面张力得到说明。如图1-12所示，设毛细管半径为 r，接触角为 θ，若弯曲液面为理想球冠形，则液面的曲率半径 $R = -r/\cos\theta$，附加压力 $\Delta P = -2\gamma\cos\theta/r$。

1) 凹液面 $\theta < 90°$，$\cos\theta$ 值为正，ΔP 为负。毛细管中液面下液体压力比气相压力小，所以管内液面上升。当液面上升高度产生的静压与附加压力达到平衡时，则

$$\frac{2\gamma\cos\theta}{r} = (\rho_l - \rho_g)gh \tag{1-48}$$

式中，g 为重力加速度；ρ_l 和 ρ_g 分别为液体和气体密度。式（1-48）又称毛细上升公式，这是毛细管法测定液体表面张力的基本公式。

2) 凸液面 $\theta > 90°$，$\cos\theta$ 值为负，ΔP 为正，毛细管中液面下降，下降高度也符合式（1-48）。

（2）毛细常数

纯水和多数有机化合物液体在干净的玻璃毛细管中形成 $\theta \approx 0°$ 的弯月面，若重力对液面形状影响可以忽略不计，则毛细管半径 r 等于液面曲率半径 R。这时式（1-48）转换成

$$hr = \frac{2\gamma}{(\rho_l - \rho_g)g} \tag{1-49}$$

不难看出，此式右边由液体性质所决定，故 hr 值亦体现液体的特性。因 hr 值具有长度平方的单位，常用 a^2 代替，称为毛细常数。毛细常数是表征液体表面性质常用的参数之一。

$$a^2 = hr = \frac{2\gamma}{(\rho_l - \rho_g)g} \tag{1-50}$$

（3）毛细现象

上面讨论的液面在毛细管中上升或下降的情况并不是唯一的毛细现象。产生毛细现象的关键是连续液体具有不同曲率的液面。

1）液体在地层和纺织品中的流动

原油和水在地层中的流动，以及纺织品的润湿、渗透性都与毛细现象密切相关。常常涉及的是液体在不均匀孔径毛细管中的流动，图 1-13 为此种情况的示意图。

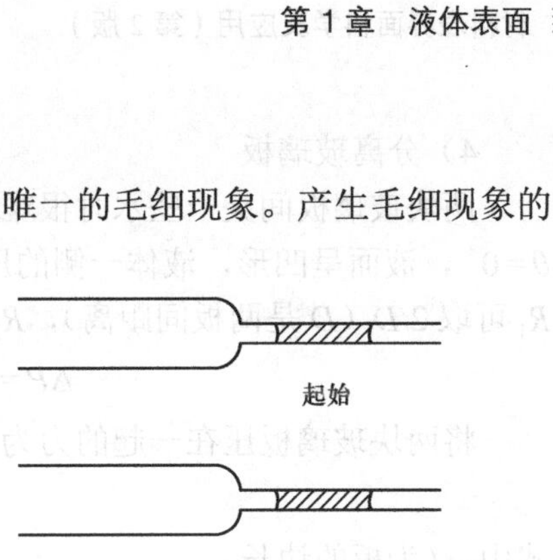

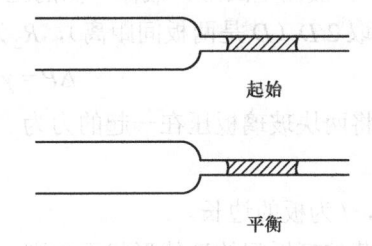

忽略重力影响，管径不均匀驱使液体流动的力是两端液面的毛细压力差，该差值为

$$\Delta P = 2\gamma(1/r_1 - 1/r_2) \tag{1-51}$$

图 1-13 液体在不均匀孔径毛细管中的流动

式中，$1/r_1$ 和 $1/r_2$ 分别为两端液面的曲率。此式表明，如果液面曲率都是正值，液体将自动流向粗管方向，反之，自动流向细管方向（图 1-13）。通常，要改变其流动方向需施加足以克服此毛细压差的力。采取表面化学方法改变体系的界面张力和液面曲率，可以改变毛细压差，有利于实现液体希望的流向流动。该技术在提高原油采收率的"三次采油"过程中广泛应用。

2）泡沫和乳状液稳定性

泡沫和乳状液是由两种不相混溶的流体相形成的分散体系。泡沫是大量气体分散在少量液体中（图 1-14）。泡沫的片膜和 Plateau 边界（片膜交界处）构成具有不同曲率的连续液体，毛细作用使液体从曲率较小、压力较大的片膜流向曲率较大、压力较小的 Plateau 边界，导致泡沫排液，泡膜变薄、破裂。这是影响泡沫稳定性的重要因素。一般情况下，乳状液是指一种液体的球形小液滴分散在另一种与之不相溶的液相中。当两个小液滴彼此靠得很近时会发生变形，且在邻近处变平（图 1-15），结果连续液相在此处的压力高于别处，导致连续相排液，分散相液滴并聚。

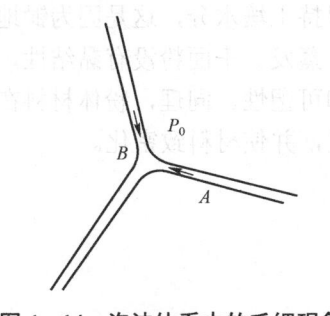

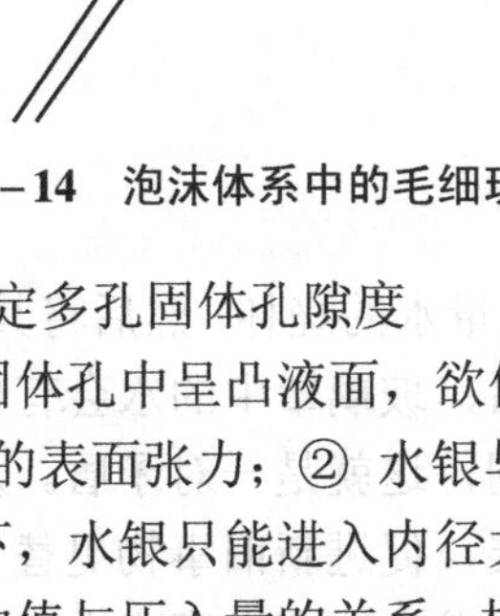

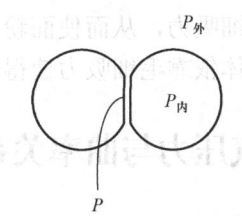

图 1-14　泡沫体系中的毛细现象 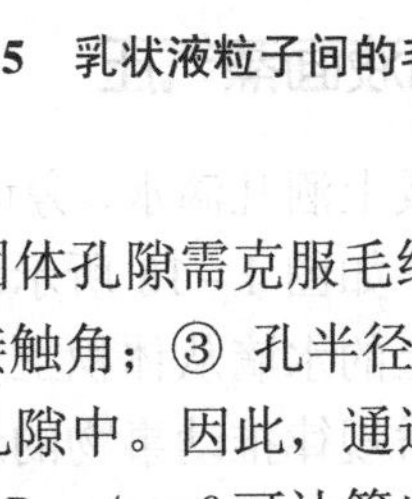　　图 1-15　乳状液粒子间的毛细现象

3）压汞法测定多孔固体孔隙度

水银在一般固体孔中呈凸液面，欲使大块水银进入固体孔隙需克服毛细压差。此压差值取决于：① 水银的表面张力；② 水银与固体表面所成接触角；③ 孔半径。根据 Laplace 公式，在一定压力下，水银只能进入内径大于某一尺寸的孔隙中。因此，通过测定汞压入固体孔隙中所需的压力值与压入量的关系，根据 $\Delta P = 2\gamma/R$ 和 $R = r/\cos\theta$ 可计算出固体的孔径及其分布。

4) 分离玻璃板

两块玻璃板间夹一些水时很难分开,如图 1-16 所示。若是水对玻璃完全润湿,接触角 $\theta=0°$,液面呈凹形,液体一侧的压力比气相一侧小。利用 Laplace 公式一般形式 (1-47),R_1 可取 $2/D$ (D 是两板间距离),R_2 为 ∞。所以:

$$\Delta P = \gamma(1/R_1 + 1/R_2) = \gamma/R_1 = 2\gamma/D \tag{1-52}$$

将两块玻璃板压在一起的力为

$$f = \Delta P l^2 = 2\gamma l^2/D \tag{1-53}$$

式中,l 为板的边长。

若玻璃板间的液体形状不规则,则力 f 不易计算,但只要两固体表面之间存在凹液面,就一定会有"吸"力。据此还可以解释一些现象,如砖瓦毛坯干了之后体积会缩小。在合成氨的合成塔中,Fe 催化剂进水后也会板结,这在合成氨的过程中是大事故。因为被润湿的固体粒子附上了一层水膜,一旦粒子彼此接近水膜就连成一片,粒子间形成凹液面,附加压力指向气体,因而会迫使粒子紧密结合在一起,如图 1-17 所示。

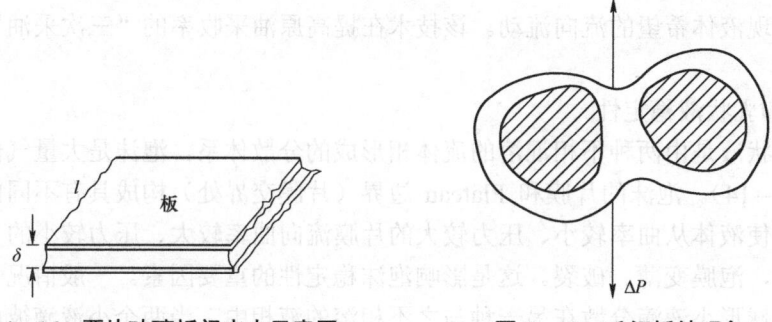

图 1-16 两块玻璃板间夹水示意图   图 1-17 毛细板结现象

在土壤中,颗粒之间的空隙构成毛细管。水润湿土壤,液面呈凹形。毛细管上升公式可用于计算土坯中孔隙的大小。农民锄地可以有效保持土壤水分,这是因为锄地切断了地表土壤间的毛细孔隙,防止水分沿毛细管进一步上升、蒸发。干面粉没有黏结性,但加入水后则在粉体间形成毛细吸力,从而使面粉具有黏结性和可塑性。同理,粉体材料在高温烧结时,可润湿粉体的液体依靠毛细吸力使得粒子相互靠拢,并使材料致密化。

1.6 蒸气压力与曲率关系

1.6.1 弯曲液面蒸气压

在一块玻璃板上洒几滴水,旁边再放一个盛有大量水的烧杯,然后将其一同置于一恒温、密闭的玻璃罩中,如图 1-18 所示。放置一段时间后,玻璃罩中的水会有什么变化呢?烧杯中的水和玻璃板上的水滴从体积上看,存在大小不同,这就是一对矛盾。从哲学辩证唯物主义角度来看,矛盾规律推动事物的运动、变化和发展,促进新旧事物更替。因此,玻璃罩中的水必然会因其体积大小不同这对矛盾而导致其状态发生改变。事实上,上述实验装置放置一段时间后,我们会发现,玻璃罩中的小水滴会逐渐变小、直至消失,同时烧杯中的水会逐渐增加。哲学推断结论与该实验结果不谋而合，哲学为自然科学具体研究内容指明了方向。

我们通常讲的蒸气压，即液体饱和蒸气压，是指大块平面液体所对应的蒸气压 P_0；小水滴的平衡蒸气压 P_r 要比 P_0 大。这样，玻璃罩中的实际蒸气压 P 介于 P_r 和 P_0 两者之间，即 $P_r>P>P_0$。对小水滴而言未达饱和，对烧杯中平液面却已是过饱和，于是小水滴将不断蒸发并在烧杯中进行凝结。

液滴蒸气压与曲率的关系可通过计算图 1-19 所示过程的 Gibbs 自由能得到。

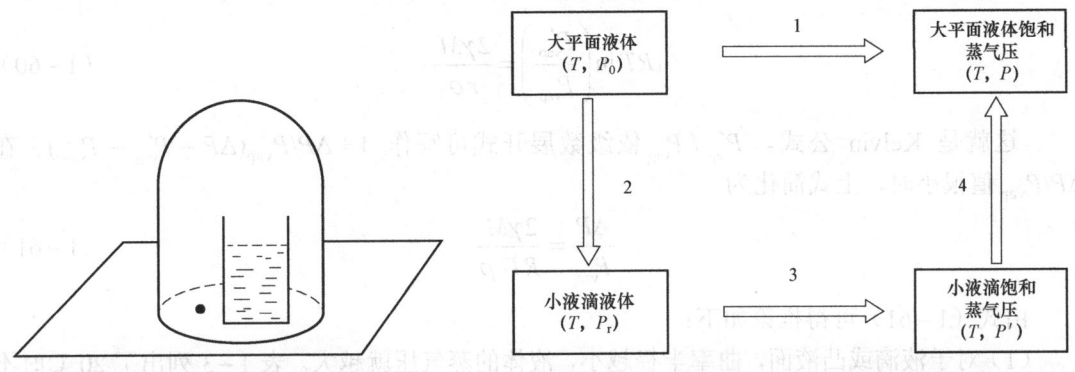

图 1-18　密闭玻璃罩中的水　　　　图 1-19　液滴蒸气压与曲率关系计算过程

上述转变过程中，过程 1 和 3 是恒温、恒压下的热力学平衡状态，其过程的摩尔 Gibbs 自由能改变值为 0；过程 2 和 4 分别为液体所受压强和蒸气压力变化的过程，其摩尔 Gibbs 自由能改变值可由如下方法得到：

对于过程 2，由大平面液体转变成小液滴的摩尔 Gibbs 自由能变化值为

$$dG_{2,m} = -S_{l,m}dT + V_{l,m}dP$$

由于温度保持不变，故

$$dG_{2,m} = V_{l,m}dP \tag{1-54}$$

对式（1-54）积分，可得

$$G_{2,m} = \int_{P_0}^{P_0+\Delta P} V_{l,m}dP \tag{1-55}$$

压力对液体摩尔体积影响不显著，可视为定值，因此

$$G_{2,m} = V_{l,m}\Delta P \tag{1-56}$$

式中，ΔP 为小液滴除受大气压力外，弯曲液面因表面张力对液体施加的额外压力。若将液滴看作球形，则 $\Delta P = 2\gamma/r$，因此

$$G_{2,m} = 2\gamma M/(r\rho) \tag{1-57}$$

式中，M 为液体的分子量；ρ 为液体密度。

过程 4 是小液滴对应的饱和蒸气压转换为大平面液体对应饱和蒸气压的过程，因此

$$dG_{4,m} = -S_{vap,m}dT + V_{vap,m}dP \tag{1-58}$$

同样，由于温度保持不变，故

$$dG_{4,m} = V_{vap,m}dP$$

将蒸气看作理想气体，则

$$G_{4,\mathrm{m}} = \int_{P'_{\mathrm{vap}}}^{P_{\mathrm{vap}}} V_{\mathrm{m}} \mathrm{d}P = \int_{P'_{\mathrm{vap}}}^{P_{\mathrm{vap}}} \frac{RT}{P} \mathrm{d}P = RT \ln(P_{\mathrm{vap}}/P'_{\mathrm{vap}}) \tag{1-59}$$

式中，P_{vap} 和 P'_{vap} 分别为大平面液体和小液滴对应的饱和蒸气压；R 为理想气体常数。

由于过程 2 和 4 的摩尔 Gibbs 自由能加和为 0，结合式（1-57）、式（1-59），得

$$RT \ln\left(\frac{P_{\mathrm{vap}}}{P'_{\mathrm{vap}}}\right) + \frac{2\gamma M}{r\rho} = 0$$

$$RT \ln\left(\frac{P'_{\mathrm{vap}}}{P_{\mathrm{vap}}}\right) = \frac{2\gamma M}{r\rho} \tag{1-60}$$

这就是 Kelvin 公式。$P'_{\mathrm{vap}}/P_{\mathrm{vap}}$ 依级数展开式可写作 $1+\Delta P/P_{\mathrm{vap}}(\Delta P = P'_{\mathrm{vap}} - P_{\mathrm{vap}})$。在 $\Delta P/P_{\mathrm{vap}}$ 值很小时，上式简化为

$$\frac{\Delta P}{P_{\mathrm{vap}}} = \frac{2\gamma M}{RTr\rho} \tag{1-61}$$

由式（1-61）可得推论如下：

（1）对于液滴或凸液面，曲率半径越小，液体的蒸气压就越大。表 1-3 列出了 20 ℃时不同水滴半径与其对应的饱和蒸气压。由表中数据可见，当 $r = 10^{-8}$ m 时，其蒸气压已比正常值高出 11%。

表 1-3 20 ℃时不同水滴半径与其对应的饱和蒸气压

r/m	10^{-6}	10^{-7}	10^{-8}	10^{-9}
P_r/P_0	1.001	1.011	1.111	2.859

（2）$r \to \infty$，即平液面，$P_{\mathrm{vap}} = P'_{\mathrm{vap}}$。

（3）凹液面，曲率半径为负，其蒸气压小于平面液体蒸气压。曲率半径越小，则其蒸气压就越低。如毛细玻璃管中的水面、水中的气泡即属于这种情况。

【例】正常压力下（101 325 Pa），在离液面 $h = 0.02$ m 的 100 ℃纯水中，若生成一半径为 10^{-6} m 的小气泡，试分析小气泡的受压状况并判断其是否能够存在。已知 100 ℃时，纯水的表面张力为 58.85 mN/m，密度为 958.1 kg/m³。

【解】据 Laplace 公式，小气泡承受的附加压力 ΔP 为

$$\Delta P = \frac{2\gamma}{r} = \frac{2 \times 0.058\,85}{10^{-6}} = 1.177 \times 10^5 \text{（Pa）}$$

小气泡处于 0.02 m 深的水中，所受静压力为

$$P_{\text{静}} = \rho g h = 958.1 \times 9.8 \times 0.02 = 188 \text{（Pa）}$$

所以，小气泡存在时需要克服的压力 P' 为

$$P' = P_{\text{大气}} + P_{\text{静}} + \Delta P$$
$$= 101\,325 + 188 + 1.177 \times 10^5$$
$$= 2.19 \times 10^5 \text{（Pa）}$$

又根据 Kelvin 公式，对应于 100 ℃时小气泡内水的蒸气压为

$$\ln\left(\frac{P_r}{P_{atm}}\right) = \frac{2\gamma M}{\rho RT(-r)} = \frac{2\times 58.85\times 10^{-3}\times 13\times 10^{-3}}{958.1\times 8.314\times 373\times (-10^{-8})} = -0.0713 \text{ (Pa)}$$

即 $P_r/P_{atm} = 0.9312$，$P_r = 0.9312\times 101325 = 94354$（Pa）。

由于小气泡内水的蒸气压只有 0.9435×10^5 Pa，远小于气泡存在时需要克服的压力 2.19×10^5 Pa，所以小气泡不能存在。若使气泡存在，则需继续加热，使气泡内水的蒸气压等于或超过它应当克服的压力时气泡才能不断产生，液体才会开始沸腾。此时，液体的沸腾温度必然高于其正常沸点。

式（1-60）的 Kelvin 公式虽是正确的，但欲实验证明却很不易。因为易于进行实验的液体半径范围内其饱和蒸气压力变化并不大，且蒸气压力易受温度影响。温度变化 0.1 K，蒸气压力改变 1%；温度变化 0.01 K，蒸气压力便可改变 0.1%。因此实验温度控制也必须十分严格。事实上，让温度长期稳定在 0.01 K 范围内也不是一件容易的事。所以，在早期对 Kelvin 公式实验验证是采用间接的方法。

有人在高真空度条件下观察小水银滴的蒸发过程，测定其大小分布与时间的关系，结果证明蒸发速度与半径成反比，这正是 Kelvin 公式所预示的。不过，对于液滴半径小到只有几十甚至几纳米时，作为 Kelvin 公式基础的界面意义似乎已成问题。但是，1981 年 Fisher 和 Israelachvili 研究了环己烷在交叉接触云母圆柱上的毛细凝结，并用干涉仪测定弯曲液面曲率，得到 $\ln(P'_{vap}/P_{vap})$ 与曲率的线性关系，且证明直到曲率半径为 4 nm 时此线性关系依然成立。

蒸气压随液滴大小而变化的现象在许多自然和生产过程中均有重要意义。因此，Kelvin 公式对人类认识自然、改造自然起着重要作用。

1.6.2 液体过热

液体过热是指液体加热至沸点及沸点以上而不发生沸腾的现象。处于大气压力下，液体沸腾时内部生成微小气泡，由 Laplace 公式可知，微小气泡除受大气压力外，还承受很大的附加压力（图 1-20）。此外，依据 Kelvin 公式，气泡中的液体饱和蒸气压比平液面小，且气泡越小，蒸气压就越小。所以，必须升高液体温度，使液相中小气泡的饱和蒸气压超过大气压才能使液体沸腾，于是引起过热，甚至导致暴沸。过热温度与气泡半径的关系推导如下。

图 1-20 液相中的小气泡

设在一定压力和温度下，溶液中存在一微小气泡，且气泡中的蒸气与液相处于热平衡状态。若液体温度改变 dT，相应地，气泡内压力则改变 dP 后气液两相仍处于热力学平衡状态。上述变化可写作

	液相(l)	小气泡气相(g)
T	$G_{l,m}$	$G_{g,m}$
$T+dT$	$G_{l,m}+dG_{l,m}$	$G_{g,m}+dG_{g,m}$

因为温度变化时，气相与液相始终处于热力学平衡状态，因此，d$G_{g,m}$ = d$G_{l,m}$。

根据热力学公式，d$G_m = -S_m dT + V_m dP$，得

$$-S_{m,g}dT + V_{m,g}dP_g = -S_{l,m}dT + V_{l,m}dP_l \tag{1-62}$$

式中，$S_{l,m}$、$V_{l,m}$ 分别是指液相的摩尔熵、液相摩尔体积；$S_{m,g}$、$V_{m,g}$ 分别为小气泡内气相的摩尔熵、气体的摩尔体积；P_l、P_g 分别表示液相和气相受到的压力；T 为体系温度，液相和气泡内温度一致。

由于液相所受压力为大气压 P_{atm} 保持不变，所以 $dP_l=0$；
上式变化为 $(S_{m,g}-S_{l,m})dT = V_{m,g}dP_g$
由于 $S_{m,g}-S_{l,m} = \Delta H_{vap}/T$
将 ΔH_{vap} 看作是定值，气泡内气体看作是理想气体，则

$$(\Delta H_{vap}/T)dT = (RT/P_g)dP_g$$

$$(\Delta H_{vap}/T^2)dT = (R/P_g)dP_g$$

$$\int_{T_1}^{T_2}\left(\frac{\Delta H_{vap}}{T^2}\right)dT = \int_{P_{atm}}^{P_g}\left(\frac{R}{P_g}\right)dP_g$$

$$\Delta H_{vap}(1/T_1 - 1/T_2) = R\ln(P_g/P_{atm})$$

$$1/T_1 - 1/T_2 = (R/\Delta H_{vap})\ln(P_g/P_{atm}) \tag{1-63}$$

式中，T_1 是对应大气压力 P_{atm} 下的沸腾温度；T_2 是对应气泡内压力 P_g 的沸腾温度。

若将气泡看作是球形，那么，结合 Laplace 公式，$P_g = P_{atm} + 2\gamma/r$。式（1-63）可写作

$$1/T_1 - 1/T_2 = (R/\Delta H_{vap})\ln(1-2\gamma/rP_{atm}) \tag{1-64}$$

因为此种情况下液面的曲率半径是负值，故气液平衡温度将升高。气泡越小，温度就越高。实际上，如果液体十分纯净，无微粒亦无溶解的气体可以释放出来作为汽化的核心，则必然出现过热现象。为避免过热，往往加多孔性沸石或毛细管，因为其中已有曲率半径较大的气泡存在，加热时直接产生大气泡，这样就避免了液体生成小气泡的困难。

1.6.3 过冷蒸气

密闭空间中，当单位时间内水分子进入气相的分子数与返回液相的分子数相等时，水的蒸发与凝结处于动态平衡，且气相中蒸气的分压不再增大，此时的状态称为饱和蒸气。不过，并非所有情况均是如此。在相对纯净的高空中，水蒸气并未与其液相共存，蒸气变成液体是一个新相生成的过程，此时的蒸气即使通过降温形成过冷蒸气达到很高的过饱和度，通常也不发生凝结。例如，半径为 10^{-8} m 的液滴中理论上含有约 14 万个水分子，即使水蒸气的蒸气压超出其饱和蒸气压，也难使 14 万个水分子聚在一起形成雨滴落下。定量解释过冷蒸气与其液滴的关系具有重要的理论价值，尤其是在人工降雨方面。饱和蒸气与其液滴关系的推导如下：

如图 1-21 所示，设一气象条件下空气中存在一小液滴，且与其蒸气处于热力学平衡状态。

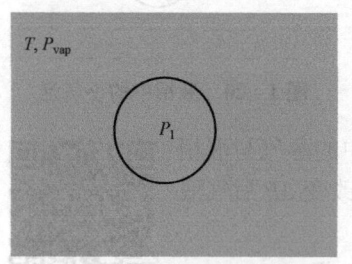

图 1-21 气相中的小液滴

因为热力学平衡，$dG_{v,m} = dG_{l,m}$；基于热力学基本公式 $dG = -SdT + VdP$，得

$$-S_{l,m}dT + V_{l,m}dP_l = -S_{v,m}dT + V_{v,m}dP_{vap} \tag{1-65}$$

式中，$S_{l,m}$、$V_{l,m}$ 分别是液滴的摩尔熵、液相摩尔体积；$S_{v,m}$、$V_{v,m}$ 分别是水蒸气的摩尔熵、水蒸气的摩尔体积；P_l、P_{vap} 分别表示液滴受到的压力和水蒸气的分压；T 为体系温度，液滴和蒸气保持一致。

考虑气相条件稳定时，温度对水蒸气分压 P_{vap} 影响不大，即 $dP_{vap}=0$，故式（1-65）变化为

$$(S_{v,m}-S_{l,m})dT = -V_{l,m}dP_1 \tag{1-66}$$

由于 $S_{v,m}-S_{l,m}=\Delta H_{vap}/T$，式（1-66）写作

$$(\Delta H_{vap}/T)dT = -V_{l,m}dP_1$$

将液滴看作是球形，则液滴所受压力 $P_1=P_{atm}+2\gamma/r$，则上式变为

$$(\Delta H_{vap}/T)dT = -V_{l,m}d(2\gamma/r)$$

再将 ΔH_{vap} 看作是定值，液体摩尔体积随压力变化不大，对上式积分

$$\int_{T_1}^{T_2}\left(\frac{\Delta H_{vap}}{T}\right)dT = \int_{\infty}^{r}-V_{l,m}d(2\gamma/r)$$

$$\Delta H_{vap}\ln\left(\frac{T_2}{T_1}\right) = -V_{l,m}(2\gamma/r)$$

$$\ln\left(\frac{T_2}{T_1}\right) = -2V_{l,m}\gamma/(r\Delta H_{vap}) \tag{1-67}$$

式中，T_1 为大平面液体（$r\to\infty$）对应饱和蒸气压的温度；T_2 为小液滴 r 对应饱和蒸气压的温度。由于小液滴 r 取正值，式（1-67）右边为负值，因此 $T_2<T_1$，r 越小 T_2 就越低。

由此可以看出，蒸气压力一定时，即使已达到对应大平面液体的饱和蒸气压时也难以使其凝结；若使蒸气凝结成液滴，则需要更低的温度，直至达到小液滴对应的饱和蒸气压才能发生蒸气凝结。液滴越小，凝结需要的温度越低，其过饱和程度也就越高。若欲降低过饱和程度，就必须有一些曲率半径较大的核心，使水蒸气在这些核心表面发生凝结，从而降低其过饱和度。空气中的尘埃就起到这样的作用。人工降雨就是利用了这一原理，将粉末状态的干冰或碘化银撒在含过饱和水蒸气的空气中，其中干冰用于降温，而碘化银颗粒作为凝结核心，使水蒸气凝结成雨滴落下。

1.6.4 Kelvin 公式应用

（1）毛细凝结与等温蒸馏

毛细管孔中液面与其孔外液面的曲率不同，导致两种液面对应的饱和蒸气压力也不同。在形成凹形液面的情况下，孔中液体的平衡蒸气压低于其平面液体的正常饱和蒸气压，甚至在低于其正常饱和蒸气压时也可在毛细管中发生凝结，此即所谓的毛细凝结现象。

若在一封闭容器中含有大小不同曲率的液滴与它们的蒸气共存（图 1-22），由于相同温度下不同液面的平衡蒸气压力不同，则体系自发地进行液体分子从大块液相通过气相转移到曲率大的凹液面处，这就是等温蒸馏。

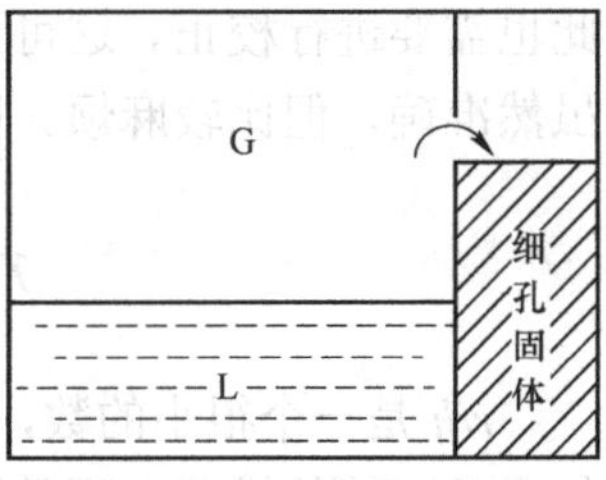

（2）小颗粒具有更高的溶解度——Ostwald 现象

固体颗粒溶解度与其半径的关系如下式所示。

$$\ln\left(\frac{S_r}{S_0}\right) = \frac{2M\gamma}{RT\rho r} \tag{1-68}$$

图 1-22 等温蒸馏示意图

式中，S_0 为大颗粒的溶解度；S_r 为小颗粒的溶解度；γ 为固液界面张力；M 为溶质分子量；ρ 为溶质密度；r 为颗粒的半径；R 为气体常数；T 为热力学温度。式（1-68）说明较小固体粒子的溶解度大于较大的固定粒子溶解度，对大块固体已达饱和的溶液，对小粒子则未必达到饱和，这种溶液称为过饱和溶液，这种现象称为 Ostwald 现象。

对溶解度很小的物质，Ostwald 现象不明显；但对溶解度不是太小的物质，Ostwald 现象就很明显。如 25 ℃时 $CaSO_4$ 在水中的溶解度，当半径为 1.8 μm 时为 2.29 mg/L，而当半径为 0.1 μm 时则为 4.5 mg/L。Ostwald 现象在制药及分析化学中都非常重要。当沉淀从溶液中析出时，如果粒子太小，就可能因为溶解度大而沉淀不完全，过滤时也容易透过滤纸。一般物质沉淀析出时粒子有大有小，经一定时间后，小粒子会逐渐溶解而消失，大粒子会逐渐长大，并且大小趋于均匀、一致。这种现象称为晶体的老化（或称陈化）。晶体老化后，颗粒变大，溶解度减小，沉淀完全。因此，在物质沉淀析出过程中先要充分搅拌，有时还要在水浴上加热，放置过夜，以促进晶体老化。

此外，颗粒大小对氧化还原电势也有影响。Tausch-Treml 等人证明了孤立的 Ag 原子是很强的还原剂，$\varphi^{\ominus}_{Ag^+} = -1.8$ V；而对大块 Ag，其电势 $\varphi^{\ominus}_{Ag^+} = 0.8$ V。微小粒子及纳米世界的奇特现象和性质有待人们进一步去发现与利用。

1.7 液体表面张力测试方法

表面张力的测试方法很多，有毛细上升法、脱环法、滴体积法（滴重法）、吊片法、气泡最大压力法（泡压法）。此外还有悬滴法、座滴法等。以下简要介绍其中的几种。

1.7.1 毛细上升法

毛细上升法测定液体表面张力的基本公式如下式所示，该公式是毛细上升法测定液体表面张力的基础。

$$\gamma = \frac{1}{2}\Delta\rho ghr \qquad (1-69)$$

式中，h 为毛细上升高度；r 为毛细管半径。实际应用中只有在 $\theta=0°$ 的情况下才可行，因为测量接触角 θ 的准确度还难以满足准确测定表面张力的要求，故此式的应用受到限制。另外，毛细管中的液面也并不是严格的半球形，弯曲液面的曲率半径也就不等于毛细管的半径，因此也需要进行校正。这可以借助于 Bashforth-Adams 方程的数值解，以渐进法来完成。此法虽然准确，但比较麻烦。比较简单的办法是采用 Rayleigh 校正公式：

$$\gamma = \frac{1}{2}\Delta\rho ghr\left(1+\frac{r}{3h}-\frac{0.128\,8r^2}{h^2}+\frac{0.131\,2r^3}{h^3}\right) \qquad (1-70)$$

r/h 是一个很小的数，因此常常只用公式右边括弧中的前两项就可以得到相当高的精度。如果毛细管的横截面不是圆形，而具有一定的椭圆度，则可使用 Hagen 和 Desains 校正公式：

$$\gamma = \frac{1}{2}\Delta\rho ghr\left(1+\frac{r}{3h}-\frac{0.111\,1r^2}{h^2}+\frac{0.071\,4r^3}{h^3}\right) \qquad (1-71)$$

式中，r 为毛细管平均半径。这一类校正方法是基于表面张力与重力平衡的原理，通过对弯月面底部以上液体的重力计算得到的。

毛细上升法理论完整，方法简单，有足够的测量精度。倘若液体对毛细管壁的接触角 θ 等于 0，那么它就是最好的方法，常被用作其他相对方法的标样。应用此法时除了要有足够精度的恒温装置和测高仪外，还须注意选择内径均匀的毛细管。

1.7.2 脱环法

脱环法是根据将水平接触液面的圆环拉离液面过程中所需最大力来推算液体的表面张力。测试拉力大小的方法有多种，长期以来因应用最多的是 Du Noüy 首先使用的扭力天平，故此法又称为 Du Noüy 方法。

水平接触液面的圆环（通常用铂环）被提拉时将带起一些液体，形成液柱（图1-23）。环对天平所施加之力 $\omega_{总}$ 由两部分组成：圆环本身重力 $\omega_{环}$ 和带起液体的重力 F。F 随提起高度的增加而增加，但有一个极限，超过某一值时圆环即与液面脱开，此极限值取决于液体的表面张力和圆环的尺寸。因为外力提起液柱是通过液体表面张力实现的，因此最大液柱重力与圆环受到的液体表面张力垂直分量相等。F 与液体表面张力的关系为

$$\gamma = \frac{F}{4\pi R} \times f \tag{1-72}$$

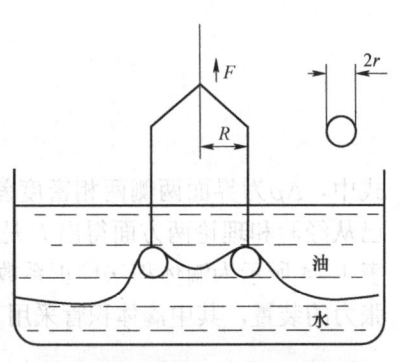

图1-23 脱环法测定表面张力

式中，R 为圆环的平均半径；f 为校正因子。为了保证接触角为零，或接触角固定不变，应当把铂环置于强酸中认真地清洗或经过灼烧才能使用。开始测试时，要让圆环平躺在静止的液面上。如果是测定液液界面张力，则下层液体应该对圆环有更好的润湿性。

校正因子 f 考虑了圆环在拉脱位置上所受非垂直方向上的表面张力以及与圆环接触处液体的复杂形状等影响。大量实验表明，校正因子 f 是 R^3/V 和 R/r 的函数，其中 V 是圆环拉起的液体的体积，r 是铂丝的半径。

脱环法操作简便，但理论上却比较复杂。同时，由于需要应用经验的校正系数，故该方法带有经验性，所得结果也受多种不易控制的因素影响，如平衡时间、接触角等。对于溶液体系，由于金属环在提升过程中形成新的液面未必达到热力学平衡状态，因此脱环法测得的表面张力值不一定是溶液表面达到热力学平衡时的值。

1.7.3 滴体积法（滴重法）

当液体自管口滴落时，液滴的大小与液体密度、表面张力有关，这就是滴体积法或滴重法的基本原理。如果液滴滴落瞬间形状如图1-24（a）所示，并自管口完全脱落，则落滴重力 mg 与表面张力 γ、管口半径 r 有下式的关系。

$$mg = 2\pi r \gamma \tag{1-73}$$

实际上，液滴滴落过程并非上述情况。用高速摄影机拍得的落滴过程如图1-24（b）所示，液滴长大时发生形变、细颈，再在细颈处断开，一部分液滴滴落，一部分残留在管口。因此，式（1-73）中需加校正系数 F。于是，滴重法或滴体积法的计算公式可改写为

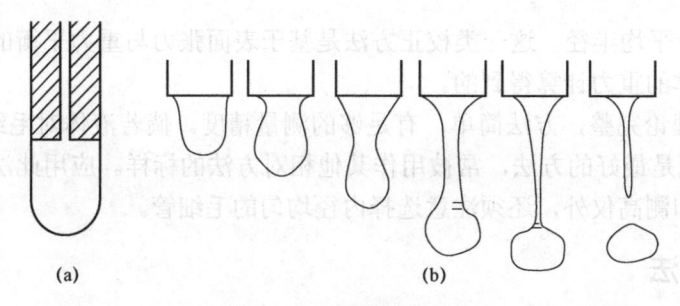

图 1-24 液滴滴落过程
(a) 理想情况；(b) 实际情况

$$\gamma = \frac{Fmg}{r} = \frac{FV\Delta\rho g}{r} \tag{1-74}$$

式中，$\Delta\rho$ 为界面两侧两相密度差，对于气液界面可用液体密度代替；V 为落滴体积。前人已从经验和理论两方面得出 F 是 $r/V^{1/3}$ 或 r^3/V 的函数，并提供了相关的函数关系和数值表。表 1-4 所示为滴体积法校正系数表。图 1-25 所示是一种十分简便的滴体积法测定液滴表面张力的装置，其中滴体积管采用 0.2 mL 的微量刻度移液管加工而成。

表 1-4 滴体积法测定液体表面张力校正因子 F 数值表

V/r^3	F	V/r^3	F	V/r^3	F	V/r^3	F
37.04	0.219 8	22.93	0.226 3	15.05	0.233 3	10.48	0.239 8
36.32	0.220 0	22.35	0.226 7	14.83	0.233 6	10.27	0.240 1
35.25	0.220 3	21.98	0.227 0	14.51	0.233 9	10.14	0.240 3
34.56	0.220 6	21.43	0.227 4	14.30	0.234 2	9.95	0.240 7
33.57	0.221 0	21.08	0.227 6	13.99	0.234 6	9.82	0.241 0
32.93	0.221 2	20.56	0.228 0	13.79	0.234 9	9.63	0.241 3
31.99	0.221 6	20.23	0.228 3	13.50	0.235 2	9.51	0.241 5
31.39	0.221 8	19.74	0.228 7	13.31	0.235 4	9.33	0.241 9
30.53	0.222 2	19.43	0.229 0	13.03	0.235 8	9.21	0.242 2
29.95	0.222 5	18.96	0.229 3	12.84	0.236 1	9.04	0.242 5
29.13	0.222 9	18.66	0.229 6	12.58	0.236 4	8.93	0.242 7
28.60	0.223 1	18.22	0.230 0	12.40	0.236 7	8.77	0.243 1
27.83	0.223 6	17.94	0.230 3	12.15	0.237 1	8.66	0.243 3
27.33	0.223 8	17.52	0.230 7	11.98	0.237 3	8.50	0.243 6
26.60	0.224 2	17.25	0.230 9	11.74	0.237 7	8.40	0.243 9
26.13	0.224 4	16.86	0.231 3	11.58	0.237 9	8.25	0.244 2
25.44	0.224 8	16.60	0.231 6	11.35	0.238 3	8.15	0.244 4
25.00	0.225 0	16.23	0.232 0	11.20	0.238 5	8.00	0.244 7
24.35	0.225 4	15.98	0.232 3	10.97	0.238 9	7.905	0.244 9
23.93	0.225 7	15.63	0.232 6	10.83	0.239 1	7.765	0.245 3
23.32	0.226 1	15.39	0.232 9	10.62	0.239 5	7.673	0.245 5

续表

V/r^3	F	V/r^3	F	V/r^3	F	V/r^3	F
7.539	0.245 8	4.820	0.253 9	3.252	0.259 7	2.305	0.264 0
7.451	0.246 0	4.747	0.254 1	3.223	0.259 8	2.278	0.264 1
7.330	0.246 4	4.700	0.254 2	3.180	0.260 0	2.260	0.264 2
7.236	0.246 6	4.630	0.254 5	3.152	0.260 1	2.234	0.264 3
7.112	0.246 9	4.584	0.254 6	3.111	0.260 3	2.216	0.264 4
7.031	0.247 1	4.516	0.254 8	3.084	0.260 4	2.190	0.264 5
6.911	0.247 4	4.471	0.255 0	3.044	0.260 6	2.173	0.264 5
6.832	0.247 6	4.406	0.255 3	3.018	0.260 7	2.148	0.264 6
6.717	0.248 0	4.363	0.255 4	2.979	0.260 9	2.132	0.264 7
6.641	0.248 2	4.299	0.255 6	2.953	0.261 1	2.107	0.264 8
6.530	0.248 5	4.257	0.255 7	2.915	0.261 2	2.091	0.264 8
6.458	0.248 7	4.196	0.256 0	2.891	0.261 3	2.067	0.264 9
6.351	0.249 0	4.156	0.256 1	2.854	0.261 5	2.052	0.264 9
6.281	0.249 2	4.096	0.256 4	2.830	0.261 6	2.028	0.265 0
6.177	0.249 5	4.057	0.256 6	2.794	0.261 8	2.013	0.265 1
6.110	0.249 7	4.000	0.256 8	2.771	0.261 9	1.990	0.265 2
6.010	0.250 0	3.961	0.256 9	2.736	0.262 1	1.975	0.265 2
5.945	0.250 2	3.906	0.257 1	2.713	0.262 2	1.953	0.265 2
5.850	0.250 5	3.869	0.257 3	2.680	0.262 3	1.939	0.265 2
5.787	0.250 7	3.805	0.257 5	2.657	0.262 4	1.917	0.265 4
5.694	0.251 0	3.779	0.257 6	2.624	0.262 6	1.903	0.265 4
5.634	0.251 2	3.727	0.257 8	2.603	0.262 7	1.882	0.265 5
5.544	0.251 5	3.692	0.257 9	2.571	0.262 8	1.868	0.265 5
5.486	0.251 7	3.641	0.258 1	2.550	0.262 9	1.847	0.265 5
5.400	0.251 9	3.608	0.258 3	2.518	0.263 1	1.834	0.265 6
5.343	0.252 1	3.559	0.258 5	2.498	0.263 2	1.813	0.265 6
5.260	0.252 4	3.526	0.258 6	2.468	0.263 3	1.800	0.265 6
5.206	0.252 6	3.478	0.258 8	2.448	0.263 4	1.781	0.265 7
5.125	0.252 9	3.447	0.258 9	2.418	0.263 5	1.768	0.265 7
5.073	0.253 0	3.400	0.259 1	2.399	0.263 6	1.758	0.265 7
4.995	0.253 3	3.370	0.259 2	2.370	0.263 7	1.749	0.265 7
4.944	0.253 5	3.325	0.259 4	2.352	0.263 8	1.705	0.265 7
4.869	0.253 8	3.295	0.259 5	2.324	0.263 9	1.687	0.265 8

续表

V/r^3	F	V/r^3	F	V/r^3	F	V/r^3	F
1.534	0.265 8	1.024	0.261 1	0.811 7	0.255 3	0.654 1	0.247 9
1.519	0.265 7	1.015	0.260 9	0.805 6	0.255 1	0.648 8	0.247 6
1.457	0.265 7	1.009	0.260 8	0.800 5	0.254 9	0.645 7	0.247 4
1.443	0.265 6	1.000	0.260 6	0.794 0	0.254 7	0.640 1	0.247 0
1.433	0.265 6	0.994	0.260 4	0.789 4	0.254 5	0.637 4	0.246 8
1.418	0.265 5	0.985 2	0.260 2	0.783 6	0.254 3	0.633 6	0.246 5
1.395	0.265 4	0.979 3	0.260 1	0.778 6	0.254 1	0.629 2	0.246 3
1.380	0.265 2	0.970 6	0.259 9	0.772 0	0.253 8	0.624 4	0.246 0
1.372	0.264 9	0.964 8	0.259 7	0.767 9	0.253 6	0.621 2	0.245 7
1.349	0.264 8	0.956 4	0.259 5	0.761 1	0.253 4	0.616 5	0.245 4
1.327	0.264 7	0.950 7	0.259 4	0.757 5	0.253 2	0.613 3	0.245 3
1.305	0.264 6	0.942 3	0.259 2	0.751 3	0.252 9	0.608 6	0.244 9
1.284	0.264 5	0.936 8	0.259 1	0.747 2	0.252 7	0.605 5	0.244 6
1.255	0.264 4	0.928 6	0.258 9	0.741 2	0.252 5	0.601 6	0.244 3
1.243	0.264 3	0.923 2	0.258 7	0.737 2	0.252 3	0.597 9	0.244 0
1.223	0.264 2	0.915 1	0.258 5	0.731 1	0.252 0	0.593 4	0.243 7
1.216	0.264 1	0.909 8	0.258 4	0.727 3	0.251 8	0.590 4	0.243 5
1.204	0.264 0	0.901 9	0.258 2	0.721 4	0.251 6	0.586 4	0.243 1
1.180	0.263 9	0.896 7	0.258 0	0.717 5	0.251 4	0.583 1	0.242 9
1.177	0.263 8	0.889 0	0.257 8	0.711 6	0.251 1	0.578 7	0.242 6
1.167	0.263 7	0.883 9	0.257 7	0.708 0	0.250 9	0.544 0	0.242 8
1.148	0.263 5	0.876 3	0.257 5	0.702 0	0.250 6	0.512 0	0.244 0
1.130	0.263 2	0.871 3	0.257 3	0.698 6	0.250 4	0.455 2	0.248 6
1.113	0.262 9	0.863 8	0.257 1	0.693 1	0.250 1	0.406 4	0.255 5
1.096	0.262 5	0.858 9	0.256 9	0.689 4	0.249 9	0.364 4	0.263 8
1.079	0.262 2	0.851 6	0.256 7	0.684 2	0.249 6	0.328 0	0.272 2
1.072	0.262 1	0.846 8	0.256 5	0.680 3	0.249 5	0.296 3	0.280 6
1.062	0.261 9	0.839 5	0.256 3	0.675 0	0.249 1	0.268 5	0.288 8
1.056	0.261 8	0.834 9	0.256 2	0.671 4	0.248 9	0.244 1	0.297 4
1.046	0.261 6	0.827 5	0.255 9	0.666 2	0.248 6	—	—
1.040	0.261 4	0.823 2	0.255 7	0.662 7	0.248 4	—	—
1.036	0.261 3	0.816 3	0.255 5	0.657 5	0.248 1	—	—

此法具有方法简便、对接触角无严格限制、结果准确等优点，已成为测定液体表面张力最常用的方法之一。但与脱环法一样，此法测定的表面张力值也存在热力学平衡的问题。

1.7.4 吊片法

此法为 Wilhelmy 在 1863 年首先使用，故常称为 Wihelmy 法（图 1-26）。此法实际上是用薄片代替圆环测定薄片从液面拉脱时的最大拉力，后经改进，成为测定当薄片底面与液面平行，且刚好与液面接触时所受到的拉力。此拉力为沿吊片一周作用的液体表面张力 f。显然，由此获得的力 f 值按下式计算即可得到液体的表面张力。

$$\gamma = f/[2(l+d)] \tag{1-75}$$

式中，l 为吊片长度；d 为吊片宽度。

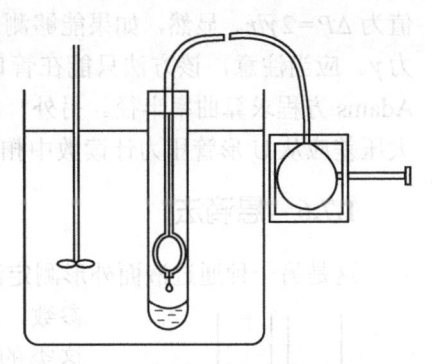

图 1-25 滴体积法测定表面张力

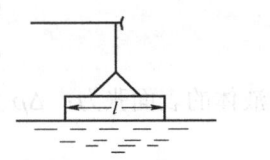

图 1-26 吊片法测定液体表面张力示意图

吊片法是测定液体表面张力最常用的方法之一。该方法具有的热力学平衡性是它的突出优点，且该方法实验简便，不需要液体密度，也无须繁杂的计算过程。现代表面张力仪大多采用这种方法。为保证测定结果的准确性，唯一的要求是液体与吊片必须具有很好的润湿性，这也是采用吊片法测定液体表面张力最大的弱点和限制。常用的吊片材质有铂金、玻璃和云母等。若将吊片边沿沿垂直方向打毛，则有利于改善液体对其的润湿性。

1.7.5 气泡最大压力法（泡压法）

此法是将惰性气体通过毛细管管口慢慢地加压插入液面的毛细管，测量出泡时的最大压力，由此推算出液体的表面张力。图 1-27 所示为该测量法所用的装置及气泡最大压力法原理。

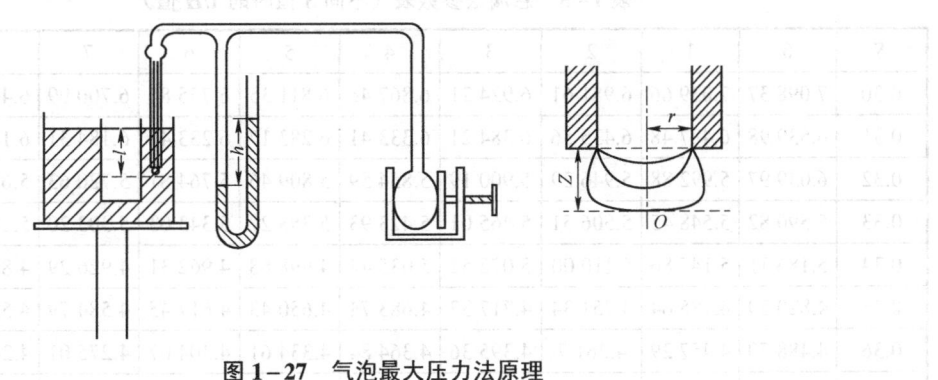

图 1-27 气泡最大压力法原理

惰性气体加压毛细管使其液面降低，在毛细管管口处液面曲率的变化将经历一次最大值，理想情况下液面最大曲率半径等于管口半径 r。根据 Laplace 公式，气泡内外压差的最大

值为 $\Delta P=2\gamma/r$。显然，如果能够测出气口半径和气泡内外最大压差，即可算出液体的表面张力 γ。应当注意，该方法只能在管口很细且插入液面不深时才适用，否则需采用 Bashforth-Adams 方程求算曲率半径。另外，应用图 1-27 所示装置测定液体表面张力时，气泡内外最大压差应从 U 形管压力计读数中扣除管口插入深度造成的压力值。

1.7.6 悬滴法

这是另一种通过液面外形测定液体表面张力的方法，该方法是通过测定悬挂液滴的外形参数，应用 Bashforth-Adams 方程推算出液体的表面张力。属于这类的研究方法虽然很多，而具有实用价值的还是 1937 年 Andreas 等人提出的测试方法。

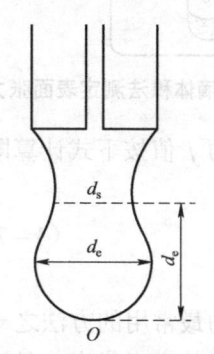

该方法是从悬滴外形图上确定其最大直径 d_e，在与悬滴顶点 O 垂直距离等于 d_e 的地方作最大直径的平行线，交于液滴表面（图 1-28）。令此线段长度为 d_s，并定义

$$S = d_s/d_e \tag{1-76}$$

$$\beta = -g\Delta\rho b^2/\gamma \tag{1-77}$$

$$H = -\beta(d_e/b)^2 \tag{1-78}$$

图 1-28 悬滴法示意图

式中，b 为液滴顶点 O 处的曲率半径；g 为重力加速度；γ 为液体的表面张力；$\Delta\rho$ 为界面接触两种流体的密度差。根据 β 的定义可以得到

$$\gamma = \frac{\Delta\rho g b^2}{\beta} = \frac{\Delta\rho g d_e^2}{H} \tag{1-79}$$

Andreas 等人发现 $1/H$ 与 S 有固定关系。他们通过测定各种形状和尺寸水悬滴的 d_e 和 d_s 参数，并应用已知水的表面张力和密度值，根据式（1-76）和式（1-77）算出 $1/H$-S 数据表（表 1-5）。虽然这是经验的，但后来被证实与应用 Bashforth-Adams 理论计算的结果完全一致。此法免除了对接触角的要求，扩大了滴外形方法的应用范围。但此法对防振要求很高，否则难以准确得到悬滴液的外形曲线。

表 1-5 悬滴法参数表（不同 S 值时的 $1/H$ 值）

S	0	1	2	3	4	5	6	7	8	9
0.30	7.098 37	7.039 66	6.981 61	6.924 21	6.867 46	6.811 35	6.755 86	6.700 99	6.466 72	6.593 06
0.31	6.539 98	6.487 48	6.435 56	6.384 21	6.333 41	6.283 17	6.233 47	6.184 31	6.135 67	6.087 56
0.32	6.039 97	5.992 88	5.946 29	5.900 19	5.854 59	5.809 46	5.764 81	5.720 63	5.676 90	5.633 64
0.33	5.590 82	5.548 45	5.506 51	5.465 01	5.423 93	5.383 27	5.343 03	5.303 20	5.263 77	5.224 74
0.34	5.186 11	5.147 86	5.110 00	5.072 52	5.035 42	4.998 68	4.962 31	4.926 29	4.890 61	4.855 27
0.35	4.820 29	4.785 64	4.751 34	4.717 37	4.683 74	4.650 43	4.617 45	4.584 79	4.552 45	4.520 42
0.36	4.488 70	4.457 29	4.261 7	4.395 36	4.364 84	4.334 61	4.304 67	4.275 01	4.245 64	4.216 54
0.37	4.187 71	4.159 16	4.130 87	4.102 85	4.075 09	4.047 59	4.020 34	3.993 34	3.966 60	3.940 10
0.38	3.913 84	3.887 86	3.862 12	3.836 61	3.811 33	3.786 27	3.761 43	3.736 82	3.712 42	3.688 24
0.39	3.664 27	3.640 51	3.616 96	3.593 62	3.570 47	3.547 52	3.524 78	3.502 23	3.479 87	3.457 70

续表

S	0	1	2	3	4	5	6	7	8	9
0.40	3.435 72	3.413 93	3.392 32	3.370 89	3.349 65	3.328 58	3.307 69	3.286 98	3.266 43	3.246 06
0.41	3.225 82	3.205 76	3.185 87	3.166 14	3.146 57	3.127 17	3.107 94	3.088 86	3.069 94	3.051 18
0.42	3.032 58	3.014 13	2.995 83	2.977 69	2.959 69	2.941 84	2.924 15	2.906 59	2.889 18	2.871 92
0.43	2.854 79	2.837 81	2.820 97	2.804 26	2.787 69	2.771 25	2.754 96	2.738 80	2.722 77	2.706 87
0.44	2.691 10	2.675 45	2.659 92	2.644 52	2.629 24	2.614 08	2.599 04	2.584 12	2.569 32	2.554 63
0.45	2.540 05	2.525 59	2.511 24	2.497 00	2.482 87	2.468 85	2.454 94	2.441 14	2.427 43	2.413 84
0.46	2.400 34	2.386 95	2.373 66	2.360 47	2.347 38	2.334 39	2.321 50	2.308 70	2.296 00	2.283 39
0.47	2.270 88	2.258 46	2.246 13	2.233 90	2.221 76	2.209 70	2.197 73	2.185 86	2.174 07	2.162 36
0.48	2.150 74	2.139 21	2.122 76	2.116 40	2.105 11	2.093 91	2.082 79	2.071 75	2.060 79	2.049 91
0.49	2.039 10	2.028 38	2.017 73	2.007 15	1.996 66	1.986 23	1.975 88	1.965 61	1.955 40	1.945 27
0.50	1.935 21	1.925 22	1.915 30	1.905 45	1.895 67	1.885 96	1.876 32	1.866 74	1.857 23	1.847 78
0.51	1.838 40	1.829 09	1.819 84	1.810 65	1.801 53	1.792 47	1.783 47	1.774 53	1.765 65	1.756 83
0.52	1.748 08	1.739 38	1.730 74	1.722 16	1.713 64	1.705 17	1.696 76	1.688 41	1.680 12	1.671 88
0.53	1.663 69	1.655 56	1.647 48	1.639 46	1.631 49	1.623 57	1.615 71	1.607 90	1.600 14	1.592 42
0.54	1.584 77	1.577 16	1.569 60	1.562 09	1.554 62	1.547 21	1.539 85	1.532 53	1.525 26	1.518 04
0.55	1.510 86	1.503 73	1.496 65	1.489 61	1.482 62	1.475 67	1.468 76	1.461 90	1.455 09	1.448 31
0.56	1.441 58	1.434 89	1.428 25	1.421 64	1.415 08	1.408 56	1.402 08	1.395 64	1.389 24	1.382 88
0.57	1.376 56	1.370 28	1.364 04	1.357 84	1.351 68	1.345 55	1.239 46	1.333 41	1.327 40	1.321 42
0.58	1.315 49	1.309 58	1.303 72	1.297 88	1.292 09	1.286 33	1.280 60	1.274 91	1.269 26	1.263 64
0.59	1.258 05	1.252 50	1.246 98	1.241 49	1.236 03	1.230 61	1.225 22	1.219 87	1.214 54	1.209 25
0.60	1.203 99	1.198 75	1.193 56	1.188 39	1.183 25	1.178 14	1.173 06	1.168 01	1.163 00	1.158 01
0.61	1.153 05	1.148 12	1.143 22	1.138 34	1.133 50	1.128 68	1.233 89	1.119 13	1.114 40	1.109 69
0.62	1.105 01	1.100 36	1.095 74	1.091 14	1.086 56	1.082 02	1.077 50	1.073 00	1.068 53	1.064 09
0.63	1.059 67	1.055 28	1.050 91	1.046 57	1.042 25	1.037 96	1.033 68	1.029 44	1.025 22	1.021 02
0.64	1.016 84	1.012 69	1.008 56	1.004 46	1.003 7	0.996 31	0.992 27	0.988 26	0.984 27	0.980 29
0.65	0.976 35	0.972 42	0.968 51	0.964 63	0.960 77	0.956 92	0.953 10	0.949 30	0.945 52	0.941 76
0.66	0.938 28	0.934 54	0.930 82	0.927 12	0.923 45	0.919 79	0.916 16	0.912 55	0.908 95	0.905 38
0.67	0.901 83	0.898 30	0.894 78	0.891 29	0.887 82	0.884 36	0.880 92	0.877 51	0.874 11	0.870 73
0.68	0.867 37	0.864 03	0.860 70	0.857 39	0.854 10	0.850 83	0.847 58	0.844 34	0.841 12	0.837 92
0.69	0.834 73	0.831 56	0.828 41	0.825 27	0.822 15	0.819 05	0.815 96	0.812 89	0.809 83	0.806 79
0.70	0.803 76	0.800 75	0.797 76	0.794 78	0.791 82	0.788 70	0.785 94	0.783 02	0.780 11	0.777 22
0.71	0.774 35	0.77U9	0.768 64	0.765 81	0.763 00	0.760 19	0.757 41	0.754 63	0.751 87	0.749 12
0.72	0.746 39	0.743 67	0.740 97	0.738 28	0.735 60	0.732 93	0.730 28	0.727 64	0.725 02	0.722 40
0.73	0.719 80	0.717 22	0.734 64	0.712 08	0.709 53	0.707 00	0.704 47	0.701 96	0.699 4S	0.696 97

续表

S	0	1	2	3	4	5	6	7	8	9
0.74	0.694 49	0.692 02	0.689 57	0.687 13	0.684 70	0.682 28	0.679 88	0.677 48	0.675 10	0.672 73
0.75	0.670 37	0.668 03	0.665 69	0.663 37	0.661 05	0.658 75	0.656 46	0.654 18	0.651 91	0.649 65
0.76	0.647 40	0.645 16	0.642 94	0.640 72	0.638 51	0.636 32	0.634 13	0.631 95	0.629 79	0.627 63
0.77	0.625 49	0.623 35	0.621 22	0.619 11	0.617 00	0.614 90	0.612 81	0.610 74	0.608 67	0.606 61

习题与问题

1. 请从物质表面结构特性角度，阐述表面张力产生的原因。

2. 根据液体在两支不同半径毛细管中液面毛细升高的差值，推导求算液体表面张力的公式。

3. 计算 20 ℃时将 1 mL 水变成直径为 1×10^{-5} cm 的液滴所需要的功。

4. 导出表面张力与表面自由能单位间的换算关系。

5. 导出液体表面总能与温度的关系。

6. 已知液态铁在 1 535 ℃时的表面张力为 1 880 mN/m，表面张力温度系数为 -0.39 [mN/(m·K)]，求它在 100 ℃时的表面能。

7. 液态铋在 550 ℃时的表面张力为 380 mN/m，它的临界温度是 4 620 K，表面张力温度系数为 -0.087 mN/(m·K)，试估算其 1 000 ℃时的表面张力和比表面能。

8. 已知 20 ℃时甲醇的表面张力为 22.05 mN/m，密度为 0.80 g/cm³，表面张力的温度系数为 -0.096 [mN/(m·K)]，求甲醇的表面能及 1 mol 甲醇分子处于表面上时比其在体相时的过剩自由能值。

9. 将一上端弯曲、可为水润湿的毛细管插入水中，若它露出水面的高度小于其毛细上升高度，试问水能否从上口流出吗？为什么？

10. 有两大片平板玻璃相距 0.1 mm 平行而立，下边与水相接，试问水在两板间最大高度能上升多少？（设玻璃与水的接触角为 0°）

11. 下列 5 种半径相同的毛细管（图 1-29），左二毛细管中的黑色部分为石蜡，其余皆为材质相同的玻璃管。

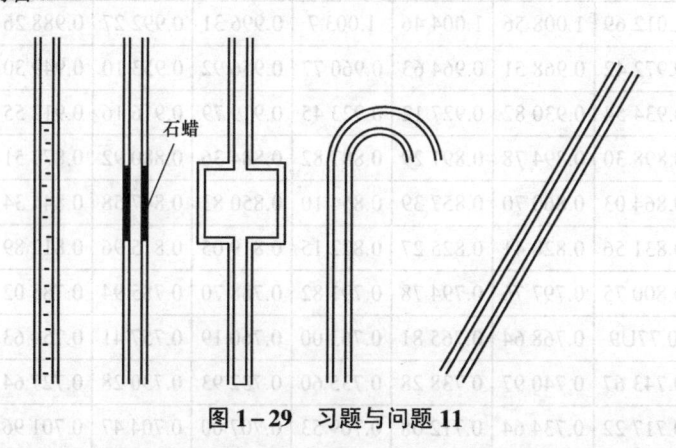

图 1-29 习题与问题 11

问：(a) 若将各管底部接触水面，各出现什么现象？

(b) 若先将各管灌满水再将底部接触水面，又会出现什么现象？

12. 两平板玻璃间夹一层水时为何不易被拉开？若夹水银又当如何？

13. 依据表面化学理论分析松软土壤雨后下陷的机理。

14. 20 ℃时两大片玻璃间夹有 2 mL 水，两板相距 x，求：x 分别为 0.1 mm 和 1 mm 时液相所受的压力。

15. 简述为什么溅落地面上的水银比整装水银对人体更有害？

16. 计算 20 ℃时直径分别为 0.01 mm 和 0.01 μm 的毛细管中水的蒸气压力。其结果说明了什么？

17. 计算 20 ℃时直径分别为 0.01 mm 和 0.01 μm 水珠的蒸气压力。其结果说明了什么？

18. 下列各体系中将活塞两边连通时各会出现什么情况（图 1–30）？为什么？若连通大气又如何？

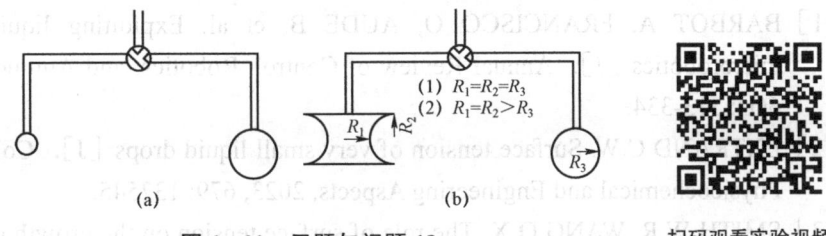

(1) $R_1=R_2=R_3$
(2) $R_1=R_2>R_3$

(a)　　　(b)

图 1–30　习题与问题 18　　　扫码观看实验视频

19. 20 ℃时一杯水中带有直径为 20 nm 的空气泡，问 101 kPa 下该水的沸腾温度是多少？

20. 两半径为 1 μm 的刚性球形粒子，在 20 ℃、90%饱和水蒸气的环境中有毛细凝结现象，计算凝结液表面的曲率半径 r 和在垂直于两粒子轴线方向液体最小半径 x，要拉开这两个粒子至少需要多大的力？

21. 用半径为 0.100 99 cm 的毛细管采用毛细上升高度法测定某一液体的表面张力，测得平衡时上升高度为 1.434 3 cm。已知此液体的密度与气相密度差为 0.997 2 g/mL，计算该液体的表面张力。

22. 测得一液滴的形状因子 $\beta=25$，最大直径为 0.25 cm，两相密度差为 0.5 g/cm³，求液体的界面张力。

23. 当房间空气中有大量的尘土时，为什么往地面上洒水可以使尘土快速降落？达到净化空气的目的是什么？若房间空气中漂浮的是非极性的有机高分子尘埃，还可以通过洒水来达到降尘的目的吗？

24. 在有机溶剂蒸馏过程中，为什么要往里面添加沸石？若添加光滑的玻璃珠子是否可以达到同样目的？

参 考 文 献

[1] 傅献彩，沈文霞，姚天扬. 物理化学 [M]. 北京：高等教育出版社，1994.

[2] 朱玳瑶，赵振国. 界面化学基础 [M]. 北京：化学工业出版社，1996.

[3] 顾惕人，朱玳瑶，李外郎，等. 表面化学 [M]. 北京：科学出版社，1999.

［4］ 江龙. 胶体化学概论［M］. 北京：科学出版社，2002.

［5］ 徐燕莉. 表面活性剂的功能［M］. 北京：化学工业出版社，2000.

［6］ 陈宗淇，王光信，徐桂英. 胶体与界面化学［M］. 北京：高等教育出版社，2001.

［7］ BUTT H J, RAITERI R, MILING A J. Surface characterization methods: Principles, techniques, and applications［M］. New York: Marcel Dekker, 1999.

［8］ VOLPP J. Surface tension of steel at high temperatures［J］. SN Applied Sciences, 2023, 15(9): 2523-3963

［9］ MARINE B, TRIMAILLE I, CAGNON L, et al. Surface tension of cavitation bubbles［J］. Proceedings of the National Academy of Sciences of the United States of America, 2023, 120(15): e2300499120.

［10］ SARA M, FURTADO A, PELLEGRINO O, et al. Surface tension measurements-A comparative study［J］. Acta IMEKO, 2023, 12(4): 1-6.

［11］ BARBOT A, FRANCISCO O, AUDE B, et al. Exploiting liquid surface tension in microrobotics［J］. Annual Review of Control, Robotics, and Autonomous Systems, 2023, 6(1): 313-334.

［12］ EXTRAND C W. Surface tension of very small liquid drops［J］. Colloids and Surfaces A: Physicochemical and Engineering Aspects, 2023, 679: 132545.

［13］ SMITH W R, WANG Q X. The role of surface tension on the growth of bubbles by rectified diffusion［J］. Ultrasonics Sonochemistry, 2023, 98: 106473.

［14］ GRIGORYEV A I, KOLBNEVA N Y, SHIRYAEVA S O. Effect of surface tension relaxation on the stability of a charged jet［J］. Fluid Dynamics, 2023, 58(9): 1740-1750.

［15］ HAN F W, HU F H, ZHAO X L, et al. Study on the effect of electrolyte on surface tension of surfactant solution and wettability of coal dust［J］. Colloids and Surfaces A: Physicochemical and Engineering Aspects, 2023, 682: 132929.

［16］ TANIAA G, FEDERICOA L, ALEJANDROA R, et al. Design, research and development of surface tension equipment with teaching purpose［J］. Desalination and Water Treatment, 2023, 309: 133-139.

［17］ KUSANO R, BOULTON G, KUSANO Y. Saltwater-wettability on polymer surfaces and determination of surface tension［J］. International Journal of Surface Science and Engineering, 2021, 15(4): 281-293.

［18］ JANA K, RADIM M. Surface tension in the supercooled water region［J］. International Journal of Thermophysics, 2021, 42(9): 1-7.

［19］ ANASTASIO1 Á M D, ISIDRO1 C, VEGAS A. Recommended correlations for the surface tension of 80 esters［J］. Journal of Physical and Chemical Reference Data, 2021, 50(3): 033106.

［20］ MA X J, LEI J P, XU J L. Line tension of nanodroplets on a concave surface［J］. Langmuir: The ACS Journal of Surfaces and Colloids, 2021, 37(15): 4432-4440.

［21］ FIMA P, SOBCZAK N. Density and surface tension of molten cast irons journal of mining and metallurgy［J］. Section B: Metallurgy, 2021, 57(3): 439-447.

[22] EVGENY V G. On the cause of surface tension at a liquid-gas interface [J]. European Journal of Physics, 2021, 42(5): 1-7.
[23] KYRILL A B. Alternative formulation of the induced surface and curvature tensions approach [J]. Journal of Physics: G Nuclear & Particle Physics, 2021, 48(5): 1-22.
[24] KALUARACHCHI C P, LEE H D, LAN Y L, et al. Surface tension measurements of aqueous liquid-air interfaces probed with microscopic indentation [J]. Langmuir: The ACS Journal of Surfaces and Colloids, 2021, 37(7): 2457-2465.

第 2 章
溶 液 表 面

人类生产、生活乃至生命现象中涉及的液相多为溶液,很少为纯溶剂。由于组分的多样性及组分间错综复杂的相互作用,溶液表面显示出许多有趣的现象,现已成为一个重要的科学研究领域。

2.1 溶液表面张力与表面活性

在确定的温度、压力下,纯液剂的表面张力是个定值,只能靠改变表面积大小来改变其表面自由能。对于溶液,溶质的加入会使溶液的表面张力与纯液剂不同。有的溶质会使溶液表面张力升高,有的则会使其下降,有的甚至在表面张力-浓度图曲线中出现最大值(如硫酸-水溶液),有的则出现最小值(如乙酸-苯溶液)。下面以水溶液作为研究对象,研究溶质对其表面张力影响的常见情况。

2.1.1 水溶液表面张力的三种特性

溶液通常是由两种或两种以上不同的化合物组成的。若分子间作用力较弱的化合物分子聚集于溶液表面,则会导致表面张力下降,故溶液的表面张力受溶质的性质和浓度影响。在日常科研、生活中,水溶液表面张力随溶质浓度的变化趋势可分为三类:第一类是溶液表面张力随溶质浓度增加缓慢上升;第二类是溶液表面张力随溶质浓度增加缓慢下降;第三类是溶液表面张力随溶质浓度增加迅速下降至一定值,如图 2-1 所示。下面分别介绍它们的特点。

1. 第 I 类曲线

溶液表面张力随溶质浓度增加而缓慢升高,大致呈直线关系,多数无机盐,如 $NaCl$、Na_2SO_4、NH_4Cl、KNO_3 等的水溶液及蔗糖、甘露醇等多羟基有机物的水溶液均属于这一类型。

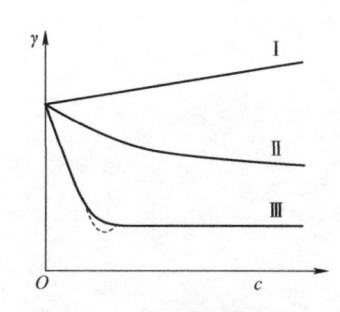

图 2-1 常见水溶液 $\gamma - c$ 关系

无机盐对水溶液表面张力的影响可看作是其阳离子和阴离子贡献的加和。一价离子对其水溶液表面张力影响的大小与 Hofmeister 序列相符,即

$$Li^+ > Na^+ > K^+ > Rb^+ > Cs^+$$
$$F^- > Cl^- > Br^- > I^-$$

这个次序也可由盐类本身的表面张力来解释。表 2-1 列出了 1 000 ℃时各种熔盐的表面张力值。

表 2-1 1 000 ℃时各种熔盐的表面张力值　　　　　　　　　　　　　mN/m

离子	F⁻	Cl⁻	Br⁻	I⁻
Li^+	237	110	—	—
Na^+	200	100	89	70
K^+	132	81	70	58
Rb^+	107	74	69	56
Cs^+	83	65	60	53

对图 2-1 中曲线 I 的浓度和表面张力关系可以表示为

$$\gamma = \gamma_0 + kc \quad (2-1)$$

式中，γ、γ_0 分别为溶液和纯水的表面张力；c 为溶液中溶质的浓度；k 为系数。式（2-1）的正确性也可由 NaCl-H₂O 溶液表面张力随溶液浓度变化的实验结果得到验证。如图 2-2 所示的点为实验结果，线段为拟合结果。

无机盐电解质之所以能使水溶液表面张力增加，是因为无机电解质在水中电离成离子，带电离子与极性水分子发生强烈的相互作用，使水离子化，从而提高了水分子间的相互作用。实际上，这类溶质的加入使得溶质与水分子之间的相互作用比水分子之间的还强。因而，若将溶液中任何粒子从溶液体相移至表面的难度更高，或者说，这类溶质处于表面时则会使表面自由能更高。因此，这类溶质更倾向处于液体体相内部，致使其在体相内部的浓度高于其表面。

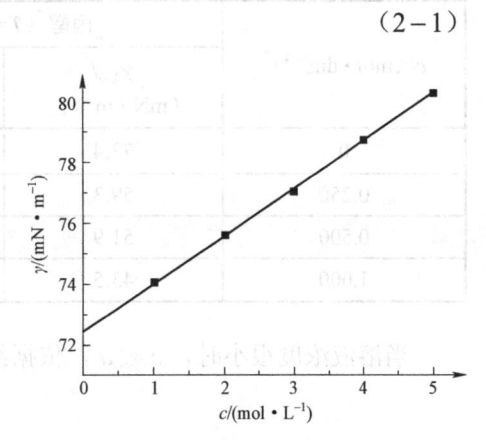

图 2-2 20 ℃时 NaCl-H₂O 溶液浓度-表面张力关系

溶液这种表面浓度与体相浓度不同的现象又称为表面吸附。表面浓度低于本体浓度称为负吸附，表面浓度高于体相浓度称为正吸附。图 2-1 中第 I 类曲线的溶质在水溶液表面即表现为负吸附。

2. 第 II 类曲线

与第 I 类曲线不同，有些溶质加入水中会使水表面张力下降，且随溶质浓度增加表面张力逐渐下降，但不呈直线关系，如图 2-1 中曲线 II 所示。属于这种类型的溶质一般为低分子量极性有机物，如短链的有机脂肪酸、醇、醛、酯、胺及其衍生物等。此类曲线的特点是其一级微商和二级微商皆为负值，故一般采用浓度趋零时的负微商值 $-(d\gamma/dc)_{c\to 0}$ 表示该溶质降低水表面张力的能力。这类溶质水溶液表面张力与浓度之间的关系曲线可用希士科夫斯基（Szyszkowski）经验公式来描述，即

$$\gamma = \gamma_0 \left[1 - b\ln\left(\frac{c}{a}+1\right)\right] \quad (2-2)$$

式中，γ_0、γ、c 分别为纯水的表面张力、水溶液的表面张力和水溶液中溶质的浓度；a 为溶质特征经验常数，对不同溶质取不同值；b 为有机化合物同系物的特征经验常数，对有机同

系物有大致相同的值。从式（2-2）可以看出，在一定浓度下，对有机同系物，a 值越小，其降低溶液表面张力的能力就越强，而能使表面张力迅速降低的物质表面活性也就越大。所以，可从 $1/a$ 值的大小来判断该物质的表面活性。

根据某特定物质的 a 和 b 值，由式（2-2）可计算出其不同浓度下溶液的表面张力。表 2-2 是不同浓度的丙醇和异丁醇溶液表面张力的实测值和计算值。可以看出，理论计算值与实验值基本吻合。表 2-2 中数据还表明，异丁醇降低水的表面张力的能力更大（温度差别不大，可忽略）。这是因为，丙醇：$b=0.1973$，$a=0.1515$；异丁醇：$b=0.1784$，$a=0.0450$，其 b 值相差不大，而异丁醇比丙醇的 a 值更小，因而异丁醇的表面活性比丙醇大。

表 2-2 丙醇和异丁醇水溶液 γ 值

$c/(\text{mol}\cdot\text{dm}^{-3})$	丙醇（$T=15\ ℃$）		异丁醇（$T=18\ ℃$）	
	$\gamma_{实验}/(\text{mN}\cdot\text{m}^{-1})$	$\gamma_{计算}/(\text{mN}\cdot\text{m}^{-1})$	$\gamma_{实验}/(\text{mN}\cdot\text{m}^{-1})$	$\gamma_{计算}/(\text{mN}\cdot\text{m}^{-1})$
0	73.4	—	73.0	—
0.250	59.3	53.9	48.3	48.5
0.500	51.9	52.3	40.7	40.6
1.000	43.5	44.0	32.6	32.0

当溶液浓度很小时，$c\ll a$，依据级数展开，式（2-2）可改写为

$$\gamma_0-\gamma=\frac{\gamma_0 bc}{a} \tag{2-3}$$

即 $\gamma-c$ 为直线关系，斜率为 $-\gamma_0 b/a$。由图 2-1 也可以看出，曲线 Ⅱ 在低浓度时可近似看成直线。

3. 第Ⅲ类曲线

如图 2-1 中曲线Ⅲ，加入少量溶质就能显著地降低水的表面张力。在很小的浓度范围内，溶液表面张力急剧下降，溶液表面张力 γ 随浓度 c 的变化很快趋于恒定，即使再增大溶质浓度，溶液的表面张力也不会再发生较大变化。实验过程中，有时在曲线的拐点处会出现最小值，如图 2-1 中的虚线所示。属于这类的化合物有肥皂、油酸钠、8 个碳原子以上的直链有机酸碱金属盐、烷基苯磺酸钠、高级脂肪酸等。此类物质可明显地表现出其在溶液表面的浓度大于体相浓度的特征，这属于正吸附。

图 2-3 所示为十二烷基硫酸钠（$C_{12}H_{25}SO_4Na$）水溶液的 $\gamma-\lg c$ 图。由图可见，曲线大约在 0.01 mol/L 时出现拐点。这一浓度被称为表面活性剂的临界胶束浓度，简写为 cmc，本书后面会对其作进一步的详细讨论。

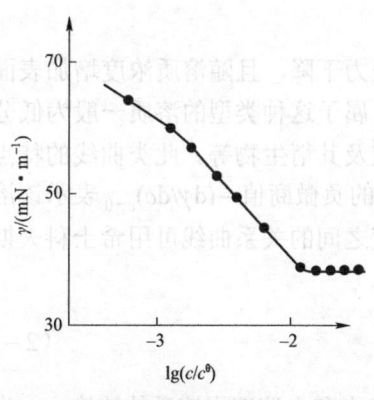

图 2-3 十二烷基硫酸钠（$C_{12}H_{25}SO_4Na$）水溶液的 $\gamma-\lg c$ 图

2.1.2 Traube 规则

特劳贝（Traube）对许多有机同系物 $\gamma-c$ 曲线研究发现，低浓度下溶液表面张力与其浓度呈线性关系；

并且同系物化合物中每增加一个亚甲基基团（—CH$_2$），$-\mathrm{d}\gamma/\mathrm{d}c$ 值就增加 3 倍，即式（2–3）中的 $\gamma_0 b/a$ 值。该规律称为 Traube 规则，即同系物中每增加一个—CH$_2$ 基团，表面张力减小值比原来大 3 倍，或者说化合物的表面活性比原来大 3 倍。表 2–3 列出了甲酸、乙酸、丙酸和正丁酸水溶液的 b、a 及 $\gamma_0 b/a$ 的值，表中数据可以印证 Traube 规则的正确性。

表 2–3　20 ℃时脂肪酸水溶液表面张力的相关参数

脂肪酸	M	γ（纯脂肪酸）/ (mN·m^{-1})	b	a	($\gamma_0 b/a$)/ (N·m^2·mol^{-1})
甲酸	46	37.6	0.125 2	1.370	6.65
乙酸	60	27.4	0.125 2	0.352	25.9
丙酸	74	26.7	0.131 9	0.112	85.7
正丁酸	88	26.8	0.179 2	0.051	255.8

需要强调的是，在一定温度下，溶液表面张力随其浓度变化曲线又称为溶液表面张力等温线或溶液表面张力曲线。

2.1.3　表面活性物质与表面活性剂

常将能使水溶液表面张力降低的物质称为表面活性物质，如图 2–1 中第Ⅱ、Ⅲ类曲线所描述的物质均属于表面活性物质；而那些在低浓度下就能显著降低水表面张力的物质称为表面活性剂，也就是第Ⅲ类曲线所描述的物质。对于那些使水表面张力增大的物质称为表面非活性物质，如图 2–1 中第Ⅰ类曲线对应的物质。

表面活性物质之所以能够降低水的表面张力，与其分子结构有关。表面活性物质的共同特征是其结构具有两亲性：该类物质分子中一端为亲水性基团，如—COO$^-$、—OH、—SO$_3$H 等；另一端为亲油性基团（又称为疏水基团，或憎水基团），如有机物的碳氢链。常用表面活性剂硬脂酸钠（C$_{17}$H$_{35}$COONa）中，"C$_{17}$H$_{35}$—"为亲油基团，"—COONa"为亲水基团。

水是极性溶剂，由于表面活性物质化学结构的两亲性，它的极性端与水的亲和力强，倾向处于水中；而憎水端受水的排斥作用，则倾向于逃离水相，推向水界面，从而表面活性剂在水溶液表界面处将其憎水部分伸向空气或油相。于是，处于表面层的表面活性物质分子所受指向液体水内部的力比处在相同位置的水分子要小一些，所以宏观上表现出该溶液的表面张力比纯水小。

以上是从水溶液表面张力降低的角度来定义表面活性物质，但实际应用时，表面活性物质并不仅仅用于降低水的表面张力。例如，一些物质能改变液体对固体表面的润湿性能，能够使乳状液稳定或者破乳等，而这些物质并不一定能够降低水的表面张力。所以，凡是能够使体系的表面状态发生明显变化的物质都称为表面活性物质，如一些高分子表面活性剂。

2.2　溶液表面吸附

2.2.1　表面吸附

溶液宏观看起来是均匀的，但实际上并非如此，无论如何混匀，溶液表面一薄层液体的浓度总是与其体相内部不同。通常，把溶质在界面上富集的现象叫作吸附（adsorption）。溶液表面存在吸附，表面吸附作用导致溶液表面与其体相浓度的差称为表面过剩（surface excess）。由于液体表面具有与体相的物理不可分离性，其吸附现象通常既难以观察又难以测量。历史上，有两个著名的实验证明溶液表面吸附确实存在。一个是英国著名的胶体与表面化学家 Mcbain 和他的学生进行了非常原始、艰难又极具说服力的"刮皮实验"。他们用刀片从含表面活性物质的水溶液表面飞快地刮下薄层液体，多次收集刮下的液滴并进行浓度分析，证实了含表面活性物质水溶的表面浓度确实高于其体相浓度。Mcbain 的"刮皮实验"为溶液表面吸附理论奠定了实验、理论基础。另一个是向表面活性剂的水溶液中通气，使其生成大量泡沫，收集泡沫分析其浓度，其结果也大大高于原溶液中的浓度。这种做法后来成功发展成为更具有实用意义的泡沫分离法。由此可见，溶液与气相的交界处确实存在着一个浓度和性质与交界处两侧体相不同的区域，该区域就是界面相。

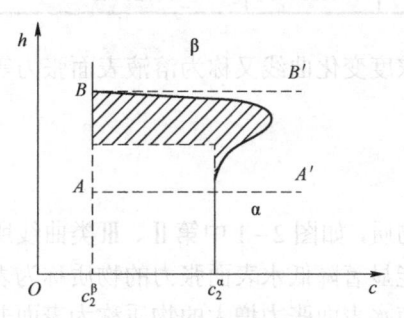

界面相厚度一般只有几个分子，它的组成和性质都是渐变、不均匀的。图 2-4 示意了表面活性剂分子在其溶液表面附近的浓度分布图。与 α、β 两溶液体相中溶质 2 的浓度 c_2^α、c_2^β 相比，在溶液界面 $AA'BB'$ 范围内，表面活性剂的浓度明显高于其两体相。

图 2-4 表明活性剂溶液表面过剩示意图

2.2.2 表面吸附量

要对表面吸附现象开展研究就必须确定描述它的物理量，最基本的物理量是表面吸附量。根据上述讨论，表面吸附量应为溶液表面相浓度与其体相浓度的差值。但是表面相与溶液体相之间并无截然的分界线，同时表面相的浓度与所取分界线的位置也紧密相关，故难以直接地、简单地测定溶液表面的吸附量。为解决这个问题，需求助热力学。开展热力学研究首先必须确定研究对象的体系，有两个殊途同归的研究方法：一个是 Gibbs 划面法；另一个是 Guggenheim 等人发展的界面相法。

Gibbs 在他的经典吸附热力学研究中，将两相体系等效为两个均匀的体相和一个没有厚度的界面。两相界面的位置按 Gibbs 划面法确定。对于溶液，是按体系中某一个组分——通常是溶剂——无过剩的条件来划界的，即选取界面位置需满足

$$n_1 = n_1^\alpha + n_1^\beta = c_1^\alpha V^\alpha + c_1^\beta V^\beta \tag{2-4}$$

式中，n_1 为在溶液体相内对应界面相厚度内溶剂组分 1 的物质的量；n_1^α、n_1^β 分别为在界面两侧组分 1 偏离其相应体相浓度的总量；c_1^α、c_1^β 分别为在界面两侧偏离其相应体相的摩尔体积浓度；V^α 和 V^β 分别为偏离其相应体相本体浓度的体积。图 2-5（a）中线段 SS' 代表 Gibbs 界面位置，图 2-5（b）阴影部分为溶剂 1 在界面的变化情况。Gibbs 界面使图 2-5（b）中面积 DEO 与 OFG 相等。相应地，溶质 2 在 Gibbs 界面内的摩尔量 n_2 可表示为

$$n_2 = n_2^\alpha + n_2^\beta + n^\sigma = c_2^\alpha V^\alpha + c_2^\beta V^\beta + \Gamma_2^{(1)} A \tag{2-5}$$

显然

$$\Gamma_2^{(1)} = (n_2 - c_2^\alpha V^\alpha - c_2^\beta V^\beta + \Gamma_2^{(1)})/A \tag{2-6}$$

式中，A 表示界面面积；$\Gamma_2^{(1)}$ 表示溶质 2 在 Gibbs 表面单位面积所拥有的界面吸附量。式（2-6）

中吸附量 Γ 的含义是指单位界面面积的实际体系含有绝对溶质的量,与相应的没有界面的两均匀体相中所含有的溶质量之差,所以,Γ 又称作比表面过剩(specific surface excess)。

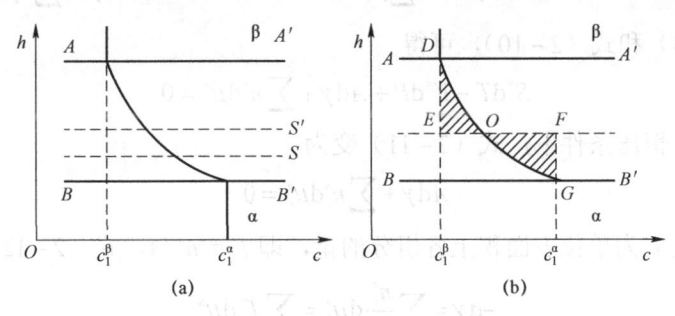

图 2-5　Gibbs 划面法示意图

Guggenheim 等人在用热力学研究吸附问题时采用了另一个方法。他们以均匀 α 相和 β 相间的全部过渡区域作为研究体系,界面不再是一个二维的平面,而是一个三维界面相,如图 2-6 所示。这样,溶质在界面的吸附量定义为

$$\Gamma_2^* = \left(n_2^s - \frac{n_2}{n_1} n_1^s \right) \quad (2-7)$$

式中,n_1、n_2 分别为组分 1 和 2 在溶液中的摩尔浓度;n_1^s、n_2^s 为组分 1 和 2 二者在界面相的物质的量。不难看出,式

图 2-6　界面相模型

(2-7)中吸附量 Γ_2^* 表示的物理意义是:表面相单位面积中所含溶质的量与表面相单位面积中所含溶剂量在溶液体相中,拥有溶质量的差值,因此也叫作相对吸附量(relative adsorption)。

2.3　Gibbs 吸附公式

100 多年前,Gibbs 从经典的吸附热力学研究中得出了吸附公式,解决了研究溶液表面吸附的关键问题。Gibbs 吸附公式的应用范围并不限于溶液表面,可适用于一切界面,是整个吸附领域中极为重要的理论基础。

2.3.1　Gibbs 吸附公式的导出

(1) 由界面内能 U^s 导出

将 Gibbs 划面法所得平面看作研究对象,则在恒温、恒压条件下,溶液界面内能 U^s 的变化可表示为

$$dU^s = TdS^s - PdV^s + \gamma dA + \sum \mu_i^s dn_i^s \quad (2-8)$$

式中,μ_i^s 为组分 i 在表界面的化学势。恒定强度变量 T、P、γ、μ_i^s 不变,按比例添加溶液中各组分的量,则上述微分式可变化为

$$U^s = TS^s - PV^s + \gamma A + \sum \mu_i^s n_i^s \quad (2-9)$$

对式（2-9）进行微分，可得

$$dU^s = TdS^s - PdV^s + \gamma dA + \sum \mu_i^s dn_i^s + S^s dT - V^s dP + Ad\gamma + \sum n_i^s d\mu_i^s \quad (2-10)$$

比较式（2-8）和式（2-10），可得

$$S^s dT - V^s dP + Ad\gamma + \sum n_i^s d\mu_i^s = 0 \quad (2-11)$$

因为在恒温、恒压条件下，式（2-11）变为

$$Ad\gamma + \sum n_i^s d\mu_i^s = 0 \quad (2-12)$$

定义表面浓度 Γ 为单位表面积上各组分的量，即 $\Gamma_i = n_i^s/A$，式（2-12）可改写为

$$-d\gamma = \sum \frac{n_i^s}{A} d\mu_i^s = \sum \Gamma_i d\mu_i^s \quad (2-13)$$

这就是 Gibbs 吸附公式原型，它描述的是单位表面积上组分物质的量、化学势与表面张力之间的变化关系。

对于溶液，由于溶液界面与其体相是一热力学平衡体系，即对溶液中任一组分在体相中的化学势等于其在溶液表面的化学势，即 $\mu_i = \mu_i^s$。恒温、恒压条件下：

$$\mu_i = \mu_i^0 + RT \ln a_i \quad (2-14)$$

$$d\mu_i^s = d\mu_i = RT \ln da_i \quad (2-15)$$

式中，a_i 为组分 i 的溶液体相的活度；T 为绝对温度；R 为气体常数。于是式（2-13）变为

$$-d\gamma = \sum \Gamma_i RT d\ln a_i \quad (2-16)$$

若溶液为二元组分体系，则

$$-d\gamma = \Gamma_1 RT d\ln a_1 + \Gamma_2 RT d\ln a_2 \quad (2-17)$$

式中，下标 1 和 2 分别表示溶液中的溶剂和溶质。此式给出了溶液表面张力 γ、两组分表面面积浓度（Γ_1 和 Γ_2）与体相中各组分活度（a_1、a_2）间的关系。但由于式（2-17）中含有两个未知数（Γ_1 和 Γ_2），即使测定了溶液表面张力随浓度变化的值，也无法用此式求出溶质的表面浓度。Gibbs 采用了一个巧妙的方法，依据 Gibbs 划面法，这时 $n_1^s = 0$（上标 s 表示溶液的表界面）。式（2-17）可转化为

$$-d\gamma = \Gamma_2^{(1)} RT d\ln a_2 \quad (2-18)$$

或

$$\Gamma_2^{(1)} = -\frac{1}{RT} \frac{d\gamma}{d\ln a_2} = -\frac{1}{2.303RT} \frac{d\gamma}{d\lg a_2} \quad (2-19)$$

溶质浓度较低时，活度约等于浓度，则

$$\Gamma_2^{(1)} = -\frac{1}{RT} \frac{d\gamma}{d\ln c_2} = -\frac{c_2}{RT} \frac{d\gamma}{dc_2} = -\frac{1}{2.303RT} \frac{d\gamma}{d\lg c_2} \quad (2-20)$$

式中，$\Gamma_2^{(1)}$ 为溶质的 Gibbs 吸附量，即溶剂表面过剩为 0 时溶质的表面过剩量，单位是 mol/m^2；c_2 表示溶质的浓度。式（2-20）说明可以从溶液表面张力随浓度变化的数据求出溶质在溶液表面的吸附量。不难看出，吸附量 $\Gamma_2^{(1)}$ 的符号可正可负，这取决于表面张力随浓度的变化率 $d\gamma/dc_2$。$d\gamma/dc_2$ 若为负值，即表面张力随浓度增加而降低，溶质在溶液表面发生正吸附，这时溶质在表面上的浓度高于其在溶液体相的浓度；$d\gamma/dc_2$ 若为正值，即表面张力随浓度增加而

升高，则溶质发生负吸附，溶质在溶液表面的浓度低于其在溶液体相的浓度。对于二元体系溶液，此时表面上溶剂的含量更多一些。

Gibbs 推导引用溶剂划面消除 Γ_1 的过程较为抽象。Guggenheim 等人在进行溶质表面吸附热力学研究时选定的体系更为直观。因为 Guggenheim 将界面看作是一具有一定厚度的表面相，那么式（2–17）中的 Γ_1、Γ_2 分别表示组分 1 和 2 在单位面积表面相中的含量。根据 Gibbs-Duhem 公式，对于二组分溶液相，在恒温、恒压条件下存在

$$x_1 \mathrm{d}\mu_1 = -x_2 \mathrm{d}\mu_2 \tag{2-21}$$

式中，x_1、x_2 分别为溶剂、溶质组分在溶液中的摩尔分数。将式（2–21）代入式（2–16），得

$$-\mathrm{d}\gamma = [\Gamma_2 - \Gamma_1(x_2/x_1)]RT\mathrm{d}\ln a_2 \tag{2-22}$$

比较式（2–18）与式（2–22），可得

$$\Gamma_2^{(1)} = \Gamma_2 - \Gamma_1(x_2/x_1) \tag{2-23}$$

此式说明，Gibbs 吸附公式中 $\Gamma_2^{(1)}$ 的物理意义为：表面相单位面积所含溶质量与表面相单位面积所含溶剂量处于溶液体相时，所对应拥有溶质量的差值。

（2）由界面 Gibbs 自由能导出

Gibbs 表面吸附量公式并不仅仅只能从热力学函数内能中导出，从其他热力学函数同样可以得到。将 Gibbs 划面法所得平面看作是研究对象，则溶液表面 Gibbs 自由能 G^s 的微分形式可写作

$$\mathrm{d}G^s = S^s \mathrm{d}T + V^s \mathrm{d}P + \sum \mu_i^s \mathrm{d}n_i^s + \gamma \mathrm{d}A \tag{2-24}$$

式中，μ_i^s 为组分 i 在表界面的化学势。在恒温、恒压条件下，式（2–24）简化为

$$\mathrm{d}G^s = \sum \mu_i^s \mathrm{d}n_i^s + \gamma \mathrm{d}A \tag{2-25}$$

恒定强度变量 γ、μ_i^s 不变，按比例添加溶液中各组分的量，则上述微分式可变化为

$$G^s = \sum \mu_i^s n_i^s + \gamma A \tag{2-26}$$

对式（2–26）进行全微分

$$\mathrm{d}G^s = \sum \mu_i^s \mathrm{d}n_i^s + \gamma \mathrm{d}A + \sum n_i^s \mathrm{d}\mu_i^s + A\mathrm{d}\gamma \tag{2-27}$$

对比式（2–25）和式（2–26），得

$$\sum n_i^s \mathrm{d}\mu_i^s + A\mathrm{d}\gamma = 0 \tag{2-28}$$

此时，式（2–28）与式（2–12）的结果完全一致，这表明 Gibbs 表面吸附公式可从多个热力学参数推导获得。

2.3.2 Gibbs 吸附公式实验验证

20 世纪 30 年代，科学家即开始了 Gibbs 吸附公式的实验验证。Mcbain 和他的学生让刀片以 11 m/s 的速度从溶液表面刮下厚度约 0.1 mm 的薄层液体。根据所配溶液的质量浓度 c_0、刮下液体的质量 W 和质量浓度 c，以及刮过液面的面积 A，按式（2–29）可计算出其表面吸附量

$$\Gamma_2^{(1)} = \frac{W(c-c_0)}{A(1-c_0)} \tag{2-29}$$

表 2-4 列出了一些他们测试的典型结果,并与应用 Gibbs 吸附公式由表面张力曲线计算的数值进行了比较。可以看出,Mcbain 的实验结果不但证明了溶液表面确实存在吸附作用,而且证明了表面活性物质发生正吸附、表面非活性物质在溶液表面发生负吸附。考虑实验操作的困难,表 2-4 所示实验值与计算值相符程度是令人满意的。后来,又有人采用起泡法、乳液法、放射性示踪法等多种手段通过直接测定界面区域溶质浓度来计算表面过剩量,所得结果与 Gibbs 公式计算非常吻合,这进一步证明了 Gibbs 公式的正确性。图 2-7 所示为 Tajima 等人通过放射示踪法测定十二烷基硫酸钠水溶液不同溶液活度下的表面吸附量,以及采用 Gibbs 公式理论计算结果。

表 2-4 Mcbain 验证 Gibbs 吸附公式实验结果

水溶液	浓度/(mol·L^{-1})	$\Gamma_2^{(1)}$/(mmol·m^{-2})	
		Mcbain 法测定值	Gibbs 法计算值
4-氨基甲苯	0.018 7	5.7	4.9
	0.016 4	4.3	4.6
苯酚	0.218 0	4.4	5.1
	0.022 3	5.9	5.4
己酸	0.025 8	4.4	5.6
	0.045 2	5.3	5.4
3-苄基丙酸	0.010 0	3.7	3.4
	0.030 0	3.6	5.3
氯化钠	2.0	-0.007 4	-0.006 4

2.3.3 离子型表面活性剂溶液 Gibbs 吸附公式

由于离子型表面活性剂解离现象,在离子型表面活性剂水溶液中存在多种溶质成分:表面活性离子(R^+ 或 R^-)、反离子(A^- 或 M^+),还有与之相关水解生成的 H^+、OH^- 离子,以及可能存在的弱酸、弱碱分子。各种成分在溶液表面吸附特性不同,在应用 Gibbs 吸附公式进行吸附量计算时需对体系做全面分析,并采用适当的方法进行计算。

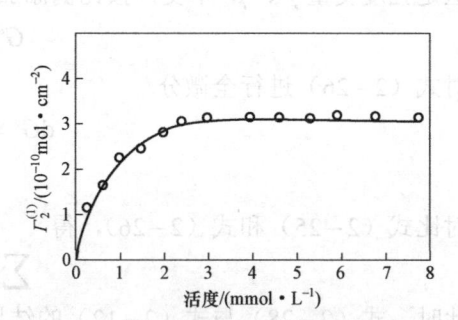

图 2-7 十二烷基硫酸钠水溶液表面的吸附量随溶液溶质活度的关系曲线
(图中点为实验结果;线为 Gibbs 公式计算结果)

对广泛应用的 1-1 价强电解质离子型表面活性剂,此类化合物在水溶液中以表面活性离子和反离子的形式存在。这时,Gibbs 吸附公式依式(2-13)写作

$$-d\gamma = \sum \Gamma_i d\mu_i^s$$
$$= \Gamma_{R^-} d\mu_{R^-}^s + \Gamma_{M^+} d\mu_{M^+}^s + \Gamma_{H^+} d\mu_{H^+}^s + \Gamma_{OH^-} d\mu_{OH^-}^s \tag{2-30}$$

中性条件下,上式右侧后两项数值相对于前两项很小,可忽略。同时,由于界面相与溶液体相处于热力学平衡状态,故

$$d\mu_{R^-} = d\mu^s_{R^-}; \quad d\mu_{M^+} = d\mu^s_{M^+}$$

$$d\mu^s_{R^-} = RTd\ln a_{R^-}; \quad d\mu^s_{M^+} = RTd\ln a_{M^+}$$

式中，$\mu^s_{R^-}$、$\mu^s_{M^+}$ 分别为表面活性剂离子、反离子在溶液界面上的化学势，μ_{R^-}、μ_{M^+} 分别为表面活性剂离子、反离子在溶液体相中的化学势，a_{R^-}、a_{M^+} 分别为表面活性剂离子、反离子在溶液体相中的活度。依据溶液体相及其界面的电中性原则，$a_{R^-} = a_{M^+} = a$，$\Gamma_{R^-} = \Gamma_{M^+} = \Gamma$。式（2-30）变为

$$-d\gamma = 2\Gamma d\mu_{R^-} = 2RT\Gamma d\ln a \tag{2-31}$$

或

$$\Gamma = -\frac{1}{2 \times 2.303RT} \frac{d\gamma}{d\lg a} \tag{2-32}$$

式中，a 表示离子型表面活性剂在溶液中的活度，它可以表示为离子型表面活性剂浓度与活度系数 f 的乘积。

$$a_i = f_i \cdot C_i \tag{2-33}$$

根据 Debye-Huckel 强电解质理论，25 ℃时溶质活度系数与溶质特性存在下列关系：

$$\lg f_{+(-)} = \frac{-0.509 |Z^+ Z^-| I^{1/2}}{1 + 0.33\alpha I^{1/2}} \tag{2-34}$$

式中，Z 为离子电荷；I 为溶液中离子强度（$I = 0.5\sum C_i Z_i^2$）；α 为离子间的平均距离，对 Na^+、K^+、Br^-、Cl^- 等体积小的离子 α 取值为 0.3，对表面活性离子 α 取值为 0.6。应用式（2-31）和式（2-34）可以从溶液表面张力数据得到离子型表面活性剂在溶液表面的吸附量。如果在此类溶液中加入过量的具有共同反离子的中性无机电解质，则式（3-31）可简化还原为式（2-18）。这是因为在加入过量的具有共同反离子的中性无机盐时，反离子总浓度很大，表面活性剂浓度变化对反离子浓度影响很小，式（2-30）右侧第二项也可以忽略不计。另外，过量电解质的加入使溶液离子强度大致恒定，离子活度系数不变，活度可用浓度来代替。

2.4 吸附量计算及吸附等温线

2.4.1 吸附量计算

在推导 Gibbs 吸附公式时，对界面涉及的α、β 两相没有作任何限制，因此原则上该公式可适用于任何界面。实际研究中，应用更多的情况是气液和液液界面。

（1）γ-$\lg c$ 曲线法

迄今，应用 Gibbs 吸附公式由溶液表面张力随浓度变化关系曲线求得不同浓度下溶质表面吸附量，仍是实验获得界面吸附量的最常用方法。其基本做法是：在一定温度下测定不同浓度、热力学平衡下的溶液表面张力 γ，作 γ-$\ln c$ 或 γ-$\lg c$ 曲线，获得各浓度下曲线斜率 $d\gamma/d\ln c$ 或 $d\gamma/d\lg c$；然后根据 Gibbs 吸附公式（2-19）计算各对应浓度下的溶质表面吸附量。图 2-8 所示为常温下三种典型表面活性物质水溶液的 γ-$\lg c$ 曲线。可以看出，该三种溶液表面张力均随溶质浓度增加呈降低趋势。在癸基硫酸钠（$C_{10}H_{21}SO_4Na$）的表面张力-浓度曲线中出现一

显著拐点，该拐点对应于癸基硫酸钠在该浓度下其在溶液表面的吸附量达到饱和，高于此浓度后，溶质在表面的吸附量不再发生变化。基于图 2-8 曲线，利用 Gibbs 吸附公式计算、绘制得到上述三种溶液不同浓度下的溶质表面吸附量曲线如图 2-9 所示，对于温度恒定，溶质表面吸附量随浓度的变化曲线又称作溶液表面吸附等温线。

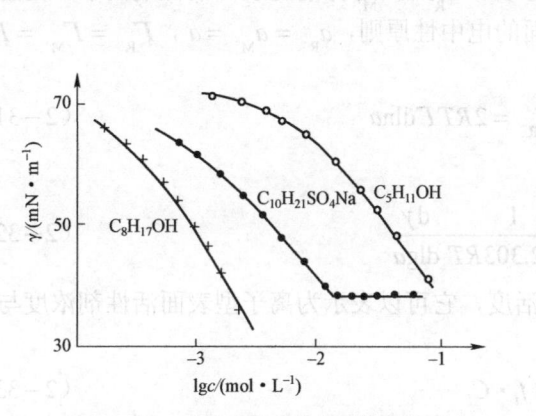

图 2-8 表面张力-浓度对数曲线

图 2-9 溶液表面吸附等温线

下面举例说明溶质表面吸附量的计算。

【例】30 ℃时获得溶液表面与体相热力学平衡的癸基甲基亚砜水溶液的表面张力曲线，曲线在浓度为 4×10^{-5} mol/L 时 $d\gamma/dlgc$ 值为 -12.2 mN/m，拐点处为 -28.5 mN/m。计算癸基甲基亚砜在浓度为 4×10^{-5} mol/L 时的吸附量 $\Gamma_2^{(1)}$ 及其饱和吸附量 Γ_m。

【解】癸基甲基亚砜可以看作是非离子表面活性物质，可由下列 Gibbs 吸附公式计算表面吸附量：

$$\Gamma_2^{(1)} = -\frac{1}{2.303RT}\frac{d\gamma}{dlga_2}$$

$$\Gamma_2^{(1)} = -\frac{1}{2.303\times8.314\times(273+30)}\times(-12.2\times10^{-3}) = 2.10\times10^{-6}\ (\text{mol/m}^2)$$

$$\Gamma_m = -\frac{1}{2.303RT}\frac{d\gamma}{dlga_2}$$

$$\Gamma_m = -\frac{1}{2.303\times8.314\times(273+30)}\times(-28.5\times10^{-3}) = 4.91\times10^{-6}\ (\text{mol/m}^2)$$

（2）Szyszkowski 法

应用 Gibbs 吸附公式计算溶质吸附量时，也可与描述表面张力与浓度关系的 Szyszkowski 公式相结合，由 Szyszkowski 公式求得 $d\gamma/dc$，再计算相应浓度下溶液表面的溶质吸附量。

【例】20 ℃时，丙酸水溶液的表面张力与浓度关系满足 $\gamma=\gamma_0\times[1-b\ln(c/a+1)]$。其中，$a$ 为 0.112 mol/L，b 为 0.131 9；γ_0 为纯水的表面张力，值为 72.8 mN/m。求丙酸浓度为 0.36 mol/L 时溶质在溶液表面的吸附量。

【解】将 Szyszkowski 公式微分，得

$$\frac{d\gamma}{dc}=\frac{-\gamma_0 b}{a+c}$$

$$\frac{\mathrm{d}\gamma}{\mathrm{d}c} = \frac{-\gamma_0 b}{a+c} = \frac{-0.072\,8 \times 0.131\,9}{0.112 + 0.36} = -0.020\,34 \quad [(\mathrm{N\ L})/(\mathrm{mol\ m})]$$

因为

$$\Gamma_2^{(1)} = -\frac{1}{RT}\frac{\mathrm{d}\gamma}{\mathrm{d}\ln a_2} = -\frac{a_2}{RT}\frac{\mathrm{d}\gamma}{\mathrm{d}a_2}$$

将浓度 c 近似为活度 a_2，可得

$$\Gamma_2^{(1)} = -\frac{a_2}{RT}\frac{\mathrm{d}\gamma}{\mathrm{d}a_2} = \frac{-0.36}{8.314 \times (273+20)} \times (-0.020\,34) = 3.0 \times 10^{-6} \quad (\mathrm{mol/m^2})$$

2.4.2 吸附等温线

相同温度下，由 γ-$\lg c$ 曲线或 Szyszkowski 经验公式获得不同浓度下溶液表面张力对浓度的斜率，再由 Gibbs 吸附公式获得相应浓度下的溶质吸附量，从而得到溶质表面吸附量对溶液浓度的曲线，该曲线叫作吸附等温线（adsorption isotherm）。

由 2.1 可知，含表面活性物质的溶液在浓度很低时，其表面张力与浓度呈线性关系，即

$$\mathrm{d}\gamma/\mathrm{d}c = B \tag{2-35}$$

将其代入 Gibbs 表面吸附公式，得

$$\Gamma_2^{(1)} = -\frac{B}{RT}c \tag{2-36}$$

可以看出，低浓度下溶液表面溶质吸附量与浓度呈线性关系。对于表面活性物质，浓度稍大时表面张力与浓度的关系偏离直线，需用 Szyszkowski 公式来描述。将 Szyszkowski 公式与 Gibbs 吸附公式相结合，即得溶液表面溶质吸附量随浓度的变化关系式，该式称为吸附等温线公式。

$$\Gamma_2^{(1)} = -\frac{\gamma^0 b}{RT}\frac{c_2}{a+c_2} \tag{2-37}$$

当浓度很小时，$c_2 \ll a$，式（2-37）还原为式（2-36），且式（2-36）中的系数 B 为 $\gamma^0 b/a$，见下式。

$$\Gamma_2^{(1)} = -\frac{\gamma^0 b}{RTa}c_2 \tag{2-38}$$

当浓度很大时，$c_2 \gg a$，则式（2-37）变为

$$\Gamma_2^{(1)} = -\frac{\gamma^0 b}{RT} = \Gamma_\mathrm{m} \tag{2-39}$$

式（2-39）表示溶液浓度很大时，溶液表面的溶质吸附量不再随浓度增加而增加，而是趋于一极限值。这时溶质在溶液表面的吸附量叫作极限吸附量，又称饱和吸附量，以符号 Γ_m 表示。

令 $1/a = k$，式（2-37）可以写成

$$\Gamma_2^{(1)} = -\Gamma_{2\mathrm{m}}\frac{kc_2}{1+kc_2} \tag{2-40}$$

这种形式的吸附等温式首先是由 Langmuir 在研究气体在固体表面单分子层吸附时导出的，故称为 Langmuir 公式。此式还可以写成

$$\theta = \frac{\Gamma}{\Gamma_\mathrm{m}} = \frac{kc_2}{1+kc_2} \tag{2-41}$$

式中，θ 为吸附饱和度。各种表面活性物质在溶液表面上的吸附等温线常可用此类公式来代表。但是，对于溶液表界面吸附来说，它还只能说是经验公式，因为导出此式的 Szyszkowski 公式是经验的。

2.5 表面活性物质在溶液表面的构象

对于同系物类表面活性物质的水溶液，其在溶液表面的饱和吸附量大致是相同的，如具有不同长度的直链脂肪酸即如此。由此推测，在达到饱和吸附时，这些表面活性物质分子在溶液表面上的构象是定向而整齐排列的，其极性基团伸入水相，非极性基团指向空气，如图 2-10 所示。这是因为达到饱和吸附时，表面层几乎全被溶质分子所占据；由于同系物中不同化合物的区别仅是碳氢链长短的不同，鉴于其分子截面积基本上相同，所以它们的饱和吸附量也必然相同。

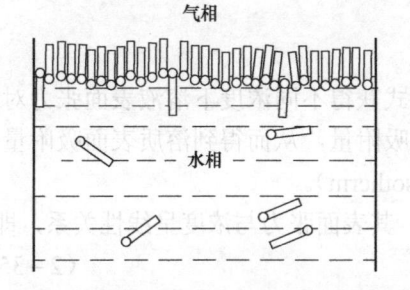

图 2-10 表面活性物质表面饱和吸附示意图

虽然吸附量（$\Gamma_2^{(1)}$）的定义为单位表面上溶质的过剩量，但在达到饱和吸附时，表面溶质浓度远远高于其体相浓度，表面相中溶剂量对应其在体相中的溶质量可以忽略不计。因此，可以把饱和吸附量近似看作是单位表面上溶质的物质的量，从而由 Γ_m 可计算出每个吸附分子所占的面积，即分子的截面积 S 为

$$S = \frac{1}{\Gamma_m N_A} \tag{2-42}$$

此法求得醇类化合物的截面积为 $0.278 \sim 0.289 \text{ nm}^2$，脂肪酸为 $0.302 \sim 0.310 \text{ nm}^2$，所得结果比其他方法偏大。这是因为表面吸附层达到饱和吸附时表面相中仍然存在溶剂水分子。依据表面活性物质在溶液表面的饱和吸附特性，从下式还可求得饱和吸附层的厚度 δ 为

$$\delta = \frac{\Gamma_m M}{\rho} \tag{2-43}$$

式中，M 为吸附物的摩尔质量；ρ 为其密度。既然饱和吸附层中表面活性物质分子是定向直立排列，那么直链脂肪族同系物的厚度 δ 也应随脂肪族化合物链长的增加而增加。实验结果表明，同系物碳氢链中每增加一个—CH_2—基团，δ 就增加 $0.13 \sim 0.15 \text{ nm}$，这与 X 射线分析结果相符。

表面活性物质在溶液表面的吸附量不太大时，其在表面排列不会那么整齐，每个分子有一定的活动范围，但其基本取向不变。表面活性物质在表面的富集、定向排列现象可以发生在极性不同的任意两相界面上，包括气液、气固、液液、液固界面。其亲水性一端朝着极性大的一相，憎水性一端朝着极性小的另一相，从而降低两相交界处的能量。

2.6 饱和吸附量影响因素

表面活性剂的饱和吸附量反映其在溶液表面的吸附能力。表 2-5 列出了部分表面活性物

质的饱和吸附数据。从饱和吸附量数据可得出下列规律。

表 2-5 一些表面活性剂在水溶液表面的饱和吸附量及其分子截面积

表面活性剂	温度/℃	饱和吸附量/(10^{-10} mol·cm^{-2})	分子截面积/nm^2
$n-C_{10}H_{21}SO_4Na$	25	3.0	0.56
$n-C_{12}H_{25}SO_4Na$	25	3.16	0.53
$n-C_{12}H_{25}SO_4Na$	60	2.65	0.63
$n-C_{14}H_{29}SO_4Na$	25	3.7	0.45
$n-C_{10}H_{21}SO_3Na$	10	3.37	0.49
$n-C_{10}H_{21}SO_3Na$	25	3.22	0.52
$n-C_{10}H_{21}SO_3Na$	40	3.05	0.54
$n-C_{14}H_{29}N(CH_3)_3Br$	30	2.7	0.62
$n-C_{14}H_{29}N(C_3H_7)_3Br$	30	1.9	0.88
$n-C_{16}H_{33}N(C_3H_7)_3Br$	30	1.8	0.91
$n-C_{18}H_{37}(CH_3)_3Br$	25	2.6	0.64
$n-C_{12}H_{25}O(EO)_3H$	25	3.98	0.42
$n-C_{12}H_{25}O(EO)_4H$	25	3.63	0.46
$n-C_{12}H_{25}O(EO)_5H$	25	3.0	0.56
$n-C_{12}H_{25}O(EO)_7H$	25	2.6	0.64
$n-C_{12}H_{25}O(EO)_8H$	10	2.56	0.65
$n-C_{12}H_{25}O(EO)_8H$	25	2.52	0.66
$n-C_{12}H_{25}O(EO)_8H$	40	2.46	0.67
$n-C_{12}H_{25}O(EO)_8H$	25	2.3	0.73
$n-C_{12}H_{25}O(EO)_{12}H$	25	1.9	0.88

(1) 表面活性剂分子截面积小的饱和吸附量较大。表面活性剂的分子截面积有的取决于亲水基，有的取决于疏水基，大多是水合亲水基的截面积起决定性作用。例如，聚氧乙烯类非离子型表面活性剂的饱和吸附量一般是随着极性端聚合度的增加而减小，溴代十四烷基三丙胺的饱和吸附量明显小于溴代十四烷基三甲胺。疏水基截面积的大小与疏水基团是否含有支链相关，亲水基团相同时，带支链疏水基的表面活性剂饱和吸附量一般是小于其直链的。此外，以碳氧链为疏水基的表面活性剂其饱和吸附量通常小于相应的碳氢链。

(2) 其他因素相同时，非离子型表面活性剂的饱和吸附量是大于离子型的。这是因为吸附在溶液表面的表面活性剂离子带相同电荷，彼此存在电斥力，使其吸附层较为疏松，饱和吸附量低。

（3）加入无机盐可明显增加离子型表面活性剂的吸附量。因为更多的反离子进入吸附层，削弱了表面活性剂离子间的电斥力，使其排列更加紧密。对非离子型表面活性剂，加入无机盐时对其饱和吸附量影响不大。

（4）同系物表面活性剂的饱和吸附量差别不大，一般随碳氢链的增长有所增加，但疏水链的碳原子数大于16时，其饱和吸附量反而会有所降低。

（5）温度升高，饱和吸附量减小。但对非离子型表面活性剂，在低浓度时吸附量往往随温度升高而增加。

2.7 吸附热力学函数

一个过程的标准热力学函数改变量，即标准 Gibbs 自由能改变量 $\Delta G^{\ominus}$、标准焓改变量 $\Delta H^{\ominus}$ 和标准熵改变量 $\Delta S^{\ominus}$，可以提供更多有关过程的物理化学信息。在溶液界面溶质吸附过程中，通常把这些改变量叫作标准吸附自由能、标准吸附焓和标准吸附熵。标准吸附 Gibbs 自由能 $\Delta G^{\ominus}_{ad}$ 可以判别在标准状态下吸附能否自行发生，以及发生吸附进行的程度。标准吸附焓变 $\Delta H^{\ominus}_{ad}$ 可以提供吸附过程中分子间的相互作用信息。标准吸附熵变 $\Delta S^{\ominus}_{ad}$ 则可以表明吸附过程是使体系变得更为规则还是更为混乱。下面分别介绍各种吸附热力学函数的定义及其推导方法。

2.7.1 标准吸附自由能

计算标准吸附自由能（$\Delta G^{\ominus}_{ad}$）的方法有多种，这里介绍其中的一种。设溶质在溶液表面的吸附过程通式为

$$n_1^s + 2^b \rightarrow 2^s + n_1^b$$

式中，n_1^s 为界面上的溶剂分子；2^b 为体相中的溶质分子；2^s 为界面上的溶质分子；n_1^b 为体相中的溶剂分子。如果一个体相中的溶质分子只能取代一个界面相的溶剂分子，则上式 $n=1$。

令 $\Delta\mu_1$ 为溶剂分子由界面相迁移至体相过程中的化学势变化值，$\Delta\mu_2$ 为溶质分子由体相迁移至界面、发生界面吸附的化学势变化值，a_1^s、a_1^b 分别为溶剂在溶液表面相及体相中的活度，a_2^s、a_2^b 为溶质在溶液表面相及体相中的活度，则

$$\Delta\mu_1 = \mu_1^{\ominus} + RT\ln(a_1^b/a_1^s) \tag{2-44}$$

$$\Delta\mu_2 = \mu_2^{\ominus} + RT\ln(a_2^s/a_2^b) \tag{2-45}$$

这时，此过程体系的 Gibbs 自由能变化值可以表示为

$$\Delta G_{ad} = \Delta\mu_1 + \Delta\mu_2 = \mu_1^{\ominus} + RT\ln(a_1^b/a_1^s) + \mu_2^{\ominus} + RT\ln(a_2^s/a_2^b)$$

令 $\Delta G^{\ominus}_{ad} = \mu_1^{\ominus} + \mu_2^{\ominus}$，则

$$\Delta G_{ad} = \Delta G^{\ominus}_{ad} + RT\ln(a_1^b/a_1^s) + RT\ln(a_2^s/a_2^b) \tag{2-46}$$

在吸附平衡时，$\Delta G_{ad}=0$，故

$$\Delta G^{\ominus}_{ad} = RT\ln\left(\frac{a_1^s a_2^b}{a_2^s a_1^b}\right) \tag{2-47}$$

若溶液浓度很稀，则溶剂在体相的摩尔分数 $a_1^b \approx 1$，溶质 $a_2^b = x$。设吸附层是理想的，则 $a_2^s = \theta = \Gamma/\Gamma_m$，$a_1^s = 1 - \theta$。将这些值代入式（2-47），得

$$\Delta G_{ad}^{\ominus} = RT \ln \left(\frac{1-\theta}{\theta} x \right) \tag{2-48}$$

这样推导的标准 Gibbs 吸附自由能是以半饱和吸附的吸附层为标准状态，并且将表面吸附层看作是表面溶液，即采用了二维空间的溶液模型。表 2-6 所示为根据式（2-48）得到的羧酸同系物在水溶液表面的吸附自由能。

表 2-6 羧酸同系物在水溶液表面的吸附自由能

羧酸同系物	温度/℃	极限分子面积/nm²	标准吸附自由能 $-\Delta G_{ad}^{\ominus}$ /(kJ·mol^{-1})
甲酸	15	0.433	8.85
乙酸	15	0.433	12.12
丙酸	15	0.411	14.86
丁酸	18.5	0.302	16.95
戊酸	17.5	0.302	19.91

2.7.2 标准吸附焓和吸附熵

根据热力学基本关系式

$$\Delta G_{ad}^{\ominus} = \Delta H_{ad}^{\ominus} - T \Delta S_{ad}^{\ominus} \tag{2-49}$$

标准吸附焓变和熵变可从它们与标准吸附自由能的关系得到

$$-\Delta S_{ad}^{\ominus} = \frac{d(\Delta G_{ad}^{\ominus})}{dT} = R \ln \left(\frac{(1-\theta)x}{\theta} \right) + RT \frac{d \ln \left(\frac{(1-\theta)x}{\theta} \right)}{dT} \tag{2-50}$$

$$-\Delta H_{ad}^{\ominus} = T^2 \frac{d(\Delta G_{ad}^{\ominus}/T)}{dT} = T^2 R \frac{d \ln \left(\frac{(1-\theta)x}{\theta} \right)}{dT} \tag{2-51}$$

从式（2-50）和式（2-51）可知，只要获得 $\Delta G_{ad}^{\ominus}$ 或溶液表面吸附量随温度的变化关系，便可推算出体系的标准吸附焓变 $\Delta H_{ad}^{\ominus}$ 和标准吸附熵变 $\Delta S_{ad}^{\ominus}$。

2.8 动表面张力与吸附速率

2.8.1 动表面张力

前文所述的溶质表面吸附量是溶质在表面吸附状态与溶液体相处于热力学平衡时的值，没有考虑吸附过程中的时间效应，即没有考虑吸附速率的问题。

实际上，溶液表面张力大小还随时间的变化而发生改变，如图 2-11 所示。在未达到吸附平衡前的表面张力称为动（态）表面张力；吸附平衡时的表面张力称为静（态）表面张力。在处理实际问题时，往往还要考虑动表面张力。例如，在三次采油中，驱油体系在油层毛细管中运行，它与原油的接触是短暂的，需考虑体系的动表面张力。

对溶液表面积一定的体系，从形成新的表面开始（$t=0$），随着时间的推移表面逐渐老化（或陈化），直至达到吸附平衡时所需的时间（$t=T$）称为表面最大寿命。

对于单一的试剂液体，特别是试剂分子结构比较对称的液体，其表面张力一般可以不考虑时间效应。对于表面活性物质，如 8 个碳原子以下的醇类在 1 s 内基本上可以达到吸附平衡，而对于碳链较长的表面活性剂水溶液，其表面张力的时间效应则较显著。图 2-12 所示为十二烷基硫酸钠水溶液动表面张力与时间的关系曲线。

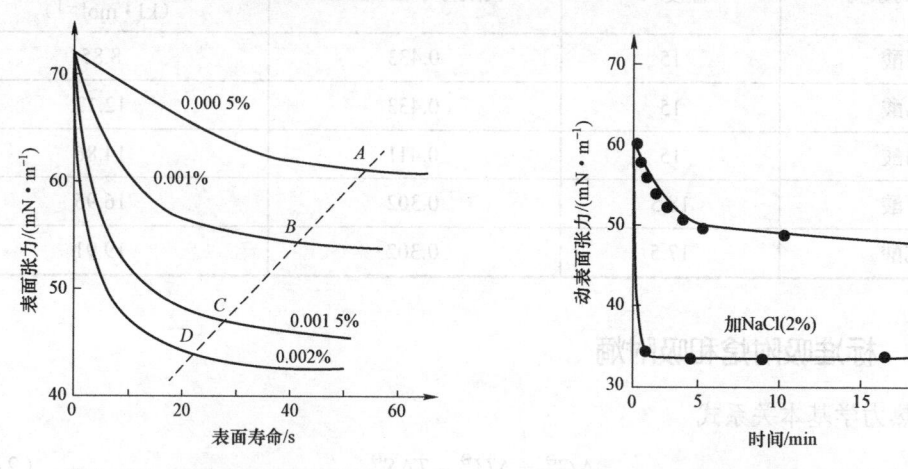

图 2-11　癸醇水溶液动表面张力

图 2-12　十二烷基硫酸钠水溶液动表面张力与时间的关系曲线

表面寿命与表面活性剂溶液的浓度有关。这可以从图 2-11 所示看出，表面活性物质溶液浓度越大，达到平衡表面张力所需的时间也就越短。对于离子型表面活性剂溶液，加入无机盐可以大大缩短达到吸附平衡所需的时间，如图 2-12 所示，但对非离子型表面活性剂溶液，加入无机盐对其吸附平衡的时间影响不大。

2.8.2　溶液表面吸附速率

溶液表面张力与溶液表面吸附量有关，所以动表面张力也反映了表面吸附量与时间的关系，即表面吸附速率。

溶液表面吸附一般认为有以下几个过程：溶液中溶质扩散进入次表面层，然后进入吸附层，取代原有的分子，脱水，并定向排列。通常认为，溶质吸附到新生成表面的过程是快速的，即次表面层中的溶质很容易进入表面层，使得次表面层中的溶质浓度迅速下降，体相中的溶质通过扩散至次表面层予以补充。相对而言，溶质由体相扩散至次表面层的过程比较慢，该过程是溶质发生表面吸附的决速步。影响溶质体相扩散速率的因素有很多，如溶液体相粘度、溶质分子大小和形状、溶质与溶液间的相互作用、溶质的浓度以及温度等。

值得注意的是，溶质进入吸附层替代原有的表面分子，如果原有的分子只是溶剂，则速率较快；如果溶液中本身还含有少量高表面活性的杂质，优先占据了表面，则吸附速率将显著降低。因此，测定动表面张力也是衡量表面活性剂纯度的一种方法。

2.8.3 动表面张力测定方法

测定溶液动表面张力的常规方法有以下几种，但各自适用的时间长短不同。

（1）吊片法

吊片法适用于平衡时间为几分钟至几小时的动表面张力的测定。实验时先将溶液表层刮去，形成新鲜表面，同时将吊片与液面接触并开始测量，记录表面张力与时间的关系。

（2）滴重法

滴重法适用于平衡时间为几分钟至 0.1 s 的动表面张力的测定，特别适用于测定液液界面的动表面张力。

（3）最大泡压力法

最大泡压力法适用于平衡时间为 1 s～10 ms 的动表面张力的测定。由于肉眼只能分辨每秒 5 个泡以下的出泡速率，因此要采用闪光测速仪，用压力传感器测定压力随时间的变化而有所不同。由于最大泡压 ΔP_{max} 对应半球面，而闪光测速仪测定的是出泡间隔时间，所以需扣除半泡形成后到气泡脱离毛细管间的时间（又称死时间）。

（4）振荡射流法

振荡射流法适用于平衡时间为毫秒级的动表面张力的测定。其原理是液体在一定压力下从毛细管口射出，形成射流。如果毛细管口不是规则圆形，而是椭圆形，则射流自喷口射出后，其截面的形状将出现周期性改变，并形成一连串的振动波，如图 2-13 所示。这是因为溶液的表面张力力图把椭圆柱形的流体变为表面积更小的圆柱形，该作用与流动液体的惯性力相互影响，使得流体截面形状从椭圆形到圆形发生周期性变化，且其波长随时间的变化而改变。当液体的粘度 $\eta < 20$ mPa·s 时，动表面张力计算公式为

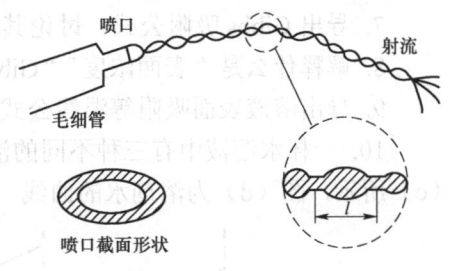

图 2-13 振荡射流示意图

$$\gamma_t = \frac{2W^2(1+1.542B^2)/(r\rho)}{3\lambda^2 + 5\pi^2 r^2} \quad (2-52)$$

$$r = (r_{max} + r_{min})(1 + B^2/6)/2 \quad (2-53)$$

$$B = \frac{r_{max} - r_{min}}{r_{max} + r_{min}} \quad (2-54)$$

式中，ρ 为液体的密度；W 为射流流量；λ 为射流波长；r_{max}、r_{min} 分别为射流最大半径和最小半径，一般可用椭圆长、短半径代替。

实验时，只需测定不同时间的射流流量 W 和射流波长 λ，就可得到 γ-t 的关系。W 值可由收集射流液体的质量得到，而射流波长可由光学摄影法得到。图 2-14 所示为射流波长测试装置示意图，由光学系统形成的平行光通过狭缝照射到射流上，射流椭圆体发挥透镜作用使入射光聚焦于感光底片上，形成聚焦线，通过测定聚焦线的距离即得射流波长。

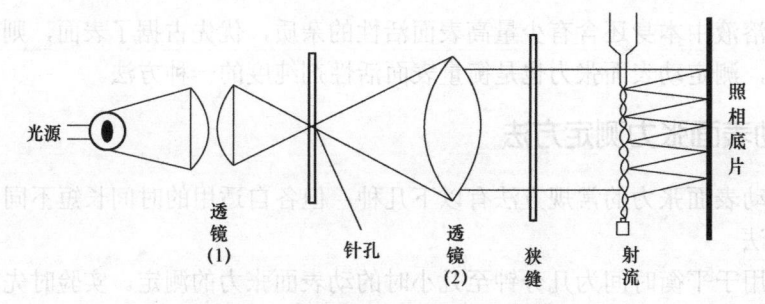

图 2-14 射流波长测试装置示意图

习题与问题

1. 电解质水溶液的表面张力变化有什么规律？如何理解这种现象？
2. 何谓表面活性？如何按照表面活性对溶质分类？
3. 在日常实验中，经常涉及配置有机物的水溶液，请问搅拌均匀、配置完毕的有机物水溶液，其表面与体相内部的浓度一样吗？
4. 有机极性同系物水溶液的表面活性有什么规律？
5. 溶液表面吸附是不是普遍现象？
6. 阐述溶质表面吸附量随溶液浓度的变化规律。
7. 导出 Gibbs 吸附公式，讨论其适用性。
8. 解释什么是"表面浓度""Gibbs 吸附量""表面过剩"，并说明它们之间的关系。
9. 导出溶液表面吸附等温线公式。
10. 一杯水溶液中有三种不同的溶质，其浓度随高度变化的曲线分别如图 2-15(a)、(b)、(c) 所示，图 (d) 为溶剂水的曲线。

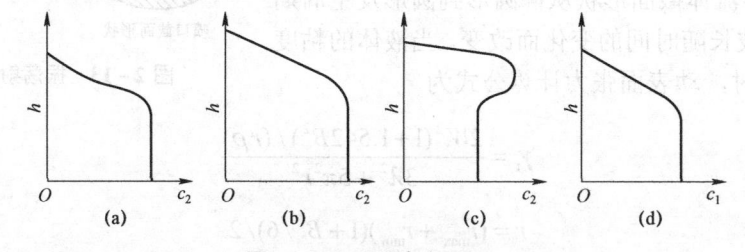

图 2-15 习题与问题 10

请说明各自溶质在溶液表面的吸附情况。

11. 20 ℃时测定一脂肪醇稀水溶液的表面张力，发现在 55 mN/m 以下时，表面张力与浓度满足 $\gamma = \alpha - \beta \lg c$ 的关系。已知 $\beta = 29.6$ mN/m，求该脂肪醇饱和吸附时每个脂肪醇分子在吸附层中占有的面积。

12. 25 ℃时测得不同 $C_8H_{17}SO_4Na$ 浓度水溶液表面张力如下：

浓度/(mmol·L^{-1})	0	1.0	2.0	3.0	4.0	5.0	6.0	7.0	8.0
表面张力/(mN·m^{-1})	72.7	67.9	62.3	56.7	52.5	48.8	45.6	42.8	40.5

试分别计算浓度为 2.0 mmol/L、4.0 mmol/L、6.0 mmol/L 时每个吸附分子所占面积。

13. 25 ℃时测得苯酚不同浓度水溶液的表面张力结果如下：

浓度/(mmol·L^{-1})	0.050	0.127	0.263	0.496
表面张力/(mN·m^{-1})	67.33	60.10	51.53	44.97

试用 Gibbs 吸附公式分别计算浓度为 0.3 mol/L、0.2 mol/L、0.1 mol/L 和 0.05 mol/L 时苯酚的表面吸附量及每个吸附分子所占面积。

14. 12 ℃时，测得正己醇水溶液不同浓度下的表面张力如下：

浓度/(mmol·L^{-1})	0.62	0.81	1.25	1.72	2.50	3.43	4.90	6.86	9.80
表面张力/(mN·m^{-1})	2.3	2.5	3.9	5.7	7.9	9.4	13.4	16.3	19.4

求正己醇在浓度分别为 1 mmol/L、2.5 mmol/L、5.0 mmol/L、7.0 mmol/L 时，其在水溶液表面的吸附量。

15. 在日常生活中，常见小孩吹泡泡时"水溶液还剩余很多但泡泡不能再吹出"的情况，简述其原因。

参 考 文 献

[1] 傅献彩，沈文霞，姚天扬. 物理化学 [M]. 北京：高等教育出版社，1994.

[2] 朱珧瑶，赵振国. 界面化学基础 [M]. 北京：化学工业出版社，1996.

[3] 顾惕人，朱珧瑶，李外郎，等. 表面化学 [M]. 北京：科学出版社，1999.

[4] 江龙. 胶体化学概论 [M]. 北京：科学出版社，2002.

[5] 颜肖慈，罗明道. 界面化学 [M]. 北京：化学工业出版社，2005.

[6] 赵振国，王舜. 应用胶体与界面化学 [M]. 北京：化学工业出版社，2017.

[7] 沈钟，赵振国，康万利. 胶体与表面化学 [M]. 北京：化学工业出版社，2004.

[8] METALLINOU L A, DIKY V, HUBER M L. Assessment of a parachor model for the surface tension of binary mixtures [J]. International Journal of Thermophysics, 2023, 44: 110.

[9] KUSANO Y, KUSANO R. Critical assessment of the correlation between surface tension components and Hansen solubility parameters [J]. Colloids and Surfaces A: Physicochemical and Engineering Aspects, 2023, 677: 132423.

[10] ZAITSEVA1 E S, TOVBIN Y K. Analysis of a thermodynamic determination of the surface tension of a two-component vapor-liquid system [J]. Russian Journal of Physical Chemistry A, 2023, 97(3): 439-447.

[11] VALENTINA N A, VLADIMIR G B. Capillary constant and surface tension of hydrogen and helium solutions in n-butane(R600) [J]. Fluid Phase Equilibria, 2023, 565: 113644.

[12] SAQIF M A, EL-TAWIL S. Characterization of the tension softening behavior of UHPC [J]. Construction and Building Materials, 2023, 409: 134063.

[13] SOLEDADE C S S M, JOÃO C R R. Surface tension of liquid mixtures and metal alloys. Positive and negative temperature coefficients in alloys with remarkably high surface density [J]. Journal of Alloys & Compounds, 2023, 939: 168791.

[14] KROLL R, GOTTLIEB M, TSORI Y. Surface tension between liquids containing antagonistic and regular salts [J]. The European Physical Journal E, 2023, 46(11): 116.

[15] VOTYAKOV E V, TOVBIN Y K. Surface tension of the planar interface of a vapor-liquid system on a two-dimensional square lattice [J]. Russian Journal of Physical Chemistry A, 2023, 97(7): 1574-1581.

[16] CARBONE C, GUZMÁN E, RUBIO R G. Anomalous concentration dependence of surface tension and concentration-concentration correlation functions of binary non-electrolyte solutions [J]. International Journal of Molecular Sciences, 2023, 24(3): 2276

[17] CHI M P. The surface tension and interfacial composition of water/ethanol mixture [J]. Journal of Molecular Liquids, 2021, 342: 117505.

[18] WANG G, DONG P W, LU Y, et al. Experimental and theoretical investigation on the surface tension of nano-lithium bromide solution [J]. International Communications in Heat and Mass Transfer, 2021, 123: 105231.

[19] KRISHNAKANTH J, IFFAT N. Evaluation of surface tension and antioxidant properties of essential oils[J]. International Journal of Dentistry and Oral Science, 2021, 8(7): 3219-3222.

[20] LIU F, CHANG P P, ZHANG Y X, et al. Hydrogen bonding and surface tension properties of aqueous solutions of tetrahydrofuran [J]. Spectroscopy Letters, 2021, 54(9): 685-692.

第3章
表 面 活 性 剂

Gibbs 吸附定理表明，在水溶液表面能够产生正吸附的溶质可使水溶液表面张力降低，产生负吸附的溶质则使水溶液表面张力升高。基于这些特征，把在水溶液中能够产生正吸附、使水表面张力显著降低的物质称为表面活性物质（surface active substance），如乙醇、丙酸、十二烷基硫酸钠等，此类物质降低水溶液表面张力的特性称为表面活性（surface activity）；对应于不能产生正吸附、不能降低水溶液表面张力的物质称为非表面活性物质，如无机盐、葡萄糖等。

在表面活性物质中，有一类物质在较低浓度时就能显著降低其水溶液的表面张力，而当浓度增加到一定值后，表面张力达到恒定或以极其缓慢的速度发生变化，人们把这类表面活性物质称为表面活性剂（surfactants），如十二烷基硫酸钠、十二烷基二甲基溴化铵和壬基酚聚氧乙烯醚等。

本章首先简要介绍表面活性剂分子结构特征、分类及其水溶液特性，然后重点针对单一表面活性剂溶液的表面特性、胶束形成及其应用进行讨论。如无特别说明，本章讨论的表面活性剂溶液皆指水溶液或含水的溶液。

3.1 表面活性剂结构

人类最早使用的表面活性剂是脂肪酸钠盐或脂肪酸钾盐，俗称肥皂。早期，将动植物油脂和草木灰水溶液混合加热制取肥皂，后来随着化学工业的进步，通过用苛性碱（NaOH）皂化油脂制取肥皂。20 世纪 30 年代，由于第一次世界大战导致油脂短缺，为了寻求肥皂的替代用品，德国研发、制备了合成表面活性剂，如烷基苯磺酸盐、脂肪醇硫酸盐等。这些表面活性剂分子共同的分子结构特征是分子中同时含有亲水性基团和亲油性基团。例如，肥皂中—COONa、烷基苯磺酸钠中—SO_3Na 为亲水性基团，长链烷烃为亲油性基团。现在又把这类分子称为两亲分子，如图 3-1 所示。

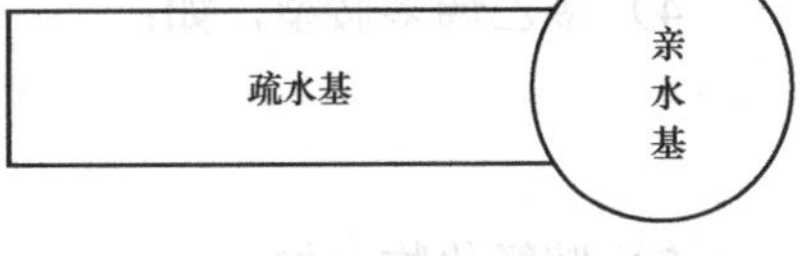

所有的表面活性物质分子都具有两亲分子的结构特征。就水溶液而言，亲水基的亲水性和亲油基的亲油性需要匹配才具有显著的表面活性，任何一方过强或过弱均会显著削弱两亲分子的表面活性。例如，肥皂中脂肪酸的长链烷烃结构碳原子数为 8~20 才是优良的表面活性剂；碳原子数低于 8 时，这类化合物亲水性过强，不能成为表面活性剂；碳原子数高于 20 时，亲油性过强，在水中溶解度极小，也不能成为典型的表面活性剂。

图 3-1 表面活性剂分子结构示意图

3.2 表面活性剂分类

目前，表面活性剂品种已多达数万种，功能和作用多种多样，在工业领域素有"工业味精"之美誉。表面活性剂的分类方法也多种多样，其基本原则是依据亲水基种类、分子量大小、来源和元素组成以及功能、作用等进行分类。

3.2.1 按亲水基分类

根据表面活性剂分子溶于水后亲水基团是否解离、解离成何种离子的情况，通常分为阴离子型表面活性剂、阳离子型表面活性剂、两性型表面活性剂和非离子型表面活性剂。

（1）阴离子型表面活性剂

该类表面活性剂在水中解离后，起亲水性作用的是阴离子基团。其中，阴离子基团又可分为两种类型。

1）盐类型：亲水基由有机酸根与金属离子组成，如羧酸盐型 $RCOO^- \cdot Na^+$，磺酸盐型 $RSO_3^- \cdot Na^+$。

2）酯盐类型：亲水基结构中既含有酯基结构，又含有离子盐结构，如硫酸酯盐 $ROSO_3^- \cdot Na^+$，磷酸酯盐 $ROPO_3^- \cdot Na^+$。

阴离子型表面活性剂是目前应用最广的一类，它可用作洗涤剂、起泡剂、润湿剂、乳化剂、分散剂和增溶剂等。

（2）阳离子型表面活性剂

此类表面活性剂在水中解离后，起亲水作用的是阳离子，常见的阳离子型表面活性剂有：

1）胺盐型，如：$[RNH_3^+]Cl^-$，或写成 $RNH_2 \cdot HCl$。

2）季铵盐型，如：

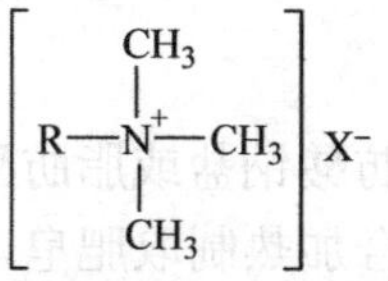

$$\begin{bmatrix} & CH_3 \\ R-\overset{+}{N}-CH_3 \\ & CH_3 \end{bmatrix} X^-$$

3）吡啶盐型，如：

$$\left[R-\overset{+}{N}\diagdown\!\!\diagup \right] Cl^-$$

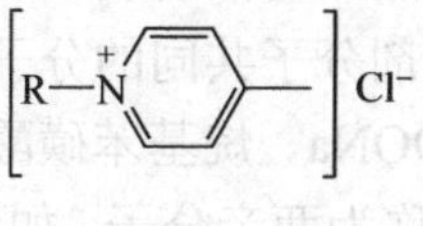

4）多乙烯多胺型，如：

$$RNH\!\!+\!\!CH_2CH_2\overset{+}{NH_2}\!\!+\!\!_n NH_2 \; nCl^-$$

5）胺氧化物，如：

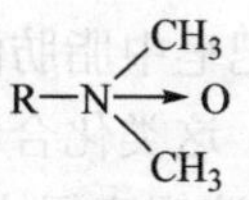

$$R-\underset{CH_3}{\overset{CH_3}{N}}\!\!\rightarrow\!\! O$$

阳离子型表面活性剂大多用于杀菌、防腐或作为织物的柔软剂和抗静电剂。

(3) 两性型表面活性剂

该类表面活性剂分子中带有两个亲水基团，一个带正电，一个带负电。其中带正电的基团主要是氨基和季铵基，带负电的基团主要是羧基和磺酸基。氨基丙酸、咪唑啉、甜菜碱和牛磺酸是最主要的两性型表面活性剂。

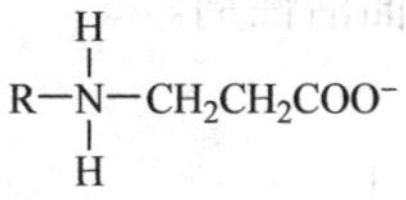

$$R-\overset{H}{\underset{H}{N}}-CH_2CH_2COO^-$$

氨基丙酸型

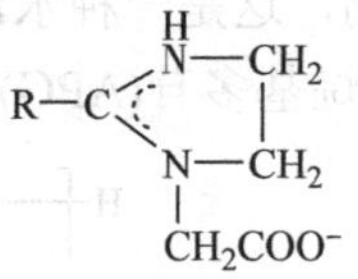

咪唑啉型

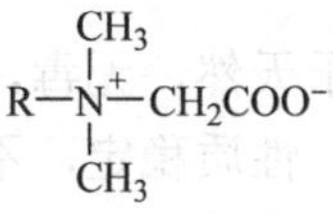

$$R-\overset{CH_3}{\underset{CH_3}{\overset{|}{N^+}}}-CH_2COO^-$$

甜菜碱型

$$R-\overset{CH_3}{\underset{CH_3}{\overset{|}{N^+}}}-CH_2(CH_2)_nSO_3^-$$

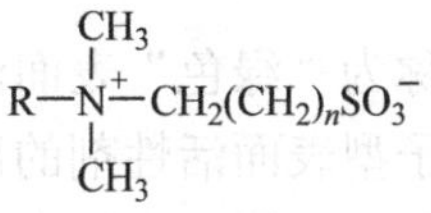

牛磺酸型

(4) 非离子型表面活性剂

此类表面活性剂溶于水后不发生解离，因而不显电性，其极性基大多为氧乙烯基、多元醇基和酰胺基。常见的有以下几种：

1) 酯型：如失水山梨糖醇脂肪酸酯即斯盘（Span）型，聚氧乙烯脂肪酸酯 $RCOO(CH_2CH_2O)_nH$。这类表面活性剂是油溶性的。

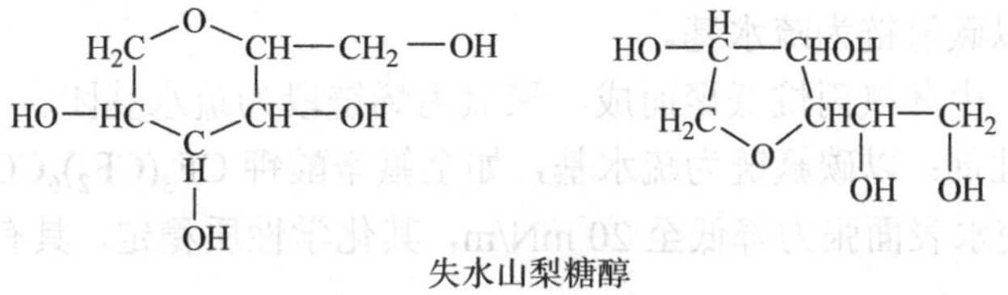

失水山梨糖醇

$$HO\text{---}\!(CH_2CH_2O)\!\text{---}_n H$$

聚氧乙烯

2) 醚型：如聚氧乙烯烷基醇醚（拜加）$RO(CH_2CH_2O)_nH$，聚氧乙烯烷基苯酚醚（OP 型）。

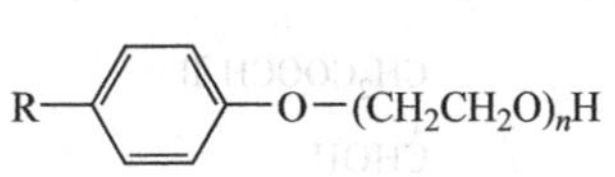

聚氧乙烯烷基苯酚醚

3) 胺型：如聚氧乙烯脂肪胺。

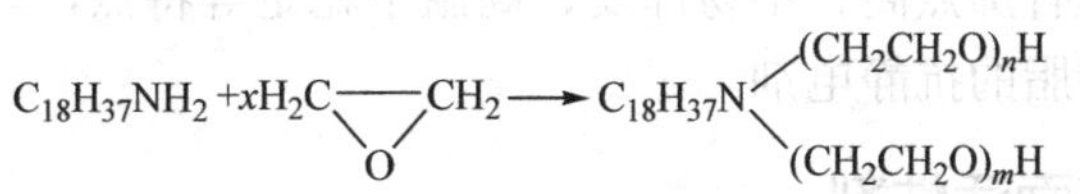

$$C_{18}H_{37}NH_2 + xH_2C\text{---}CH_2 \longrightarrow C_{18}H_{37}N\begin{array}{l}(CH_2CH_2O)_nH\\(CH_2CH_2O)_mH\end{array}$$

聚氧乙烯脂肪胺

4) 酰胺型：聚氧乙烯烷基酰胺。

$$\text{R}-\overset{\text{O}}{\underset{\|}{\text{C}}}-\text{N}\underset{(\text{CH}_2\text{CH}_2\text{O})_m\text{H}}{\overset{(\text{CH}_2\text{CH}_2\text{O})_n\text{H}}{}}$$

有的表面活性剂既属于酯型也属于醚型，即醚酯型，如表面活性剂吐温(Tween)是 Span 再进行环氧乙烷加成的产物，这是一种水溶性的表面活性剂。

5) 糖酯和糖醚型：如烷基多苷(APG)。

该类表面活性剂被称为"绿色"表面活性剂，源于天然，无毒，对皮肤无刺激，具有易生物降解等特点。非离子型表面活性剂的原料来源广，性质稳定，不受盐类、pH 值的影响，可与离子型表面活性剂复配使用，应用广泛。

（5）混合型表面活性剂

表面活性剂分子中含有两种亲水基团，一种带电，一种不带电；主要有非离子–阴离子型和非离子–阳离子型，如醇醚硫酸盐 $R(C_2H_4O)_nSO_4Na$。

3.2.2 按疏水基分类

按表面活性剂疏水基分类主要有以下几种：

（1）碳氢链：以碳氢链为疏水基。

（2）聚氧丙烯：由环氧丙烷低聚而成，聚氧丙烯链段为疏水基团。

（3）氟表面活性剂：以碳氟链为疏水基，如全氟辛酸钾 $CF_3(CF_2)_6COOK$。这类表面活性剂表面活性高，可使水表面张力降低至 20 mN/m，其化学性质稳定，具有抗氧化性，耐强酸、强碱和高温等特性。

（4）硅表面活性剂：以硅氧烷链为疏水基，一般是二甲基硅烷的聚合物，其表面活性仅次于氟表面活性剂。含 2～5 个二甲基硅烷单元的聚甲基硅氧烷与环氧乙烷的加成物可将水的表面张力降至 20～21 mN/m，其对苯乙烯塑料表面有良好的润湿性，接触角接近于零。其主要用作泡沫稳定剂、消泡剂、纺织物柔软剂和整理剂等。

（5）含硼表面活性剂：如硼酸单甘油酯。

含硼表面活性剂具有沸点高、不易挥发、高温下稳定等特点，与高分子化合物有良好的相容性，常用作合成树脂的抗静电剂。

3.2.3 高分子表面活性剂

分子质量在 1 000 g/mol 以上的表面活性剂称为高分子表面活性剂，有的高分子表面活性剂的相对分子质量甚至高达几千万。高分子表面活性剂有天然型、改性天然型和合成型三种。它也有离子型与非离子型之分，如聚氧乙烯、聚氧丙烯二醇醚是一类非离子型高分子表面活性剂，也就是著名的原油破乳剂。聚 4-乙烯溴代十二烷基吡啶是阳离子型的，聚丙烯酸钠是阴离子型的。从分子结构上看，高分子表面活性剂还可分为接枝共聚物和嵌段共聚物。

高分子表面活性剂乳化能力好，分散力、凝聚力优良，泡沫稳定性好，且多数为低毒型。不过，该类表面活性剂起泡能力差。由于高分子表面活性剂分子量高，故渗透能力差。高分子表面活性剂具有分散、稳定、絮凝、稳泡、乳化、破乳、增溶、保湿、抗静电等作用，在工农业生产中起着重要作用。

褐藻酸钠、羧甲基纤维素钠、明胶、淀粉衍生物、聚丙烯酰胺和聚乙烯醇等是最常见的水溶性高分子表面活性剂。

3.2.4　新型表面活性剂

近年来，行业内研制了一些新型表面活性剂，如双子型表面活性剂、Bola 型表面活性剂。双子型表面活性剂（gemini 或称 dimeric）是由两个单链表面活性剂的亲水基团通过亚甲基连接而成的。如：

$$\left[H_3C-\overset{CH_3}{\underset{C_nH_{2n+1}}{\overset{|}{N^+}}}-(CH_2)_3-\overset{CH_3}{\underset{C_nH_{2n+1}}{\overset{|}{N^+}}}-CH_3 \right] 2Br^-$$

gemini 型表面活性剂与构成其结构的相应单体表面活性剂比较，表面活性高得多，其临界胶束浓度比相应单体表面活性剂低两个数量级。

Bola 型两亲分子是一个疏水链的两端各链接一个亲水基团，其结构式为 $X(CH_2)_{16}N^+(CH_3)_3Br^-$。其中 X 为—COOH、—COOM 或 CHOHCH$_2$OH 等。这类两亲分子有特殊的界面性质和聚集行为，热稳定性好，常应用于生物膜的模拟。

3.2.5　生物表面活性剂

生物表面活性剂是近些年来发展起来的，如鼠李糖脂、海藻糖脂等是由酵母、细菌作培养液，生成的具有特殊分子结构的表面活性剂。还有一些是存在于生物体内、非微生物的表面活性剂，如胆汁、磷脂等。下面是几种细胞结构中含有的表面活性剂。

$$X= -\overset{H_2}{C}-\overset{H_2}{C}-N^+(Me)_3 \quad \text{磷脂酰胆碱（软磷脂）}$$

$$-\overset{H_2}{C}-\overset{H_2}{C}-NH_3^+ \quad \text{磷脂酰乙醇胺（脑磷脂）}$$

$$-\overset{H_2}{C}-\overset{NH_3^+}{\underset{COO^-}{C-H}} \quad \text{磷脂酸丝氨酸}$$

磷脂结构：
$$\begin{array}{l} H_2C-O-\overset{O}{\overset{\|}{C}}-R^1 \\ HC-O-\overset{O}{\overset{\|}{C}}-R^2 \\ H_2C-O-\overset{O}{\underset{O^-}{\overset{\|}{P}}}-OX \end{array}$$ 磷脂

磷脂酰肌醇（环己六醇 OH 结构）

单半乳糖二甘油酯

双半乳糖二甘油酯

胆甾醇

了解表面活性剂类型和基本性能可推测其大致应用范围,如作防静电剂使用时,采用具有导电特性的离子型表面活性剂比非离子型要好。

3.3 表面活性剂溶液特性

表面活性剂水溶液通常具有3个方面的特性,即表面特性、溶液特性和溶解度特性。

3.3.1 表面特性

上一章已介绍过表面活性剂溶液的表面张力曲线特点。由于表面活性剂强大的表面吸附作用,可以很好地降低水表面张力;当表面张力降到一定程度后,其不再随溶液浓度增加进一步发生显著变化。

图3-2所示为表面活性剂水溶液表面张力随浓度变化的典型曲线。其中,曲线转折点对应的浓度(cmc)和表面张力(γ_{cmc})分别表示该表面活性剂降低水表面张力的效率和能力,对于表面活性剂降低水表面张力的能力有时也用降低表面张力的差值π_{cmc}来表示。

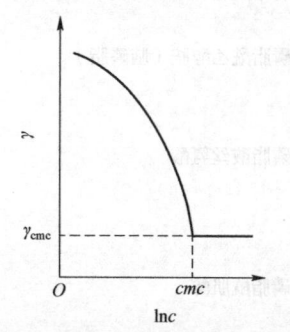

图3-2 表面活性剂水溶液表面张力-浓度曲线

$$\pi_{cmc} = \gamma_0 - \gamma_{cmc} \tag{3-1}$$

式中，γ_0 为纯溶剂的表面张力；γ_{cmc} 为表面活性剂浓度为 cmc 时溶液的表面张力。π_{cmc} 又称作浓度 cmc 时的表面压。γ_{cmc} 越小或 π_{cmc} 越大，表明该表面活性剂的表面活性就越大。不同的表面活性剂有不同的 cmc 和 γ_{cmc} 值，它们是表征表面活性剂性能的主要参数之一。

评价表面活性剂效率是将表面张力降至同一值时所需表面活性剂的浓度，浓度越小，效率就越高。一般用 cmc 表征其效率，也可用 PC_{20} 衡量其效率。

$$PC_{20} = -\lg(c_2)_{\pi=20} \tag{3-2}$$

其含义为，当表（界）面张力降低 20 mN/m 时，溶液本体中溶质浓度（c_2）的负对数值，即 PC_{20}。PC_{20} 值越大，表示该表面活性剂降低表面张力的效率越高；PC_{20} 值每增加一个单位，该表面活性剂效率提高 10 倍。一切影响 cmc 的因素也均影响 PC_{20}。

表面活性剂的效率与能力不一定完全一致，效率高者也可能能力较差。例如，同系物表面活性剂中，随着碳原子数增加其效率增加，临界胶束浓度降低，即达到 cmc 时的表面活性剂用量少，但其 γ_{cmc} 却相差不大。例如，$C_nH_{2n+1}SO_4Na$，n 分别为 8、10、12、14、16 时，其 cmc 随碳原子数增加而递减，每增加一个碳原子，cmc 减少一半，但 γ_{cmc} 分别为 12 mN/m、12 mN/m、10 mN/m、8 mN/m、8 mN/m，变化不大。

表面活性剂降低表面张力的能力和效率在表面活性剂的应用中具有十分重要的地位。一般长链型表面活性剂的效率高（即 cmc 低），是优良的起泡剂，但润湿性能差；相反，能力大（即 π_{cmc} 大）而效率低（即 cmc 高）的支链型表面活性剂润湿性好，但泡沫稳定性不好。对于气液界面吸附膜的强度和表面弹性以前者为好，对于气固界面的润湿性以后者为佳。有时把前者称为洗涤剂结构型，把后者称为润湿剂结构型。

3.3.2 溶液特性

如前所述，表面活性剂溶液的表面张力随其浓度增加急剧下降，当浓度达到一定值后，$\gamma-c$ 关系曲线存在一明显转折点。不仅仅是表面张力，离子型表面活性剂水溶液在低浓度时的电导率特性与正常电解质溶液相似，但高浓度时却出现偏差。图 3-3 所示为烷基苯磺酸钠水溶液电导率与浓度的关系，图中 C_{12} 表示十二烷基苯磺酸钠，C_{14} 表示十四烷基苯磺酸钠。

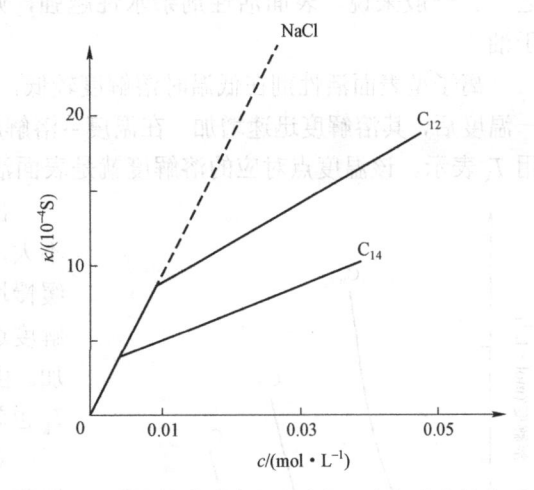

图 3-3 烷基苯磺酸钠水溶液电导率与浓度的关系

表面活性剂水溶液的密度、去污能力等与浓度的关系也均存在明显的转折点，而且这些转折点对特定的表面活性剂均出现在一特定浓度范围内。图 3-4 所示为十二烷基硫酸钠水溶液的各种性质随浓度的变化情况，其转折点均在 0.008 mol/L 附近。

产生上述这些现象的原因是表面活性剂在溶液中形成了胶束。有关胶束的研究源于 1925 年，Mcbain 在大量实验研究的基础上首次提出了胶束假说，即表面活性剂溶液中若干个溶质分子或离子会缔合成肉眼看不见的聚集体（aggregate）。这些聚集体是以非极性基团为内核，

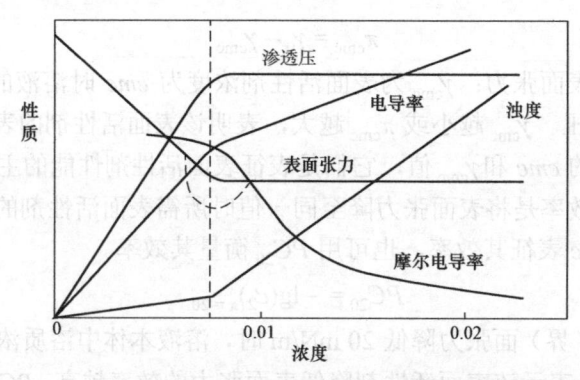

图 3-4 十二烷基硫酸钠水溶液的各种性质与浓度关系曲线   扫码观看渗透压视频

以极性基团为外层的分子有序组合体。Mcbain 将这些有序组合体称为胶束（micelle）。胶束在一定浓度以上才会大量生成，而这个浓度称为该表面活性剂的临界胶束浓度（cmc，critical micelle concentration）。在胶束溶液中，胶束与溶解的溶质分子（称作单体，S）处于热力学平衡状态。因此，表面活性剂溶液的许多性质随溶液浓度变化出现拐点。

胶束形成后，其内核相当于由非极性碳氢链构造的微油滴环境，从而该溶液具有溶解油的能力。因此，形成胶束后的表面活性剂溶液从整体上表现出既溶于水又溶于油的特性。

3.3.3 溶解度特性

在实际应用中，表面活性剂的水溶性能或油溶性能是合理选择表面活性剂的重要依据之一。一般来说，表面活性剂亲水性越强，则在水中溶解度越大；亲油性越强，则越易溶于油。

离子型表面活性剂在低温时溶解度较低，随着温度升高，其溶解度缓慢增加。当达到某一温度后，其溶解度迅速增加，在温度-溶解度曲线上出现转折点，这个温度称为 Krafft 点，用 T_k 表示。该温度点对应的溶解度就是表面活性剂在该温度下的 cmc 值。

出现 Krafft 点的原因是，在 Krafft 点以下溶解度不大，表面活性剂没有形成胶束，升高温度，溶解度缓慢增加，当到达 Krafft 点时表面活性剂在水中的溶解度达到了 cmc 值，形成胶束，从而溶解度急剧增加。由图 3-5 还可看出，碳氢链越长，亲油性越大，T_k 也就越高。

对非离子型表面活性剂，透明的非离子型表面活性剂水溶液在加热到一定温度时会突然变浑浊，这表明温度升高，非离子型表面活性剂的溶解度反而下降。非离子型表面活性剂溶液呈现浑浊的最低温度称为浊点（cloud point）。出现浊点现象的解释为，非离子型表面活性剂通常是以羟基或醚氧原子为亲水基，

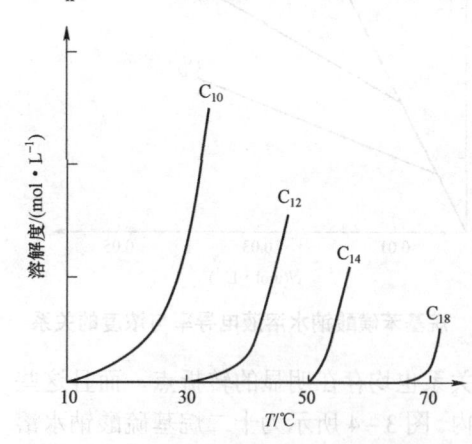

图 3-5 烷基磺酸钠溶解度与温度的关系

其在水溶液中的亲水性主要依靠亲水基与水分子间的氢键。例如，聚乙二醇非离子型表面活性剂在水中采取曲折构象的形态，憎水的—CH_2—基团处于折叠链内部，亲水的醚氧原子暴露在外侧，该表面活性剂借助醚氧原子与水分子形成氢键并提高其溶解度（图 3-6）。由于

这种氢键作用不强，亲水性一般，在升高温度或加入盐时就减弱，溶解度就会减小，甚至不溶于水，使得原来透明的溶液变浑浊，成为乳状液。因此，非离子型表面活性剂往往在其浊点以下溶于水，而在浊点以上不溶于水。

对于非离子型表面活性剂，憎水基相同时亲水基团—CH_2CH_2O—越多，亲水性越好，浊点就越高；在亲水基团数相同时，憎水基链越长憎水性越强，浊点就越低。因此，可以用浊点大致判断非离子型表面活性剂的亲水、亲油性。

图 3-6 聚乙二醇亲水基构象

另外，表面活性剂溶液具有溶油性特性，这是因为其在水溶液中形成胶束时，胶束内部的油相环境促使其溶液的溶油性能显著增加。

3.4 表面活性剂表面吸附 Gibbs 公式应用

Gibbs 吸附公式在各种表面活性剂溶液中的应用主要是计算溶液表面吸附量。随表面活性剂类型和溶液条件的不同，Gibbs 公式采用的形式也不相同。

3.4.1 非离子型表面活性剂溶液表面吸附量

对于仅含一种非离子型表面活性剂的溶液，可以直接用 Gibbs 吸附公式计算其溶液表面吸附量。当表面活性剂浓度 c 较低时，其活度 a 可用浓度 c 代替，即

$$\varGamma = -\frac{1}{RT}\left(\frac{\mathrm{d}\gamma}{\mathrm{d}\ln c}\right)_T = -\frac{1}{2.303RT}\left(\frac{\mathrm{d}\gamma}{\mathrm{dlg}c}\right)_T \tag{3-3}$$

式中，R 为理想气体常数 [8.314 J/(mol·K)]；$\varGamma$ 为单位表面的吸附量，mol/m^2。

【例】25 ℃时，测得浓度为 1×10^{-5} mol/L 的某非离子型表面活性剂水溶液的 $\mathrm{d}\gamma/\mathrm{dlg}c$ 值为 -13.3 mN/m，试计算该浓度下表面活性剂在其表面的吸附量。

$$\varGamma = -\frac{1}{2.303\times8.315\times10^3\times298}\times13.3 = 2.33\times10^{-6}\ (\mathrm{mol/m^2})$$

3.4.2 离子型表面活性剂溶液表面吸附量

离子型表面活性剂电离形成表面活性阳离子(R^+)或阴离子(R^-)，同时生成其相应的反离子（A^- 或 M^+）。如果还有其他物质，将会使溶液组分更为复杂。实际应用的离子型表面活性剂多为 1-1 价型的强酸强碱，如十二烷基硫酸钠 $C_{12}H_{25}OSO_4^-Na^+$、十二烷基苯磺酸钠 $C_{12}H_{25}C_6H_5SO_3^-Na^+$、十六烷基三甲基溴化铵 $C_{16}H_{33}N(CH_3)_3^+Br^-$ 等。这类表面活性剂在水中均解离出表面活性阴（或阳）离子和其反离子 Na^+（或 Br^-），其在溶液表面的吸附量可用如下两式计算，详细推导过程见第 2 章。

$$-\mathrm{d}\gamma = 2\varGamma\mathrm{d}\mu_{R^-} = 2RT\varGamma\mathrm{d}\ln a \tag{3-4}$$

或

$$\Gamma = -\frac{1}{2\times 2.303RT}\frac{d\gamma}{d\lg a} \qquad (3-5)$$

【例1】25 ℃时，测得 0.5×10^{-3} mol/L 的十二烷基苯磺酸钠(SDBS)水溶液表面张力为 69.09 mN/m，纯水的表面张力为 71.99 mN/m，计算 0.5×10^{-3} mol/L SDBS 水溶液的比表面吸附量。

解：

$$\frac{\partial \gamma}{\partial c}\approx \frac{\Delta\gamma}{\Delta c}=\frac{0.06909-0.07199}{0.0005}=-5.80(\text{N}\cdot\text{L}\cdot\text{mol}^{-1}\cdot\text{m}^{-1})$$

因为是稀溶液，浓度代替活度。

$$\Gamma_2^{(1)}=-\frac{c}{2RT}\frac{\partial\gamma}{\partial c}=\frac{0.0005\times 5.80}{2\times 8.314\times 298}=0.585\times 10^{-6}(\text{mol}/\text{m}^2)$$

【例2】20 ℃时，测得 $C_{12}H_{25}SO_4Na$(SDS)不同浓度水溶液的表面张力 γ 值，见下表。

$c/(\text{mmol}\cdot\text{L}^{-1})$	0	1.0	2.0	3.0	4.0	5.0	6.0	7.0	8.0	9.0	10.0	12.0
$\gamma/(\text{mN}\cdot\text{m}^{-1})$	72.7	67.9	62.3	56.7	52.5	48.8	45.2	42.8	40.0	39.8	39.6	39.5

求：(1) 25 ℃时 SDS 的 cmc 值；(2) 计算 SDS 浓度分别为 2.0 mmol/L、4.0 mmol/L、6.0 mmol/L、7.0 mmol/L 时的表面吸附量及每个吸附分子占据的平均面积 A。

解：计算出不同浓度的 $\ln c$（单位：mmol/L），见下表。

$c/(\text{mmol}\cdot\text{L}^{-1})$	1.0	2.0	3.0	4.0	5.0	6.0	7.0	8.0	9.0	10.0	12.0
$\ln c$	0	0.693	1.099	1.386	1.609	1.792	1.946	2.079	2.1597	2.302	2.485
$\gamma/(\text{mN}\cdot\text{m}^{-1})$	67.9	62.3	56.7	52.5	48.8	45.2	42.8	40.0	39.8	39.6	39.5

(1) 作 $\ln c - \gamma$ 图如下，由图中曲线拐点可知 SDS 的 $cmc = 7.8\times 10^{-3}$ mol/L。

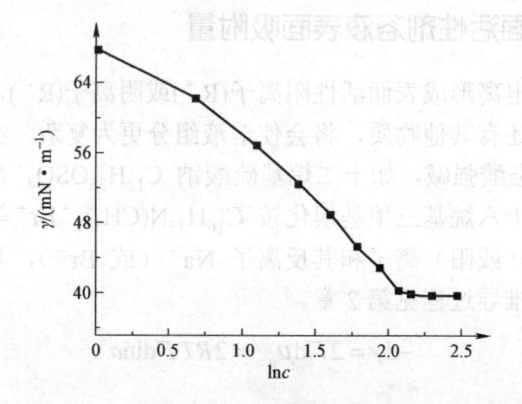

（2）在 $c=2.0$ mmol/L、4.0 mmol/L、6.0 mmol/L 和 7.0 mmol/L 点处作曲线之切线，切线斜率为 $\mathrm{d}\gamma/\mathrm{d}\ln c$，代入式（3-4），求 $\Gamma_2^{(1)}$。每个吸附分子平均占据面积 $A=1/(\Gamma_2^{(1)}N_A)$，N_A 为 Avogadro 常数，计算结果见下表。

$c/(\mathrm{mmol}\cdot\mathrm{L}^{-1})$	2.0	4.0	6.0	7.0
$\mathrm{d}\gamma/\mathrm{d}\ln c$	-10.75	-16.5	-17.5	-17.5
$\Gamma_2^{(1)}/(\mathrm{mol}\cdot\mathrm{cm}^{-2})$	2.17×10^{-10}	3.93×10^{-10}	3.53×10^{-10}	3.53×10^{-10}
A/nm^2	0.765	0.498	0.470	0.470

3.4.3 混合表面活性剂溶液表面吸附量

当溶液中同时存在多种表面活性剂时，依据 Gibbs 吸附公式写作

$$-\mathrm{d}\gamma = \sum \Gamma_i \mathrm{d}\mu_i$$

溶液各组分表面吸附量和总吸附量可采用下述方法得到。

（1）总吸附量

测定溶液各组分浓度按比例改变时溶液的表面张力曲线。用其中任一溶质的浓度或溶质总浓度作 $\gamma-\lg c$ 图，求出 $\mathrm{d}\gamma/\mathrm{d}\lg c$ 值，根据表面活性剂具体条件，应用式（3-3）或式（3-4）算出体系总吸附量。

（2）各组分吸附量

只改变表面活性剂的浓度，其余溶质的浓度保持不变，配制一系列溶液，测定其 $\gamma-\lg a_i$ 曲线，按上述方法计算该表面活性剂的吸附量，即得到的是组分 i 在相应溶液表面的吸附量。

3.5 表面活性剂溶液表面吸附等温线

图 3-7 所示为通过吊片法测定不同浓度离子型表面活性剂十二烷基硫酸钠(SDS)水溶液表面张力，并利用 Gibbs 吸附公式计算得到的 SDS 表面吸附等温线。可以看出，表面活性剂 SDS 在低浓度时吸附量随浓度增加直线上升，然后上升速度趋缓，并趋近于一稳定值。其属于 Langmuir 型等温线，它的数学表达式可写为

$$\frac{c}{\Gamma} = \frac{1}{\Gamma_m k} + \frac{c}{\Gamma_m} \quad (3-6)$$

根据此式，以 c/Γ 对 c 作图应得一直线，而直线斜率的倒数就是该表面活性剂的极限吸附量，或称为饱和吸附量 Γ_m，该值反映了表面活性剂在溶液表面的吸附能力。依据 Γ_m 还可算出饱和吸附时每个吸附分子平均所占面积（A_m）。表 3-1 列出了一些表面活性剂水溶液的 Γ_m 和 A_m。

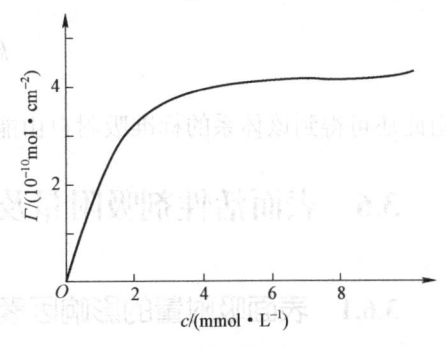

图 3-7 十二烷基硫酸钠吸附等温线
（0.1 mol/L NaCl 水溶液）

表 3-1 一些表面活性剂水溶液的表面极限吸附量及极限分子面积

表面活性剂	温度/℃	极限吸附量/$(10^{-10}\text{ mol·cm}^{-2})$	极限分子面积/nm^2
$n-C_{10}H_{21}SO_4Na$	25	3.0	0.56
$n-C_{12}H_{25}SO_4Na$	25	3.16	0.53
$n-C_{12}H_{25}SO_4Na$	60	2.65	0.63
$n-C_{14}H_{29}SO_4Na$	25	3.7	0.45
$n-C_{10}H_{21}SO_3Na$	10	3.37	0.49
$n-C_{10}H_{21}SO_3Na$	25	3.22	0.52
$n-C_{10}H_{21}SO_3Na$	40	3.05	0.54
$n-C_{14}H_{29}N(CH_3)_3Br$	30	2.7	0.62
$n-C_{14}H_{29}N(C_3H_7)_3Br$	30	1.9	0.88
$n\ C_{16}H_{33}N(C_3H_7)_3Br$	30	1.8	0.91
$n-C_{18}H_{37}N(CH_3)_3Br$	25	2.6	0.64
$n-C_{12}H_{25}O(EO)_3H$	25	3.98	0.42
$n-C_{12}H_{25}O(EO)_4H$	25	3.63	0.46
$n-C_{12}H_{25}O(EO)_5H$	25	3.0	0.56
$n-c_{12}H_{25}O(EO)_7H$	25	2.6	0.64
$n-C_{12}H_{25}O(EO)_8H$	10	2.56	0.65
$n-C_{12}H_{25}O(EO)_8H$	25	2.52	0.66
$n-C_{12}H_{25}O(EO)_8H$	40	2.46	0.67
$n-C_{12}H_{25}O(EO)_{12}H$	25	2.3	0.73
$n-C_{12}H_{25}O(EO)_{12}H$	25	1.9	0.88

自式（3-6）所示直线的斜率和截距值还可获得吸附常数 k，又称为吸附平衡常数，其与标准吸附自由能 $\Delta G_{ad}^{\ominus}$ 的关系为

$$k = \exp\left(-\frac{\Delta G_{ad}^{\ominus}}{RT}\right) \quad (3-7)$$

由此还可得到该体系的标准吸附自由能 $\Delta G_{ad}^{\ominus}$。

3.6 表面活性剂吸附量及降低表面张力的影响因素

3.6.1 表面吸附量的影响因素

表面活性剂溶液表面吸附效率可以用达到饱和吸附时的浓度来表示，也可以用吸附常数 k 来表示。一般来说，表面活性剂浓度约在 cmc 的 3/4 处即达到饱和吸附。因此，cmc 值可以

大致反映其吸附效率。表面活性剂的吸附效率主要受其疏水基性质的影响，即疏水基疏水性越强吸附效率越高。同系物表面活性剂中，随着疏水基碳原子数增加 cmc 变小，k 值变大，吸附效率增加。疏水基链长相同时，碳氟链和硅氧烷链的疏水性强于碳氢链，而碳氢链又强于聚氧丙烯链。

影响表面活性剂溶液表面饱和吸附量的规律如下：

（1）表面活性剂分子横截面积小者饱和吸附量较大。决定分子横截面积的可以是其亲水基，也可以是其疏水基，而取决于表面活性剂在吸附层中定向排列时何者较大，多数是水合亲水基的横截面发挥着决定性作用。例如，聚氧乙烯类非离子型表面活性剂的饱和吸附量通常随其极性基聚合度的增加而减小，十四烷基三甲基溴化铵的饱和吸附量明显大于十四烷基三丙基溴化铵，这些均是亲水基的大体积导致分子横截面积变大的结果。另外，具有支化结构疏水基的表面活性剂的饱和吸附量一般小于同类型、疏水基为直链的表面活性剂；氟碳链为疏水基的表面活性剂，其饱和吸附量小于相应的碳氢链，这些都是疏水基横截面积大小控制饱和吸附量的情况。

（2）其他因素相同时，非离子型表面活性剂的饱和吸附量大于离子型。这是因为吸附的离子型表面活性剂间存在着相同电荷间的库伦斥力，吸附层较为疏松。

（3）同系物表面活性剂的饱和吸附量差别不大。一般规律是随链长增长饱和吸附量略有增加，但疏水链过长、碳原子数>16时效果往往相反。

（4）温度升高饱和吸附量减少，但非离子型表面活性剂在低浓度时的吸附量往往随温度上升而增加。

（5）无机盐电解质对离子型表面活性剂的吸附有明显的增强效应，但对非离子型表面活性剂的表面吸附影响不明显。在离子型表面活性剂溶液中，电解质浓度增加会导致更多的反离子进入吸附层，削弱表面活性离子间的电性排斥作用，使吸附分子排列更紧密。

3.6.2 降低表面张力的影响因素

表面活性剂降低水溶液表面张力的能力可用其临界胶束浓度时的表面张力 γ_{cmc} 或表面压 π_{cmc} 来表示，该值与表面活性剂分子结构、溶液的温度及组成有关。

（1）表面活性剂类型

与相同疏水链长的非离子型表面活性剂相比，离子型表面活性剂降低表面张力的能力较弱（γ_{cmc} 值较大），特别是极性端体积大小相近时两者的差别更为明显，见表3-2。

表3-2 表面活性剂类型与 γ_{cmc}

表面活性剂	γ_{cmc}/(mN·m^{-1})	A_m/nm^2
$C_{10}H_{21}SO_4Na$	40.5	0.56
$C_{10}H_{21}N(CH_3)_3Br$	40.6	0.53
$C_{10}H_{21}SOCH_3$	24.5	0.31
$C_{10}H_{21}O(EO)_3H$	27.0	0.38

（2）疏水基影响

表面活性剂疏水基包括三种不同的情况：疏水基化学组成不同、疏水基长度不同和疏水基结构不同。

表面活性剂疏水基化学组成不同,其降低水表面张力的能力也不同。氟碳链表面活性剂的γ_{cmc}较碳氢链表面活性剂可低十几个 mN/m,而硅表面活性剂的γ_{cmc}也较碳氢链表面活性剂低。例如,非离子型表面活性剂聚氧乙烯基硅烷$(CH_3)_3Si[Si(CH_3)_2]_2CH_2(C_2H_4O)_8CH_3$ 的γ_{cmc}只有 22 mN/m。

表面活性剂疏水基长度对γ_{cmc}的影响较小。表 3-3 给出了表面活性剂疏水基碳氢链长对γ_{cmc}的影响,一般规律为疏水链增长而γ_{cmc}变小。

表 3-3 疏水基碳氢链长对γ_{cmc}的影响

表面活性剂	γ_{cmc}/mN·m^{-1}	A_m/nm^2
$C_8H_{17}SO_4Na$	41.5	—
$C_{10}H_{21}SO_4Na$	40.5	0.56
$C_{12}H_{25}SO_4Na$	39.5	0.53
$C_{14}H_{29}SO_4Na$	35.0	0.45

表面活性剂疏水基组成和大小相同、结构不同时,其水溶液的γ_{cmc}值也显著不同。表 3-4 列出了疏水基支化结构与不同表面活性剂的γ_{cmc}。可以看出,疏水基链中存在分支结构时而γ_{cmc}更低。

表 3-4 疏水基支化结构与不同表面活性剂的γ_{cmc}

表面活性剂	γ_{cmc}/(mN·m^{-1})
$C_{16}H_{33}N(CH_3)_3Br$	38.0
$(C_6H_{13})_2NC_2H_4OH(CH_3)Cl$	29.6
$C_{12}H_{25}SO_4Na$	39.0
$C_6H_{13}OCOCH(CH_2OCOC_6H_{13})SO_3Na$	28.0
$C_{13}H_{27}CH(CH_3)SO_4Na$	40.0
$(C_7H_{15})_2CHSO_4Na$	36.0

表面活性剂疏水基端基基团结构对γ_{cmc}有显著影响。表 3-5 列出了一些疏水基端基结构不同时表面活性剂的γ_{cmc}值。可以看出,在以碳氢链为疏水基的表面活性剂中,以甲基为端基的表面活性剂较亚甲基具有较低的γ_{cmc}值;在以氟碳链为疏水基的表面活性剂结构中,两个CF_3基团为端基的表面活性剂较一个CF_3基团的γ_{cmc}值低 6 mN/m,以CF_3为端基时较CF_2H具有较低的γ_{cmc}值。

表 3-5 疏水基端基结构不同时表面活性剂的γ_{cmc}值

表面活性剂	γ_{cmc}/(mN·m^{-1})
$CH_3(CH_2)_{10}COOK$	36
$H_2C\begin{matrix}C_2H_4\\C_2H_4\end{matrix}CH(CH_2)_5COOK$	43

续表

表面活性剂	γ_{cmc}/(mN·m^{-1})
CF$_3$(CF$_2$)$_6$COONa	26
(CF$_3$)$_2$CF(CF$_2$)$_4$COONa	20
HCF$_2$(CF$_2$)$_7$COONH$_4$	24
CF$_3$(CF$_2$)$_7$COONH$_4$	15

上面介绍了一些表面活性剂水溶液 γ_{cmc} 值随疏水基结构的变化规律。综合这些现象可以得出：表面活性剂降低水表面张力的能力主要取决于它在水溶液表面饱和吸附时最外层的原子或原子团，分子间相互作用较大的原子或原子团占据表面时 γ_{cmc} 就较高，反之较低。一般来说，最外层带非极性基团的 γ_{cmc} 比带极性基团的 γ_{cmc} 低。非极性基团对降低表面张力能力的贡献次序如下：

—CF$_3$＞—CF$_2$—＞—CH$_3$＞—CH$_2$—＞—CH=CH—

表面活性剂在水溶液表面吸附的过程也就是溶液表面最外层化学组成发生变化的过程，该过程是以非极性基团逐步替代极性水分子的过程。表面活性剂降低水表面张力的能力就在于它能以什么样的基团来替代表面水分子，以及能替代到何种程度。因此，表面活性剂疏水基的化学组成，特别是其末端基团组成及其最大吸附量是影响其降低表面张力能力的主要因素。

3.7 表面活性剂表面吸附层的结构与状态

3.7.1 吸附层构象

根据吸附量 Γ 与吸附分子平均占有面积 a 的关系，可以计算不同吸附量时吸附分子占有的面积，通过比较分子结构尺寸，可推断吸附层中分子的排列情况。以十二烷基硫酸钠为例，25 ℃时在 0.1 mol/L NaCl 溶液中，该表面活性剂不同浓度下的吸附分子平均占有面积见表 3-6。

表 3-6 十二烷基硫酸钠在 0.1 mol/L NaCl 溶液中表面吸附分子平均占有面积

溶液浓度/(μmol·L^{-1})	5	1.3	32	150	80	200	400	800
分子面积/nm^2	4.75	1.75	1.0	0.72	0.58	0.45	0.39	0.34

从分子结构来看，十二烷基硫酸离子呈棒状（图 3-8），它的最大长度约 2.1 nm，宽度为 0.47～0.50 nm，估计分子平躺时占有面积应在 1 nm^2 以上，直立时约为 0.25 nm^2。对比表 3-6 所列数据可以看出，溶液浓度较大时（＞32 μmol/L），吸附分子已不可能在表面上呈平躺状态；当浓度到达 8.0×10^{-4} mol/L 时，吸附分子只能以相当紧密的直立构象定向排列；只有浓度很稀时，溶液表面吸附的表面活性剂才能采取平躺的方式存在于界面。图 3-9 所示为表面活性剂分子或离子在表面发生吸附时的状态示意图。

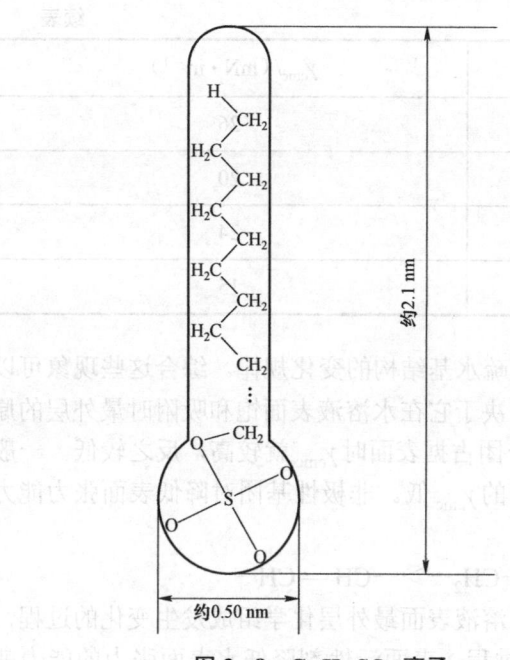

图 3-8 $C_{12}H_{25}SO_4^-$ 离子

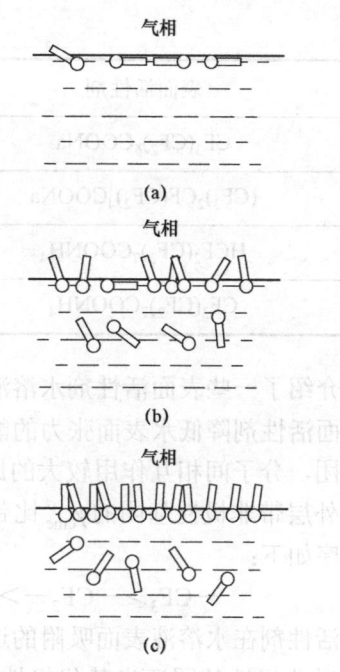

图 3-9 吸附分子状态示意图

3.7.2 π-a 特性

从溶液表面张力和吸附量数据可获得表面压 $\pi(\pi=\gamma_0-\gamma)$ 随分子占有面积 a 的变化曲线。图 3-10 所示为十六烷基三甲基溴化铵水溶液的 π-a 曲线和二维空间中理想气体的 $\pi a(\pi a=KT)$ 曲线。可以看出，该表面活性剂只有在溶液表面的吸附量非常低时，其吸附层才接近二维空间的理想气体状态。

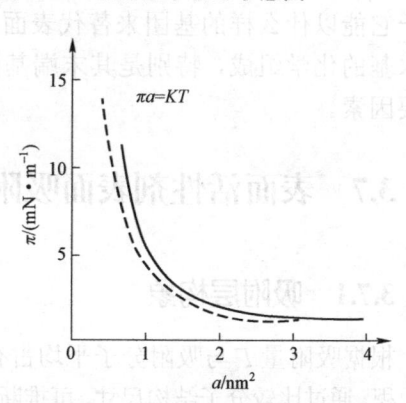

图 3-10 十六烷基三甲基溴化铵水溶液表面吸附层 π-a 曲线

3.7.3 双电层

离子型表面活性剂在水溶液表面吸附时，溶液中的反离子也在其表面进行富集并导致吸附层形成双电层结构。其机制是具有表面活性的疏水基因且具有疏水效应而吸附于溶液表面，形成定向排列、带相同电荷的吸附层结构。在静电场作用下，溶液中的反离子被吸引，一部分反离子进入吸附层内（固定层），另一部分则紧靠吸附层形成扩散层，从而生成离子型表面活性剂溶液特有的表面双电层结构，如图 3-11 所示。

图 3-11 离子型表面活性剂溶液表面吸附双电层结构

3.8 表面活性剂溶液表面吸附热力学

热力学是从宏观角度研究物质运动及其规律的科学，开展热力学研究首先要确定研究对象。热力学研究方法应用于溶液表面吸附时，有两种选择体系方法：一种是以整个溶液作为研究对象，这样得到的热力学函数是吸附过程中各种物质变化的总和；另一种是以某一组分为研究对象，得到的是该组分吸附前后的热力学函数变化值。本节应用第二种方法研究表面活性剂溶液在其表面吸附过程中的标准热力学函数变化值。

1957年，Betts 和 Pethica 首先将溶液表面吸附过程看作是溶质（2）从溶液体相（b）移至表面相（s）的过程。即

$$2^b \longrightarrow 2^s$$

并采用有效摩尔浓度表示溶液相的活度 $[a = f^b \cdot c \,(\text{mol/L})]$，表面活度则以有效表面压力来表示 $[a^s = f^s \cdot \pi \,(\text{mN/m})]$。式中，$f^b$ 和 f^s 分别为溶液体相和表面相的活度系数。于是，溶质在溶液体相内部的标准状态为 $a = 1 \,\text{mol/L}$，在表面相为 $a^s = 1 \,\text{mN/m}$。这样，Gibbs 自由能改变量为

$$\Delta G_{\text{ad}} = \Delta G_{\text{ad}}^\ominus + RT \ln\left(\frac{a^s}{a}\right) \quad (3-8)$$

表面吸附达到热力学平衡时，$\Delta G_{\text{ad}} = 0$。由式（3-8）可得标准吸附自由能为

$$\Delta G_{\text{ad}}^\ominus = RT \ln\left(\frac{a}{a^s}\right) = RT \ln\left(\frac{f^b c}{f^s \pi}\right) \quad (3-9)$$

式中，a 和 a^s 分别为吸附平衡时溶质在溶液体相和表面相上的活度，分别为溶液浓度与溶液活度系数的乘积、表面压与表面压活度系数的乘积。只有在活度系数可看作 1 时才能分别用溶液摩尔浓度和表面压代替。

由于一般溶液的表面活度系数不易确定，只好采用无限稀释、吸附平衡条件下的表面张力数据来计算标准吸附自由能。这时，活度系数 f^b 和 f^s 可看作 1，式（3-9）简化为

$$\Delta G_{\text{ad}}^\ominus = -RT \ln\left(\frac{\pi}{c}\right)_{c \to 0} = -RT \ln\left(\frac{-\mathrm{d}\gamma}{\mathrm{d}c}\right)_{c \to 0} \quad (3-10)$$

式（3-10）表明，可用无限稀溶液的表面张力随浓度变化曲线斜率来计算标准吸附自由能，该方法的不足之处是无限稀释溶液的表面张力不易准确测定。

表面活性剂在溶液表面吸附时的标准熵和标准焓变按下列热力学基本关系计算出：

$$-\Delta S_{\text{ad}}^\ominus = \frac{\mathrm{d}\Delta G_{\text{ad}}^\ominus}{\mathrm{d}T} \quad (3-11)$$

$$-\Delta H_{\text{ad}}^\ominus = T^2 \frac{\mathrm{d}(\Delta G_{\text{ad}}^\ominus / T)}{\mathrm{d}T} \quad (3-12)$$

表 3-7 列出了典型表面活性剂水溶液表面吸附的热力学数据。可以看出，标准吸附自由能都是负值，标准吸附熵都是正值，而标准吸附焓有正有负。标准吸附自由能为负值表明表

面活性剂在溶液表面的吸附过程是自发进行的。焓变有正有负，这说明表面活性剂在溶液表面吸附过程中熵变对标准吸附自由能的负值起主导作用，表面活性剂在水溶液表面的吸附过程是熵驱动的过程。

表 3-7 典型表面活性剂水溶液表面吸附的热力学数据

表面活性剂	温度/℃	$\Delta G_{ad}^{\ominus}$ / (kJ·mol^{-1})	$\Delta H_{ad}^{\ominus}$ / (kJ·mol^{-1})	$-\Delta S_{ad}^{\ominus}$ / (J·K^{-1}·mol^{-1})
C$_{10}$H$_{21}$SO$_4$Na	25	-24.77	-8.4	55.2
	35	-25.36	-8.4	55.2
	45	-25.9	-8.4	55.2
C$_{12}$H$_{25}$SO$_4$Na	25	-30.54	-13.8	56.5
	35	-31.17	-13.8	56.5
	45	-31.38	-13.8	55.2
C$_{12}$H$_{25}$O(EO)$_2$H	10	-23.9	1.0	24
	25	-25.6	1.0	24
	40	-26.9	1.0	24
C$_{12}$H$_{25}$O(EO)$_4$H	10	-22.1	2.0	26
	25	-23.9	2.0	26
	40	-25.4	2.0	26
C$_{12}$H$_{25}$O(EO)$_6$H	10	21.2	3.0	29
	25	-23.3	3.0	29
	40	-24.8	3.0	29

3.9 表面活性剂溶液动表面张力与吸附速率

上面所述均是表面活性剂在溶液表面吸附平衡时的特性和规律，并没有考虑达到吸附平衡所需的时间，即其吸附过程的动力学问题。实际应用中吸附速度有时起着决定性作用。例如，在泡沫生成和涂膜过程中新表面不断生成，表面活性剂逐步吸附到表面上降低表面张力而使液膜容易生成；同时所形成的吸附膜还能防止液膜收缩和破裂，使泡沫稳定、涂布均匀。如果吸附速度很慢，不及液膜的扩展或者破裂速度，则不能有效地发挥表面活性剂的效能，故需要研究非平衡情况下的溶液表面性质及其吸附速率。

溶液表面张力是其表面组成的函数，表面张力的时间效应（动表面张力）是因为溶液表面达到吸附平衡时需要时间。因此动表面张力曲线反映了表面吸附量随时间的变化而改变，即吸附速度。表面活性剂在溶液表面的吸附过程包括表面活性剂分子从溶液体相内部扩散到表面，随后进入吸附层并定向排列等过程。每一步都需要一定的时间，并且分别受各自物理、化学因素的影响。因此，影响吸附速度的因素很多，如表面活性剂在溶液体相中的扩散即受体相粘度、溶质分子尺寸和形态、溶质与溶剂间的相互作用以及温度等因素的影响。

离子型表面活性的吸附还受已吸附离子同电荷间的排斥因素影响。溶质进入吸附层可能包括取代原有的表面分子、脱水、定向排列等步骤，其速度与表面活性剂结构、吸附层组成与状态、温度等因素有关。表面张力时间效应的测定方法详见第 2 章。

3.10 表面活性剂表面吸附应用机理

实际上表面活性剂的许多应用依赖于它在溶液表面的吸附及形成的吸附层，如表面活性剂的起泡和消泡作用、润湿和铺展作用、雾化作用等。表面活性剂的这些应用主要体现在两个方面：一是降低液体表面张力使增加气液界面的过程更易进行；二是形成表面活性剂分子或离子紧密定向排列的表面吸附层（adsorption layer），或称吸附膜（adsorption film）、吸附单层（adsorption monolayer）。由于吸附层中疏水基和疏水基、亲水基和亲水基的横向相互作用，表面膜具有一定的强度，能够承受一定的外力而不被破坏，从而对所形成的气液界面起到稳定作用。表面活性剂溶液的许多功能依赖于其降低表面张力的能力和形成的表面吸附膜的强度。

首先，表面活性剂在溶液表面的吸附还削弱了液体表面收缩和液滴聚并的趋势，降低了 Laplace 压差导致的泡膜向 Plateau 边界排液、泡膜变薄的推动力，从而有利于液膜和相关分散体系的稳定。其次，离子型表面活性剂表面吸附形成的双电层结构使液膜间产生库伦斥力，液膜不易相互靠拢，从而提高了泡沫的稳定性；对聚氧乙烯型非离子型表面活性剂，其亲水基通过氢键与水缔合形成较大的表观体积，对液膜的相互接近产生空间位阻效应，抑制液膜因相互靠拢导致的排液、变薄而破裂。再者，当液膜因外力产生形变、吸附量和表面压分布不均匀时，吸附层中的表面活性剂分子将自动从高密度处转移至低密度处，并进行液膜修复，这种效应被称为 Marangoni 效应，对分散体系的稳定性至关重要。

3.11 胶束

人们早期在研究表面活性剂稀溶液时发现，随着浓度增加，表面活性剂溶液的许多性质在一个很窄的浓度范围内发生不连续的变化。这意味着表面活性剂溶液内部结构在某浓度范围内可能发生了突跃变化。从分子结构上看，表面活性剂分子中的亲油基总是倾向于脱离极性的水环境，在较低浓度下自发地由体相吸附至液气界面或液液界面，形成表面活性剂定向的单分子层。当溶液浓度升至一定值时，界面吸附达到饱和，此时亲油基为尽可能脱离极性水环境，两亲分子在水溶液中自发地形成亲水基朝外、亲油基向内的聚集体，这一过程称为表面活性剂的自组装（self-assembly），所得聚集体称为胶束（团）。

第 3 章 表面活性剂 3.11 课件

表面活性剂溶液开始形成胶束时的浓度称为临界胶束浓度，简称 cmc。胶束聚集体不同于固体颗粒，其具有软、柔等类似于流体的动态特性，因此也成为"软物质"（soft matter）科学研究的重要内容。胶束除传统增溶、洗涤去污等应用外，近年来在功能材料制备和药物传递等领域也获得广泛应用。

3.11.1 cmc 测定方法

自 Mcbain 提出胶束化概念后即被广泛接受，而表面活性剂溶液体相的一系列性质，如摩尔电导率、表（界）面张力、去污力、渗透压，以及增溶、吸附量等的突变也源于溶液体相形成了表面活性剂聚集体。实验研究进一步表明，这些性质的突变发生在一个较窄的浓度范围内，而不是某个特定的浓度值，但为了表征方便，人们仍习惯用某个浓度来表示其特性，即临界胶束浓度。

体相中出现胶束后，继续增加表面活性剂，其单体浓度在溶液体相中几乎保持不变，因此 cmc 具有下列物理意义：① cmc 为表面活性剂胶束溶液中的单体浓度；② cmc 为表面活性剂溶液中单体可能达到的最高浓度；③ cmc 为刚出现胶束时溶液中表面活性剂的总浓度。从理论上讲，凡是因胶束形成而导致溶液发生不连续变化的性质都可以用来测定 cmc。但需要注意的是，这些性质有的是对单体的浓度敏感，如表（界）面张力、去污力等；有的则是对胶束敏感，如光散射、增溶效果等，不同方法测定同一表面活性剂的 cmc 数值存在一定的差异。常见测定 cmc 的方法有表面张力法、电导法、光谱法、光散射法和荧光探针法。

（1）表面张力法

表面活性剂水溶液从胶束形成开始在溶液中单体浓度几乎保持不变，而表面活性剂溶液的表面张力取决于其在溶液中的单体浓度，所以，表面张力对浓度作图会出现明显的转折点。通常浓度取对数坐标得到 $\lg c - \gamma$ 曲线，由曲线拐点即可求出 cmc。当拐点不明显时，可将拐点两侧直线作延长线，由交点求出 cmc（图 3-12）。

表面张力法求 cmc 对各类型表面活性剂都具有相似的灵敏度，不受表面活性剂表面活性高低或外加电解质的影响，是测定 cmc 的经典方法。

（2）电导法

离子型表面活性剂在水溶液中处于电离状态，其电导率特性与普通无机电解质相似。胶束形成后，部分反离子束缚于胶束表面双电层结构中的紧密层，离子活度系数下降，导电效率降低，电导率曲线随浓度变化出现拐点，因此从电导率曲线拐点也可求出 cmc，如图 3-13 所示。也可由摩尔电导率对浓度作图求取 cmc。电导法求解 cmc 只适用于离子型表面活性剂，尤其对表面活性较高的单一离子型表面活性剂有较好的灵敏度，但对低表面活性的离子型表面活性剂，该法灵敏度较差。当有外加无机盐电解质时该法灵敏度大大降低。

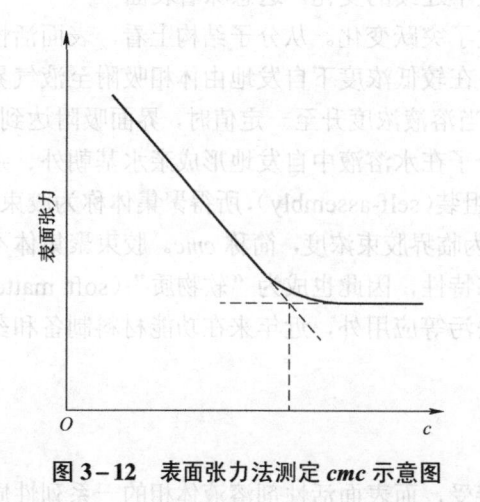

图 3-12　表面张力法测定 cmc 示意图　　　图 3-13　电导法测定 cmc 示意图

（3）光谱法

胶束的一个重要功能是能增溶原本不溶于水或微溶于水的非极性化合物。利用表面活性剂对某些非极性染料的增溶作用可用于测定 cmc。在浓度大于 cmc 的表面活性剂溶液中加入少量非极性油性染料，染料增溶于油性胶束中，并呈现某种颜色。然后加水稀释，当胶束即将消失时染料所处环境由油性的胶束变为极性的水溶液，颜色发生突变，由此获得 cmc 值。此法简单，但需找到合适的染料，且溶液颜色的变化要显著。对阴离子型表面活性剂，常用频哪氰醇氯化物和碱性蕊香红 G，对阳离子型表面活性剂则用曙红、荧光黄等。

表面活性剂溶液中，增溶和未增溶染料的吸收光谱可能不同，也可借助表面活性剂溶液吸收光谱的变化来测定 cmc。此法应用于非离子型表面活性剂时，染料有频哪氰醇氯化物、四碘荧光素、碘以及苯并红紫 4B 等。

染料法测定 cmc 的不足是加入染料可能对 cmc 值产生影响。此方法适用于 cmc 值较大的表面活性剂溶液体系，对 cmc 值较小的体系则可能有较大影响。若表面活性剂溶液中还存在其他无机盐或醇时，此法亦不甚适合。

（4）光散射法

浓度低于 cmc 时，溶液中的表面活性剂以单体形式存在，溶液不具有光散射性质；当浓度超过 cmc 时，由于大尺寸的胶束进入光波波长范围，溶液具有较强的光散射性。因此，通过测定溶液光散射强度随表面活性剂浓度的变化关系可确定溶液的临界胶束浓度。此法不需要在体系中加入额外的组分，具有通用性，对各种表面活性剂溶液均适用。光散射法是测定 cmc 较好的方法，但此法要求溶液非常干净，不能有尘埃质点。

（5）荧光探针法

有些荧光物质的光谱特征对其周围的微化学环境十分敏感，随所处化学环境而发生改变（如极性大小），基于荧光物质的荧光特征测定表面活性剂临界胶束浓度 cmc 的方法，又称为荧光探针法。水溶液中稠环芳烃芘（pyrene）分子分别在 372.7 nm（I_1）、378.7 nm（I_2）、384.7 nm（I_3）、389.8 nm（I_4）、393.7 nm（I_5）处呈现 5 个特有的荧光光谱峰，而峰一和峰三的强度之比（I_1/I_3）强烈地依赖于芘分子所处微化学环境的极性，其值随环境极性的减弱而显著减小。将芘溶于表面活性剂溶液中，当浓度低于 cmc 时芘分子处于水环境，I_1/I_3 值几乎保持不变；浓度大于 cmc 时芘增溶到胶束中，所处环境极性降低，导致 I_1/I_3 下降。若以 I_1/I_3 值对浓度作图将获得一转折点，则该转折点对应浓度即为 cmc。图 3-14 所示为芘荧光强度比 I_1/I_3 值随表面活性剂十二烷基硫酸钠（SDS）水溶液浓度的变化曲线。

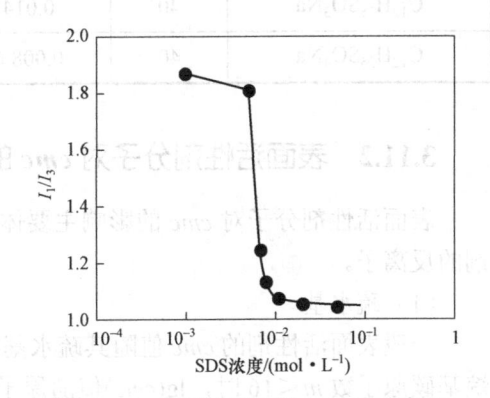

图 3-14 芘荧光强度比 I_1/I_3 值随表面活性剂 SDS 浓度的变化曲线

除了以上介绍的一些常用方法外，还有其他可用于测定 cmc 的方法，可参考其他有关文献。表 3-8 列出了一些表面活性剂的临界胶束浓度。

表 3-8　一些表面活性剂的临界胶束浓度

表面活性剂	温度/℃	cmc/(mol·L^{-1})	表面活性剂	温度/℃	cmc/(mol·L^{-1})
$C_8H_{17}SO_4Na$	40	0.14	$C_{12}H_{25}NH_3Cl$	40	0.014
$C_{10}H_{21}SO_4Na$	40	0.033	$C_{12}H_{25}N(CH_3)_3Br$	25	0.016
$C_{12}H_{25}SO_4Na$	40	0.008 7	$C_{12}H_{25}C_5H_5NCl$	25	0.017
$C_{14}H_{29}SO_4Na$	40	0.002 4	$C_{12}H_{25}C_5H_5NBr$	25	0.011
$C_{16}H_{33}SO_4Na$	40	0.000 58	$C_{12}H_{25}O(EO)_2H$	25	3.3×10^{-5}
$C_{16}H_{33}SO_4Na$	25	0.000 165	$C_{12}H_{25}O(EO)_3H$	25	5.2×10^{-5}
$C_8H_{17}O(EO)_6H$	25	0.009 9	$C_{12}H_{25}O(EO)_6H$	20	8.7×10^{-5}
$C_{10}H_{21}O(EO)_6H$	25	0.000 9	$C_{12}H_{25}O(EO)_8H$	25	1.1×10^{-4}
$C_{10}H_{21}O(EO)_6H$	20	0.000 087	$C_{12}H_{25}O(EO)_{12}H$	23	1.4×10^{-4}
$C_{12}H_{25}O(EO)_4H$	25	0.000 04	$C_{13}H_{27}O(EO)_8H$	25	2.7×10^{-5}
$C_{12}H_{25}O(EO)_4H$	55	0.000 017	$C_{14}H_{29}O(EO)_8H$	25	9.0×10^{-6}
$C_{12}H_{25}O(EO)_7H$	25	0.000 05	$C_{15}H_{31}O(EO)_8H$	25	3.5×10^{-6}
$C_{12}H_{25}O(EO)_7H$	55	0.000 02	$C_{12}H_{25}CH(SO_4Na)C_3H_7$	25	0.001 72
$C_{14}H_{29}O(EO)_6H$	25	0.000 01	$C_{10}H_{21}CH(SO_4Na)C_5H_{11}$	25	0.002 35
$C_{16}H_{33}O(EO)_6H$	25	0.000 001	$C_8H_{17}CH(SO_4Na)C_7H_{15}$	25	0.004 25
$C_8H_{17}O(EO)_6H$	25	0.009 9	$C_{12}H_{25}SO_4Li$	25	0.008 8
$C_{12}H_{25}COOK$	40	0.012 5	$C_{12}H_{25}SO_4Na$	25	0.008 2
$C_{12}H_{25}SO_3Na$	40	0.014	$C_{12}H_{25}SO_4K$	40	0.008 2
$C_{12}H_{25}SO_4Na$	40	0.008 6	$C_{12}H_{25}SO_4Cs$	40	0.008 2

3.11.2　表面活性剂分子对 cmc 的影响

表面活性剂分子对 cmc 的影响主要体现在三方面，即疏水基、亲水基和离子型表面活性剂的反离子。

（1）疏水基

一般表面活性剂的 cmc 值随其疏水基碳原子数增加而减小。对疏水基为直链的烷烃而言，烷基碳原子数 $m<16$ 时，$\lg(cmc)$ 值随原子数 m 的增加呈线性下降趋势，即有经验公式：

$$\lg(cmc)=A-Bm \tag{3-13}$$

式中，A、B 为经验常数。表 3-9 给出了一些表面活性剂同系物的 A、B 值。可以看出，对 1-1 型离子型表面活性剂 B 值通常约为 0.3，非离子型和两性型表面活性剂的 B 值约为 0.5。从 B 值大小可以看出，烷基链长度对非离子和两性表面活性剂的 cmc 影响更为显著。一般憎水的烷基链长度每增加 2 个—CH_2—单元，离子型表面活性剂 cmc 值约减小至原来的 1/4，而非离子型和两性型表面活性剂减小至原来的 1/10。当 $m>16$ 时，cmc 随烷基碳原子数增加而减小的幅度降低；当 $m>18$ 时，碳链可能发生卷曲成团，上述规则不再适用。

表 3-9　一些表面活性剂同系物的 A、B 值

表面活性剂	温度/℃	A	B	表面活性剂	温度/℃	A	B
C_mCOONa	20	2.41	0.341	C_mCH(COOK)$_2$	25	1.54	0.220
C_mCOOK	25	1.92	0.290	C_mNH$_3$Cl	25	1.25	0.295
	45	2.03	0.292		45	1.79	0.296
C_mSO$_3$Na	40	1.59	0.294	C_mN(CH$_3$)$_3$Br	25	1.72	0.300
	50	1.63	0.294		60	1.77	0.292
	60	1.42	0.280	C_mO(C$_2$H$_4$O)$_3$H	25	2.32	0.554
C_mSO$_4$Na	45	1.42	0.265	C_mO(C$_2$H$_4$O)$_6$H	25	1.81	0.488
2-正构烷基苯磺酸钠	55	—	0.292	烷基葡萄糖苷	25	2.64	0.530

注：C_m 表示碳原子数为 m 的烷基。

当憎水的烷烃链有支链结构时，支链部分对 cmc 的影响相当于等长度直链烷基的 1/2。若疏水烷烃链结构中含有双键，因空间位阻效应使得 cmc 增加，且顺式双键结构的增加幅度高于反式。疏水基体积增大也会导致 cmc 升高，这是由于形成胶束时，大体积的疏水基不易被包裹到球状或棒状的胶束中。

对环氧乙烷 EO、环氧丙烷 PO 嵌段的非离子型表面活性剂，当 EO 链段长度固定时，cmc 将随 PO 链段长度的增加明显减小。

（2）亲水基

疏水基链长和结构均相同时，离子型表面活性剂的 cmc 比非离子型高约两个数量级，如 C_{12} 直链的离子型表面活性剂 cmc 值约为 1×10^{-2} mol/L 数量级，而非离子型约为 1×10^{-4} mol/L 数量级。两性型表面活性剂的 cmc 比离子型略小。当一个表面活性剂分子中含有两个以上的亲水基时，其 cmc 值高于只含单个亲水基的分子。当亲水基基团从表面活性剂分子链的端位移向中间位置时，等效于疏水的直链结构变为支链结构，cmc 增加。对离子型亲水基，电荷中心越靠近疏水基的 α-C 时，cmc 越大。这是因为在胶束化过程中，亲水离子端从水相转移到非极性胶束边缘时，受到来自相邻离子的静电排斥作用，阻碍胶束形成。

对于季铵盐阳离子表面活性剂，吡啶环易于堆积，吡啶型阳离子表面活性剂的 cmc 小于三甲基季铵盐型。对于 $C_{12}H_{25}NR_3Br$ 系列阳离子型表面活性剂，R 基团长度增加而 cmc 减小，这可能与分子的疏水性增加有关。

对聚氧乙烯型非离子型表面活性剂，cmc 随 EO 单元数增加而增大。对疏水基较长而 EO 单元数较小的表面活性剂，cmc 随 EO 单元数增加变化幅度较大。对于 EO-环氧丙烷(PO)嵌段聚合的非离子型表面活性剂，当 PO 链段长度固定时，cmc 随 EO 链段长度的增加而增大，但当固定 EO/PO 摩尔比例，则 cmc 随分子量的增加而减小。

（3）反离子

对于离子型表面活性剂，反离子与带电胶束间的缔合作用会显著降低表面活性剂离子端

之间的排斥力,这有利于胶束生成,对 cmc 影响显著。反离子与带电胶束间的缔合能力越强,cmc 就越小。

对阴离子型表面活性剂,二价反离子与带电胶束间的缔合能力高于一价反离子,因此 Ca^{2+}、Mg^{2+} 阴离子型表面活性剂的 cmc 值低于 Na^+、K^+ 类;而同价、不同种类的反离子对阴离子型表面活性剂的 cmc 影响不大。当阴离子型表面活性剂的反离子为有机离子时,如 $N^+(CH_3)_4$、$N^+(CH_2CH_3)_4$ 以及 $N^+H(CH_2CH_2O)_3$ 等,cmc 将大大降低。当反离子的链长增加到其本身也具有表面活性时,则该离子型表面活性剂演变为阴-阳离子型表面活性剂,往往具有很低的 cmc。

对阳离子型表面活性剂,其反离子对 cmc 的影响也较为显著。例如,对于直链的十二烷基三甲基季铵盐系列,cmc 值大小遵循 $NO_3^- < Br^- < Cl^-$;对于卤化烷基吡啶系列,cmc 值大小遵循 $I^- < Br^- < Cl^-$,可见 cmc 值随反离子尺寸的增加而减小。

3.11.3 cmc 其他影响因素

(1) 电解质

对离子型表面活性剂,加入无机电解质能使 cmc 显著下降,且 cmc 值对数与体系反离子浓度的对数呈线性关系,即

$$\ln(cmc) = A' - K_g \ln(cmc + c_s) \tag{3-14}$$

式中,c_s 为外加电解质的浓度;K_g 为反离子缔合度,又称反离子束缚系数;A' 为常数。当 c_s 不为 0 时,$cmc + c_s$ 为体系中反离子的总浓度。当外加电解质浓度较大时($c_s > cmc$),cmc 忽略不计,$\ln(cmc)$ 随 $\ln c_s$ 的增加呈线性下降趋势。

图 3-15、图 3-16 所示分别给出了外加电解质与阴、阳离子型表面活性剂 cmc 值的关系。可以看出,cmc 值随外加电解质浓度增加而下降,与式(3-14)完全吻合,直线斜率即为反离子束缚系数 K_g;当反离子价数相同时,K_g 取决于表面活性剂的结构,与无机电解质的

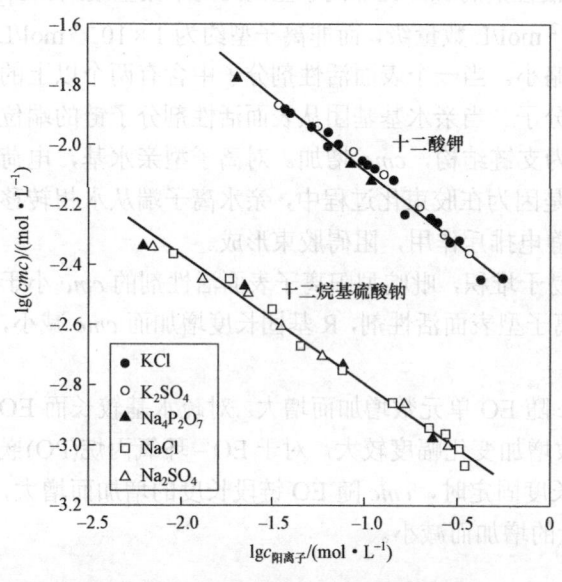

图 3-15 无机电解质对阴离子型表面活性剂 cmc 的影响

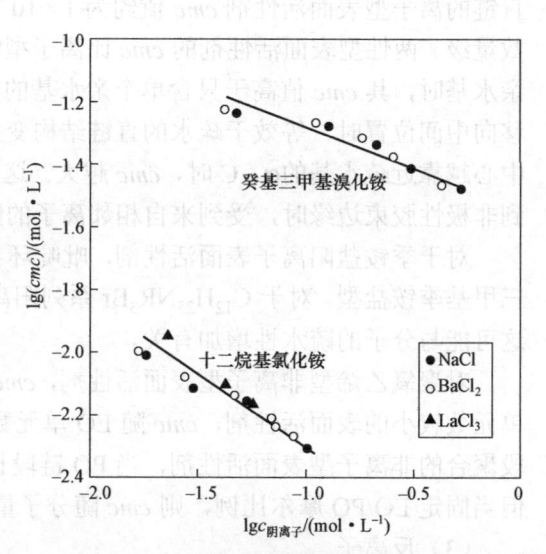

图 3-16 无机电解质对阳离子型表面活性剂 cmc 的影响

反离子种类关系不大。例如，对一价金属反离子（Na^+和K^+），烷基羧酸盐较烷基硫酸盐具有更大的K_g，而对于卤素阴离子，烷基氯化铵较烷基三甲基溴化铵具有更大的K_g。表3-10给出了一些表面活性剂的反离子束缚K_g值。

表 3-10　一些表面活性剂的反离子束缚系数 K_g 值

亲水基	K_g	亲水基	K_g
碱金属羧酸盐	0.58	碱金属烷基硫酸盐	0.46
烷基卤化铵	0.56	烷基三甲基卤化铵	0.37

对非离子型和两性型表面活性剂而言，外加电解质对 cmc 的影响主要来源于电解质对表面活性剂疏水基的盐溶（salting in）或者盐析（salting out）效应。通常产生盐析效应时 cmc 减小，产生盐溶效应时，cmc 增加。至于究竟为盐溶效应还是盐析效应，取决于该离子是水结构破坏剂还是水结构形成剂。

（2）醇

以脂肪醇为原料制备的表面活性剂中往往含有少量未反应的醇，如脂肪醇硫酸酯类表面活性剂。研究表明，醇的存在往往会使离子型表面活性剂 cmc 值显著减小。其机理是醇分子通过插入到表面活性剂分子间，减小了表面活性剂离子间的静电排斥力和界面的净电荷密度，使胶束更易生成。长碳链的脂肪酸、脂肪胺等表面活性剂具有类似的效应。

在表面活性剂的实际应用中，常加入一些中、短链的醇作为助表面活性剂。对离子型表面活性剂，当外加醇浓度较低时，cmc 随醇浓度增加而线性下降，且醇链越长影响越大。

对于中、短链醇，当其添加量较大时，离子型表面活性剂的 cmc 值上升。这是因为醇是良好的有机物溶剂，当醇浓度增加到一定值后，相当于醇和水组成了一种混合溶剂。该溶剂不同于纯水，使得表面活性剂在其中的溶解度增大，或者溶剂介电常数变小，表面活性剂离子间的斥力增大，不利于胶束生成。

（3）强水溶性有机物

有一类有机物，本身具有很强的水溶性，同时又能增加其他有机物在水中的溶解度，该类有机物往往作为助溶剂加入高浓度的表面活性剂体系中，如洗液、香波，主要包括尿素、乙二醇、N-甲基甲酰胺、短链醇以及1,4-二氧六环等。这些物质的存在往往使得表面活性剂 cmc 升高，表面活性下降。例如，向离子型表面活性剂中加入尿素，cmc 上升；向非离子型表面活性剂中加入尿素和N-甲基甲酰胺，$\lg c - \gamma$ 曲线向高浓度方向移动。

这类化合物在水中易通过氢键与水分子结合，使水溶液自身结构受到破坏，从而表面活性剂的憎水碳氢链周围水分子不易形成"冰山"结构，从而减弱了表面活性剂的疏水效应，抑制了胶束的形成。

（4）温度

温度对离子型表面活性剂的 cmc 影响不大。图3-17所示为十二烷基硫酸钠（SDS）-水体系相图。其中，曲线 AOC 是表面活性剂的溶解度与温度关系曲线，OB 是 cmc 与温度关系曲线。可以看出，胶束只存在于 T_k 以上的温度，即只有温度超过 T_k 后胶束才能生成，且 cmc 基本上不随温度发生变化，即温度超过 Krafft 点后溶液中表面活性剂单体的浓度基本上保持在 cmc 的状态。对非离子型表面活性剂，温度升高导致其亲水基与水形成氢键的能力减弱，亲水性下降，cmc 下降。

3.11.4 胶束结构、大小与形状

（1）胶束结构

胶束的基本结构包括两部分：内核和外层。表面活性剂水溶液中，胶束内核是指彼此缔合的疏水基形成的非极性微区，在胶束内核与溶液间是表面活性剂极性基团水化形成的外层。受极性基团诱导效应影响，紧接极性基团的非极性链段发生极化；存在于该链段周围的水分子具有一定的取向，称该水分子为结构水，又称为渗透水。介于内核与极性头之间的非极性链段构成栅栏层，该层也可认为是胶束外壳的一部分。离子型和非离子型表面活性剂的胶束结构也有所不同。

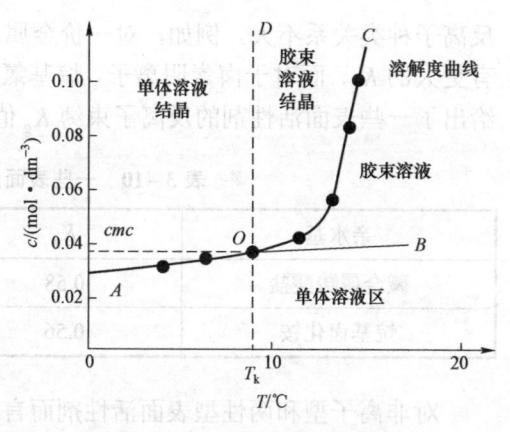

图 3-17　SDS-水体系相图

离子型表面活性剂的胶束结构如图 3-18（a）所示。可以看出，存在于溶液中的部分反离子与离子型表面活性剂的胶束外层（壳）紧密缔合，形成紧密层（Stern 层），还有部分反离子处于扩散层中，保持胶束的电中性。非离子型表面活性剂的胶束结构如图 3-18（b）所示。与离子型不同的是它没有双电层结构，其外壳是由柔顺的、聚氧乙烯链中的醚氧原子通过氢键与水缔合而成的。

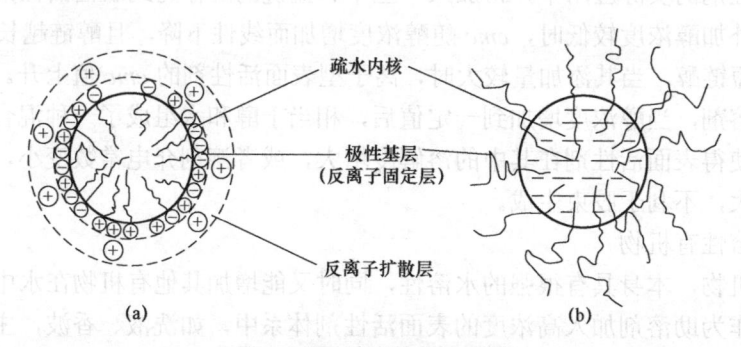

图 3-18　胶束结构示意图
(a) 离子型表面活性剂的胶束结构；(b) 非离子型表面活性剂的胶束结构

由于胶束中的分子或离子与溶液中相应的单体处于不停的交换过程中，因此，胶束外壳曲面并非光滑，而是凹凸不平的。

（2）胶束大小

胶束大小一般由表面活性剂分子聚集数来度量。聚集数是指缔合成一个胶束所需表面活性剂分子的平均数，该值跨越范围大，可从几十个到上万个。测定胶束聚集数的常用方法是光散射法，其原理是借助光散射法测出胶束的分子量，再除以表面活性剂分子的分子量，得到胶束的聚集数。因胶束大小不一，实验测得的胶束分子量只是个统计平均值，因而所得胶束聚集数也是个平均值。还可用扩散法、粘度法、超离心法测定胶束的聚集数。表 3-11 列出了部分表面活性剂水溶液中胶束的聚集数 n。

表 3-11 部分表面活性剂水溶液中胶束的聚集数 n

表面活性剂	温度/℃	n	表面活性剂	温度/℃	n
$C_8H_{17}SO_4Na$	23	20	$C_{14}H_{29}N(C_2H_5)_3Br$	25	55
$C_{10}H_{21}SO_4Na$	23	50	$C_{14}H_{29}N(C_4H_9)_3Br$	25	35
$C_{12}H_{25}SO_4Na$	23	71	$C_{12}H_{25}O(EO)_6H$	15	140
$(C_8H_{17}SO_4)_2Mg$	23	51	$C_{12}H_{25}O(EO)_6H$	25	400
$(C_{10}H_{21}SO_4)_2Mg$	60	103	$C_{12}H_{25}O(EO)_6H$	35	1 400
$(C_{12}H_{25}SO_4)_2Mg$	60	107	$C_{12}H_{25}O(EO)_6H$	45	4 000
$C_{12}H_{25}SO_4Na$（0.01 mol/L NaCl）	25	89	$C_{12}H_{25}O(EO)_8H$	25	123
$C_{12}H_{25}SO_4Na$（0.03 mol/L NaCl）	25	102	$C_{12}H_{25}O(EO)_{12}H$	25	81
$C_{12}H_{25}SO_4Na$（0.05 mol/L NaCl）	25	105	$C_{12}H_{25}O(EO)_{18}H$	25	51
$C_{12}H_{25}SO_4Na$（0.1 mol/L NaCl）	25	112	$C_{12}H_{25}O(EO)_{33}H$	25	40
$C_{10}H_{21}N(CH_3)_3Br$	25	36	$C_{10}H_{21}O(EO)_6H$	35	260
$C_{12}H_{25}N(CH_3)_3Br$	25	50	$C_{12}H_{25}O(EO)_6H$	35	1 400
$C_{14}H_{29}N(CH_3)_3Br$	25	70	$C_{14}H_{29}O(EO)_6H$	34	16 600
$C_{12}H_{25}NH_3Cl$	25	55.5	—	—	—

从表 3-11 可知，影响胶束聚集数大小的因素有：

1）表面活性剂同系物中，随疏水基碳原子数增加聚集数增加。

2）非离子型表面活性剂中的疏水基相同时，亲水基聚氧乙烯链长增加时聚集数降低。

3）无机盐电解质使离子型表面活性剂胶束的聚集数增加。其原因是电解质反离子插入紧密层，胶束离子头基间的库伦斥力减小，扩散层变薄，使得更多的表面活性剂分子进入胶束。

4）温度升高对离子型表面活性剂胶束聚集数影响不大，只是略微降低，但对非离子型表面活性剂影响显著，温度升高总是使其聚集数增加，特别是在接近浊点附近时增加更快。

（3）胶束形状

胶束有不同的形状，如球状、扁球状、棒状、六方柱状、层状等，如图 3-19 所示。光散射法研究表明，在超过 cmc 的一定浓度范围内胶束呈对称性的球状，且聚集数保持不变。例如，$C_{12}H_{25}SO_4Na$ 水溶液在 cmc 以上一定浓度范围内胶束聚集数维持约 71 不变，浓度对其影响不大。一般而言，只要超出 cmc 不多且没有其他添加物时，胶束大致呈球状。在较高浓度或其他条件下，胶束形状呈非球状的对称结构，为扁球状、椭球状等。

在高于 10 倍 cmc 的表面活性剂溶液中，胶束一般为非球状。Dedye 根据光散射实验结果提出了棒（肠）状胶束模型，如图 3-19（c）所示。该模型减小了表面活性剂分子憎水链端与水的接触面，具有更高的热力学稳定性。这种胶束结构还具有一定的柔顺性。当表面活性剂浓度更高时，胶束由棒状结构聚集成六角束结构，若再提高表面活性剂浓度则形成巨大的层状胶束。上述变化过程如图3-19（a）～图3-19（e）所示。

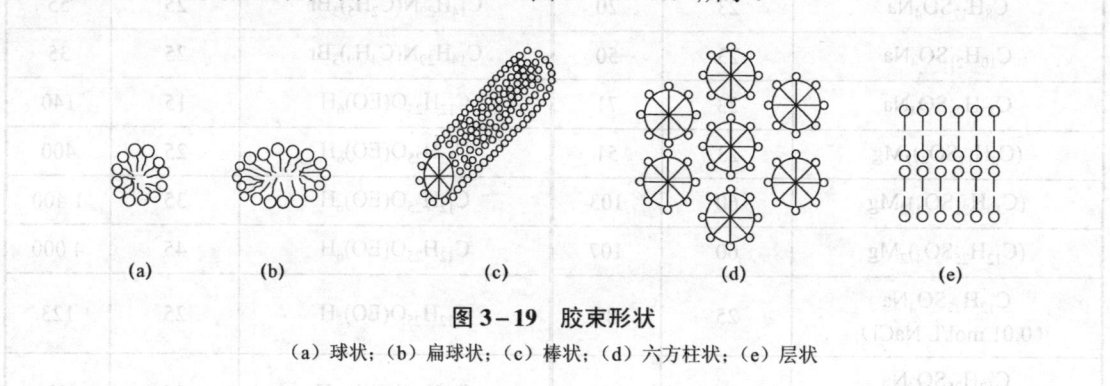

图3-19　胶束形状
(a) 球状；(b) 扁球状；(c) 棒状；(d) 六方柱状；(e) 层状

（4）高分子胶束溶液

两亲性高分子表面活性剂与低分子量表面活性剂一样，疏水基在溶液表面可发生吸附，在水溶液内部则可缔合形成胶束。Merrett通过电镜首先证明了共聚物高分子胶束的存在，随后，许多研究又证明了高分子表面活性剂的临界胶束浓度。高分子表面活性剂形成胶束的推动力是疏水基与水的不相容性，以及聚合物链段间的不相容性。通常认为高分子胶束呈球状，大小均匀，球的中心为憎水性的核，外围是水溶性的嵌段或接枝部分。由于高分子表面活性剂种类繁多，胶束形状也有椭球状、棒状、蠕虫状等多种形状。

与低分子量表面活性剂不同，高分子表面活性剂在较低浓度下即可形成单分子胶束。Sadron首先提出单分子胶束的假设，认为高分子链段在水中不同的溶解性以及链段间不相容性，推动了其在稀溶液下形成单分子胶束。高分子表面活性剂嵌段共聚物在水溶液中形成的单分子和多分子胶束结构示意如图3-20所示。

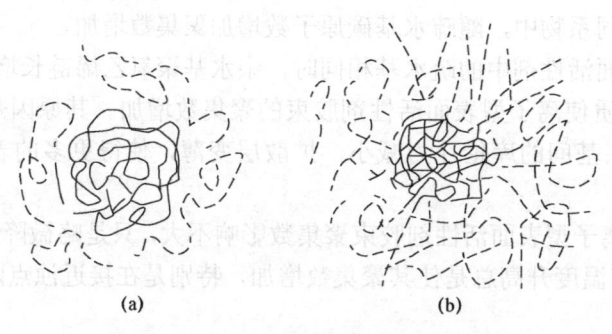

图3-20　高分子表面活性剂形成的胶束
(a) 单分子胶束；(b) 多分子胶束

采用静态或动态光散射、小角X散射、中子散射、沉降分析法、粘度法、渗透压法、荧光探针法、电镜及NMR等方法均可研究高分子表面活性剂在稀溶液中的胶束形成过程及其大小。

（5）临界堆积参数

如图3-19（a）～图3-19（e）所示，表面活性剂分子的胶束有序组合体有多种形态，其形态除与浓度有关外,还与表面活性剂自身的几何形状密切相关,特别是表面活性剂亲水基与疏水基在溶液中各自横截面积的相对大小。依据 Isrealachvili 定义的临界堆积参数 P 可预测胶束形态。

$$P = \frac{V_c}{a_0 l_c} \quad (3-15)$$

式中,V_c 为表面活性剂分子的体积;l_c 为表面活性剂疏水链最大伸展长度;a_0 为表面活性剂极性头基的面积。若表面活性剂分子的头尾面积相等,即 $V_c = a_0 l_c$,$P=1$。若 $P=1/3$,那么其是一锥体,由锥体又可堆积成一球体。表 3-12 列出了表面活性剂临界堆积参数 P 与胶束聚集体形态的关系。

表 3-12 不同临界堆积参数 P 对应的胶束聚焦体形态

P 值	表面活性剂聚集体形态
≤1/3	球状或椭球状胶束
1/3~1/2	棒状胶束
1/2~1	柔性双层囊泡
1	平行双层层状胶束囊泡
>1	微乳,反胶束

注:"头"指亲水基团,"尾"指憎水碳氢链,单尾指表面活性剂分子中只有一个碳氢链,余类推。

从表 3-12 可以得到一些具有参考价值的定性规律。温度、溶液 pH 值以及其他添加剂也都影响胶束形态。胶束溶液是一个复杂的平衡体系,存在着各种胶束形状间、胶束与单体间的动态平衡,所谓某胶束溶液中胶束的形态只能说它是主要形态,或是平均形态。

3.12 胶束生成热力学

表面活性剂的胶束溶液是一热力学平衡体系,因此可用热力学方法进行研究。在胶束热力学研究历程中逐步形成了两种方案:一种是相分离模型;另一种是质量作用模型。前者是把胶束和与之相平衡溶液中的表面活性剂单体看作是相平衡,后者是把胶束生成的过程看作是一化学反应。上述两模型所得最终热力学结果相同。

3.12.1 相分离模型

相分离模型的实验基础是表面活性剂溶液的许多性质在胶束生成前后发生突变,如电导、表面张力、增溶等。这种特性可看作是胶束生成前后溶液中溶质表面活性剂的相态发生了改变,把没缔合、游离表面活性剂分子的饱和浓度看成是 cmc,相分离就在浓度为 cmc 时开始发生,即把胶束形成的过程看作是表面活性剂以缔合状态的新相从饱和溶液中离析的过程,且把表面活性剂在溶液中形成的胶束视作标准状态,可得 $\mu_M = \mu_M^{\ominus}$。

对非离子型表面活性剂溶液体系,表面活性剂单体(S)在溶液中的化学势可写作

$$\mu_s = \mu_s^\ominus + RT\ln a_s = \mu_s^\ominus + RT\ln f_s c_s \qquad (3-16)$$

式中，$\mu_s^\ominus$ 为溶液中表面活性剂单体标准状态下的化学势；f_s 和 c_s 分别为表面活性剂单体的活度系数和摩尔体积浓度。

在临界胶束浓度 c_{cmc} 时，体系出现相分离。由于水相中表面活性剂单体与胶束相中的表面活性剂处于热力学平衡状态，水相中表面活性剂单体的化学势 μ_s 与胶束相中表面活性剂的化学势 μ_M 相等。即

$$\mu_M = \mu_s = \mu_M^\ominus = \mu_s^\ominus + RT\ln f_s c_s \qquad (3-17)$$

若表面活性剂溶液中单体的活度系数 $f_s = 1$，1 mol 表面活性剂单体从标准状态水溶液相转移至胶束相的 Gibbs 自由能变化值为

$$\Delta G_M^\ominus = \mu_M^\ominus - \mu_s^\ominus = RT\ln c_{cmc} \qquad (3-18)$$

根据式（3-18），由表面活性剂 cmc 值即可求其胶束生成过程的 $\Delta G_M^\ominus$。

有了胶束形成的标准 Gibbs 自由能，由下式便可方便地计算出相应的标准焓变和熵变为

$$\Delta S_m^\ominus = -\partial(\Delta G_m^\ominus)/\partial T \qquad (3-19)$$

$$\Delta H_m^\ominus = -T^2 \partial(\Delta G_m^\ominus/T)/\partial T \qquad (3-20)$$

基于 c_{cmc} 与温度的变化关系，可获得 $(\partial \ln c_{cmc})/(\partial T)$；式（3-19）、式（3-20）变形为

$$\Delta H_M^\ominus = -RT^2 \left(\frac{\partial \ln c_{cmc}}{\partial T}\right)_p \qquad (3-21)$$

$$\Delta S_M^\ominus = -RT \left(\frac{\partial \ln c_{cmc}}{\partial T}\right)_p - R\ln c_{cmc} \qquad (3-22)$$

对离子型表面活性剂体系，表面活性剂单体（S）化学势为

$$\mu_s = \mu_s^\ominus + \sum RT\ln a_s = \mu_s^\ominus + RT\ln a_{R^-} + RT\ln a_{M^+} + RT\ln a_{H^+} + RT\ln a_{OH^-} \qquad (3-23)$$

当外加相当浓度的中性盐时，忽略水解可得到

$$\mu_s = \mu_s^\ominus + \sum RT\ln a_s = \mu_s^\ominus + RT\ln a_{R^-} + RT\ln a_{M^+} \qquad (3-24)$$

依据电中性原则可得

$$\mu_s = \mu_s^\ominus + \sum RT\ln a_s = \mu_s^\ominus + 2RT\ln a_{R^-} \qquad (3-25)$$

在临界胶束浓度 c_{cmc} 时，出现相分离。依据水溶液相中表面活性剂的化学势 μ_s 与胶束相中表面活性剂的化学势（$\mu_M = \mu_M^\ominus$）相等。在活度系数为 1 的条件下：

$$\mu_M = \mu_M^\ominus = \mu_s^{cmc} = \mu_s^\ominus + 2RT\ln c_{cmc} \qquad (3-26)$$

$$\Delta G_m^\ominus = \mu_M^\ominus - \mu_s^\ominus = 2RT\ln c_{cmc} \qquad (3-27)$$

$$\Delta H_M^\ominus = -2RT^2 \left(\frac{\partial \ln c_{cmc}}{\partial T}\right)_p \qquad (3-28)$$

$$\Delta S_M^\ominus = -2RT \left(\frac{\partial \ln c_{cmc}}{\partial T}\right)_p - 2R\ln c_{cmc} \qquad (3-29)$$

相分离模型较为简明，但过于简化，用作理论研究时该模型的概括与预测能力受到限制。例如，离子型胶束的反离子缔合度问题便无从研究。

3.12.2 质量作用模型

质量作用模型是把胶束形成的过程看作是一种广义的化学反应——表面活性剂分子间缔合，对于不同的体系可以写出相应的反应方程式，可将质量作用定律应用到此缔合反应中。对于非离子型表面活性剂溶液，平衡条件下的表面活性剂单体与胶束可写出如下方程式：

$$nS \underset{}{\overset{K}{\rightleftharpoons}} M_n$$

式中，S 为非离子型表面活性剂分子（单体），M 为胶束，n 为表面活性剂单体数量或胶束中的聚集数。该方程平衡常数 K 写作

$$K = a_m / a_s^n \tag{3-30}$$

式中，a_m 和 a_s 分别为溶液中胶束和单体的活度。每摩尔表面活性剂单体分子形成胶束的标准 Gibbs 自由能变化值可表示为

$$\Delta G_m^\ominus = \frac{-1}{n}(RT \ln K) = -\frac{RT}{n} \ln \frac{a_m}{a_s^n} = RT \ln a_s - \frac{RT}{n} \ln a_m \tag{3-31}$$

因为胶束聚集数 n 是远远大于 1 的数（一般大于 50），式（3-31）中右边第二项可忽略；表面活性剂浓度在 cmc 以上时，溶液中单体的浓度几乎维持 cmc 不变。式（3-31）变换为

$$\Delta G_m^\ominus = RT \ln a_s = RT \ln cmc \tag{3-32}$$

该结果与相分离模型所得结果一致。由此可见，对于非离子型表面活性剂，两种热力学模型可得到同样的结果。

对于离子型表面活性剂，表面活性剂胶束与表面活性剂单体间的缔合平衡反应式可写作

$$nS^{+(-)} + mB^{-(+)} \rightleftharpoons [S_n B_m]^{(n-m)+(-)}$$

式中，$S^{+(-)}$ 表示表面活性剂离子，$B^{-(+)}$ 表示表面活性剂离子匹配的反离子，n、m 为胶束中表面活性剂离子和反离子的聚集数。该反应式的反应速率常数为

$$K = \frac{a_m}{a_s^n a_i^m} \tag{3-33}$$

由此可得每摩尔表面活性剂单体生成胶束的标准 Gibbs 自由能变化值为

$$\Delta G_m^\ominus = \frac{-1}{n}(RT \ln K) = RT[\ln a_s + (m/n) \ln a_i - (\ln a_m)/n] \tag{3-34}$$

式中，a_s、a_i、a_m 分别代表表面活性离子、反离子和胶束的活度。同样，由于 n 值较大，上式右边最后一项忽略；若活度系数为 1，用浓度代替活度，于是得到

$$\Delta G_m^\ominus = RT[\ln cmc + (m/n) \ln a_i] \tag{3-35}$$

如果反离子与表面活性剂离子等量缔合于胶束，则 $m=n$，此时式（3-35）右边变为 $2RT\ln cmc$，与相分离模型所得结果相同。若对式（3-35）移项，则可得

$$\ln cmc = \frac{\Delta G_m^\ominus}{RT} - k_g \ln a_i \qquad (3-36)$$

式中，$k_g = m/n$，称作反离子结合度。

以上介绍的是胶束热力学的基本原理。虽然胶束溶液中的平衡关系很复杂，但热力学方法仍不失为深入分析、研究此类体系性质和规律的重要手段。有了胶束形成标准摩尔 Gibbs 自由能，便可以方便地得到相应的标准焓变和标准熵变。

对于非离子型表面活性剂：

$$\Delta S_m^\ominus = -[R\ln cmc + RT\mathrm{d}(\ln cmc)/\mathrm{d}T] \qquad (3-37)$$

$$\Delta H_m^\ominus = -RT^2 \mathrm{d}(\ln cmc)/\mathrm{d}T \qquad (3-38)$$

对于 1-1 价型离子型表面活性剂：

$$\Delta S_m^\ominus = -2[R\ln cmc + RT\mathrm{d}(\ln cmc)/\mathrm{d}T] \qquad (3-39)$$

$$\Delta H_m^\ominus = -2RT^2 \mathrm{d}(\ln cmc)/\mathrm{d}T \qquad (3-40)$$

表 3-13 所示为溴化十二烷基吡啶水溶液胶束形成热力学参数。可以看出，在实验温度范围内 $\Delta G_m^\ominus$ 皆为负值，说明标态条件下，表面活性剂溶液中单体缔合成胶束的平衡常数 K 大于 1，此过程可以自发进行。表 3-13 中所有 $\Delta S_m^\ominus$ 值均为正值，$\Delta H_m^\ominus$ 有正有负；即使 $\Delta H_m^\ominus$ 为负值的情况下，其绝对值也比相应的 $T\Delta S_m^\ominus$ 值小得多。因此，表面活性剂在水溶液中生成胶束的过程主要为熵驱动。

表 3-13　溴化十二烷基吡啶水溶液胶束形成热力学参数

温度/K	$cmc/$ (mol·L^{-1})	$\Delta G_m^\ominus /$ (kJ·mol^{-1})	$\Delta H_m^\ominus /$ (kJ·mol^{-1})	$\Delta S_m^\ominus /$ (J·mol^{-1}·K^{-1})	$T\Delta S_m^\ominus /$ (kJ·mol^{-1})
278.2	0.011 5	-19.62	5.56	90.5	-25.18
283.2	0.011 2	-20.02	2.51	79.6	-22.55
288.2	0.011 0	-20.42	0.084	71.1	-20.50
293.2	0.011 2	-20.83	-2.26	63.3	-18.57
298.2	0.011 4	-21.05	-4.06	57.0	-16.99
303.2	0.011 8	-21.34	-5.48	52.3	-15.86
308.2	0.012 2	-21.59	-6.57	48.7	-15.02
313.2	0.012 8	-21.80	-7.41	46.0	-14.39
318.2	0.013 5	-22.01	-7.95	44.4	-14.06
323.2	0.014 0	-22.26	-8.45	42.7	-13.81
328.2	0.014 8	-22.47	-8.23	41.6	-13.64
333.2	0.015 1	-22.68	-9.25	40.3	-13.28
338.2	0.016 3	-22.89	-9.79	38.7	-13.09
343.2	0.017 2	-23.05	-10.63	36.2	-12.42

鉴于自由能是广度数量,自由能变量也可分解为体系中各组成部分自由能的变化量之和。表面活性剂胶束形成自由能可以表示为形成胶束时亲水基和疏水基的自由能变量之和:

$$\Delta G_m^\ominus = \Delta G_{m(O)}^\ominus + \Delta G_{m(W)}^\ominus \tag{3-41}$$

式中,$\Delta G_{m(O)}^\ominus$、$\Delta G_{m(W)}^\ominus$ 分别为表面活性剂疏水基、亲水基对形成胶束标准 Gibbs 自由能的贡献。对直链的碳氢疏水基,$\Delta G_{m(O)}^\ominus$ 又可表示为

$$\Delta G_{m(O)}^\ominus = (n-1)\Delta G_{m(CH_2)}^\ominus + \Delta G_{m(CH_3)}^\ominus = n\Delta G_{m(CH_2)}^\ominus + k \tag{3-42}$$

式中,$k = \Delta G_{m(CH_3)}^\ominus - \Delta G_{m(CH_2)}^\ominus$,其在一定温度下为常数。结合式(3-32),对于非离子型表面活性剂可以得到

$$\ln cmc = (\Delta G_{m(W)}^\ominus + n\Delta G_{m(CH_2)}^\ominus + k)/(RT) \tag{3-43}$$

此式表明,对于同系物表面活性剂而言,临界胶束浓度与表面活性剂中疏水链碳原子数相关,$\ln cmc$ 与碳原子数 n 呈线性关系。即

$$\ln cmc = A + B \cdot n \tag{3-44}$$

式中,

$$B = \Delta G_{m(CH_2)}^\ominus/(RT) \tag{3-45}$$

$$A = (\Delta G_{m(W)}^\ominus + k)/(RT) \tag{3-46}$$

对 $\ln cmc$-碳原子数 n 作图,直线斜率 B 反映了疏水基中每一个亚甲基由水溶液环境转移至胶束时的标准 Gibbs 自由能变化值;截距 A 则反映了亲水基由水环境转移至胶束时的标准 Gibbs 自由能变化值。表 3-14 列出了一些同系物表面活性剂实验所得 A、B 值。结果表明,所有 B 值均为负值,表面活性剂疏水基中 CH_2 基团起着促进胶束生成的作用;不同类型的表面活性剂实验数据得到的 B 值也很接近。表 3-14 中的 A 值均为正值,说明亲水基在胶束形成过程中起抑制作用。

表 3-14 一些同系物表面活性剂的 A、B 值

表面活性剂系列	温度/℃	A	B
羧酸钠	20	1.85	-0.30
羧酸钾	25	1.92	-0.29
正烷基硫酸钠(钾)	25	1.51	-0.30
正烷基苯磺酸钠	25	1.68	-0.29
正烷基氯化铵	25	1.25	-0.27
正烷基三甲溴化铵	25	1.72	-0.30
正烷基三甲氯化铵(加盐)	25	1.23	-0.33
溴化正烷基吡	30	1.72	-0.31

3.13 胶束生成动力学

表面活性剂溶液中的胶束并非一个静止不变的状态,而是处于不断缔合、解缔合的动态平衡之中,其缔合和重组所需时间通常在毫秒到微秒级。研究胶束动力学的常用方法是温度跃、压力跃、超声吸收等方法,其原理是让胶束溶液状态发生突变,再监测胶束弛豫过程。胶束弛豫过程通常可分为两类:微秒级的快速弛豫过程和毫秒级的慢速弛豫过程,这是由于胶束溶液中存在着复杂的缔合和解缔合变化过程。

(1) 电离:
$$S_nB_m \rightleftharpoons S_nB_{(m-1)} + B$$

式中,S_n 表示由 n 个表面活性剂单体形成的胶束,B 为表面活性剂离子的反离子。

(2) 单体转移:
$$S_{n-1} + S \rightleftharpoons S_n$$

(3) 胶束缔合和解缔合:
$$nS \rightleftharpoons S_n$$

(4) 胶束的分裂和合并:
$$S_n \rightleftharpoons S_{n-a} + S_a$$

式中,a 为不大于 $n/2$ 的整数。

(5) 胶束的重组:
$$S_n + S_{n'} \rightleftharpoons S_{n-b} + S_{n'+b}$$
$$(n+1)S_n \rightleftharpoons nS_{n+1}$$

式中,b 相对于 n 仍是一个较小的数,$n-b$ 个单体仍能构成胶束。

通常情况下,过程(1)变化极快,其速度一般难以测定。弛豫实验观察到的微秒级变化过程对应过程(2)。过程(3)并非一个整体的缔合、解缔合过程,而是一个组合过程,由每次增减几个单体的一系列过程组合而成,该过程弛豫速度较慢。过程(4)、过程(5)与过程(3)情形相似,也是一个较慢的过程,均对应毫秒级变化。因此,胶束动力学特性常用其快弛豫时间 τ_1(或 $1/\tau_1$)和慢弛豫时间 τ_2(或 $1/\tau_2$)来表征。表 3−15 列出了几种烷基硫酸钠同系物水溶液胶束的弛豫时间。可以看出,表面活性剂碳链增长弛豫速度变慢,浓度增加弛豫加快。表 3−16 列出了烷基硫酸钠同系物溶液胶束的缔合速率常数(k^+)和解缔合速率常数(k^-)。可以看出,碳链增长单体离开胶束的速度明显变慢,这可从分子疏水性增强角度来理解;而单体进入胶束速度随碳链长度增加而变慢,则可能是扩散控制缔合速度的原因。

表 3−15 烷基硫酸钠同系物水溶液胶束的弛豫时间

表面活性剂	温度/℃	浓度/(mol·L^{-1})	τ_1/ms	τ_2/ms
C$_{16}$H$_{33}$SO$_4$Na	30	1×10^{-3}	760	350
C$_{14}$H$_{29}$SO$_4$Na	25	2.1×10^{-3}	320	41
	30	2.1×10^{-3}	245	19
	35	2.1×10^{-3}	155	7
	25	3×10^{-3}	125	34
C$_{12}$H$_{25}$SO$_4$Na	20	1×10^{-2}	—	1.8

表3-16 烷基硫酸钠同系物溶液胶束的缔合与解缔合速率常数

表面活性剂	聚集数	$cmc/(\text{mol}\cdot\text{L}^{-1})$	$k^-/(\text{ns}^{-1})$	$k^+/(\text{mol}\cdot\text{L}^{-1})^{n-1}/s$
$C_6H_{13}SO_4Na$	17	0.42	1.32	3.2
$C_7H_{15}SO_4Na$	22	0.22	0.73	3.3
$C_8H_{17}SO_4Na$	27	0.12	0.1	0.77
$C_9H_{19}SO_4Na$	33	0.06	0.14	2.3
$C_{11}H_{23}SO_4Na$	52	0.016	0.04	2.6
$C_{12}H_{25}SO_4Na$	64	0.008 2	0.01	1.2
$C_{14}H_{29}SO_4Na$	80	0.002 1	0.000 1	0.47

注：n 为表面活性剂形成胶束的平均聚集数。

3.14 胶束增溶

非极性有机物在极性水中的溶解度极小，但当水中有表面活性剂存在且浓度大于 cmc 时溶解度将大大提高，并且非极性有机物溶解度随表面活性剂浓度的增加而增加。表面活性剂的这种作用称作增溶作用（solubilization），表面活性剂称为"增溶剂"（solubilizer），非极性有机物则称为"增溶物"（solubilizate）。增溶作用与胶束形成有关。增溶体系形成的是透明的、热力学稳定的溶液体系。

3.14.1 增溶热力学

溶质在溶液中的化学势可表示为

$$\mu = \mu^\ominus + RT\ln a = \mu^\ominus + RT\ln(fc) \tag{3-47}$$

式中，$\mu^\ominus$ 为溶质的标准化学势；a 为溶质的活度；f 和 c 分别为溶质的活度系数和浓度。在胶束溶液中，溶质（增溶物）同时存在于水相和胶束相，其化学势可分别表示为

$$\mu_{aq} = \mu_{aq}^\ominus + RT\ln a_{aq} \tag{3-48}$$

$$\mu_{mic} = \mu_{mic}^\ominus + RT\ln a_{mic} \tag{3-49}$$

式中，下标 aq 表示水相，mic 表示胶束相。因为胶束相和水相处于平衡状态，溶质在两相中的化学势相等，即

$$\mu_{aq}^\ominus + RT\ln a_{aq} = \mu_{mic}^\ominus + RT\ln a_{mic} \tag{3-50}$$

因此，溶质自水相转移到胶束相中的标准 Gibbs 自由能变化值，即溶质在胶束相和水相中的标准化学势差为

$$\Delta G_s^\ominus = \mu_{mic}^\ominus - \mu_{aq}^\ominus = RT\ln\frac{a_{aq}}{a_{mic}} = RT\ln\frac{c_{aq}}{c_{mic}} + RT\ln\frac{f_{aq}}{f_{mic}} \tag{3-51}$$

假定溶质在水相和胶束相中皆为理想溶液，$f_{mic} = f_{aq} = 1$，得

$$\Delta G_s^{\ominus} = -RT\ln\frac{c_{\text{mic}}}{c_{\text{aq}}} = -RT\ln K \tag{3-52}$$

$$K = \frac{c_{\text{mic}}}{c_{\text{aq}}} \tag{3-53}$$

式中，K 为溶质在胶束相和水相中的配分系数。

3.14.2 增溶方式

增溶物增溶于胶束中的位置取决于增溶物的性质。其存在的位置有：① 胶束内核；② 胶束中定向排列的表面活性剂分子间，形成"栅栏"结构（palisade）；③ 胶束表面活性剂的亲水基团间（尤其是非离子型表面活性剂的聚氧乙烯链中）；④ 胶束表面。

紫外光谱和核磁共振研究表明，非极性烃类化合物只能增溶于胶束内核，使胶束膨胀，体积变大，如图 3-21（a）所示。较易极化的短链芳烃化合物，初始可能吸附于胶束表面，增溶量加大后可能插入表面活性剂栅栏中并进入内核。长碳链的极性有机物如脂肪醇、脂肪胺等则增溶于胶束栅栏间，与表面活性剂分子具有相同的取向，形成混合胶束，一般不影响胶束体积变化，如图 3-21（b）所示。一些小的极性有机化合物则增溶于胶束表面区域，特别是在非离子表面活性剂形成的胶束中，增溶于聚氧乙烯链形成的胶束"外壳"中，如图 3-21（c）和（d）所示。

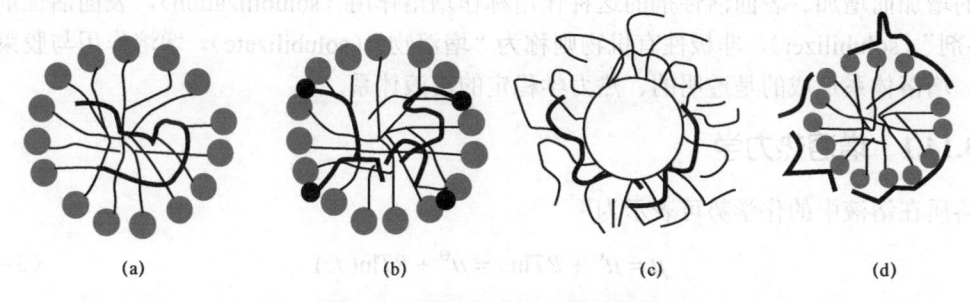

图 3-21 增溶物在胶束中的位置
(a) 内核（非极性烃）；(b) 栅栏（极性有机物如醇类）；(c) 亲水基团之间（极性小分子）；
(d) 胶束表面（较易极化的化合物如短链芳烃）

3.14.3 增溶影响因素

（1）表面活性剂结构

增溶能力的大小通常取决于表面活性剂形成胶束的大小或聚集数，一般胶束越大，聚集数越多，增溶能力就越强，特别是对于增溶于胶束内核非极性烃类化合物的增溶量。因胶束聚集数通常随表面活性剂烷基链长的增加而增加，长碳链的表面活性剂对烃类有较强的增溶能力。二价金属盐类表面活性剂亦有较强的增溶能力。当表面活性剂憎水的碳氢链中含有支链或不饱和键时，增溶能力下降。

对于具有相同烷基链长的表面活性剂，非离子型表面活性剂由于较低的 cmc 对烃类化合物有较强的增溶能力。当亲水基聚氧乙烯链长增加时，对烃类的增溶能力则下降。阳离子型表面活性剂形成的胶束较疏松，该胶束的增溶能力略大于阴离子型表面活性剂。

当表面活性剂分子中引入第二个亲水基团时，cmc 增加，胶束聚集数减小，对烃类的增溶能力减弱，但对极性化合物的增溶能力增强。原因是第二个亲水基团的引入使胶束"栅栏"分子间电斥力增加，胶束变得疏松，有利于极性分子的插入。

（2）增溶物结构

胶束对非极性烃类的增溶能力随烃类的摩尔体积增加而下降，因此胶束对烃类同系物的增溶量随其链长增加而减小，如图 3-22 所示。

（3）添加剂影响

向离子型表面活性剂体系中加入无机盐可使 cmc 下降，胶束聚集数增加，导致胶束对非极性烃类的增溶能力增加。这是由于加入无机盐降低了离子型表面活性剂离子头间的静电排斥力，胶束排列

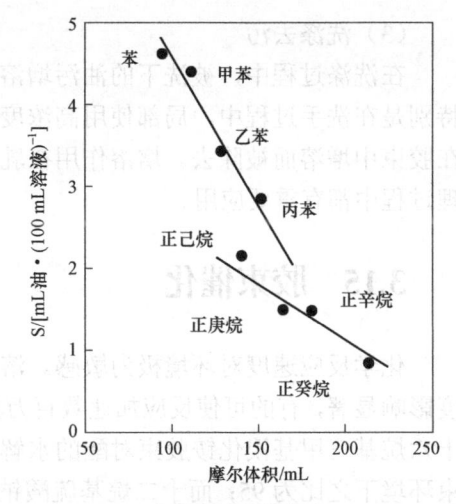

图 3-22　不同摩尔体积烃在 $C_{11}H_{23}COOK$ 胶束中的增溶量

更紧密，一方面避免了极性有机物对胶束微环境的影响，另一方面，非极性有机物增溶于胶束内核后往往使胶束膨胀，也有利于极性有机物的增溶，反之亦然。若胶束同时增溶多种极性有机物，一种极性有机物的增溶量必然影响另一种极性有机物，因为极性有机物增溶于栅栏层中的位置有限。

（4）温度

温度升高，离子型表面活性剂的胶束结构变得疏松，有利于增溶物进入，同时提高极性和非极性有机物的增溶量。对于非离子型表面活性剂，温度升高使得其胶束聚集数增大，导致非极性增溶物的增溶量升高；由于聚氧乙烯链的脱水使其胶束外壳变得更紧密，短链极性化合物的增溶量降低。

3.14.4　增溶应用

（1）提高原油的采收率

原油在开采过程中，一次采油和注水采油只能采出 30%～40%的原油，大量残余原油黏附于岩层中的砂石上而无法采出。如果向地层注入"胶束溶液"（胶束中含适量的醇类助剂和油），则胶束能对这些残余原油增溶，并且胶束溶液还能润湿岩层，遇水不分层，有足够的粘度。这样，胶束溶液在地下流动过程中不断带走砂石上的原油，以达到提高采收率的目的。

（2）胶束增强超滤

化工、造纸、制药等工业生产过程中排放出大量含有机物的污水，造成严重的环境污染。通常由于有机物含量低，在水中具有一定的溶解度，常规方法难以分离回收。胶束增强超滤技术是通过向这些废水中加入表面活性剂，使微量的有机物增溶于胶束中，再通过孔径小于胶束的超滤膜过滤，水和极性小分子顺利通过，有机物因增溶于胶束中而不能通过，同时达到净化水并可回收有机物的目的。此工艺可使有机物的回收率达到 90%以上。若选用阴离子型表面活性剂，由于胶束表面带电使重金属离子吸附于胶束周围，经超滤则可除去重金属离子。

(3) 洗涤去污

在洗涤过程中，被洗下的油污增溶于胶束中，可有效防止其再沉积，从而提高去污力。特别是在洗手过程中，局部使用高浓度肥皂或洗涤剂，在揉搓过程中形成大量的胶束，油污在胶束中增溶而被除去。增溶作用在乳液聚合、胶束催化、制药工业以及生理过程中都有重要应用。

3.15 胶束催化

化学反应速度对环境极为敏感。溶液中存在的胶束对许多化学反应的速度影响显著，有的可使反应加速数百万倍，有的又使反应速度降低几个数量级。如酯的水解，十六烷基三甲基溴化铵胶束对酯的水解具有催化作用，胶束环境中酯的水解速率常数与非胶束环境下之比为95；而十二烷基硫酸钠水溶液胶束对酯的水解则具有抑制作用，酯在该胶束环境中的水解速率常数与非胶束环境下之比约为0.4。

胶束促使反应加速的机制可归结为以下两点：

（1）由于胶束拥有从高度极性水环境到几乎完全非极性似烃环境的全程环境，可以为反应提供最适宜的极性环境而利于反应进行。同一反应在胶束上进行的速率常数远远高于溶剂中，胶束对反应速度的这种作用称为介质效应。

（2）胶束能增溶原本不易溶于反应介质中的反应物，离子型胶束还能吸引具有相反电性的反应物。

对于离子与极性有机物构成的反应体系，其在胶束表面附近的浓度显著高于水溶液而加速反应，这种效应叫作接近效应。在许多胶束催化体系中，后者效果更为显著。上面所说的十六烷基三甲基溴化铵和十二烷基硫酸钠胶束的不同催化效果主要是由于胶束所带电荷不同，十六烷基三甲基溴化铵胶束带正电，在增溶羧酸酯的同时又能吸引氢氧根离子聚集在胶束附近，故具有催化作用；而十二烷基硫酸钠胶束虽也增溶羧酸酯，但对氢氧根离子具有排斥作用，使羧酸酯与氢氧根离子二者的反应受到抑制。

胶束催化反应基本动力学关系如下：设物质A转化为B的反应在溶液中进行时反应速率常数为 k_0，在胶束中进行时反应速率常数为 k_m，胶束溶液催化反应的总速率常数为 k_p。k_p 是反应物在溶液中和胶束上反应的总和，故

$$k_p = k_0(1-F_m) + k_m F_m \quad (3-54)$$

式中，F_m 为反应物在胶束中反应的分数，该值取决于胶束的数量以及它对反应物的增溶能力。胶束对反应催化能力的强弱可以用 k_p/k_0 表示，即

$$k_p / k_0 = 1 + F_m[(k_m / k_0) - 1] \quad (3-55)$$

式（3-55）说明胶束对反应催化作用的强弱取决于胶束数量、增溶能力及在胶束与溶剂中进行反应的速率之差。

3.16 液晶

液晶的发现及应用即是原创新研究的典型代表。高度有序的固态晶体与无序的液体存在

明显的差别，但有些物质或体系在一定条件下会处于一种中间状态，它既有液体的流动性和连续性，又有晶体的各向异性，该形态称为介晶态，该物质或体系称为液晶。

液晶又分热致液晶和溶致液晶两种。热致液晶是加热液晶物质而出现的液晶态，只在一定温度范围存在，一般为单组分体系。溶致液晶是由化合物和溶剂共同组成，随溶质浓度变化而产生的。如在表面活性剂晶体中加入一定量溶剂，表面活性剂结构从高度有序状态转变为较为无序的状态而成为液晶，或者说表面活性剂溶液浓度在 cmc 以上时，再提高浓度则会形成液晶。

溶致液晶的形成取决于溶质分子与溶剂分子间的特殊相互作用，高度依赖于溶液的组成和溶质的浓度。随表面活性剂的结构、浓度或者温度变化，表面活性剂的溶致液晶在理论上至少有 18 种结构，常见的有六方相、立方相和层状相，如图 3-23 所示。其中，立方相只在很窄的温度和浓度范围内出现。

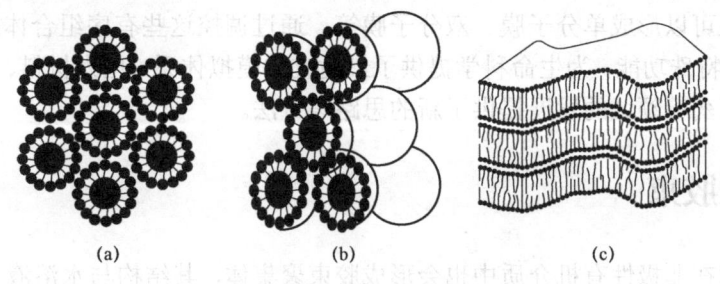

图 3-23　表面活性剂溶致液晶结构
(a) 六方相；(b) 立方相；(c) 层状相

常用制作相图的方法来研究表面活性剂溶液体系形成的各种相态。图 3-24 所示为一典型的表面活性剂溶液体系相图。由图可见，液晶相覆盖了一个很大的区域。实际遇到的体系往往会更复杂，当体系中加入添加剂时，需要用三角相图或立体相图来表示。层状相和六方相液晶在光学上具有各向异性，并显示出双折射现象；而立方相液晶在光学上是各向同性的，也不产生双折射。三种液晶溶液的流变性能也各不相同：层状相粘度不大，六方相具有一定的黏稠性，而立方相粘度则较高。因此，可以用偏光显微镜和测定粘度的方法来检测液晶种类。

20 世纪 70 年代，在生物体中发现了大量的液晶态结构。人的皮肤和肌肉、植物叶绿体、甲壳虫的甲壳质等许多生物器官与组织都具有液晶态有序结构。许多生理现象及某些疾病都与晶体的形成与变化有关，如皮肤老化与真皮组织中层状液晶的含水量、水的渗透能力有关，胆结石的形成与胆汁中溶致液晶相的组成变化有关。开展溶致液晶研究对于生物膜的模拟、了解生理过程及药物作用机理等均具有重要的理论意义。

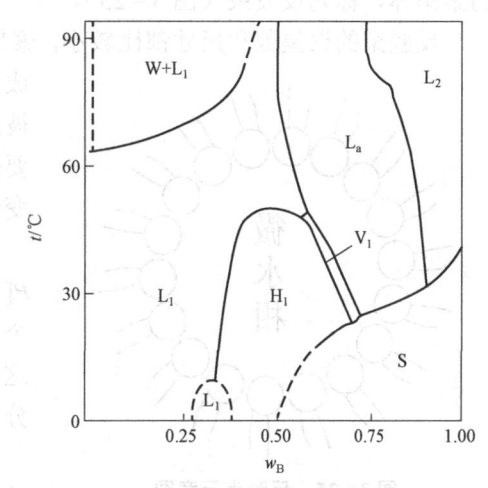

图 3-24　$C_{16}H_{33}O(EO)_8H(B) - H_2O(A)$ 相图（w_B 为 B 的质量分数）

W—单体溶液；L_1—胶束；L_2—反胶束；L_a—层状液晶；
V_1—立方液晶；H_1—六方液晶；S—表面活性剂相

目前表面活性剂液晶已广泛应用于食品、化妆品、三次采油、液晶功能膜、液晶态润滑剂等各个领域。研究热点主要集中于生物矿化、纳米材料和中孔材料制备等，如酶促反应、模板合成纳米和介孔材料等。以烷基三甲基胺阳离子表面活性剂 ATMA 的六方液晶制作模板剂，与层状硅酸盐形成 ATMA 和硅酸盐混合体系，后经煅烧，除去模板剂 ATMA，生成一个具有三维中孔结构的 SiO_2 分子筛 FSM-16。在此过程中，硅酸盐起始存在于连续相水中，随后形成了层状，继而变成六方状，这与表面活性剂液晶形成过程是同步的。该过程是一个诱导超分子组装的过程。可能机理为，表面活性剂在水溶液中聚集形成六方结构液晶相，水中的硅酸盐由于离子键的静电作用在液晶表面沉积、缩合，进而形成分子筛骨架。利用表面活性剂液晶结构作为模板制备分子筛已成为催化材料领域研究的常规方法。

表面活性剂由于它的两亲性结构特征表现出许多特性，如使溶液表面张力下降、表面产生吸附、浓溶液中自动形成胶束等，尤其是它的自组装能力，自发形成许多有序集合体。不溶性两亲物质还可以形成单分子膜、双分子膜等。通过调控这些有序组合体的组成、大小和形态，可赋予其特殊功能，为生命科学提供了最适宜的模拟体系，也为材料、能源、环境、医药等领域的发展提供了新的思路与方法。

3.17 反胶束

表面活性剂在非极性有机介质中也会形成胶束聚集体，其结构与水溶液中的胶束相反。它是以表面活性剂亲水基聚集在一起，形成以亲水基为内核、疏水基为外层的聚集体，称为反胶束（图 3-25）。

反胶束的聚集数和尺寸都比较小，聚集数常为 10 左右，有时只由几个单体聚集而成。形成反胶束的推动力往往不是熵效应，而是水和亲水基彼此结合或者形成氢键的结合能，此过程的焓变起主要作用。反胶束形状的类型也不像水溶液中胶束那样变化多样，主要为球形。

从表面活性剂分子几何特征来说，排列参数 $P[=v/a_0l_c]$ 大于 1 的两亲分子易于形成反胶束。带有两个分支结构疏水基和小体积亲水基的两亲分子属于这一类，如异构的琥珀酸酯磺酸盐等。另外，两亲性分子中极性基团性质在缔合过程中也起主要作用。

反胶束也具有增溶能力，不过增溶的是水、水溶液和一些极性的有机物，被增溶的水和水溶液主要存在于反胶束的内核里。增溶过程中，起始被增溶的水以与亲水基水合的形式而存在，继续增加水含量则以自由水的形式存在。有机酸类的极性有机物在有机相中也具有一定的溶解度，也可能像在胶束中那样插在形成反胶束的两亲分子中间，反胶束由此膨胀，对水的增溶能力也随之增强。反胶束的增溶作用也具有重要应用，在长期应用的干洗技术中是去除极性污物的主要途径。

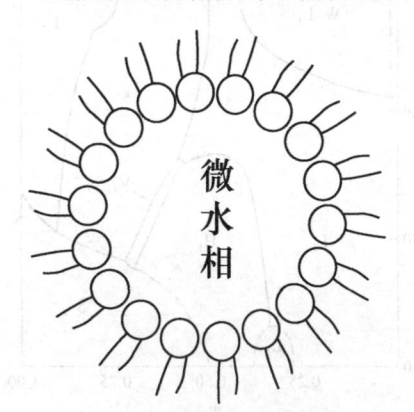

图 3-25 反胶束示意图

反胶束在水环境中进行的反应创造了相互隔离的条件，并存在以下优点：
（1）对于一些放热量大的反应便于传热，避免高温影响反应的进行。

(2) 使所得反应产物为细小的颗粒状态，这已成为制备纳米材料的方法之一。
(3) 和水溶液中的胶束相似，具有重要的胶束催化效用。

3.18 囊泡与脂质体

囊泡是由两亲性分子尾对尾结合形成的封闭体系，在其内部包藏着水或水溶液。囊泡形状大多近于球形、椭球形或扁球形，大小一般为 30~100 nm，也有的大到 10 μm。囊泡还可分为单室囊泡与多室囊泡两种类型（图 3-26），是表面活性剂在水溶液中存在的另一类有序组合体。

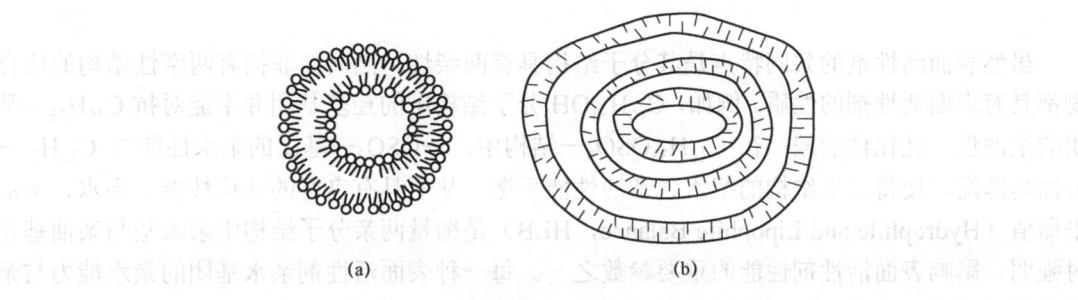

图 3-26 囊泡
(a) 单室；(b) 多室

由磷脂形成的囊泡称为脂质体，是人类最先发现的囊泡体系。囊泡的最大特点是包容性。亲水性物质包容于囊泡中心部位或极性层间，疏水性物质包容在碳氢链夹层中，两亲性物质则加载到定向排列的双层中形成混合双层，这种特性使囊泡同时具有运载水溶性和油溶性药物的能力，可提高药效。尤其是脂质体具有无毒、生物降解的特性，将药物包容于其中，在生物循环体内存在时间长。脂质体慢慢降解、释放药物、延长药效，也称为缓释作用。同时，被包藏在脂质体中的药物还可防止酶和免疫体对它的破坏。若在脂质体上引入特殊基团，还可将药物导向特定器官，以减少药物用量，称之为靶向性药物，这些都是药学和制药业的研究前沿。囊泡还可用于研究和模拟生物膜，为化学反应及生物化学反应提供微环境。

囊泡的制备方法很多，常用的有溶涨法、乙醚注射法、超声波法、挤压法等。溶涨法是将两亲性化合物在水中溶涨，自发生成囊泡。例如，将磷脂溶液涂于锥形瓶内壁，待溶剂挥发后形成附壁磷脂。然后加水，磷脂膜便自发卷曲形成囊泡进入水溶液中。乙醚注射法是将两亲性化合物制成乙醚溶液，然后注射到水中，待乙醚挥发后可形成囊泡。反过来，将水加入磷脂的乙醚溶液中，除去乙醚，也能制备脂质体囊泡。上述两种方法中，囊泡是自发形成的，具有一定的稳定性。用超声波法或挤压法也可以制备囊泡，这种囊泡一般不稳定，失去外力作用后，囊泡易解体。

囊泡的形成与两亲性表面活性剂分子结构有关，一般要求表面活性剂分子的临界堆积参数 P 略小于 1。最先发现的某些磷脂可以形成囊泡是其分子结构中带有两条碳氢链尾巴和较大的亲水基团，如双棕榈酰磷脂酰胆碱。后来发现合成的双尾表面活性剂也可以形成囊泡，如双烷基季铵盐和双烷基磷酸盐。单链的阴、阳离子型表面活性剂混合物、单链的碳氢表面活性剂与全氟表面活性剂混合物、两种不同的阳离子型表面活性剂混合物也可以自发形成囊泡，有的甚至在尚未生成胶束的低浓度区即可生成囊泡。

双棕榈酰磷脂酰胆碱

3.19 表面活性剂 HLB 值

虽然表面活性剂的共同特点是其分子结构具有两亲性，然而并非拥有两亲性结构的化合物都具有表面活性剂的性质。例如，$C_{16}H_{33}OH$ 分子结构中的羟基基团并不能对抗 $C_{16}H_{33}$—基团的亲油性，乳化性能差；在 $C_{16}H_{33}OSO_3$—结构中，—OSO_3—基团的亲水性能与 $C_{16}H_{33}$—亲油基匹配，使得分子结构的亲水、亲油性能平衡，从而具有良好的乳化性能。亲水、亲油平衡值（Hydrophile and Lipophile Balance，HLB）是衡量两亲分子结构中亲水基与亲油基相对强弱、影响表面活性剂性能的重要参数之一。每一种表面活性剂亲水基团的亲水能力与亲油基团的亲油能力具有一定的平衡关系，这就是亲水、亲油平衡。HLB 的概念是由 Griffin 在 1949 年最先提出的，并规定最不亲水的石蜡 HLB=0，最亲水的十二烷基硫酸钠 HLB=40，其他各种表面活性剂的 HLB 值均为 0~40。HLB 值是相对的，其值越大越亲水。

HLB 值具有重要的实用参考价值。表 3-17 列出了 HLB 的范围与用途，为实际应用选择表面活性剂时提供了参考。

表 3-17 HLB 的范围与用途

HLB	用途	HLB	用途
2~3	消泡剂	7~18	O/W 型乳化剂
3~6	W/O 型乳化剂	13~15	洗涤剂
12~15	润湿剂	15~18	增溶剂

3.19.1 HLB 值估算方法

（1）基数法

基数法是由 Davies 于 1957 年提出的，此法是将表面活性剂分解成一些独立的基团，HLB 值的计算公式为

$$HLB = 7 + \sum H - \sum L \tag{3-56}$$

式中，H 为亲水基团的基数；L 为亲油基团的基数。表 3-18 列出了一些基团的 H 值和 L 值。

表 3-18 一些基团 H 值和 L 值

亲水基	H	亲油基	L
—OSO_3Na	38.7	=CH—	0.475

续表

亲水基	H	亲油基	L
—COOK	21.7	—CH$_2$—	0.475
—COONa	19.1	—CH$_3$	0.475
—SO$_3$Na	11	—CF$_2$—	0.870
失水山梨醇环酯	6.8	—CF$_3$	0.870
—COO(R)	2.4	—C$_6$H$_5$	1.662
—COOH	2.1	—CH$_2$CH$_2$CH$_2$O—	0.150
—OH	1.9	—CH(CH$_3$)—CH$_2$—O—	0.150
—O—	1.3	—CH$_2$—CH(CH$_3$)—O—	0.150

该方法适用于计算阴离子型和非离子型表面活性剂的 HLB 值，但对聚氧乙烯醚类表面活性剂的计算结果往往偏低。

【例】计算十二烷基磺酸钠的 HLB 值。

$$HLB = 7 + [—SO_3Na] - 11 \times [—CH_2—] - [—CH_3]$$
$$= 7 + 11 - 12 \times 0.475 = 12.3$$

（2）质量分数法

该方法主要用于估算聚氧乙烯醚类非离子型表面活性剂的 HLB 值。其计算方法为

$$HLB = \frac{M_H}{M_H + M_L} \times 20 = 20 W_H \tag{3-57}$$

式中，M_H 为亲水基链段的分子量；M_L 为亲油基链段的分子量；W_H 为亲水基链段的质量分数。

【例】表面活性剂 C$_{18}$H$_{37}$O(C$_2$H$_4$O)$_5$H 中亲水基链段—O(C$_2$H$_4$O)$_5$H 的分子量 M_H=237，亲油基 C$_{18}$H$_{37}$ 的分子量 M_L=253，故其 HLB 值为

$$HLB = \frac{237}{237 + 253} \times 20 = 9.7$$

（3）cmc 法

该方法是由 Lin 和 Marsgall 提出来的，临界胶束浓度 cmc 与 HLB 值存在以下关系：

$$HLB = A \ln cmc + B \tag{3-58}$$

式中，参数 A、B 随表面活性剂类型而异。

（4）多元醇脂肪酸酯

针对多元醇脂肪酸酯类表面活性剂，1950 年 Griffin 提出采用皂化值与酸值的方法来计算 HLB 值。计算方法如下：

$$HLB = 20(1 - S/A) \tag{3-59}$$

式中，S 为酯的皂化值；A 为多元醇脂肪酸酯中酸的酸值。如硬脂酸甘油酯的 S=161，A=198，其 HLB=3.8。

（5）混合表面活性剂 HLB 值

在实际应用中，往往同时采用几种表面活性剂的混合物（或称复配物）。由于 HLB 值具

有加和性，复配物的 HLB 值为其重均值。已知每种表面活性剂的 HLB 值，就可计算复配物的 HLB 值，如吐温-80 的 HLB 值为 15，司盘的 HLB 值为 4.3，若按质量比 7:3 混合，则复配物 HLB 值为

$$15 \times 0.7 + 4.3 \times 0.3 = 11.79$$

表 3-19 列出了部分常用表面活性剂的 HLB 值。

表 3-19 部分常用表面活性剂的 HLB 值

表面活性剂	商品名称	HLB 值
油酸	—	1.0
失水山梨醇三油酸酯	Span-85	1.8
失水山梨醇硬脂酸酯	Span-65	2.1
失水山梨醇单油酸酯	Span-80	4.3
失水山梨醇单硬脂酸酯	Span-60	4.7
聚氧乙烯月桂酸酯-2	LAE-2	6.1
失水山梨醇单棕榈酸酯	Span-40	6.7
失水山梨醇单月桂酯	Span-20	8.6
聚氧乙烯油酸酯-4	OE-4	7.7
聚氧乙烯十二醇醚-4	MOA-4	9.5
二(十二烷基)二甲基氯化铵	—	10.0
十四烷基苯磺酸钠	ABS	11.7
油酸三乙醇胺	FM	12.0
聚氧乙烯壬基苯酚醚-9	OP-9	13.0
聚氧乙烯十二胺-5	—	13.0
聚氧乙烯辛基苯酚醚-10	TritonX-100(T_x-10)	13.5
聚氧乙烯失水山梨醇单硬脂酸酯	Tween 60	14.9
聚氧乙烯失水山梨醇单油酸酯	Tween-80	15.0
十二烷基三甲基氯化铵	DTC	15.0
聚氧乙烯十二胺-15	—	15.3
聚氧乙烯失水山梨醇棕榈酸单酯	Tween-40	15.6
聚氧乙烯硬脂酸酯-30	SE-30	16.0
聚氧乙烯硬脂酸酯-40	SE-40	16.7
聚氧乙烯失水山梨醇月桂酸单酯	Tween-20	16.7
聚氧乙烯辛基苯酚醚-30	Tx-30	17.0
油酸钠	钠皂	18.0
油酸钾	钾皂	20.0
十六烷基乙基吗啉基乙基硫酸盐	阿特拉斯 G263	25~30
十二烷基硫酸钠	AS	40.0

注：表中化学名称后阿拉伯数字代表氧乙烯基团数。

3.19.2 HLB 值的测定

HLB 值也可由实验直接测定，下面简要介绍几种常用的测定方法。

（1）分配系数法

将水和油（通常用辛烷）放在一起，再加入表面活性剂，当其在水油两相中达到溶解平衡后，分别测定表面活性剂在水相中的浓度 c_w、油相中的浓度 c_o，然后根据下式计算 HLB 值。

$$(HLB - 7) = 0.36\ln(c_w/c_o) \tag{3-60}$$

本法的缺点是测定体系容易发生增溶、乳化现象。此法也可在层析板上进行。

（2）气液色谱法

色谱法分离混合物的能力取决于固定相基质对混合物中各组分作用力的大小，实际上也是其极性大小的反映。若选定一标准混合物，根据基质的分离能力，则可以标定基质的极性大小。实际操作时，将表面活性剂作为基质涂布在载体柱上，然后注入等体积的极性与非极性的混合物（一般用乙醇和环己烷），测得其保留时间 $R_{极性}$ 和 $R_{非极性}$，作为基质表面活性剂的极性可由该混合物在色谱柱上的保留时间比 ρ 来确定。

$$\rho = R_{极性}/R_{非极性} \tag{3-61}$$

HLB 值与保留时间比 ρ 之间存在以下关系：

$$HLB = A + B\lg\rho \tag{3-62}$$

式中，A、B 为常数；ρ 值还与温度有关，一般是 80 ℃。

对于非离子型表面活性剂，如聚氧乙烯脂肪醇醚（平平加类）、壬基酚聚氧乙烯醚（OP 类）等，保留时间比 ρ 与 HLB 值之间有下式的直线关系。

$$HLB = 8.55\rho - 6.36 \tag{3-63}$$

（3）溶解度估算法

常温下将表面活性剂溶于水中，观察其在水中的分散状态便可粗略估算其 HLB 值，参照标准见表 3-20。此法的优点是简单、快速。

表 3-20 表面活性剂在水中的分散状态与其 HLB 值

加入水后的状态	HLB 范围	加入水后的状态	HLB 范围
不分散	1～4	较稳定的乳状分散体系	8～10
分散性不好	3～6	半透明或透明分散体	10～13
剧烈振荡后成乳状分散体	6～8	透明溶液	13 以上

需要强调的是，HLB 值只能作为表面活性剂的选用参考，而不是唯一的依据。

习题与问题

1. 表面活性剂的分子结构有何特征？它们通常是如何分类的？
2. 表面活性剂的水溶液特性有哪些？它们分别体现哪些性质？

3. 非离子表面活性剂常用聚乙二醇作为亲水链段，请问聚丙二醇的结构是否可以作为亲水链段制备非离子表面活性剂？

4. 什么是离子型表面活性剂溶液表面吸附的电中性原则？为什么会存在电中性原则？

5. 测定阴离子型表面活性剂胶束溶液迁移数时发现，阳极室增加的表面活性离子的量比所通过电量的理论计算值高许多，而阴极室中阳离子的量却没有增加。请对此作出解释。

6. 用刮皮法从浓度为 0.005 5 mmol/L 的十二烷基苯磺酸钠溶液表面刮取厚度为 0.000 5 cm 的表皮溶液，测得此液浓度为 0.007 5 mmol/L，又测得该体系的 $d\gamma/dc = -4\,200$ mN·L/(mol·m)。试用上述实验结果验证 Gibbs 公式。

7. 有一表面活性剂溶液的表面张力 γ 对浓度 c 的关系如下式：

$$\gamma = \gamma_0 - bc$$

请论证此溶液表面吸附膜的状态。

8. 测得不同浓度下丁醇水溶液的表面张力，发现体相浓度高于 6.4 mmol/L 时，表面张力与浓度关系图的斜率为 -0.156 mN·m^2/mol。计算该浓度时的吸附量。

9. 已知丁醇水溶液表面张力 γ 与浓度 c 的关系可表示为 $\gamma = 42.5 + 30.6\exp(-c/139)$，利用 Gibbs 公式表述吸附量与浓度的关系，并计算浓度为 100 mmol/L 时的吸附量。

10. 有一 $C_{12}H_{25}(OC_2H_4)_7OH$ 溶液，已知此时每个吸附分子在表面占有面积为 0.72 nm^2，问表面吸附量是多少？

11. 25 ℃时测得 $C_{12}H_{25}SO_4Na$ 不同浓度水溶液的表面张力如下：

浓度/(mmol·L^{-1})	0	1.0	2.0	3.0	4.0	5.0	6.0	7.0	8.0
γ/(mN·m^{-1})	72.7	67.9	62.3	56.7	52.5	48.8	45.6	42.8	40.5

请计算各个浓度下溶液表面吸附膜的表面压，以及浓度分别为 2.0 mmol/L、4.0 mmol/L、6.0 mmol/L 时，每个吸附分子所占的面积。

12. 比较和讨论表面张力法、电导法、增溶法测定表面活性剂临界胶束浓度的特点和应用条件。

13. 解释肥皂等洗涤剂在使用中出现皂垢和浴缸圈的原理。如何加以改善？

14. 举出几种胶束增溶作用应用实例。

15. 阐述洗涤剂主要成分的作用。

16. 表面活性剂的 krafft 点和浊点是什么意思？此点对表面活性剂的实际应用有何意义？

17. 请分析冬天和夏天洗衣服时，分别选用什么类型的洗涤剂较好？为什么？

18. 极性有机添加物对表面活性剂的增溶作用一般会有何影响？

19. 为什么通常阳离子型表面活性剂胶束对酯的碱性水解反应有加速作用，而阴离子型表面活性剂对其有抑制作用，非离子型表面活性剂对其无明显作用？

20. 简述胶束与反胶束的区别以及各自的应用场合。

21. 表面活性剂分子中存在一端亲水、一端亲油的结构。请分析是否分子结构中只要存在一端亲水、一端亲油基团的特征就可以用作表面活性剂？

参 考 文 献

[1] 刘洪国，孙德军，郝京诚. 新编胶体与界面化学［M］. 北京：化学工业出版社，2016.
[2] 赵国玺，朱珼瑶. 表面活性剂作用原理［M］. 北京：中国轻工业出版社，2003.
[3] 肖进新，赵振国. 表面活性剂应用原理［M］. 北京：化学工业出版社，2003.
[4] 徐燕莉. 表面活性剂的功能［M］. 北京：化学工业出版社，2000.
[5] 朱珼瑶，赵振国. 界面化学基础［M］. 北京：化学工业出版社，1996.
[6] ［苏］拉甫罗夫 HC. 胶体化学实验［M］. 赵振国，译. 北京：高等教育出版社，1992.
[7] 赵振国. 胶束催化与微乳催化［M］. 北京：化学工业出版社，2006.
[8] 刘程. 表面活性剂应用大全［M］. 北京：北京工业大学出版社，1992.
[9] 白金泉，包余泉. 表面活性剂在洗涤工业中的应用［M］. 北京：化学工业出版社，2003.
[10] 钟振声，章莉娟. 表面活性剂在化妆品中的应用［M］. 北京：化学工业出版社，2003.
[11] 康万利，董喜贵. 表面活性剂在油田中的应用［M］. 北京：化学工业出版社，2005.
[12] SOCAS L B P, AMBROGGIO E E. Linking surface tension to water polarization with a new hypothesis: The ling-damodaran isotherm［J］. Colloids and surfaces B-Biointerfaces, 2023, 230: 113515.
[13] MATSUBARA H, XU X L, BOCHI A, et al. Oscillations in dynamic surface tension of cationic-nonionic binary surfactant aqueous solutions［J］. Journal of Oleo Science, 2023, 72(10): 911-917.
[14] SILVA S C M, GAMBARYAN-ROISMAN T, VENZMER J. Surface tension behavior of superspreading and non-superspreading trisiloxane surfactants［J］. Colloid and Polymer Science, 2023, 301(7): 739-744.
[15] ZHU B Y, LIU Y, WANG P F, et al. Influence of inorganic salt additives on the surface tension of sodium dodecylbenzene sulfonate solution［J］. Processes, 2023, 11(6): 1708.
[16] SAFARI P, HOSSEINI M, LASHKARBOLOOKI M, et al. Evaluation of surface activity of rhamnolipid biosurfactants produced from rice bran oil through dynamic surface tension［J］. Journal of Petroleum Exploration and Production Technology, 2023, 13(10): 2139-2153.
[17] WONG W S Y, KISELEVA M S, ZHOU S, et al. Design of fluoro-free surfaces super-repellent to low-surface-tension liquids［J］. Advanced Materials, 2023, 35(29): e2300306.
[18] ZHANG J W, QIAN L, ZHOU J J, et al. Molecular weight dependence of surface tension of poly(ethylene oxide)solution［J］. The Journal of Physical Chemistry B, 2023, 127(30): 6743-6750.
[19] WU X F, XUE H, FINK Z, et al. Oversaturating liquid interfaces with nanoparticle-surfactants［J］. Angewandte Chemie, 2024, 136(24): e202403790.
[20] VEGA E J, MONTANERO J M. Influence of a surfactant on bubble bursting［J］. Experimental Thermal and Fluid Science, 2024, 151: 111097.
[21] MEROUANI S, DEHANE A, HAMDAOUI O. Ultrasonic destruction of surfactants

[J]. Ultrasonics Sonochemistry, 2024, 109: 107009.

[22] LIN H C, KIDONAKIS M, KANIRAJ J P, et al. The synthesis of fructose-based surfactants [J]. Green Chemistry, 2024, 26(8): 4715-4722.

[23] XIONG Y S, CAO M W. Application of surfactants in corrosion inhibition of metals [J]. Current Opinion in Colloid & Interface Science, 2024, 73: 101830.

[24] SVANEDAL I, EIVAZI A, NORGREN M, et al. Exploring the versatility of chelating surfactants: A review[J]. Current Opinion in Colloid & Interface Science, 2024, 73: 101833.

[25] ANASTASIOS W F, CHRISTINA I M, DESPOINA T B, et al. Nanobubbles and surfactants [J]. Journal of Engineering Science & Technology Review, 2022, 15(5): 32-34.

[26] GRADY B P. Surfactant mixtures: A short review[J]. Journal of Surfactants and Detergents, 2023, 26(3): 237-250.

第4章
液液界面

液液界面是指两互不相溶或部分互溶液体接触时形成的界面。在实际生产生活中经常涉及液液接触或液液分散的体系,如原油破乳、沥青乳化、农药乳液、食品、化妆品、电影胶片的制备等。形成液液界面的方式一般有黏附、铺展和分散三种。

4.1 黏附功和内聚能

黏附是指两种互不相溶的液体 A 和液体 B 相接触后,液体 A 和液体 B 的表面消失,同时形成液体 A 和 B 液液界面 AB 的过程,如图 4-1 所示。

若液体 A、B 的表面积及两者的界面面积均为单位面积,则在黏附过程中表面 Gibbs 自由能的变化值为

$$\Delta G = \gamma_{AB} - \gamma_A - \gamma_B \tag{4-1}$$

若令黏附功 $W_{AB} = -\Delta G$,则

$$\Delta W = \gamma_A + \gamma_B - \gamma_{AB} \tag{4-2}$$

式中,γ_A、γ_B 分别为液体 A 和液体 B 的表面自由能或表面张力;γ_{AB} 为两者的液液界面自由能或界面张力。可以看出,当 $W_{AB} > 0$ 时黏附过程可自发进行。通常液液界面张力小于形成该界面两液体各自表面张力之和,故黏附过程常可自发进行。

若 A、B 为如图 4-2 所示的同一种液体 A,则两表面的黏附过程称为该液体 A 的内聚。该过程中液体 A 的表面消失,其表面 Gibbs 自由能变化值为

$$\Delta G = -2\gamma_A \tag{4-3}$$

则

$$W_{AA} = -\Delta G = 2\gamma_A \tag{4-4}$$

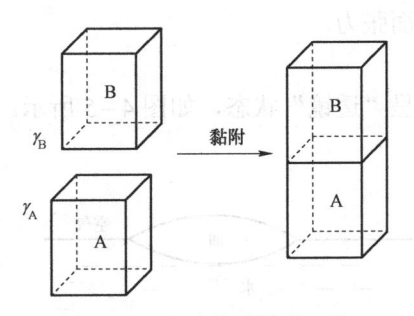

图 4-1 液液界面黏附过程

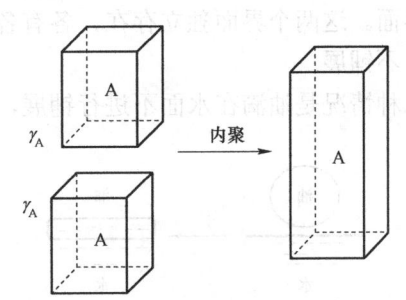

图 4-2 同种液体的自黏过程

式中，W_{AA} 称为液体 A 的内聚能。显然，内聚能反映了同种液体间的相互吸引强度，而两种不同液体间的黏附功反映的是两液体间的相互吸引强度。表 4-1 所示为部分有机液体的内聚能及其与水的黏附功。

表 4-1 部分有机液体的内聚能及其与水的黏附功

液体	$W_{AA}/(mJ·m^{-2})$	$W_{AB}/(mJ·m^{-2})$	液体	$W_{AA}/(mJ·m^{-2})$	$W_{AB}/(mJ·m^{-2})$
烷烃类	37～45	36～48	甲基酮类	约 50	85～90
醇类	45～50	91～97	酸类	51～57	90～100
乙基硫醇	43～46	68.5	脂类	约 50	约 90

由表 4-1 中的数据可知，除烷烃类外，其他有机液体的内聚能 W_{AA} 比该液体与水的黏附功 W_{AB} 值小得多，且不同类型有机液体的 W_{AA} 相差不大。这意味着极性有机物的极性基指向液体体相内部，而非极性基指向气相；否则若极性基如—OH、—COOH 等指向气相，则其内聚能 W_{AA} 应有较大的值。换言之，极性液体有机物分子在其表面上应为定向排列，但因为热运动，不会那么整齐，如图 4-3（a）所示。由表 4-1 黏附功数据还可看出，非极性有机物与水的黏附功较小，极性有机物与水之间的黏附功较大。说明非极性物与水的相互作用力小，而极性物与水的相互作用力大。同时也说明，极性有机物分子在其与水的界面上也是定向排列的，极性基指向水相，非极性基指向有机物相，如图 4-3（b）所示。

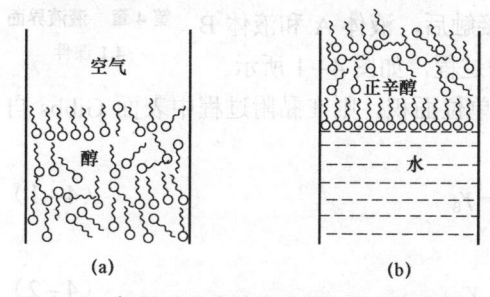

图 4-3 极性分子在液体表界面上的定向排列

4.2 液液界面铺展

将不溶于水的油滴加在清洁的水面上，可能会出现三种不同的状态。

（1）铺展成一层薄膜

这种情况在光线照射下显示出干扰色，直到油性液滴均匀地在水面上分布形成一层双重膜，如图 4-4 所示。这种双重膜有足够的厚度，存在两个界面，即水相与膜的界面以及膜与空气的界面。这两个界面独立存在，各有各的界面张力。

（2）不铺展

第二种情况是油滴在水面不进行铺展，而是呈"透镜"状态，如图 4-5 所示。

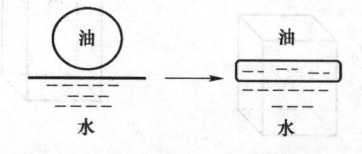

图 4-4 油滴在水面的铺展

图 4-5 油滴在水面上的透镜状

(3) 先铺展，再呈透镜

第三种情况是油滴在水面上先铺展成单分子膜，多余的油再呈"透镜"状态，并且单分子膜与"透镜"保持着平衡状态，如图 4-6（a）所示。这是液体表面张力与它们之间的界面张力相互平衡的结果，图 4-6（b）示出了它们表面张力间的平衡关系，其关系可用下式表示。

$$\gamma_a = \gamma_b \cos\theta_b + \gamma_{ab} \cos(180° - \theta_a) \tag{4-5}$$

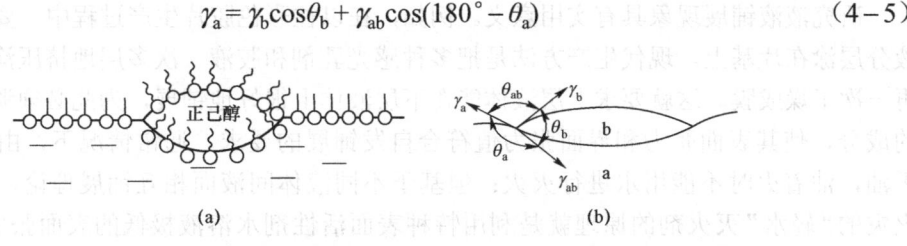

图 4-6 正己醇在水面上的铺展

一种液体在另一种液体表面自发铺展的过程是体系 Gibbs 自由能降低的过程，自由能的降低值又称为铺展系数 S。若液体 b 在液体 a 上铺展时，铺展系数 S 可写为

$$S = \gamma_a - \gamma_b - \gamma_{ab} \tag{4-6}$$

表 4-2 列出了 20 ℃ 时一些液体在水和汞表面上的铺展系数。可以看出，苯和脂肪醇能在水面展开，而二硫化碳和二碘甲烷却不能展开。一般来说，低表面张力的液体易于在高表面张力的液体上展开，而高表面张力的液体一般不能在低表面张力的液体上展开。但也有例外，如全氟辛酸水溶液表面张力只有 15 mN/m，却不能在表面张力为 28 mN/m 的煤油表面上展开。有时也会发现有的液体，如苯滴在水面上先是迅速展开，然后又自动缩成小液滴漂浮在水面上。因小液滴的形状像个透镜，故常称为"透镜"（lens）。因为式（4-6）中的 γ_a 和 γ_b 为纯液体 a 和 b 的表面张力值，由此得到的铺展系数只能适用于两液体刚刚接触时的铺展情况。当两种液体长时间接触后，它们又会互相饱和，使得各自的表面张力发生变化，即 γ_a 变为 γ_a'，γ_b 变为 γ_b'，相应的铺展系数变为 S'，此时 S' 可写为

$$S' = \gamma_a' - \gamma_b' - \gamma_{ab}' \tag{4-7}$$

表 4-2 一些液体在水和汞表面上的铺展系数（20 ℃）

液体	S_{H_2O}	液体	S_{H_2O}	液体	S_{Hg}
异戊醇	44.0	硝基苯	3.8	二硫化碳	108
正辛醇	35.7	己烷	3.4	正辛醇	102
庚醛	32.2	庚烷	-0.4	苯	90
油酸	24.6	邻溴甲苯	-3.4	己烷	79
壬酸乙酯	20.9	二硫化碳	-8.2	丙酮	60
苯	8.8	二碘甲烷	-25.8	水	32

式（4-6）和式（4-7）中的 S 和 S' 分别称作起始铺展系数和终止铺展系数，只有 S' 的数值才能表明两种液体长时间接触、互相饱和后体系的铺展情况。对于苯-水体系，20 ℃ 时两液体相互饱和后水的表面张力从 72.8 mN/m 降低到 62.2 mN/m，则苯-水体系的 S 和 S' 值

分别为

$$S = 72.8 - (28.9 + 35.0) = 8.0$$
$$S' = 62.2 - (28.8 + 35.0) = -1.6$$

这就是苯为何在水面上先铺展后收缩成"透镜"的原因。类似的例子还有很多，如正己醇在水面上的铺展过程。

研究液液铺展现象具有实用意义。例如，在以往彩色胶片生产过程中，要把多种感光胶液分层涂在片基上。现代生产方法是把多种感光乳剂和胶液一次多层地挤压涂布于片基上，再一次干燥成膜。这就要求上层液体能在下层液体上很好地铺展，为此必须调节好各层液体的成分，使其表面张力和界面张力值符合自发铺展的要求。通常情况下，由于水的密度高于油，油着火时不能用水进行灭火；但基于不同液体间液面相互铺展理论，用于扑灭油类火灾的"轻水"灭火剂的原理就是利用特种表面活性剂水溶液极低的表面张力与界面张力，使"轻水"在油表面上的铺展系数大于 0，从而自动形成水膜，隔离油与空气，以达到灭火的目的。

4.3 液液界面张力理论

与液体表面一样，液液界面也存在界面张力和界面 Gibbs 自由能。界面张力定义为：垂直通过液液界面上任一单位长度、与界面相切的收缩的力，单位为 N/m 或 mN/m。例如，油分散在水中一般呈液珠状态，这是因为界面 Gibbs 自由能作用使界面处于比表面积最小的球面。界面 Gibbs 自由能是指在一定温度、压力下，增加单位界面积时体系 Gibbs 自由能的增加量，单位为 J/m^2。

产生界面张力的物理原因仍然是分子间的作用力以及构成界面两相物质的性质差异，界面张力反映界面上分子受到两相分子作用力之差，且界面张力一般随温度升高而下降。表 4-3 列出了 20 ℃时一些液体与水的界面张力。理论分析预测液液界面张力对研究界面现象具有重要的理论指导意义；否定之否定规律是唯物辩证法三大基本规律之一，它揭示了事物发展的内在矛盾运动和升华过程，包括肯定、否定、否定之否定三个阶段。有关液液界面张力理论研究先后经历了 Antonoff 规则、Good-Girifalco 理论、Fowkes 理论、吴氏倒数法等发展阶段，有关液液界面张力理论的发展即是否定之否定规律的典型代表。

表 4-3 20 ℃时一些液体与水的界面张力

液体	界面张力/(mN·m^{-1})	液体	界面张力/(mN·m^{-1})	液体	界面张力/(mN·m^{-1})	液体	界面张力/(mN·m^{-1})
汞	426.00	四氯化碳	45.00	氯仿	32.80	硝基甲烷	9.66
正己烷	51.10	溴苯	39.82	硝基苯	25.66	正辛醇	8.52
正辛烷	50.81	四溴乙烷	38.82	己酸乙酯	19.80	正辛酸	8.22
二硫化碳	48.36	甲苯	36.10	油酸	15.59	庚酸	7.00
2,5-二甲基己烷	46.80	苯	35.00	乙醚	10.70	正丁醇	1.80

4.3.1 Antonoff 规则

关于液液界面张力的规律性探索是从液液界面张力与两液体各自表面张力的关系开始的。Antonoff 首先提出两相互饱和但不互溶液体间的界面张力等于两液体表面张力之差，即

$$\gamma_{ab} = |\gamma_a - \gamma_b| \tag{4-8}$$

这叫作 Antonoff 规则。表 4-4 列出了一些符合此规则的实验数据。

表 4-4 一些液体的表面张力及其与水的界面张力

液体	γ'_w/(mN·m^{-1})	γ'_o/(mN·m^{-1})	实测值 γ_{wo}/(mN·m^{-1})	计算值 $\gamma'_w - \gamma'_o$/(mN·m^{-1})
苯	62.2	28.2	33.9	34.0
氯仿	51.7	27.4	23.0	24.3
四氯化碳	69.7	26.2	43.5	43.5
乙醚	26.8	17.4	8.1	9.4
甲苯	63.7	28.0	35.7	35.7
正丙苯	68.0	28.5	39.1	39.5
硝基苯	67.7	42.8	25.1	24.9
异戊醇	27.6	24.6	4.7	3.0
正庚醇	29.0	26.9	7.7	2.1
二硫化碳	70.5	31.8	48.6	38.7
二碘甲烷	71.9	52.3	40.5	19.6

后续研究表明，Antonoff 规则仅适用于一些体系，并不具有普遍性。另外，换个角度也可以看出 Antonoff 规则并不完全正确：根据 Antonoff 规则铺展系数永远等于零，低表面张力液体总可以在高表面张力液体上铺展，实际情况并非如此。从分子层面上看，表面张力和界面张力都是液体界面分子受到指向内部的、不对称的分子间引力的体现。在气液界面，由于气相分子密度很小，影响也很小，可以忽略气相影响，液体表面张力反映的是液体分子间的作用力。对于液液界面，界面两侧的作用力均不可忽略，界面张力应反映界面分子所受两侧作用力之差。如果认为无论界面上的分子是 a 还是 b，它所受到 a 相侧面的引力等于 a 分子间的引力，所受 b 相侧面的引力等于 b 分子间的引力，则可导出 Antonoff 规则。显然，这种推断是不合理的。

4.3.2 Good-Girifalco 理论

1957 年，Good 和 Girifalco 基于分子间作用力随分子性质不同而变化的特点，从黏附功角度着手开展液液界面张力 γ_{ab} 与两液体各自表面张力（γ_a、γ_b）的关系研究，其关系式写为

$$W_a = \gamma_a + \gamma_b - \gamma_{ab} \tag{4-9}$$

式中，W_a 为黏附功。如果液体 a 和 b 是同一种物质，则该过程为某一液体的自黏过程，其自由能的降低值记作 W_c，此处称作自黏功。自黏功 W_c 值大小等于两倍的 Gibbs 表面自由能，即

$$W_c = 2\gamma_a \text{（或} 2\gamma_b\text{）} \tag{4-10}$$

黏附功和自黏功都是分子间作用力的体现，分别取决于 a、b 两种分子间的各种作用力和 a 或 b 同种分子间的作用力。鉴于 van der Waals 方程中两不同分子间引力常数与其各自分子间引力常数存在几何平均关系的假设在非电解质溶液理论中的成功应用，Good 和 Girifalco 设定对于两不同液体间的黏附功存在下列关系：

$$W_{a(ab)} = (W_{c(a)} W_{c(b)})^{1/2} \tag{4-11}$$

结合式（4-9）、式（4-10）和式（4-11），得到

$$\gamma_{ab} = \gamma_a + \gamma_b - 2(\gamma_a \gamma_b)^{1/2} \tag{4-12}$$

此式称为 Good-Girifalco 公式。可由两种液体的表面张力推算出它们之间的界面张力。

Good-Girifalco 将此式应用于各种液液界面体系时发现，对于碳氟化合物与碳氢化合物组成的液液界面体系，计算值与实验值相符，但对于有机化合物与水的界面体系计算值与实验值相差较大。Good 和 Girifalco 指出这是由两种分子体积和分子间作用力性质不同造成的，不能简单地应用几何平均规则，应该加以校正。他们把式（4-12）改进为

$$\gamma_{ab} = \gamma_a + \gamma_b - 2\varphi(\gamma_a \gamma_b)^{1/2} \tag{4-13}$$

式中，φ 为来自分子大小和分子间相互作用的校正系数，故可分解为 φ_V 和 φ_A 两个因子，即

$$\varphi = \varphi_V \varphi_A \tag{4-14}$$

$$\varphi_V = \frac{4 V_a^{1/3} V_b^{1/3}}{(V_a^{1/3} + V_b^{1/3})^2} \tag{4-15}$$

$$\varphi_A = \frac{\dfrac{3}{4}\alpha_a \alpha_b \left(\dfrac{2 I_a I_b}{I_a + I_b}\right) + \alpha_a \mu_b^2 + \alpha_b \mu_a^2 + \dfrac{2}{3}\dfrac{\mu_a^2 \mu_b^2}{kT}}{\left(\dfrac{3}{4}\alpha_a^2 I_a + 2\alpha_a \mu_a^2 + \dfrac{2}{3}\dfrac{\mu_a^4}{RT}\right)^{1/2} \left(\dfrac{3}{4}\alpha_b^2 I_b + 2\alpha_b \mu_b^2 + \dfrac{2}{3}\dfrac{\mu_b^4}{RT}\right)^{1/2}} \tag{4-16}$$

式中，V 为分子体积；μ 为分子偶极矩；α 为极化率；k 为 Boltzmann 常数；T 为绝对温度；A 为分子引力；I 为第一电离能。实际上，Good 和 Girifalco 的改进公式对界面张力理论的发展并无太大促进作用，应用中仍有许多不符合实际的情况。

4.3.3 Fowkes 理论

Fowkes 从另一途径成功地改进了式（4-12）。他指出存在于分子间的各种相互作用包括色散力（d）、氢键（h）、π 键（π）、偶极矩(dd)、金属键（m）、离子键（i）等相互作用，其均对液体表面张力有贡献。液体表面张力是各种相互作用力的总和，可以归纳为两大项，即色散力的贡献（γ^d）和极性诱导相互作用的贡献（γ^p），即

$$\gamma = \gamma^d + \gamma^h + \gamma^\pi + \gamma^{dd} + \gamma^m + \gamma^i + \cdots \tag{4-17}$$

$$\gamma = \gamma^d + \gamma^p \tag{4-18}$$

由于色散力具有普遍性和共性，不同组分分子间的色散力与各自分子间的色散力可以用几何平均规则来关联，如果只有色散力在两种分子间起作用，则式（4-12）应改写为

$$\gamma_{ab} = \gamma_a + \gamma_b - 2(\gamma_a^d \gamma_b^d)^{1/2} \tag{4-19}$$

采用式（4-19）从液体的表面张力计算液液界面张力时，需先求出液体的 γ^d。对于非极

性液体，实验测得的表面张力就是它的 γ^d。因此，测定极性液体和非极性液体各自的表面张力及它们之间的界面张力，便可利用式（4-19）推算出极性液体表面张力中的色散成分 γ^d。

表 4-5 和表 4-6 列出了利用不同非极性化合物得到的汞和水的 γ^d 值。结果表明，从 10 种碳氢化合物-汞体系所得汞 γ^d 的平均值为（200±7）mN/m，8 种碳氢化合物-水体系得到水的 γ^d 平均值是（21.8±0.7）mN/m。两组数据相对误差均在 3.5% 以内。将所得汞和水的 γ^d 值及它们的表面张力值代入式（4-19），可求出相应温度下汞-水界面张力。

$$\gamma_{Hg-H_2O} = 72.8 + 484 - 2 \times (21.8 \times 200)^{1/2} = 424.8 \text{(mN/m)}$$

文献中实验测定汞-水界面张力值为 426～427 mN/m，与计算值相当符合，这说明 Fowkes 的 γ^d 学说的成功性。

表 4-5 汞的 γ^d 值

有机液体（O）	$\gamma^d_{(O)}$	γ_{Hg-O}	γ^d_{Hg}	有机液体（O）	$\gamma^d_{(O)}$	γ_{Hg-O}	γ^d_{Hg}
正己烷	18.4	378	210	正辛烷	21.8	375	199
正壬烷	22.8	372	199	苯	28.9	363	194
甲苯	28.5	359	208	邻二甲苯	30.1	359	200
间二甲苯	28.9	357	211	对二甲苯	28.4	361	203
正丙苯	29.0	363	194	正丁苯	29.2	363	193

表 4-6 水的 γ^d 值

有机液体（O）	$\gamma^d_{(O)}$	γ_{H_2O-O}	$\gamma^d_{H_2O}$	有机液体（O）	$\gamma^d_{(O)}$	γ_{H_2O-O}	$\gamma^d_{H_2O}$
正己烷	18.4	51.1	21.6	正十四烷	25.6	52.2	20.8
正庚烷	20.4	50.2	22.6	环己烷	25.5	50.2	22.7
正辛烷	21.8	50.8	22.0	十氢化萘	29.9	51.4	22.0
正癸烷	23.9	51.2	21.6	白油	28.9	51.3	21.3

当构成界面两液体的分子间相互作用都含有极性成分时，极性相互作用对界面张力的贡献即不可忽略。为此，Fowkes 将式（4-19）改进为

$$\gamma_{ab} = \gamma_a + \gamma_b - 2(\gamma_a^d \gamma_b^d)^{1/2} - 2(\gamma_a^p \gamma_b^p)^{1/2} \tag{4-20}$$

4.3.4 吴氏倒数法

S. Wu 考察了不同分子间力的平均方法，指出几何平均法是基于色散力的加和性质进行计算，但是这并不是唯一合理的加和方法。从色散力引力系数来看，组分 a 和 b 的色散力系数 c 可分别写作

$$c_{aa} = 3h\nu_a \alpha_a^2 / 4 \tag{4-21}$$
$$c_{bb} = 3h\nu_b \alpha_b^2 / 4 \tag{4-22}$$

式中，h 为 Plank 常数；α 为分子极化率；ν 为分子的特征振动频率。a 和 b 分子间的色散力常数则为

$$c_{ab} = \frac{3}{2}\frac{h\alpha_a\alpha_b\nu_a\nu_b}{\nu_a+\nu_b} \qquad (4-23)$$

结合式（4-21）、式（4-22）和式（4-23），若消去 α_a、α_b 可得

$$c_{ab} = \frac{2(\nu_a\nu_b c_{aa}c_{bb})^{1/2}}{\nu_a+\nu_b} \qquad (4-24)$$

若消去 ν_a、ν_b 可得

$$c_{ab} = \frac{2c_{aa}c_{bb}}{c_{aa}\alpha_b/\alpha_a + c_{bb}\alpha_a/\alpha_b} \qquad (4-25)$$

当 $\nu_a = \nu_b$ 时，由式（4-24）可得

$$c_{ab} = (c_{aa}c_{bb})^{1/2} \qquad (4-26)$$

即符合几何平均关系。当 $\alpha_a = \alpha_b$ 时，则自式（4-25）得到

$$c_{ab} = \frac{2c_{aa}c_{bb}}{c_{aa}+c_{bb}} \qquad (4-27)$$

这就是倒数平均关系。因此，对于某界面体系，其究竟采用何种平均方法应根据两者的极化率和特征频率来决定。S. Wu 在研究有高分子聚合物熔体参与构成的界面张力时发现倒数平均法更为适用。他将界面的张力公式写作

$$\gamma_{ab} = \gamma_a + \gamma_b - 4\times\left(\frac{\gamma_a^d\gamma_b^d}{\gamma_a^d+\gamma_b^d} + \frac{\gamma_a^p\gamma_b^p}{\gamma_a^p+\gamma_b^p}\right) \qquad (4-28)$$

如果知道了构成界面两种液体的 γ 和 γ^d 值，根据式（4-18）即可求出 γ^p。应用式（4-20）和式（4-28）均可算出界面张力 γ_{ab}。对于聚甲基丙烯酸正丁酯（a）与聚二甲硅烷（b）构成的界面体系 $\gamma_a = 24.1$ mN/m，$\gamma_a^d = 19.7$ mN/m，$\gamma_b = 14.1$ mN/m，$\gamma_b^d = 12.0$ mN/m。按式（4-20）算得 γ_{ab} 为 7.5 mN/m，按式（4-28）算得 γ_{ab} 为 2.68 mN/m，实验测定 γ_{ab} 是 3.8 mN/m，相比之下，式（4-28）所得结果更加接近实际情况。

4.4 液液界面吸附

液液界面既然存在界面张力，为降低体系能量，表面活性物质必然要在界面上进行吸附。对于油-水二相体系，处于界面的表面活性剂分子将亲油基插入油相、亲水基留在水相时分子势能最低。根据 Maxwell-Boltzmann 分布定律，表面活性剂在界面上的浓度将高于其在油相或水相中的浓度，因此，与在液体表面一样，表面活性剂也在使界面张力降低的同时在液液界面上发生吸附。借助 Gibbs 吸附公式，通过界面张力-浓度曲线得到界面吸附量是研究液液界面吸附的通用方法。

4.4.1 Gibbs 吸附公式在液液界面的应用

液液界面吸附的共同特点是体系中至少存在三个组分，即两个液相组分外加至少一种溶质。故 Gibbs 吸附公式应用于最简单的液液界面时形式为

$$-\mathrm{d}\gamma_{1,2} = \Gamma_1 \mathrm{d}\mu_1 + \Gamma_2 \mathrm{d}\mu_2 + \Gamma_3 \mathrm{d}\mu_3 \tag{4-29}$$

式中，下标 1、2 代表体系中两个液相的成分，3 代表体系中的溶质，γ 表示界面张力，Γ 表示物质界面浓度，μ 表示物质化学势。如果按照 Gibbs 划面法把界面定在液相 1 表面过剩为"0"的地方，则上式简化为

$$-\mathrm{d}\gamma_{1,2} = \Gamma_2^{(1)} \mathrm{d}\mu_2 + \Gamma_3^{(1)} \mathrm{d}\mu_3 \tag{4-30}$$

显然，式（4-30）为一个方程，其中存在两个未知数 $\Gamma_2^{(1)}$ 和 $\Gamma_3^{(1)}$，即使获得液液界面张力与溶质浓度的关系曲线仍无法确定溶质的吸附量 $\Gamma_3^{(1)}$。对于处于油-水两相热力学平衡的体系，两相中各组分的化学势应分别服从 Gibbs-Duhem 关系，即在液相 1 的体相中存在

$$x_1^{(1)}\mathrm{d}\mu_1 + x_2^{(1)}\mathrm{d}\mu_2 + x_3^{(1)}\mathrm{d}\mu_3 = 0 \tag{4-31}$$

在液相 2 的体相中存在

$$x_1^{(2)}\mathrm{d}\mu_1 + x_2^{(2)}\mathrm{d}\mu_2 + x_3^{(2)}\mathrm{d}\mu_3 = 0 \tag{4-32}$$

式中，上标（1）和（2）分别指示两液相。联立式（4-31）和式（4-32），消除 $\mathrm{d}\mu_1$ 得到

$$\mathrm{d}\mu_2 = \left[\frac{\dfrac{x_3^{(2)}}{x_1^{(2)}} - \dfrac{x_3^{(1)}}{x_1^{(1)}}}{\dfrac{x_2^{(1)}}{x_1^{(1)}} - \dfrac{x_2^{(2)}}{x_1^{(2)}}} \right] \mathrm{d}\mu_3 \tag{4-33}$$

将式（4-33）代入式（4-30）得

$$-\mathrm{d}\gamma_{1,2} = \left[\Gamma_2^{(1)} \frac{\dfrac{x_3^{(2)}}{x_1^{(2)}} - \dfrac{x_3^{(1)}}{x_1^{(1)}}}{\dfrac{x_2^{(1)}}{x_1^{(1)}} - \dfrac{x_2^{(2)}}{x_1^{(2)}}} + \Gamma_3^{(1)} \right] \mathrm{d}\mu_3 \tag{4-34}$$

将溶质 3 化学势 μ_3 与其在体相中浓度的关系代入式（4-34），并整理得

$$-\mathrm{d}\gamma_{1,2} = \left[\Gamma_2^{(1)} \frac{x_3^{(2)} x_1^{(1)} - x_3^{(1)} x_1^{(2)}}{x_2^{(1)} x_1^{(1)} - x_2^{(2)} x_1^{(2)}} + \Gamma_3^{(1)} \right] RT \mathrm{d}\ln a_3 \tag{4-35}$$

由此可见，只有在下列三种情况下，才能应用 Gibbs 吸附公式，由 $\mathrm{d}\gamma_{1,2}/\mathrm{d}\ln a_3$ 值得到溶质在界面上的吸附量。

（1）液相组分 2 无界面活性，即 $\Gamma_2^{(1)} = 0$。

（2）溶质 3 和液相组分 1 在液相 2 中完全不溶解，即 $x_3^{(2)}$ 与 $x_1^{(2)}$ 等于 0。

（3）溶质 3 与液相组分 1 在两液相中的摩尔比相同，即 $x_3^{(1)}/x_1^{(1)} = x_3^{(2)}/x_1^{(2)}$。

这时，式（4-35）便可简化为

$$-\mathrm{d}\gamma_{1,2} = \Gamma_3^{(1)} RT \mathrm{d}\ln a_3 \tag{4-36}$$

由此，可以通过测定界面张力随溶质 3 浓度的变化计算得到溶质 3 在界面的吸附量。实际上，这些条件很难严格成立，只能是近似。

4.4.2 液液界面吸附等温线特点

液液界面吸附等温线形式与溶液表面上相似，呈 Langmuir 型，也可以用同样的吸附等温线公式来描述。两者相比，表面活性剂在液液界面上吸附等温线存在以下两个特点：

（1）液液界面饱和吸附量比较小，如 25 ℃时 $C_8H_{17}SO_4Na$ 和 $C_8H_{17}N(CH_3)_3Br$ 在空气－水溶液界面上的极限吸附量分别为 3.3×10^{-10} mol/cm² 和 2.8×10^{-10} mol/cm²，而同样条件下，其在庚烷－水溶液界面上的极限吸附量分别为 2.6×10^{-10} mol/cm² 和 2.4×10^{-10} mol/cm²。

（2）在低浓度区液液界面吸附量随浓度增加上升速度较快。图 4-7 所示分别为辛基硫酸钠在气液界面和液液界面的吸附等温线，从中可以很清楚地看出上述特点。

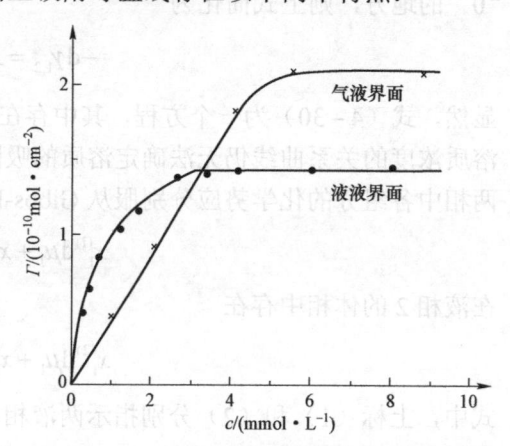

图 4-7 辛基硫酸钠在气液界面和液液界面的吸附等温线

4.5 液液界面吸附层结构

与溶液表面吸附一样，从吸附量可以算出每个吸附分子平均占有的界面面积 a。由于液液界面的极限吸附量比溶液表面低，相应地界面极限吸附时每个分子占有面积 a_m 比在表面上大。例如，$C_8H_{17}SO_4Na$ 和 $C_8H_{17}N(CH_3)_3Br$ 在空气－水界面上极限吸附时每个分子占有的面积分别为 0.50 nm² 和 0.56 nm²，而在庚烷－水溶液界面上极限吸附时每个分子占有面积则为 0.64 nm² 和 0.69 nm²。如果从吸附平衡时的界面张力计算界面压 $\pi(\pi = \gamma^0 - \gamma)$，并作 $\pi - a$ 图，则可以看出油－水界面吸附膜比空气－水界面吸附膜所处状态更为扩张。图 4-8 所示十六烷基三甲溴化铵在空气－水、油－水界面 $\pi - a$ 曲线即充分显示了这一特点。

另外，根据图 4-8 表面活性剂在液液界面上界面压与吸附分子平均占有面积的关系，对其曲线拟合可以得到

$$\pi(a - a_0) = kT \tag{4-37}$$

式中，a_0 的物理意义是吸附分子自身占有的面积。

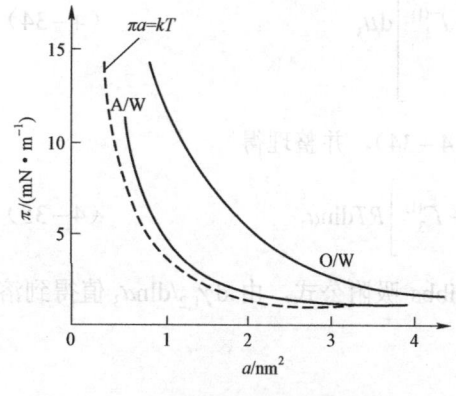

图 4-8 十六烷基三甲溴化铵在空气－水、油－水界面 $\pi - a$ 曲线

对式（4-37）变形如下：

$$\frac{\pi a}{kT} = \frac{a_0 \pi}{kT} + 1 \tag{4-38}$$

这样，若对 $\pi a/(kT) - \pi$ 作图则可得一斜率为 $a_0/(kT)$ 的直线。图 4-9 所示为丁醇、辛醇和癸醇在十二烷－水界面吸附层的 $\pi a/(kT) - \pi$ 曲线关系图，它们非常接近直线关系，从直线斜率得到 a_0 为 0.24 nm²，该值稍大于表面活性剂分子的横截面积，且与表面活性剂疏水基长度

无关。这说明在油-水界面上吸附的表面活性剂疏水链采取伸展构象,近乎直立地立于界面上。

表面活性剂分子在油-水界面吸附层中的构象还可由吸附过程的热力学函数变化值进一步得到说明。前面曾介绍过由同系物标准吸附自由能计算每个亚甲基对自由能的贡献,按照同样的方法也可以计算界面吸附过程中每个亚甲基对自由能改变量的贡献。对于石蜡油-水界面体系,每个亚甲基对界面吸附自由能改变量的贡献是 -3.4 kJ/mol,其值并不随吸附量改变而改变,直至达到饱和吸附;并且该值与通过碳氢化合物在水中溶解度得到的每个亚甲基从水相迁至油相自由能的改变量 -3.6 kJ/mol 非常接近。对于空气-水界面的吸附情况,从吸附极少时每个亚甲基对吸附自由能的贡献为 -2.5 kJ/mol 逐步变为极限吸附时的 -3.3 kJ/mol,自由能绝对值随吸附量的增加而增加。这说明,在空气-水界面吸附过程中疏水基在吸附层中所处环境在不断变化,并逐渐接近烃类化合物环境;而在油-水界面吸附时,吸附分子的疏水基始终处于碳氢化合物的环境中。另一方面,对月桂酸、软脂酸、棕榈酸从己烷-水界面吸附层解吸至己烷相的过程研究发现,该过程所需能量大小与碳氢链的长度无关,皆约为 23 kJ/mol,相当于解离月桂酸、软脂酸、棕榈酸亲水基与水的氢键键能。这再次表明,油-水界面上吸附的表面活性剂分子疏水基是处于碳氢环境之中,其在表面解吸至油相前后状态基本不变,故对解析过程的自由能变化几乎没有贡献;而亲水基在此过程中则是由水相体系转移至油相的环境中。

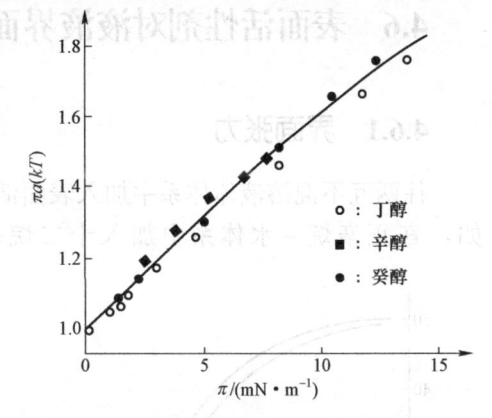

图4-9 丁醇、辛醇和癸醇在十二烷-水界面吸附层的 $\pi a/(kT)-\pi$ 曲线

这样,表面活性剂在油-水界面吸附层中的结构如图 4-10 所示。油-水界面吸附层由疏水基在油相、亲水基在水相直立定向排列的表面活性剂分子,以及油分子、水分子共同组成;吸附的表面活性剂分子疏水基之间有油分子插入。

值得强调的是,表面活性剂分子在吸附层中的结构还与油相分子性质有关系。图 4-11 所示为辛醇在不同烷烃-水界面吸附的 $\pi a/(kT)-\pi$ 曲线。结果表明,辛醇在辛烷-水界面上的吸附层比在十六烷-水界面上更为扩张,这可归因于较小碳链油分子更易进入疏水端吸附层的结果。

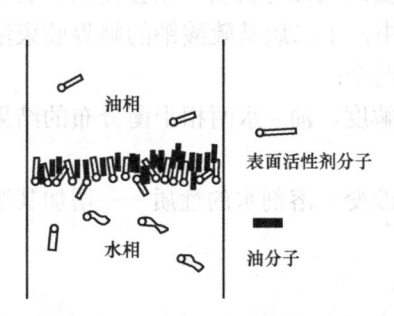

图 4-10 表面活性剂在油-水界面吸附层中的结构

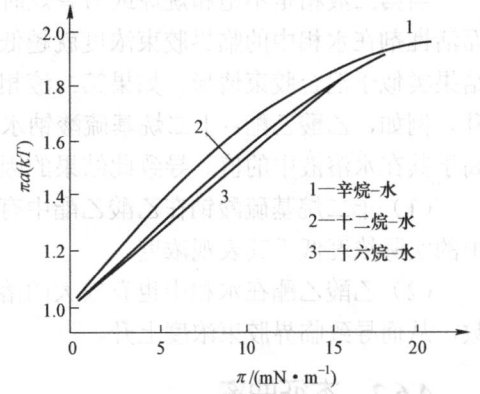

图 4-11 辛醇在不同烷烃-水界面吸附的 $\pi a/(kT)-\pi$ 曲线

4.6 表面活性剂对液液界面性能的影响

4.6.1 界面张力

往两互不混溶液体体系中加入表面活性物质也会使其界面张力降低。例如，在正辛烷-水体系中加入十二烷基硫酸钠可以使界面张力从约为 50 mN/m 降至几个 mN/m 的水平。界面张力-表面活性剂溶液浓度对数曲线形式与溶液表面上的情况相似。图 4-12 所示为油-水液液界面张力随体系中表面活性剂浓度变化的典型曲线。

表面活性剂降低液液界面张力的能力和效率因另一液相性质而异，若另一液相是饱和烷烃，表面活性剂降低液液界面张力的能力和效率皆比其在气液界面中高。如 25 ℃时，辛基硫酸钠在空气-水界面上 π_{cmc} 为 33 mN/m，在庚烷-水界面上 π_{cmc} 为 39 mN/m。若第二液相是短链不饱和烷烃或芳香烃，则结果相反，表面活性剂降低液液界面张力的能力和效率皆低于气液界面。例如，25 ℃时十二烷基硫酸钠在空气-水界面的 π_{cmc} 为 32 mN/m，在庚烷-水界面的 π_{cmc} 为 41 mN/m，而在苯-水界面的 π_{cmc} 只有 29 mN/m。

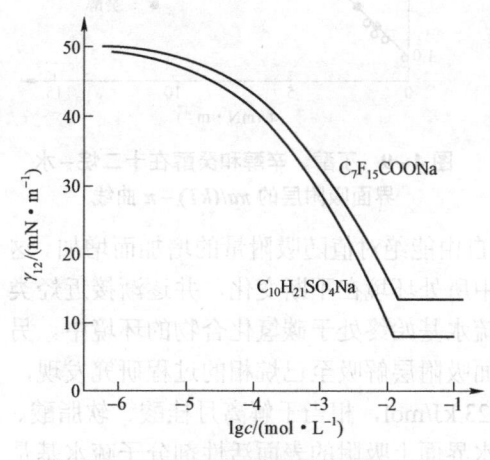

图 4-12 油-水液液界面张力随体系中表面活性剂浓度变化曲线

液液界面张力随浓度变化曲线的转折点仍然是表面活性剂在水相中开始大量形成胶束时出现，曲线转折点的浓度也是表面活性剂的临界胶束浓度。液液界面张力曲线测定的表面活性剂在水相中的临界胶束浓度值与表面张力法测定的有所差别，因为第二液相的性质也会对表面活性剂的临界胶束浓度值产生影响。若表面活性剂在形成液液界面的第二液相中也有显著的溶解度，在确定临界胶束浓度时需考虑它在两相中的分布。

当第二液相是不饱和烷烃或芳香烃时，临界胶束浓度会显著变小，烷烃的极性越强，表面活性剂在水相中的临界胶束浓度就越低。这是因为第二液相的分子也会参与胶束形成，其结果类似于混合胶束情形。如果第二液相是低分子量的极性有机物，则会使临界胶束浓度上升。例如，乙酸乙酯-十二烷基硫酸钠水溶液体系中，十二烷基硫酸钠的临界胶束浓度显著高于其在水溶液中的值。导致此结果的因素有以下两个：

（1）十二烷基硫酸钠在乙酸乙酯中有一定的溶解度，油-水两相平衡分布的结果使水相中的实际浓度低于其表观浓度。

（2）乙酸乙酯在水相中也有较大的溶解度，这改变了溶剂水的性质——增加其溶解度参数，从而导致临界胶束浓度上升。

4.6.2 本征曲率

吸附了表面活性剂的液液界面可看作是由疏水层和亲水层组成的，其疏水层由表面活性剂疏水链和油相组成，而亲水层由表面活性剂亲水基和溶剂水组成。疏水基间的色散力相互作用使得体系能量在一定范围内随分子间距离减小而降低，另一方面，表面活性剂亲水基与水有强烈的亲和力，试图与更多的水分子发生水合，以降低体系能量。然而，表面活性剂分子间距减小时，对亲水基而言是水合过程的逆过程，体系能量上升。这两方面作用的总结果是表面活性剂两端分别为某一截面积大小时体系能量最低。这意味着表面活性剂在自发形成聚集体时，亲水端倾向于占有与其水合体积相当的面积 a_0。当碳氢链采取伸展构象近乎直立于界面上时，疏水基将具有面积 a_c：

$$a_c = v_c / l_c \tag{4-39}$$

式中，v_c 为疏水基体积；l_c 为疏水基最大伸展长度。根据 a_0 与 a_c 的相对大小，液液界面吸附层将具有不同的曲率，又称之为液液界面吸附层的本征曲率。若 $a_c > a_0$，则液液界面将弯向水相；$a_c < a_0$ 时液液界面则将弯向油相，这就是表面活性剂性质决定乳状液类型的基本原理。表面活性剂的 a_c 和 a_0 值的大小还受多种因素影响。

影响表面活性剂亲水基截面积 a_0 的因素与亲水基的类型有关。对于非离子型表面活性剂：

（1）随亲水基变大，如增加聚氧乙烯基的聚合度，a_0 增大；

（2）降低温度会加强亲水基的水合程度，a_0 增大。

对离子型表面活性剂：

（1）降低电解质浓度将增大围绕带电基团的双电层厚度，增大其 a_0 值；

（2）改变溶液 pH 值，如果能提高亲水基的解离度，则增强亲水基间的排斥力，增加其有效面积；

（3）改换反离子，反离子所带电荷及水合能力的不同影响 a_0 值。

增大表面活性剂憎水基截面积 a_c 的方法有：

（1）增加碳链长度；

（2）碳氢链中引进分支或不饱和结构；

（3）增加油相分子的插入能力，如短链的油分子在界面吸附的碳氢憎水链结构中具有较大的插入、渗透能力。

此外，改变液液界面吸附层本征曲率的另一种普遍有效的方法是使用混合表面活性剂，一般是在离子型或非离子型表面活性剂中加入脂肪醇作为助表面活性剂，它们在界面上可形成混合吸附层。由于醇的羟基很小，还可能与表面活性剂的极性基形成氢键或者发生其他较强的诱导相互作用，可有效降低混合吸附层极性基团平均占有面积。其降低程度随脂肪醇在表面活性剂中所占比例而异，在许多实际应用中具有很高的价值。

4.6.3 混合表面活性剂体系界面张力

不同类型表面活性剂的混合物通常具有更强的降低液液界面张力的能力。表 4-7 所示为阴、阳离子型表面活性剂及其混合物在临界胶束浓度时的液液界面张力值。可以看出，烷烃类阴、阳离子型表面活性剂混合物以及氟碳-烷烃类阴、阳离子型表面活性剂混合物都使得液液界面张力比单一组分时大大降低。特别值得一提的是，氟碳类表面活性剂虽然在气液界面上表现出很强的降低表面张力的能力（表面张力值比碳氢表面活性剂水溶液低约 20 mN/m），但在油-水界面上氟碳类表面活性剂降低界面张力的能力并不强。

表 4-7 阴、阳离子表面活性剂及其混合物在临界胶束浓度时的液液界面张力值（庚烷-水体系）

表面活性剂	$\gamma_{cmc(1)}/$ $(mN \cdot m^{-1})$	$\gamma_{cmc(2)}/$ $(mN \cdot m^{-1})$	$\gamma_{cmc(1-2)}/$ $(mN \cdot m^{-1})$
$C_8H_{17}N(CH_3)_3Br(1) - C_8H_{17}SO_4Na(2)$	14	11	0.2
$C_8H_{17}N(CH_3)_3Br(1) - C_7F_{15}COONa(2)$	14	13	0.4

由于氟碳与碳氢阴、阳离子型表面活性剂混合物既有非常低的表面张力值，又有非常低的界面张力值，因而成为轻水灭火剂的基础配方。例如，$C_7F_{15}COONa$、$C_8H_{17}N(CH_3)_3Br$ 表面活性剂水溶液最低表面张力值分别由单一组分时的 24 mN/m 和 41 mN/m 降低至混合物时的 15.1 mN/m；对庚烷-水体系最低界面张力值由单组分时的 13 mN/m、14 mN/m 降至 0.4 mN/m。这样一来，$C_7F_{15}COONa$、$C_8H_{17}N(CH_3)_3Br$ 表面活性剂水溶液在庚烷上的铺展系数分别由 -19 mN/m 和 -37 mN/m 变为 +4.9 mN/m，其由在油表面从不能铺展变为可自动铺展，从而达到灭火目的。

往有机相中添加溶质也会显著影响油-水液液界面张力。十六醇和正己醇在水中的溶解度很低，往油水混合体系中加入上述物质，其将自发地溶于油相。图 4-13、图 4-14 是两个离子型表面活性剂水溶液分别与甲苯、苯形成液液界面时，其界面张力随油相中十六醇、正己醇含量的变化曲线。可以看出，醇类化合物的加入使得上述油-水界面张力值大大降低，达到几乎为零的程度。

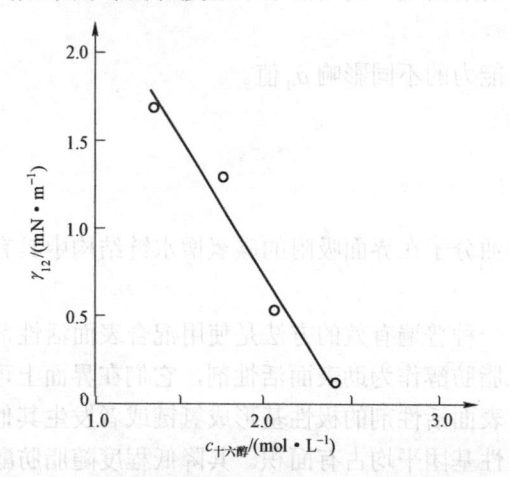

图 4-13 十二烷基硫酸钠水溶液与甲苯液液界面张力随甲苯中十六醇浓度变化曲线

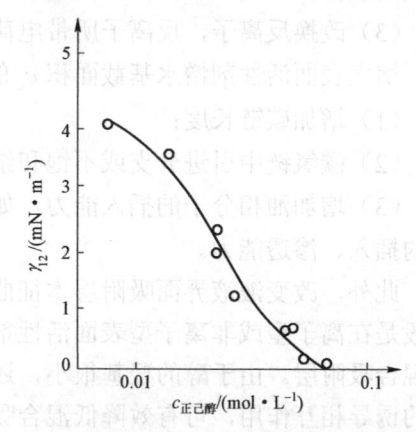

图 4-14 油酸钾水溶液与苯液液界面张力随苯中正己醇浓度变化曲线

4.7 超低界面张力

4.7.1 超低界面张力体系

图 4-13 和图 4-14 示出了混合表面活性剂可以把油-水界面张力降至几乎为零。目前，已知表面张力最低的溶剂是 4 K 时的液氦，其值为 0.37 mN/m。最低的液

液界面张力可低至 10^{-6} mN/m，远远低于已知液体的最低表面张力。通常，把界面张力值在 $10^{-1} \sim 10^{-2}$ mN/m 的界面张力叫作低界面张力，低于 10^{-3} mN/m 的界面张力叫作超低界面张力。低界面张力现象首先为美国表面化学家 Harkins 等人所报道。1926 年，Harkins 和 Zollman 在研究盐对界面张力影响时发现，把油酸溶在苯中，氢氧化钠溶于水中，这两者形成的液液界面张力比纯苯-水体系界面张力低了三个数量级，达到 0.04 mN/m，这是当时测得的最低的界面张力值。他们还发现，如果在苯-水两相体系中加入油酸、氢氧化钠、油醇、氯化钠4 种成分，则界面张力更低。

低界面张力体系通常是由油、水、表面活性剂和盐 4 种组分组成的。构成液液界面的油相可以是具有不同分子量的各种烃类物质，如烷烃、不饱和烃、芳香烃、环烷烃及其混合物。表面活性剂可以是一种，也可以是几种的混合物。通常将表面活性剂混合物中的辅助成分叫作助表面活性剂。对于超低界面张力体系来说，恰当地运用助表面活性剂十分重要。盐类为各种水溶性无机盐，研究最多的是氯化钠。

超低界面张力对各组分的性质和含量十分敏感，盐的浓度、表面活性剂分子量、助表面活性剂浓度以及油相成分的些许变化都可能导致业已存在的超低界面张力特性消失。目前，有关超低界面张力研究的经验规律如下。

1）油相适宜碳数

固定表面活性剂和盐不变，只改变油相组成，对不同碳原子数的烷烃同系物油相与水构成的油-水界面研究发现，液液界面张力随油相烷烃碳原子数而变化，在某一碳原子数附近时界面张力出现最低值（图 4-15）。把界面张力出现最低值的碳原子数记作 $n_{\min}$，该值又叫作该配方的适宜碳数。各类同系物均存在这种关系，即使对于混合油相，如原油馏分，液液界面张力也随其平均碳原子数的变化存在类似规律。

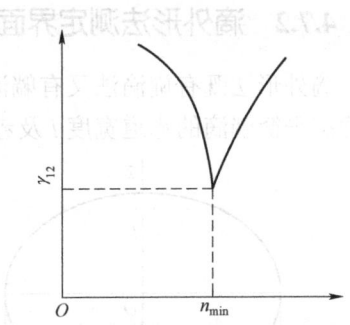

图 4-15 液液界面张力与油相碳数关系

2）等当量碳原子数(N_E)

对于同一配方（指除油相外的其他成分不变），不同同系物的 $n_{\min}$ 值不同。烷烃（A）、烷基苯（B）、烷基环己烷（C）的 $n_{\min}$ 间有下列关系：

$$n_{\min A} = n_{\min B} - 6 = n_{\min C} - 2 \tag{4-40}$$

这就是说，烷基苯只相当于与其烷基碳链相同的烷烃作用，而环烷烃中环烷基上的 6 个碳原子只相当于直链烷烃 4 个碳原子的作用。把烷基苯（B）、烷基环己烷（C）等效的直链烷烃碳原子数叫作该同系物油相或混合油相的等当量碳原子数（N_E），用以表示油相形成低界面张力体系的特性。对于同一油相，不同低界面张力配方得出的 N_E 值相同。另外，混合油相的 N_E 值与其组分间存在按组成配比的加和性。即

$$N_E = \sum x_i N_{Ei} \tag{4-41}$$

式中，x_i 和 N_{Ei} 分别为油相组分 i 所占摩尔分数和其等当量碳原子数。

3）适宜表面活性剂浓度和适宜盐浓度

图 4-16 和图 4-17 分别示出了油-水体系界面张力随表面活性剂浓度和盐浓度的变化规律。可以看出，表面活性剂浓度和盐浓度也存在形成低界面张力的适宜值，而且这些因素

稍有变化，界面张力就有可能改变一个数量级或更多。这表明，在地层中保持原油-水体系为最低界面张力状态相当困难。

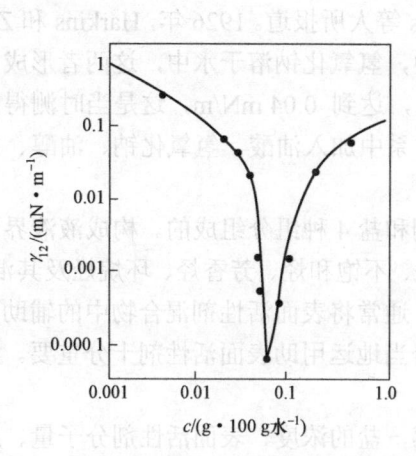

图4-16 油-水界面张力与表面活性剂的浓度关系

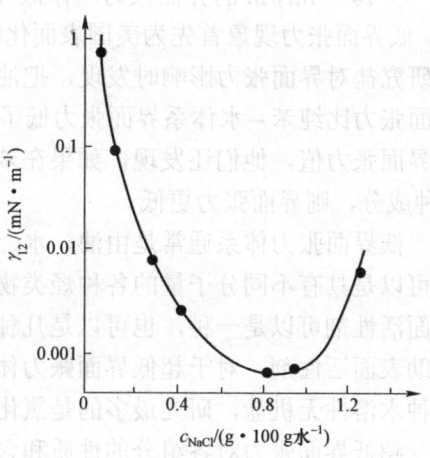

图4-17 油-水界面张力与盐浓度关系

4.7.2 滴外形法测定界面张力

滴外形法既有旋滴法又有躺滴法。通过测定一种液体在与其不相混溶的另一种液体中形成静态平衡躺滴的赤道宽度 l 及赤道至液滴顶点的高度 h，如图4-18所示，可应用下列公式计算其界面张力：

$$\gamma_{1,2} = \Delta\rho g \varphi_{90} h^2 / 2 \quad (4-42)$$

φ_{90} 是由液滴形状决定的参数：

$$\varphi_{90} = \frac{2}{\beta(l/b)_{90}^2} \quad (4-43)$$

式中，β 及 b 分别为 Bashforth-Adams 方程中的形状因子和大小因子，根据测得的 h 及 $l/2$ 值可从 Bashforth-Adams 数据表上查出。

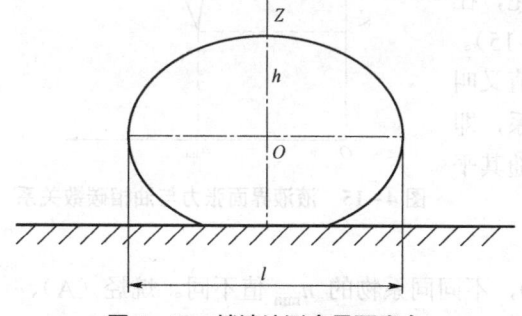

图4-18 躺滴法测定界面张力

由于界面张力越低 h 值越小，测定起来也愈加困难。实际上，这种躺滴法只能用来测定界面张力大于 10^{-3} mN/m 的情况。为了测定超低界面张力，需人为地改变原有重力与界面张力间的平衡，使平衡时液滴形状参数更便于测定。20世纪30年代后期，Vonnegut 通过离心力场，应用旋滴法实现液体表面与界面张力测定，并成功地测定了低界面张力。用此法测定界面张力值可低至 10^{-6} mN/m，为深入研究超低界面张力提供了有效的实验方法。

图4-19所示为旋滴界面张力仪样品管及旋滴形状参数示意图。在样品管 C 中充满高密度液体 B，再加入少量低密度液体 A，密闭后安装在旋滴仪上，这时样品管平行于旋转轴 D 并与旋转轴同心。当旋转轴携带液体以角速度 ω 自旋时，在离心力、重力及界面张力作用下，低密度液体在高密度液体中形成一个长球形或圆柱形的液滴，其形状由转速和界面张力决定。测定液滴长（$2x$）和宽（$2y$）的尺寸、两相密度差（$\Delta\rho$）及旋转角速度，即可计算出界面张力值。当转动角速度足够大时，旋滴呈平躺的圆柱形，两端呈半圆状，这时计算该两种液体界面张力的公式写作

$$\gamma_{a,b} = \Delta\rho\omega^2 y_0^3/4 \tag{4-44}$$

式中，y_0 为圆柱半径。若液滴为长椭球体，则计算公式为

$$\gamma_{a,b} = \frac{\Delta\rho\omega^2 R^3}{4(x_0/b-1)} \tag{4-45}$$

式中，$R = (3V/4\pi)^{1/3}$（V 为液滴体积）；x_0 为液滴长度的一半；b 为顶点曲率半径。测定时应用的转速通常为 1 200～24 000 r/min。

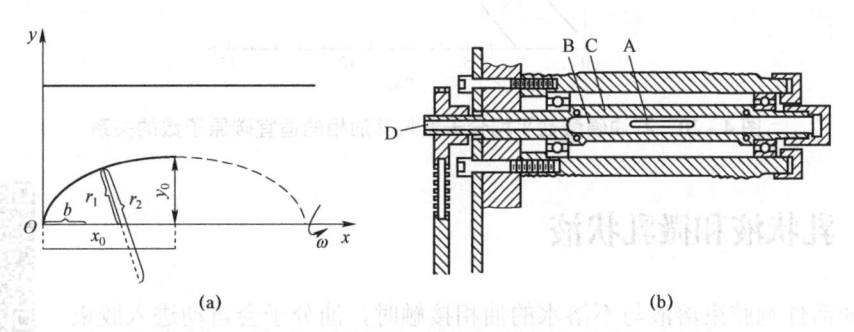

图 4-19 旋滴界面张力仪样品管及旋滴形状参数示意图
(a) 旋滴示意图；(b) 旋滴仪

4.7.3 超低界面张力应用

超低界面张力最主要的应用领域是提高原油采收率和形成微乳状液。世界上多数油田的原油与盐水一起分布于岩石（沙石）孔中，通常经过钻井、自喷、注水等操作开采石油，经过一段时间，地层压力降低后，便不能继续出油了。这时仅采出约石油储量的30%，其余则以小液滴或斑块的形式存在于岩石孔隙、缝隙中。注水不能再把这些原油驱赶出来的原因之一是水和石油之间存在相当高的界面张力，形成的油-水界面体系在地层孔隙中流动时阻力很大。根据 Laplace 公式，阻力大小与孔径及界面张力有关。

提高原油采收率的化学方法之一是在注水时加入化学药品，使界面张力降低。如果油-水界面张力达到超低水平，Laplace 压差所产生的流动阻力便微不足道了，这就是低界面张力注水采油原理。实现低界面张力注水采油，首先要研制出适用于油层条件的低界面张力注水液；其次，它必须能够大量供应且成本低廉。为此，研究最多的表面活性剂是石油磺酸盐。

石油磺酸盐是一种阴离子型表面活性剂，它是对适当的石油馏分进行磺化得到石油磺酸，再通过碱中和得到的混合物。常用的石油磺酸盐是钠盐、钙盐和铵盐。其典型的分子结构是：

R—⌬—SO$_3$M　　R：烷基、环烷基、芳基
　　　　　　　　　M：金属离子或铵离子

石油磺酸盐是分子量在一定范围内的同系物表面活性剂，故平均分子量 M 是它的重要性能参数。石油磺酸盐平均分子量与其油相的适宜碳原子数存在图 4-20 所示关系。由图可见，石油磺酸盐平均分子量越大，适宜的油相碳原子数也就越大。

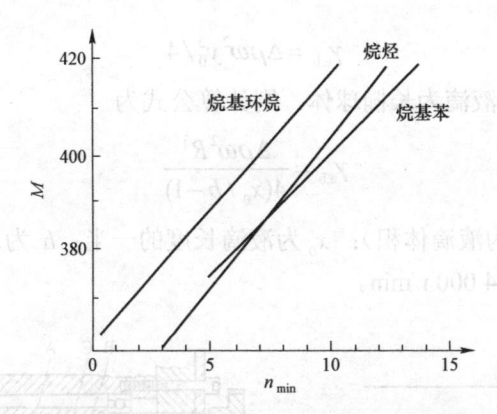

图 4-20　石油磺酸盐平均分子量与其油相的适宜碳原子数的关系

4.8 乳状液和微乳状液

当表面活性剂胶束溶液与不溶水的油相接触时，油分子会自动进入胶束内核发生增溶，胶束肿胀、长大，且随增溶量的增加油分子在胶束内部形成微滴，体系变为乳液。因此，乳液是一种或一种以上的液体以液珠状态分散在另一种与其不相混溶液体中构成的体系，而被分散的液珠称为分散相。根据分散相直径大小可分为乳状液和微乳状液两类。

4.8.1 乳状液

乳状液中分散相或内相的直径通常大于 0.1 μm。分散相周围的介质称为连续相或外相。显然乳状液是一种多相系统，具有很大的液液界面面积，热力学不稳定，加入乳化剂可显著增加其稳定性。乳状液一般由两类液体组成，一类是水，另一类是油。此处，"油"指不溶于水的各种有机液体。

乳状液的类型一般有两种：一种是水包油型，以 O/W 表示，其以水相为连续相，油分散在其中，如牛奶；另一种是油包水型，以 W/O 表示，其以油相为连续相，水分散在其中，如含水的原油。在一定条件下，水包油型和油包水型乳液可以相互转化。此外，乳状液还有较为复杂的体系，称多重乳状液，如 W/O/W 或 O/W/O 等。

实际应用中，若要鉴别乳状液的类型，可用以下方法：

（1）稀释法：乳状液能被其分散介质所稀释。

（2）染色法：将微量的油溶性或水溶性染料加入乳状液中，用显微镜观察是液滴着色还是分散介质着色。

（3）电导法：乳状液的电导率大致与分散介质相同，所以 O/W 型比 W/O 型的电导率高。但要注意，若 W/O 型乳状液中水相比例较高或者采用的乳化剂是离子型时，往往也具有较高的电导率。

（4）滤纸润湿法：先将滤纸在 20%$CoCl_2$ 溶液中浸泡并烘干，然后将乳状液滴加到滤纸上。若液滴能迅速展开并显色，为 O/W 型；若不能展开且保持蓝色，则为 W/O 型。

乳状液的液珠直径为 0.1～10 μm。因为可见光波长为 0.4～0.8 μm，液珠直径为 0.1～

1 μm 时乳液呈蓝白色，大于 1 μm 时呈乳白色。有的液珠直径为 0.05～0.1 μm，略小于可见入射光的波长，有光散射现象，体系呈灰色半透明状态。若液珠直径在 0.05 μm 以下时已远小于入射光的波长，故主要产生光透射，体系呈透明状态，实际上，此时体系已是微乳状液了。因此，可由乳状液外观来大致判断液珠粒径的分布状况。常用胶体磨、超声波乳化器、搅拌器、匀化器等制备乳状液。

乳化剂是使乳状液长期保持稳定的物质，通常包括：① 表面活性剂；② 天然大分子物质，如卵磷脂、羟脂（甾类）、阿拉伯胶、胍胶等；③ 电解质；④ 固体粉末，如碱式碳酸镁、炭黑等。加入适当的表面活性剂作为乳化剂时，表面活性剂分子定向吸附在液液界面上，极性基团向着水相，非极性基团向着油相，降低了油-水界面张力，同时形成保护膜，并具有一定的机械强度，如图 4-21 所示。这是乳状液稳定存在的主要原因。此外，乳液中液珠表面吸附带电形成的双电层也能阻止液珠合并。选择表面活性剂作为乳化剂时，其 HLB 值具有一定的参考价值。

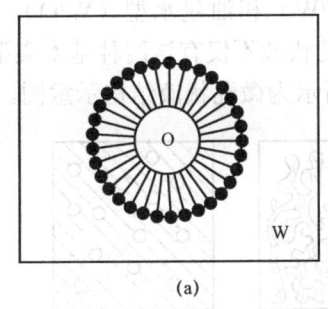

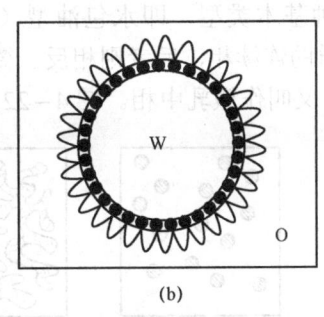

图 4-21 表面活性剂的乳化作用
(a) O/W；(b) W/O

乳状液在化工、轻工、医药、食品、农药、化妆品、污水处理、石油化工、机械工业、建材等领域都有着广泛的应用。例如，乳状液在生命体的生理过程中，特别是消化、吸收、新陈代谢等方面起重要作用。在乳状液中，体系具有很大的界面积，因此具有很高的活性。生理学认为脂肪被肠壁吸收以前必须先经乳化阶段，经胆酸盐乳化的脂肪易于被血清输送到机体各处，又易于扩散穿过肠壁，脂肪未被乳化时酶对它的作用效率也较低。又如青霉素注射液既可制成油剂乳状液（W/O 型）也可制成水剂乳状液（O/W 型）。水剂型注入人体后容易被吸收，排泄也很快；而油剂型的则吸收较慢，在体内停留时间也较长。

4.8.2 微乳状液

微乳状液具有很大的实用价值。1928 年，美国工程师 Rodawald 在研制皮革上光剂时意外地得到一种"透明乳状液"。第一个有关微乳状液的研究是 Hoar 和 Schulman 在 1943 年完成的，他们发现当水和油与大量表面活性剂和中等链长醇混合时能自发地形成透明或半透明的热力学稳定体系。后经证实这种体系是 O/W 型或 W/O 型的分散体系，其分散相质点为球形，半径通常为 10～100 nm。在相当长的时间内，这种体系分别被称为亲水的油胶束或亲油的水胶束，直到 1959 年 Schulman 等人才首次将上述体系称为"微乳状液"或"微乳液"（microemulsion），其中所用中等链长的醇被称为助表面活性剂(co-surfactant)。从微乳的大小来看，微乳液是普通乳状液和胶束溶液之间的过渡产物，因此与两者有紧密联系但又有本质区别。

微乳液在结构方面与乳状液有相似之处，有 O/W 型和 W/O 型。但乳状液是热力学不稳定体系，分散相质点大、不均匀，外观不透明。微乳液是热力学稳定体系，分散相质点很小，近乎单分散，外观透明或近乎透明，高速离心亦不能使其发生相分离。因此，鉴别是否是微乳液的最普通方法是：对水－油－表面活性剂分散体系，如果其外观透明或近乎透明，流动性很好，并且在 100 倍重力加速度离心分离 5 min 也不发生相分离，即可认为是微乳液。

微乳液与胶束都是热力学稳定体系，因此在稳定性方面，微乳液更接近于胶束溶液。但胶束溶液中增溶的油或水量小，而微乳液中增溶的油或水量相当大。此外，微乳体系中表面活性剂的浓度也相当大，远远高于临界胶束浓度 cmc。值得注意的是，从胶束溶液到微乳液的变化是渐进的，没有明显的分界线。

（1）微乳状液的结构与类型

乳状液有两种基本类型，即水包油型（O/W）和油包水型（W/O），前者以油为分散相、水为分散介质的连续相，后者则相反。微乳状液不仅有这两种基本类型，还有第三种状态——双连续相，又叫作微乳中相。图 4－22 所示为微乳状液结构示意图。

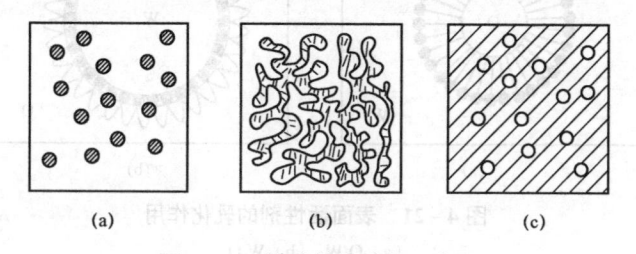

图 4－22　微乳状液结构示意图
(a) O/W；(b) 双连续相；(c) W/O

微乳状液类型主要取决于表面活性剂在液液界面吸附层的本征曲率。具有自动弯向油相的界面体系趋向于形成水包油型微乳；具有自动弯向水相的界面体系趋向于形成油包水型微乳；当表面活性剂在液液界面的曲率很小时则倾向于形成双连续相，即微乳中相。吸附层的本征曲率主要取决于表面活性剂在界面上排列的几何形状。对于形成微乳状液的类型，规律如下：

$$a_0 < v/l_c \quad \text{W/O}$$
$$a_0 > v/l_c \quad \text{O/W}$$
$$a_0 \approx v/l_c \quad \text{双连续相}$$

式中，a_0 为表面活性剂极性基占有的界面面积；v 为碳氢链体积；l_c 为碳氢链长度。

凡是影响这些参数的物理化学因素皆可能改变其在液液界面的本征曲率，从而影响形成微乳的类型。促使水包油型微乳变为油包水型微乳的措施有：

（1）加醇类化合物作为助表面活性剂。

（2）减少油相分子的碳链长度。对于非离子型表面活性剂的油－水体系，还可以采取提高温度、减少聚氧乙烯链长等方法；对于离子型表面活性剂的油－水体系，可采取加盐、调节反离子的水合能力（如将钠离子换为钾离子）等方法。图 4－23 所示为油－水－表面活性剂体系可能出现的相组成情况以及相体积随体系温度或盐浓度的变化规律。

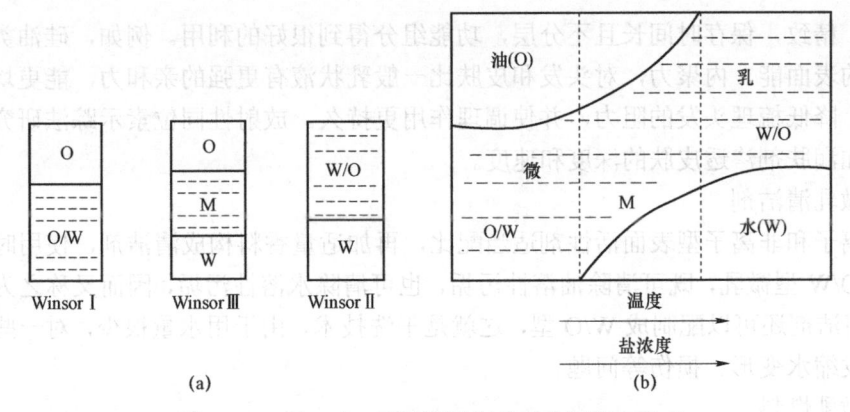

图 4-23　油-水-表面活性剂体系的相存在形式
（a）油-水-表面活性剂体系的相组成；（b）油-水-表面活性剂组成的相结构类型及其演化

（2）微乳状液性质

微乳状液最显著的特征是虽然体系含有大量不相混溶的液体，却能显示出透明的外观，因此，微乳状液这个科学名词诞生之前，它曾被形象地称为"透明乳状液"。微乳状液的这种光学性质是其分散相粒子很小的结果，一般认为其粒度小于 100 nm，8~80 nm。

分散相小尺寸带来的第二个特性是体系拥有极大的界面面积。1 mL 油、1 mL 水再加表面活性剂制成的微乳状液拥有 60 m^2 以上的油水界面面积，因而赋予微乳状液极好的界面功能，包括吸附、传热、传质等功能。

微乳状液的另一个重要特征是它的界面特性，形成微乳的体系可分三种相组成情况，即 WinsorⅠ型、Ⅱ型和Ⅲ型，如图 4-23（a）所示。WinsorⅠ型体系中由水包油微乳（下相）和不含表面活性剂聚集体的油相构成。表面活性剂主要存在于连续相水中。WinsorⅡ型是由油包水微乳（上相）和不含表面活性剂聚集体的水相构成。WinsorⅢ型则是由双连续相微乳中相和不含表面活性剂聚集体的油相、水相构成的三相平衡体系。它们随非离子表面活性剂体系温度、离子型表面活性剂体系盐浓度的变化而发生转化，其规律如图 4-23（b）所示。微乳状液中的液液界面张力随体系组成及成分而异，在三相区两界面张力均很低，可达到超低界面张力的水平。

微乳状液与乳状液从外观上就可加以区别，但其与肿胀胶束间的界限则不容易确定。分散相的蒸气压特性则有助于解决这个难题。当油增溶于表面活性剂胶束之中形成肿胀胶束时，与之平衡的油蒸气压比其单组分时的蒸气压低很多，但形成 O/W 微乳以后，与其平衡的油蒸气压则与油本身的蒸气压接近。

4.9　微乳状液的应用

微乳状液因具有许多优良性质，在采油、洗涤、化妆品、农药、药品、润滑油、切削油、纺织工业等方面都具有广泛的应用。目前，在纳米材料制备、微乳液聚合及离子迁移、富集等方面也成为研究的热点。

（1）微乳化妆品

现代化妆品有油溶性的，也有水溶性的，且体系中含有功能组分。微乳化产品的优点是外观透明、精致，保存时间长且不分层，功能组分得到很好的利用。例如，硅油类微乳液由于其较低的表面能、内聚力，对头发和皮肤比一般乳状液有更强的亲和力，能更均匀地覆盖在其表面，降低梳理头发的阻力，并使调理作用更持久。放射性同位素示踪法研究表明，微乳液能增加润肤剂渗透皮肤的深度和速度。

（2）微乳清洁剂

将阴离子和非离子型表面活性剂适当配比，再加适量香料构成清洁剂，使用时加适量水便可形成 O/W 型微乳，既可清除油溶性污垢，也可清除水溶性污垢，因而又称之为全能清洁剂。微乳清洁剂还可以配制成 W/O 型，这就是干洗技术，由于用水量很少，对一些毛料纺织品不会引发缩水变形、损伤等问题。

（3）微乳燃料

水－柴油－聚乙二醇十二烷基醚形成的 W/O 型微乳状液含水量可达 20%～30%。这种微乳体系用作燃料节油率为 5%～15%，尾气温度下降 20%～60%，烟度下降 40%～77%，而 NO_x 和 CO 排放量为普通汽油的 25%。微乳燃料对内燃机没有腐蚀和磨损，而且还能起到清洁作用，降低内燃机维修费用。

（4）金属加工用微乳油

微乳液型切削液也称为半合成切削液，其与乳化液、合成切削液一起被统称为水基切削液。微乳型切削液与合成切削液相近，呈透明或半透明状，矿物油含量为 5%～35%，乳化剂含量与油性物含量比乳化液高出 3～6 倍。

随着新型机械不断涌现和高速轧机及全自动冲压设备的发展，加工条件及工艺对润滑要求日趋苛刻。而且，低耗能、低成本、低公害、不易燃的要求日渐严格，水基液由于具有油基液难以比拟的冷却性能以及低廉的成本而获得迅速发展，并加速了油基液向水基液过渡的步伐。近年来，微乳型切削液发展很快，可以预料它将是未来切削液的主要品种。

以微乳液作为润滑剂有很多用途，如微乳液可作为液压传动流体，以 O/W 微乳液代替碳氢化合物的优点在于减少了易燃的危险，克服了纯水液压流体粘度低、不能有效润滑的缺点。

内燃机使用高含硫燃料时，若使用 W/O 乳状液作为润滑剂可减轻活塞环和筒体的腐蚀，但其具有不稳定性让应用受到限制。微乳液则以其优越的性能解决了上述问题，即使微乳液在制冷条件下产生相分离，也不会影响微乳液的润滑性能。

（5）微乳型药物

由于微乳状液既能增溶水，又能增溶油，可以将药剂制成 W/O 型微乳体系。使油溶性药物溶解在介质中，水溶性药物增溶于极性内相中，两类药物集于一剂，不仅方便还能提高药效。

（6）微乳剂型农药

随着农业的发展和农作物产量的不断提高，农作物病、虫、草害防治十分重要，因此，农药发展迅猛，且农作物产量逐渐增加。目前农药中油溶性剂品种较多，有的还是固体剂型，大多用甲苯、二甲苯作溶剂，配成乳液使用，大量有机溶剂在使用过程中随之抛向空中，导致环境污染、危害健康。将农药制成 O/W 型微乳剂主要有以下几方面优越性：

1）微乳液剂型不用或少用有机溶剂，不易燃、爆、生产、储存、运输安全。

2）微乳制剂不用或少用有机溶剂，环境污染小，对生产和使用者的毒害大大减轻。

3) 微乳状液农药界面张力较低，粒子极小，对植物和昆虫细胞有良好的渗透性，药效好，药物利用率高。

4) 微乳液是以水为基质，成本低，包装容易。

5) 微乳农药制剂稳定，长期储存不分层。

6) 微乳具有超低界面张力，在植物、昆虫的表面更易黏附、润湿和铺展。有的微乳农药液滴在自然条件下蒸发浓缩后生成粘度较高的液晶相，牢固地黏附在植物表面，不易被雨水冲洗，提高农药效能。

（7）微乳法分离蛋白质

许多蛋白质是水溶性的。将蛋白质混合物水溶液加到 W/O 型微乳中，水溶性蛋白增溶于内相胶束水滴中，这种水滴常称为水核或水池。不同的蛋白质由于其大小、所带电荷不同，在水池中的增溶程度也不同。将增溶蛋白的微乳相与水相分离，获得较纯的某种蛋白质，这种方法又称为微乳萃取法。其优点是：因微乳形成是自发的，只要有适当的配方，制备简单、方便。此外，将被分离物从微乳液中回收时也易进行，尤其是非离子型表面活性剂微乳，升高温度微乳即发生相分离，易破乳。

（8）微乳液作为反应介质

1) 微乳法制备纳米催化剂

纳米粒子具有大的比表面积、高的表面晶格缺陷以及高表面能特性，在一些反应中表现出优良的催化性能。目前已有许多制备纳米催化剂的方法，其中微乳法由于装置简单、操作容易、制备催化剂颗粒均匀、能有效地控制其尺寸大小、催化性能优良等优点而备受关注。

用微乳法制备纳米金属、金属氧化物或复合氧化物时，常常制成 W/O 型微乳。在 W/O 型微乳中，水核被表面活性剂和助表面活性剂所组成的界面膜所包围，其大小可控制在几个至几十个纳米之间，尺寸小且彼此分离，故可以看作是一个"微型反应器"，是制备纳米催化剂的理想反应介质。

微乳技术制备纳米粉体催化剂的一般方法是，将合成催化剂的反应物溶于微乳液中，在剧烈搅拌条件下反应物在水核内进行化学反应（包括沉淀反应、氧化还原反应、水解反应等），产物在水核内成核、生长。当水核内的粒子长到一定尺寸时，表面活性剂就会附在粒子表面，使粒子稳定并阻止其进一步长大。反应结束后，通过离心分离或加入溶剂除去附在粒子表面的油和表面活性剂，再在一定温度下干燥、焙烧，即可得到纳米粉体催化剂。

2) 双相微乳法制纳米材料

有报道在双连续微乳相的水通道中进行反应制备纳米级网络结构的磷酸钙，有的在含有过饱和碳酸氢钙的双连续相微乳薄膜中制得文石型碳酸钙的蜂窝状薄膜。

3) 微乳聚合

由于微乳状液分散相的高分散性，易于传质、传热，在微乳液中进行聚合反应可以制得高质量的聚合物。

4) 酶催化反应

有的酶是在水环境下才有催化功能，而反应底物却不易溶于水，于是微乳状液是此类酶反应极好的反应介质。一般酶处在 W/O 型微乳的水核中，反应底物处在连续的相油中。研究表明，这种环境下酶的活性还有所提高。

5）微乳中有机反应

有许多反应，特别是一些有机反应需要在微乳介质中进行。微乳介质可以改善反应物间的不相溶性，如芥子气化学武器，其毒性可通过碱水解而解除。但芥子气不溶于水，不易在碱性水溶液中反应，毒性在碱性水面上可保持几个月之久。若采用碱性的微乳液来处理，则只需几分钟。

微乳中的有机反应还可以改变产物结构比例。例如，在水溶液中苯酚硝化得到邻位和对位硝基苯酚的比例为 1:2；在琥珀酸二异辛酯磺酸钠形成的 O/W 型微乳中，苯酚定向排列在界面上，酚羟基向着水，使水相中的 NO_2^+ 更易进攻酚羟基邻位，故可得到 80% 的邻硝基苯酚。

微乳的应用十分广泛，无论是对效率、经济还是生态环境保护等方面都十分有利。

4.10 破乳

与形成稳定的乳状液相反，在许多场合常常需要使稳定的乳状液发生絮凝和聚结，以便将油、水两相分离。例如，原油开采过程中往往得到的是 W/O 型原油乳状液，即原油中含有一定量的水，必须去除这些水珠原油才能送往炼油厂进一步加工。使稳定乳状液发生破坏、最终分成油、水两相的过程称为破乳。

从理论上讲，乳状液是热力学不稳定体系，最终会发生油和水的分层；但由于分层动力学太慢，过程往往不能快速发生，快速破乳时就不得不采取一些人为措施。破乳方法可分为两大类，即物理机械方法和物理化学方法。

4.10.1 物理机械方法

电沉降法：这一方法的原理类似于静电除尘，通过高压静电场使油中的水珠聚结。主要用于 W/O 型乳状液的破乳，特别是原油乳状液的破乳，可达到脱水、脱盐的目的。

超声破乳：使用强度不大的超声波可使某些乳状液破乳，但强度过大时可能反而会加剧乳化。因此，使用该方法要掌握好超声波的强度。

通过多孔性材料过滤：选用多孔玻璃板、压紧的白土板或硅藻土板等水润、湿性过滤板，当 W/O 型乳状液通过时，水优先润湿滤板而被除去。此法对原油乳状液的脱水有较高的效率。

加热法：升高温度使得液珠布朗运动加剧，连续相的粘度降低，引起液珠的絮凝和聚结。

4.10.2 物理化学方法

物理化学方法主要是通过加入一些化学物质，改变乳状液的稳定性，从而达到破乳的目的。破乳过程是乳状液稳定的反过程，可以从以下几方面考虑：

加入电解质促进絮凝：对采用离子型乳化剂制备的乳状液，加入无机反离子即可导致絮凝或破乳。其原因是无机反离子压缩了双电层结构，降低了液珠间的双电层排斥力，从而使液珠易于发生不可逆的絮凝并导致聚结。

破坏乳化剂：如对皂类乳化剂，可加入无机酸使其变成脂肪酸，从而失去乳化作用。

加入破乳剂：这是最常用的一种破乳方法，旨在破坏 Gibbs-Marangoni 效应。所谓破乳剂也是一种表面活性剂，具有下列性能：① 具有很强的吸附能力，能顶替原来吸附于油－水界面上的乳化剂；② 新形成的界面膜不具有强 Gibbs-Marangoni 效应，膜弹性大大下降，常用的原油破乳剂环氧乙烷-环氧丙烷嵌段共聚物即具有这一性质；③ 对固态胶体颗粒稳定的乳状液，加入的破乳剂吸附于固体表面，改变其表面润湿性，使其被某一相完全润湿而脱离界面。

习题与问题

1. 请设想一种符合 Antonoff 规则的液液界面分子模型。
2. 已知四氯化碳与水的界面张力为 45.1 mN/m，水对正己烷的界面张力为 51.1 mN/m。求四氯化碳的 γ^d。
3. 欲将三种感光胶水溶液连续地涂布在片基上，各层胶液的表面张力应有什么样的关系？
4. 简述轻水灭火原理。
5. 为什么液-液界面存在起始铺展系数和终止铺展系数？
6. 20 ℃时水和汞的表面张力分别为 72.8 mN/m 和 485 mN/m，水-汞界面张力为 375 mN/m，求：① 汞-水黏附功；② 汞和水的自黏功；③ 水在汞上的起始铺展系数。
7. 已知庚烷对水、汞的界面张力分别为 50 mN/m 和 377 mN/m 及下列数据，求水汞界面张力。

液体	水	汞	苯	辛烷	庚烷
表面张力/(mN·m^{-1})	72.88	486	28.88	21.62	20.14

8. 20 ℃时 1-庚醇在水面的铺展系数为 36.9 mN/m，它的表面张力为 26.1 mN/m，求庚醇-水的界面张力。
9. 简述表面活性物质分别在液-液界面和液-气界面吸附时的特征。
10. 十二烷基硫酸钠的溶液表面饱和吸附量为 3.4×10^{-10} mol/cm^2，相同温度下它在水溶液-庚烷界面的饱和吸附量为 2.9×10^{-10} mol/cm^2。请计算十二烷基硫酸钠吸附分子在溶液表面和油水界面的平均占有面积，比较所得结果并做解释。
11. 已知水和对二甲苯的表面张力分别为 72.8 mN/m 和 28.4 mN/m，水的 γ^d 为 22 mN/m，请采用 Fowkes 方法计算它们之间的界面张力。
12. 在失重条件下，汞滴和水滴相遇会发生什么情况？为什么？
13. 简述表面活性剂的本征曲率。
14. 简述微乳液特征。
15. 说出几种简易鉴别乳状液类型的方法。

参 考 文 献

[1] 刘洪国，孙德军，郝京诚. 新编胶体与界面化学 [M]. 北京：化学工业出版社，2016.
[2] 赵国玺，朱珧瑶. 表面活性剂作用原理 [M]. 北京：中国轻工业出版社，2003.
[3] 肖进新，赵振国. 表面活性剂应用原理 [M]. 北京：化学工业出版社，2003.

［4］徐燕莉. 表面活性剂的功能［M］. 北京：化学工业出版社，2000.

［5］朱珧瑶，赵振国. 界面化学基础［M］. 北京：化学工业出版社，1996.

［6］颜肖慈，罗道明. 界面化学［M］. 北京：化学工业出版社，2005.

［7］赵国玺. 表面活性剂物理化学［M］. 修订版. 北京：北京大学出版社，1991.

［8］王果庭. 胶体稳定性［M］. 北京：科学出版社，1990.

［9］MA X T, LI M B, XU X F, et al. On the role of surface charge and surface tension tuned by surfactant in stabilizing bulk nanobubbles［J］. Applied Surface Science, 2023, 608: 155232.

［10］DADASHEV R K, ELIMKHANOV D Z, KHAZBULATOV Z L. Predicting the concentration dependence of the surface tension of ternary systems［J］. Physics of Metals and Metallography, 2023, 124(4): 422-427.

［11］TONG Y K, WU Z J, ZHOU B, et al. Surface tension of single suspended aerosol microdroplets［J］. Chinese Chemical Letters, 2023, 35(4): 109062.

［12］ANDRZEJ G, TOMASZ J T. A new method for determining interfacial tension: Verification and validation［J］. Energies, 2023, 16(2): 613.

［13］LI L, LIU Z. The role of the interface on surfactant transport to crude oil-water liquid-liquid interface［J］. Journal of Molecular Liquids, 2024, 395: 123849.

［14］RIZWAN M, RUDNICKI K, SKRZYPEK S, et al. Indirect detection of acid phosphatase at the macroscopic electrified liquid-liquid interface［J］. Electrochimica Acta, 2024, 476: 143698.

［15］WANG C F, GAO Q, SONG Y X. Droplet motion in a microchannel: The influence of electrokinetic effects at liquid-liquid interfaces［J］. International Journal of Heat and Mass Transfer, 2024, 226: 125469.

［16］OSALI S, GHIYASI Y, ESFAHANI H, et al. Electrospun nanomembranes at the liquid-liquid and solid-liquid interface: A review［J］. Materials Today, 2023, 67: 151-177.

［17］RUDNICKI K, BUDZYŃSKA S, SKRZYPEK S, et al. Comparative electrochemical study of veterinary drug danofloxacin at glassy carbon electrode and electrified liquid-liquid interface［J］. Scientific Reports, 2024, 14(1): 14489.

［18］KOWALEWSKA K, KWACZYŃSKI K, TARABET M, et al. Interfacial polycondensation of polyamides studied at the electrified liquid-liquid interface［J］. Electrochimica Acta, 2023, 468: 143139.

第 5 章
不溶性单分子膜

量变质变规律是唯物辩证法的基本规律之一，它揭示了事物发展过程中量变和质变的两种状态，以及由于事物内部矛盾所决定的由量变到质变，再到新的量变的发展过程。第 3 章所述表面活性属于两亲分子，在水溶液中具有良好的溶解度。不过，两亲分子随其疏水基变大、亲水基变小，其在水中的溶解度逐渐降低，表面活性逐渐增强，此时，两亲分子更倾向于分布在溶液表面上。当两亲分子疏水基大到一定程度时，其在水中的溶解度便可以忽略不计，两亲分子在溶液表面的定向吸附便不再可能通过溶液表面吸附的途径产生。早在 200 多年前人们就发现有些物质可以在水面直接铺展形成表面膜，称为铺展膜（spread film），其也是定向单分子层。这就是本章要介绍的不溶膜（insoluble film）或不溶性单分子膜（insoluble monolayer）。

5.1 不溶性单分子膜的发展与制备

5.1.1 不溶性单分子膜的发展

不溶性单分子膜是界面化学中一个既古老又年轻的领域。1765 年，Benjamin Franklin 在英国的一个名叫 Clapham Common 的小池塘水面上倒了一茶勺植物油，观察到两个有意义的现象：一是这一茶勺油在水面上可以铺展开，使约 2 000 m² 池塘的水面水波平服；二是再加更多的油便不再铺展，而是在水面上形成漂浮的油珠。后人估计一茶勺油约 5 mL，Franklin 得到的表面铺展油膜厚度约 2.5 nm，与油分子伸展构象的长度差不多。也就是说，早在 200 多年前 Benjamin Franklin 就制备了不溶性单分子膜。

最早开展这方面定量实验研究的是著名科学家 Rayleigh。1890 年，他指出油酸在水面展开可以制止樟脑在水面上"跳舞"，且所需的油酸膜厚 1.6 nm 即可。Pockels 女士于 1891 年设计了第一个研究不溶膜的装置：浅盘、可移动的障条和表面张力测定装置。她提出制备和清除不溶膜的办法——移动涂蜡障条和刮膜法。Pockels 发现当成膜分子平均占有面积大于 0.20 nm² 时，带有脂肪酸膜的水表面张力变化很小，若再减小成膜分子的平均面积，则表面张力显著下降，该转变点被称为 Pockels 点。1899 年，Rayleigh 对 Pockels 转变点进行了合理解释：表面膜物质可想象为"浮"在水面上的分子，在 Pockels 转变点时表面上的成膜分子恰好彼此靠拢，膜的可压缩性明显下降，液体表面张力降低。此后，对不溶膜的研究方法和内容不断完善，不仅对其力学性质、光学性质、电学性质、流变性质、透过性质、化学性质及各种功能有了深入的了解，Langmuir 和 Blodgett 还以不溶膜为基础发展了膜转移技术，形成了层积膜，现在称之为 L–B 技术和 L–B 膜，并运用 L–B 膜技术发展了分子组装技术，其成为开发新材料的重要手段。

5.1.2 不溶性单分子膜的制备

不溶水性长链脂肪酸化合物既可在水面上铺展形成表面膜，也可根据所用脂肪酸的量及其铺展面积计算出单个分子在液体表面成膜时的厚度，故称单分子膜。能在水面上形成单分子膜的物质有：碳原子数为 14~22 的含—OH、—COOH 或—COO$^-$、—NH$_3^+$、—C$_6$H$_4$OH、—CN、—NH$_2$ 等极性基团的长链型脂肪族化合物，碳原子数在 22 以上的含—SO$_3^-$ 和—N(CH$_3$)$_3^+$ 等强极性基团的长链型脂肪族化合物、硫醇或含有多元环的碳氢化合物。总之，能在水面上形成稳定单分子膜的物质，分子中一定含有一个极性基团，使其具有一定的亲水性，增强与水分子间的相互作用力，另一端是长度适当的或体积较大的疏水非极性部分，以保持其与水不溶性特性。

单分子膜的制备方法很多，有的可以直接将成膜物质倒在水面上，通过铺展的方法形成单分子膜，但一般是将成膜物质先溶于某种溶剂制成铺展液，再将铺展液滴加到水面上（又称底液），待溶剂挥发后，在底液上形成单分子膜。对铺展液的要求是：① 对成膜物质有足够的溶解能力，成膜物质可以以分子的形式分散在溶液中；② 铺展液在底液表面上有很好的铺展能力，铺展系数具有较大的正值；③ 铺展液密度低，小于底液的密度；④ 易挥发，铺展液中的溶剂组分不会残留在单分子膜中，也不会影响底液的性质，保持单分子膜的稳定性。

此外，铺展液的浓度要适当，还要特别注意保持纯净，少量的杂质会使膜的性质发生很大变化。在制膜前常用刮膜法除去水表面上的杂质，清洁水表面。

5.2 不溶性单分子膜的性质

5.2.1 表面压

许多现象说明水面上形成不溶膜的区域对无膜处有一种压力。例如，将细线系成一个密闭的圈放在洁净的水面上，再将油膜铺展于线圈内，则原来无规则的线圈立刻变成绷紧的圆圈。又如，在干净的水面上放一轻小的浮片，用沾有油的玻璃棒在其一侧的水面沾一下，浮片即被推向远处。此力是成膜的两亲分子使其底液表面张力降低的结果，其原理如图 5-1 所示。用一浮片将水面上有膜和无膜区隔开，由于两区域表面张力不同，浮片从两方所受的液面收缩力也不同，其合力方向是从有膜区指向无膜区，这就是不溶膜的表面压力。单位长度浮片所受合力的大小叫作不溶膜的表面压 π。

$$\pi = \gamma_0 - \gamma \tag{5-1}$$

式中，γ_0 和 γ 分别为无膜和有膜处底液的表面张力，mN/m。显然，表面压 π 的单位与表面张力相同。

研究表面膜表面压的核心仪器是 Langmuir 膜天平（图 5-2）。一块浮动的云母隔板浮片将洁净水面与含单分子膜的水面隔开，作用在浮片上的力可以由连接在它上面的扭力丝测定，将此力除以浮片的长度即得表面压 π。通过移动滑尺 B 改变膜面积，测定浮片随膜面积变化的受力情况，便得到膜的表面压-成膜分子平均占有面积曲线，即 $\pi-a$ 曲线。它给出了二维空间中表面压与浓度的关系，该结果是研究不溶膜性质的重要数据。

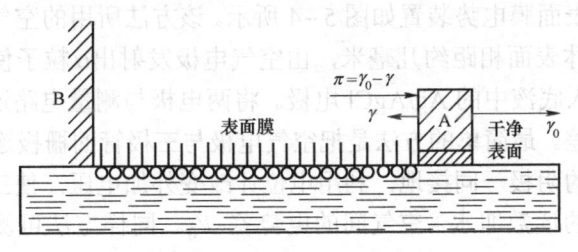

图 5-1　表面压示意图

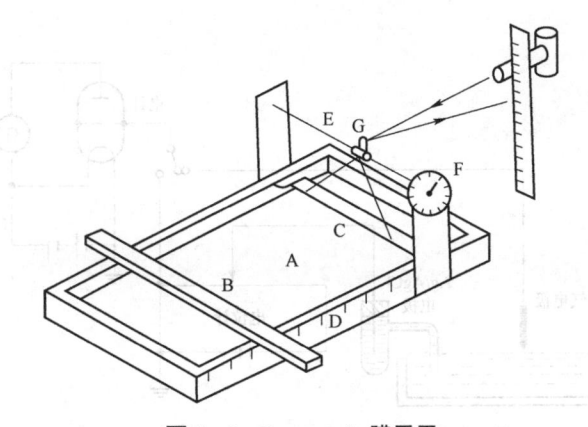

图 5-2　Langmuir 膜天平
A—底液及膜；B—障条；C—浮片；D—浅盘；E—扭力丝；F—扭力读数盘；G—反光镜

5.2.2　表面膜电势

在多相体系里，相与相之间的界面存在着电势差，同样在液气两相交界处也存在着电势差，其值大小取决于两相的性质。当液气界面上存在两亲吸附膜或铺展膜（统称为表面膜）时，其电势差将发生变化，这是因为不论是离子型还是非离子型两亲分子都有正、负电荷中心分离的特点。含两亲分子的表面膜可看作一个微型平板电容器（图 5-3），而电容器两极板间有一定的电位差，其值大小取决于板上电荷密度和两板间的距离。这个电容器电位差叠加在固有电势差两相间，表观电势值必然发生改变。因此，表面电势被定义为有膜和无膜条件下两相间电势的差值(ΔV)，即纯净水-空气间的电势差(V_0)与水面上铺展了单分子膜-空气间的电势差(V_m)的差值。

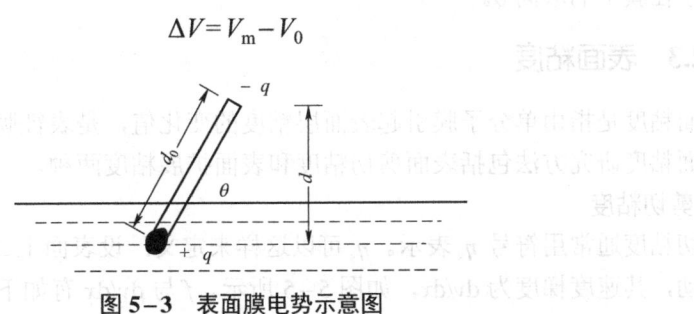

$$\Delta V = V_m - V_0 \tag{5-2}$$

图 5-3　表面膜电势示意图

测定表面膜电势常用空气电极法（或称离子化电极法）和振动电极法，下面简要介绍空气电极法。

空气电极法测定表面膜电势装置如图 5-4 所示。该方法所用的空气电极是涂有放射性物质的金属丝，其与液体表面相距约几毫米，由空气电极发出 α 粒子使周围的空气电离而导电。另一个电极是插入底液中的 Ag/AgCl 电极。将两电极与测量电路连接，便可以测出液体与空气电极间的电位差。最简单的方法是把空气电极与三极管的栅极连接，将 Ag/AgCl 电极通过电位计和三极管的阴极一同接地，利用电位计改变外加电压，使三极管中阳极回路电流为零，此时电位差计的读数即水-空气间的电势差 V_0。同样方法可测得单分子膜-空气间的电势差 V_m。

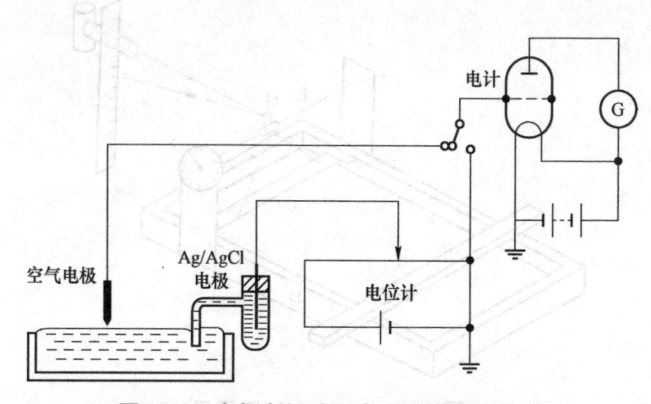

图 5-4　空气电极法测定表面膜电势装置

由表面电势数据可以判断表面膜是否均匀。若表面膜均匀，则平行于表面移动空气电极时，ΔV 不变，否则读数不稳定。由表面电势还可了解不溶性两亲分子在表面上的取向。

表面电势主要取决于成膜分子的表面浓度、带电基团层的电势 φ_0、成膜分子的有效偶极矩。若将膜看成平行板电容器，则其表面电势可表示为

$$\Delta V = \frac{4\pi n \mu \cos\theta}{\varepsilon} + \varphi_0 \tag{5-3}$$

式中，n 为单位表面积上成膜物质的分子数；μ 为成膜分子的偶极矩；$\mu\cos\theta$ 为其有效偶极矩；θ 角见图 5-3；ε 为介电常数，对空气可近似看成 1。若已知成膜分子的表面浓度和带电情况，可推算 φ_0，成膜分子 μ 可以测定，也可由量子化学计算而得，测出表面电势 ΔV，从而可知成膜分子在膜中的取向 θ。

5.2.3　表面粘度

表面粘度是指由单分子膜引起表面层粘度的变化值，是表征膜对液体表面粘滞性质的影响。表面粘度研究方法包括表面剪切粘度和表面扩展粘度两种。

1. 剪切粘度

剪切粘度通常用符号 η_s 表示。η_s 可以这样来定义：设表面上二维线元在力 f 作用下发生相对移动，其速度梯度为 dv/dx，如图 5-5 所示。f 与 dv/dx 有如下关系：

$$f = \eta_s l \mathrm{d}v/\mathrm{d}x \tag{5-4}$$

式中，l 为线元的长度；x 为两线元间的距离。

测定液体表面粘度的方法有沟法和扭摆法两种。沟法原理如图 5-6 所示，其本质是一个由二维毛细管构成的粘度计。当狭缝两端膜压不同时，表面膜在表面压差作用下从高表面压 π_1 处通过长 l、宽 w 的二维毛细流流向低表面压 π_2 处。在保持 π_1、π_2 恒定的条件下，根据 Poiseuille 方程可导出计算液体表面粘度的公式：

$$\eta_s = \frac{(\pi_1 - \pi_2)w^3}{12Ql} \tag{5-5}$$

$$Q = (\mathrm{d}A/\mathrm{d}t)_{\pi=\pi_1}$$

式中，Q 为每秒通过狭缝的膜面积；对底液阻力加以校正，上式变为

$$\eta_s = \frac{(\pi_1 - \pi_2)w^3}{12Ql} - \frac{w\eta}{3.14} \tag{5-6}$$

式中，η 为底液粘度。此法适于较低表面粘度的测定，常用于研究气态膜和扩张膜。

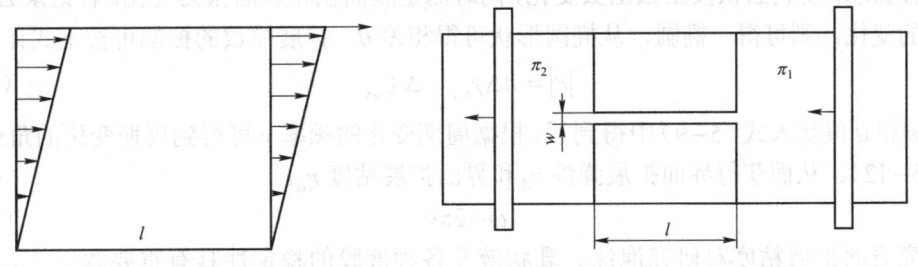

图 5-5 表面剪切粘度示意图

图 5-6 沟法测表面粘度

测定液体表面粘度的另一种方法是扭摆法，如图 5-7 所示。实验时使探头小盘刚好与表面接触，然后使盘在表面摆动，从其在有膜区和无膜区的摆动速度可以推算出表面粘度。此法测得的也是剪切粘度，适用于高表面粘度的测定，如凝聚膜的表面粘度。假定膜厚为 nm 数量级，若将表面粘度换算成本体相粘度，则会发现一般膜的粘度比体相粘度高得多。表面粘度是随表面压和表面分子密度增大而增加的，因此表面粘度数据可为表面上单分子层相变、分子间相互作用、离子在单分子层上的吸附、单分子膜中的化学反应等提供信息。

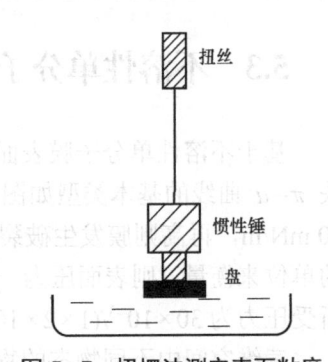

图 5-7 扭摆法测定表面粘度

表面剪切粘度所得信息可以补充表面压和表面电势等手段研究单分子表面膜的不足。例如，聚合物单分子层通常具有比它相应的单体膜高得多的表面粘度。通过表面粘度的测定可以监测表面聚合反应的进程，而在此过程中，表面压和表面膜电势却往往没有显著的变化，这对于研究蛋白质的结构与构型具有重要意义。

2. 扩展粘度

如果单分子层突然向各个方向均匀地扩大，而不是在切力作用下变形，则表面压将随之

降低，表面张力将逐步升高。若起始面积为 A，面积改变量为 dA，则表面膜扩展所引起的表面张力变化可表示为

$$d\gamma = \varepsilon dA / A \tag{5-7}$$

式中，系数 ε 为静态表面扩展模量，是表面张力梯度对膜形变的阻力度量。如果膜面积作周期性变化，则

$$d\gamma = \varepsilon^* dA / A \tag{5-8}$$

式中，系数 ε^* 为动态表面扩展模量，*指示它是一个复数。因为面积作周期性变化时，面积变化与张力变化间存在相差。作为复数，ε^* 可表示为

$$\varepsilon^* = |\varepsilon| e^{i\theta} = |\varepsilon|(\cos\theta + i\sin\theta) \tag{5-9}$$

式中，$|\varepsilon|$ 为模数的振幅；θ 为面积变化与张力变化间的相差；$i = (-1)^{1/2}$。

公式也可写作

$$\varepsilon^* = \varepsilon_d + i\omega\eta_d \tag{5-10}$$

式中，ω 为周期变化的角速度；ε_d 为界面扩展弹性；η_d 为界面扩展粘度。

不溶性单分子膜的界面扩展粘度可以这样来测定：让 Langmuir 膜天平的障条作频率为 ν 的周期性振动，使膜面积按正弦函数变化，同时测定膜面积和表面张力变化。若记录 $\Delta\gamma$ 和 ΔA 随时间的变化，则可得一椭圆，从椭圆形状可得相差 θ。扩展模数的振幅可按下式计算：

$$|\varepsilon| = A\Delta\gamma_{max} / \Delta A_{max} \tag{5-11}$$

将 $|\varepsilon|$ 和 θ 值代入式（5-9）中得到 ε^*。根据周期变化的频率 ν 可得到周期变化的角速度 ω，见式（5-12）。从而获得界面扩展弹性 ε_d 和界面扩展粘度 η_d。

$$\omega = 2\pi\nu \tag{5-12}$$

研究表面扩展粘度对研究泡沫、乳状液及各种液膜的稳定性具有重要意义，这与肺等生物表面活性剂的功能密切相关。

5.3 不溶性单分子膜状态

基于不溶性单分子膜表面压实验，当膜被压缩时表面压 π 将逐渐增大，有关 π-a 曲线的基本类型如图 5-8 所示。一般不溶膜表面压数值只能为 30～50 mN/m，再高则膜发生破裂。由于单分子膜的厚度通常只有 1～2 nm，若用三维空间压力的单位来衡量，则表面压为一可观的数值。如其膜厚 2 nm，表面压为 30 mN/m，则单位面积所受压力为 $30\times10^{-3}/(1\times2\times10^{-9}) = 1.5\times10^7$（N/m²）$\approx$ 150 atm。

三维空间中不同物态的物质具有不同的 P-V 关系，二维空间不溶膜的 π-a 曲线也有类似的变化形式，且更为多样，如图 5-8 所示。这表明在二维空间中物质具有更为多样且有趣的状态及相变。三维空间中物质有气态、液态和固态，而二维表面膜除此三态以外，还有液态扩张膜和转变膜等物态。

5.3.1 气态膜

当每个成膜分子占有平均面积很大时（一般 > 40 nm²），表面压便很低（一般 < 0.5 mN/m），

这时单分子不溶膜具有良好的可压缩性。理想情况下，表面压与分子平均占有面积成反比，且 π 与 a 的乘积随温度升高而增加，如图 5-9 所示。此图形与理想气体的 P-V 关系极为相似，描述此段曲线的状态方程可写作

$$\pi a = kT \quad 或 \quad \pi A = nRT \tag{5-13}$$

式中，a 为每个分子所占有面积；k 为 Boltzmann 常数；T 为绝对温度；A 为成膜物质质量为 n 时在表面所占总面积；R 为气体常数。满足该条件的不溶膜叫作理想气态膜。理想气态膜的分子形态可看作是成膜物质分子以游离的形式存在于表面上，这些分子可平躺在表面上自由运动[图 5-10（a）]。正如气体压力可看作是气体分子撞击器壁的结果，不溶膜表面压则可看作是成膜分子碰撞浮片的结果。

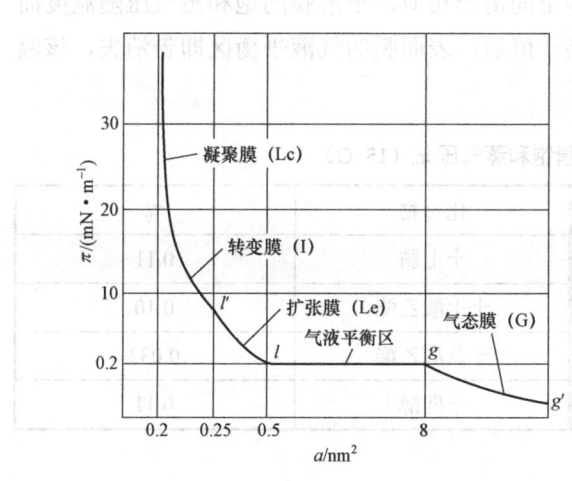

图 5-8　各种类型 π-a 曲线示意图

图 5-9　理想气态膜 π-a 曲线

由式（5-13）可推断，一定温度下理想气态膜的 πa 值对膜压 π 作图应为一水平直线，但许多表面膜 $\pi a/(kT)$ 对 π 作图并非如此（图 5-11 中 A、B 线），这与实际气体的 PV-P 图情形也很相似。这时，其关系式可用下式来表示：

$$\pi(a - a_0) = ikT \tag{5-14}$$

式中，a_0 可看作成膜分子的固有面积，是其他成膜分子无法进入的面积；i 为调节系数。

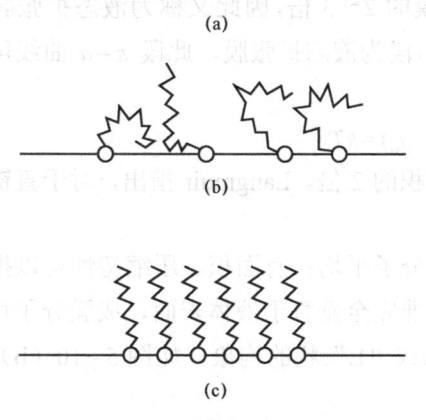

图 5-10　不溶膜分子状态示意图

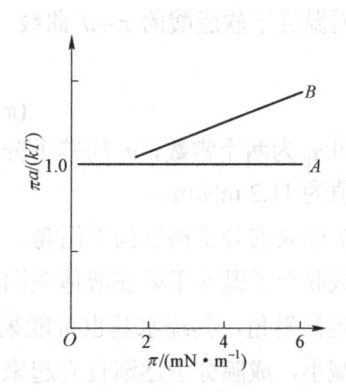

图 5-11　不溶膜 $\pi a/(kT)$-π 曲线

5.3.2 二维空间气液平衡

气态膜受压缩时表面压上升，$\pi-a$ 关系将沿图 5-8 中 $g—g'$ 段向左移动。当分子平均占有面积达到 g' 点时，表面压不再随分子平均占有面积的减小而增大，曲线出现水平段（图 5-8 中 $g—l$ 段），不溶膜可压缩率突然增大，呈现出无限压缩的趋势。这类似于三维空间中气液平衡的情形，不溶膜中发生从气态膜至液态膜的相变——通常称为液态扩张膜。此时，表面压值为定值。该值又称为液态不溶膜的饱和蒸气压。表 5-1 列出了一些表面不溶膜的饱和蒸气压值。数据表明，膜的饱和蒸气压随成膜物质的分子结构及分子量而变化；对于同系物，碳链越长膜的饱和蒸气压越低。此外，与三维空间情形相似，不溶膜的饱和蒸气压随温度而变化，温度越高饱和蒸气压越大；温度高于某一值后，表面膜的气液平衡区即告消失，该温度为该体系二维空间气液平衡的临界温度。

表 5-1 一些表面不溶膜饱和蒸气压 π_0（15 ℃）

化合物	π_0	化合物	π_0
十三酸	0.31	十七腈	0.11
十四酸	0.20	十七酸乙酯	0.10
十五酸	0.11	十八酸乙酯	0.033
十六酸	0.039	十四醇	0.11

5.3.3 液态扩张膜

对于具有液态不溶膜饱和蒸气压的体系，将处于 $\pi-a$ 曲线水平段的不溶膜压缩到图 5-8 中 l 点时，曲线再次发生转折。表面压随分子平均占有面积减小而显著上升，膜的压缩率变小，这表明成膜分子间已相当接近，不溶膜分子间有明显的侧向相互作用力。此时不溶膜由气液平衡态转变为液态扩张膜，其 $\pi-a$ 关系如图 5-8 中 $l—l'$ 段所示。这种膜本质上为液态，但比三维空间中液体的压缩率要大得多。三维空间中液体的密度与其固体相差不大，而液态膜分子的平均占有面积却是相应固态膜的 2～3 倍，因此又称为液态扩张膜。图 5-12 所示为不同温度下软脂酸的 $\pi-a$ 曲线。曲线右段为液态扩张膜，此段 $\pi-a$ 曲线可用下式来表示：

$$(\pi+\pi_0)(a-a_0)=kT \tag{5-15}$$

式中，a_0 和 π_0 为两个常数，a_0 约等于分子截面积的 2 倍。Langmuir 指出，对于直链脂肪酸同系物，π_0 值为 11.2 mN/m。

液态扩张膜的分子构象尚不清楚。从它的分子平均占有面积、压缩特性可以推断：处于此状态的成膜分子既非平躺在液体表面上，也非完全垂直于液体表面，成膜分子可能与液体表面成一定倾斜角，其疏水基也可能采取弯曲或 "L" 状的构象，如图 5-10（b）所示。随着膜面积减小，成膜分子逐渐直立起来。

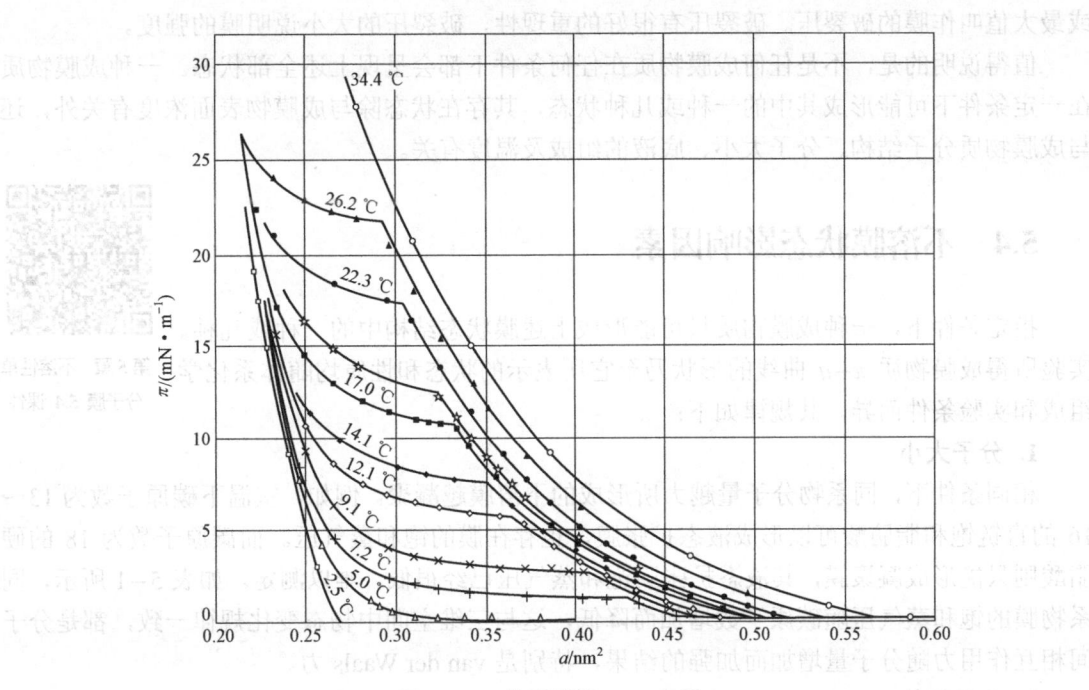

图 5-12 软脂酸的 $\pi-a$ 曲线

5.3.4 转变膜

液态扩张膜面积减小到一定程度，$\pi-a$ 曲线会再次突然出现拐点，不溶性表面膜进入另一种状态，被称作转变膜或中间膜，即图 5-8 中的 I 段，这是其液态扩张膜与凝聚膜间的过渡区域。转变膜具有不均匀性及显著高于液态扩张膜的可压缩性，但又不会像气液平衡状态时出现水平线段，因此，它不具有典型的一级相变 $\pi-a$ 关系。

5.3.5 液态凝聚膜

进一步压缩转变膜，单分子不溶膜层将进入第一个具有真正意义的凝聚态——液态凝聚膜，这时，每个成膜分子平均占有面积约比固态膜大 20%，不溶膜分子已经直立于液体表面，且两亲分子的亲水基间也很少夹杂水分子。液态凝聚膜的 $\pi-a$ 曲线通常是直线型的，如图 5-8 中 Lc 段所示。将此线段外延，在 $\pi=0$ 处得到正构脂肪酸分子的平均面积为 0.25 nm^2，对于醇类两亲分子的平均面积约为 0.22 nm^2。

5.3.6 固态凝聚膜

液态凝聚膜进一步压缩通常可得到一压缩率非常低的表面相。这时，直链脂肪酸、脂肪醇的碳氢基排列非常紧密，如同晶体，故称为固态凝聚膜。固态凝聚膜的 $\pi-a$ 曲线很陡，几乎是平行于 π 坐标的直线。外推延长 $\pi-a$ 曲线至 $\pi=0$ 处，分子的平均占有面积约为 0.20 nm^2，且对于同系物此值与烷基链的长度无关。Langmuir 很早就指出，固态凝聚膜中成膜分子是直立于水面上的。

对固态膜继续施压最终导致膜破裂，这时可观察到膜压不变甚至降低的现象，此恒定值或最大值叫作膜的破裂压。破裂压有很好的重现性，破裂压的大小说明膜的强度。

值得说明的是，不是任何成膜物质在任何条件下都会呈现上述全部状态。一种成膜物质在一定条件下可能形成其中的一种或几种状态，其存在状态除与成膜物表面浓度有关外，还与成膜物质分子结构、分子大小、底液的组成及温度有关。

5.4 不溶膜状态影响因素

指定条件下，一种成膜物质只可能形成上述膜状态结构中的一种或几种。实验所得成膜物质 $\pi-a$ 曲线的形状乃至它所表示的状态和性质均随体系化学组成和实验条件而异。其规律如下：

1. 分子大小

相同条件下，同系物分子量越大所形成的不溶膜越凝聚。例如，室温下碳原子数为13～16 的直链饱和脂肪酸可以形成液态扩张膜，也存在膜的饱和蒸气压。而碳原子数为 18 的硬脂酸则只能形成凝聚膜，其液态扩张膜饱和蒸气压已经很低，难以测定。如表 5-1 所示，同系物膜的饱和蒸气压随碳原子数增加而降低，这与三维空间中物态变化规律一致，都是分子间相互作用力随分子量增加而加强的结果，特别是 van der Waals 力。

2. 分子结构

成膜两亲分子碳氢链上若带有不饱和键或者极性基团，则使所成膜变得更为扩张。例如，硬脂酸膜是典型的凝聚膜，而油酸、氯化钠溶液表面的十八烷基三甲基氯化铵膜则非常扩张（图 5-13）；9-羟基十六酸膜比十六酸膜也要扩张得多（图 5-14），而且随羟基取代位置不同，膜的性质也有显著不同。就羟基十六酸来看，当羟基位置位于紧靠羧基的第二个碳原子上时，所成之膜不仅不扩张，甚至更加凝聚；当羟基位置远离羧基时，羟基引发膜的扩张效应更明显。这种现象可以从成膜分子在液体表面的构象变化得到解释。由于两个亲水基与水都有较强的结合能力，它们都必然与水面接触，两个亲水基相距越远时离开水面疏水基的比例便越小，分子平均占有面积便越大，成膜分子间侧向相互作用力越小，所成之膜越加扩张。

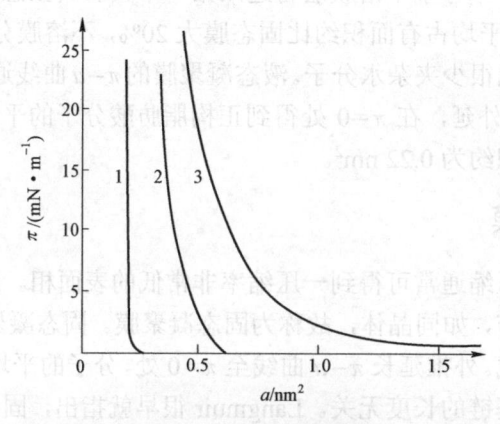

图 5-13 不同分子结构成膜物质的 $\pi-a$ 曲线
1—硬脂酸；2—油酸；3—十八烷基三甲基氯化铵（氯化钠溶液表面）

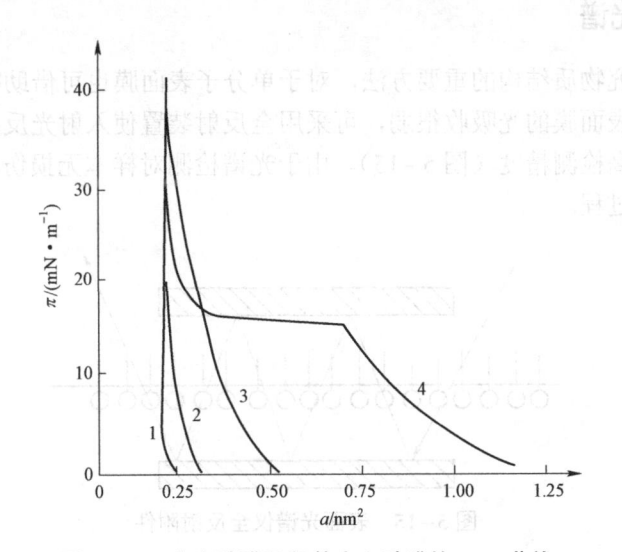

图 5-14　十六酸膜及羟基十六酸膜的 $\pi-a$ 曲线
1—2-羟基十六酸；2—十六酸；3—3-羟基十六酸；4—9-羟基十六酸

3. 底液组分

底液水相中含有其他组分时，对表面不溶膜的性质会产生明显的影响，最常见的情况是底液中添加无机电解质。对于离子型两亲分子而言，添加电解质通常使膜更为凝聚。一些亲水性较强的两亲分子，如十八烷基磺酸钠、十八烷基三甲基氯化铵等在水基质上往往形成非常扩张的膜，难以形成具有一定稳定性的不溶膜，而在盐溶液表面即可形成较为凝聚的膜。这主要是由于电解质的盐析作用，以及更多反离子与成膜分子结合，大大削弱成膜分子间电性排斥作用的结果。对于非离子型两亲分子成膜物质，底液中的电解质组分则使其不溶膜变得扩张，这可归结于成膜分子极性基与少量无机离子相结合，赋予了成膜分子间电性排斥作用。

底液中的其他组分还可通过疏水作用、静电作用、络合作用等物理化学作用而附着在不溶膜上，或渗透到不溶膜中形成复合不溶膜，从而改变原膜的性质并赋予膜新的功能，这在材料科学和生物科学中均具有重要意义。

4. 温度

不溶膜的状态、性质与结构也受温度影响，一般规律是温度升高不溶膜变得更为扩张。图 5-12 所示不同温度下软脂酸 $\pi-a$ 曲线就是一例。可以看出，同样表面浓度时，温度越高膜越扩张，膜的饱和蒸气压也越高，当温度高于 35 ℃时，软脂酸不溶膜便再难形成凝聚膜。

5.5　不溶膜光学研究方法

光学方法是研究不溶膜的重要手段。当一束强度为 I_0 的入射光照射到单分子不溶膜界面上时可能分解成三个部分：吸收、折射和反射。与入射光相比，吸收光、折射光和反射光的光谱特性均反映不溶膜的结构信息。

5.5.1 吸收光谱

吸收光谱是研究物质结构的重要方法，对于单分子表面膜也可借助吸收光谱研究其表面结构或状态。由于表面膜的光吸收很弱，可采用全反射装置使入射光反复多次经过表面膜，增加光吸收量以提高检测精度（图 5-15）。由于光谱检测对样本无损伤，因而可在线监测、跟踪不溶膜的演变过程。

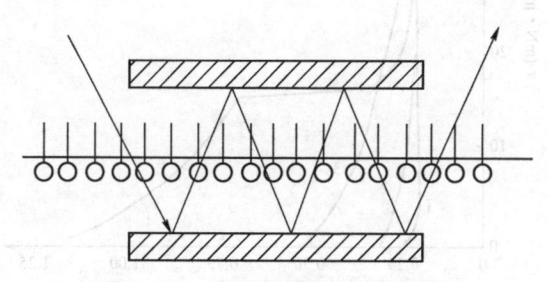

图 5-15 表面光谱仪全反射附件

对一种含偶氮苯发色基团的两亲化合物不溶膜进行吸收光谱检测发现（化合物结构式如图 5-16 所示）：当不溶膜分子平均占有面积为 3.3 nm^2 时，膜压很低，几乎近于 0；膜上不同位置的吸收光谱峰出现明显的涨落现象；随着膜被压缩、膜压增加，吸收光谱峰的涨落幅度逐渐减弱；当成膜分子平均占有面积约为 1.1 nm^2 时，吸收光谱峰的涨落现象消失。上述现象可以解释为：不溶膜表面浓度较低、分子平均占有面积大于 1.1 nm^2 时，该膜处于气液平衡状态，成膜分子在液体表面的密度不均匀导致吸收光谱出现涨落现象。当不溶膜继续被压缩、成膜分子平均占有面积处于 1.1~0.7 nm^2 时，吸收光谱在 470 nm 处出现宽而最大的吸收峰。当分子平均占有面积小于 0.7 nm^2 时，470 nm 处的吸收峰强度减弱，同时在 405 nm 处出现一窄的吸收峰——该峰强度随分子平均占有面积的减少而增加。这种吸收峰蓝移的现象说明：随着不溶膜不断被压缩，液态扩张膜转变为分子排列更为紧密，并直立定向的凝聚膜；不溶膜中的发色基团平行紧密排列形成聚集体，导致光谱吸收峰从 470 nm 蓝移至 405 nm。不溶膜吸收光谱随膜压的演变特性进一步印证了依据 $\pi-a$ 曲线对二维空间膜结构相变分子构象的推断。

图 5-16 一种含偶氮苯发色基团的不溶膜分子

5.5.2 反射光谱

基于膜对光的反射检测形成了反射光谱、椭圆光度和 Brewster 角显微镜三种不同的测定方法。

反射光谱和吸收光谱相似，可以提供膜的组成与结构信息。该方法的优点是光路不经水底相，测试结果不受底相组分影响。由于反射光强度与不溶膜分子所含相应基团在表面的浓度成正比，这对于研究单分子层结构和表面上的化学反应很有意义。

椭圆光度法可以直接测定极薄膜的厚度，此技术是基于光在界面反射后光的椭圆度发生变化。波长为 λ 的椭圆偏振光以一定的入射角照射到薄膜表面时，其光路如图 5-17 所示。其中，n_1、n_2 和 n_3 分别为空气、薄膜及衬底的折射率，d 为薄膜的厚度。偏振光在薄膜两界面发生多次反射和折射，并且产生多束干涉光。由于反射光的振幅和相位与薄膜的厚度及折射率有关，而振幅与相位的变化又决定了反射光偏振态变化情况，因此可由反射光的偏振态推算出薄膜的厚度与折射率等参数。

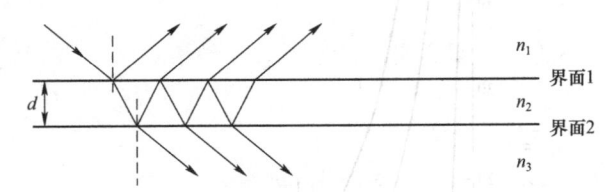

图 5-17　光线在薄膜界面反射与折射示意图

Brewster 角显微镜是利用光线从液面反射时存在 Brewster 角而设计的一种可以显示液面不溶膜图像的仪器。平面偏振光入射到液体表面上时反射光的强度随入射角而变化。当入射角 α 等于 $\tan^{-1}(n_2/n_1)$ 时，反射光强度将变为 0，其中 n_2、n_1 分别是界面两侧介质的折射率，此时的入射角就叫作该体系的 Brewster 角。当固定波长的光以水的 Brewster 角入射时，在干净的水面上将有最弱的反射光。如果水面上存在表面膜时，成膜物质将改变这部分水面的 Brewster 角，此处反射光的强度随之改变，由此便可以反映出表面不溶膜的形貌。

荧光显微镜也是研究不溶膜结构的一个很好工具。此法将带有疏水链的荧光活性染料以很小比例加入不溶膜中（如<1%），当不溶膜处于两相区时，染料将更多地"融入"在不溶膜较聚集的地方，从而导致荧光强度的差异。因此，利用荧光显微镜法可观察到不溶膜表面的结构与形貌。

5.6　混合不溶膜

混合不溶膜是指由两种或两种以上成膜物质组成的不溶膜。开展混合不溶膜研究具有重要意义：首先，生物膜都是由多种化学组分形成的混合膜，将混合膜作为研究生物膜的模型更有意义；其次，不溶膜是 L-B 膜组装技术的基础，只有能形成固态凝聚膜的物质才有可能应用 L-B 技术进行层层组装，实现所要的功能。不过，并非所有两亲分子都能够铺展成膜，许多功能化合物也不具有成膜能力。与具有良好成膜性的化合物匹配形成混合膜，即可弥补上述化合物成膜性能差的不足。

混合不溶膜可以由成膜混合物溶液铺展而得，也可以由一种成分从体相中（包括液相和气相）通过渗透而得到，研究和应用较多的是前者。混合不溶膜的性质与单一组分不溶膜的性质有所不同，从表面压和成膜分子平均占有面积关系来看，它们之间的关系可分为两种。一种是服从理想加和定律，即混合膜中分子平均占有面积 a（$A/\sum n_i$，其中 A 代表整个膜面积，n 代表膜中分子数，下标 i 表示某种组分）与各单组分不溶膜相同表面压下其分子平均占有面积 a_i^0 间有如下关系：

$$a = \sum x_i a_i^0 \quad (5-16)$$

式中，x_i 为组分 i 的摩尔分数。这意味着混合不溶膜中不同分子间的相互作用与相同分子间的相互作用相同，因此又称为理想混合膜（图 5-18）。通常，同系物和多数电性相同混合物的混合不溶膜具有这种特性。

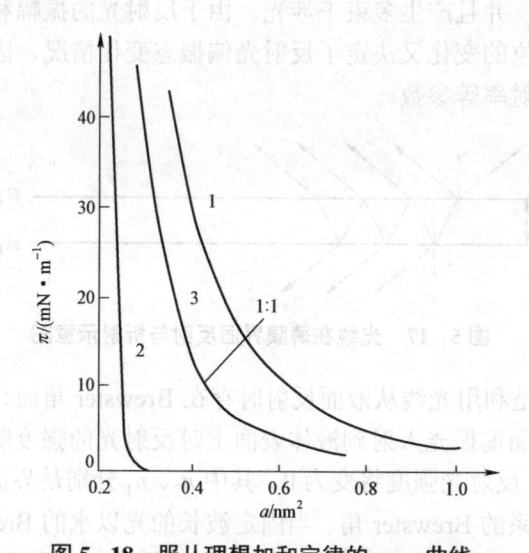

图 5-18 服从理想加和定律的 $\pi-a$ 曲线
1—全氟壬酸；2—十八烷基硫酸钠；3—全氟壬酸与十八烷基硫酸钠 1∶1 混合物

另一种常见的混合膜是成膜物质具有协同效应，这时混合膜中平均分子占有面积 a 小于式（5-16）右边的给定值，具有协同效应的混合膜比理想混合膜更为凝聚。许多电性相反的成膜分子形成的混合膜都具有这种特点，图 5-19 所示的 $\pi-a$ 曲线就是这种混合体系的一个实例。

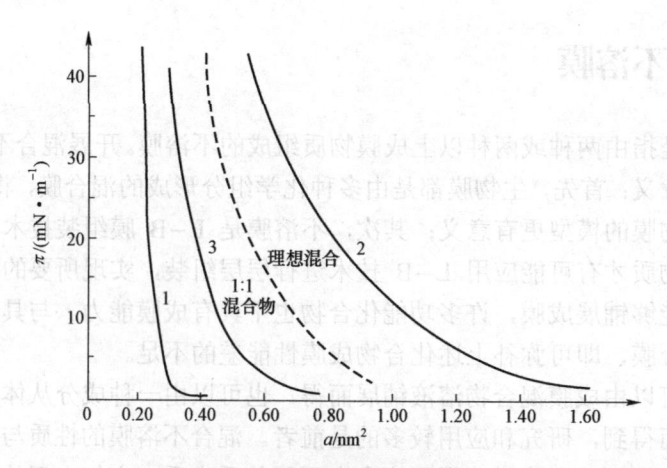

图 5-19 混合膜中协同效应
1—十八醇；2—十八烷基三甲基溴化铵；3—十八醇与十八烷基三甲基溴化铵 1∶1 的混合物

具有协同效应的不溶混合膜成膜组分间相互作用力强于同类分子间的相互作用力，至少对于混合组分中的一种组分是这样。具有协同效应的不溶混合膜最常见有下列三种机制：

(1) 离子型与非离子型两亲分子混合体系。非离子型两亲分子的掺入减弱了离子型两亲分子间的电性排斥作用，导致成膜分子间相互作用增强。

(2) 不同成膜分子间可以形成氢键。通常脂肪酸和脂肪醇混合膜即为这种情况。

(3) 不同成膜分子带有相反电荷。由于强烈的电性吸引，混合膜的凝聚性和强度均显著增强。通常表现为：与单组分不溶膜相比，混合不溶膜 $\pi-a$ 曲线显著向低面积方向移动，膜的破裂压显著增高（图 5-20）。

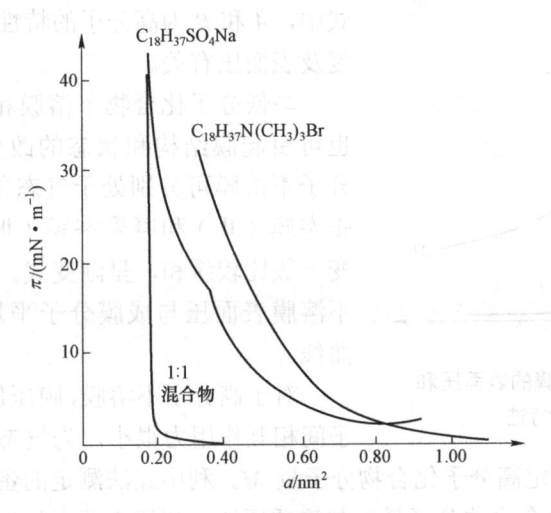

图 5-20　阴、阳离子型混合膜 $\pi-a$ 曲线

混合膜除上述理想型和协同型外，还有一种比较少见却非常有趣的情况，就是碳氟链两亲分子和同类型碳氢链两亲分子形成的混合膜。从混合体系与单组分体系的曲线来看，它们很好地服从式（5-16）所示的加和性，但此类混合膜却具有极端不理想的结构——两组分在混合膜中发生相分离。出现这种现象是由于碳氟链与碳氢链之间存在互斥作用的结果。

5.7　高分子不溶膜

带有足够亲水性基团而又不溶于水的两亲高分子化合物也可以在水面上铺展形成不溶膜。许多天然和合成的高分子化合物均具有此类特性，如蛋白质、纤维素、聚醋酸乙烯酯等。开展高分子不溶膜研究一方面可以提供有关高分子分子量、结构、分子链间相互作用等信息，而另一方面还为研究蛋白质等生物基质的性质、结构以及生理活性与功能确立研究方法。

高分子化合物不溶膜的成膜方法是把其溶液定量滴加到底液表面上，待溶剂挥发后，在表面上即形成高分子化合物不溶膜。该方法虽简单，欲获得可重现的实验结果却不易。首先，必须选择挥发性好且是高分子化合物良溶剂的试剂；其次，铺展成膜时要防止高分子成膜物质未充分展开情况的发生。在确定铺展成膜实验条件时，应检验成膜高分子化合物是否进行了充分铺展。最简便的方法是检测 $\pi-a$ 关系的重复性，如果膜是完全展开的，则所得 $\pi-a$

曲线不受铺展溶液浓度、用量和试剂等影响。

高分子不溶膜的结构特点是其以分子链为单元在液体表面上定向排列,膜压与每个高分子化合物占有面积的关系曲线（π–a 曲线）一般显示出与分子量无关的特性。对同一类高分子化合物,尽管其分子量可能相差好几个数量级,只要 π 固定,则每个分子链所占面积都一样。表面电势在 π 值一定时也与分子量无关。高分子不溶膜的力学性质与其分子量密切相关,高分子膜的表面粘度也随分子量增加而增大。在 π 值较大时,表面粘度 η_s 与分子量 M 关系可用下式表示。

$$\ln\eta_s = AM^{1/2} + B \tag{5-17}$$

式中,A 和 B 为高分子的特性常数,且参数 B 还与温度及表面压有关。

与低分子化合物不溶膜相似,压缩高分子不溶膜也可引起膜结构和状态的改变。随着膜压增加,高分子不溶膜可分别处于气态单分子膜（Ⅰ）、液态扩张态膜（Ⅱ）和凝聚态膜（Ⅲ）。高分子不溶膜的相变一般比较缓和,呈渐变式。图 5-21 所示为高分子不溶膜表面压与成膜分子平均占有面积关系的典型曲线。

对于高分子不溶膜,膜压低于 0.5 mN/m 时成膜分子间相互作用力很小,为气态膜,满足气态膜状态方

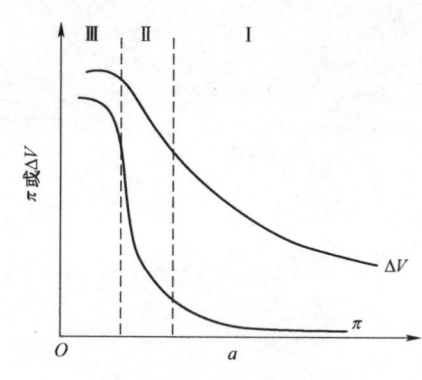

图 5-21 高分子不溶膜的表面压和表面电势曲线特性

程式（5-13）,可以测定高分子化合物分子量 M。利用此法测定的蛋白质、醋酸纤维素等多种天然和合成高分子化合物的分子量,与渗透压法、超离心法、粘度法相符。此法的特点是测定物质的分子量低于 25 000 g/mol,所需样品量极少。

5.8 单分子膜应用举例

研究表面膜可为两亲分子在表面发生定向排列提供有力证据,并用于测定分子截面积、分子量,也为其他领域提供有效的研究方法。

5.8.1 成膜物分子量测定

一些高分子化合物或蛋白质能够在液面上铺展并形成单分子膜,从而测定其分子量。例如,当表面压 π 很低时,不溶性单分子膜满足气态膜特性,服从气态膜状态方程式（5-13）,$\pi A = nRT = mRT/M$,则

$$M = mRT/(\pi A) \tag{5-18}$$

式中,m 和 M 分别为成膜物质的质量和摩尔质量；A 为成膜总面积。

例如,20 ℃时 0.10 mg 某多肽抗生素成膜后,π 很低时 $\pi A = 2.0 \times 10^{-4}$（N·m）,由此求得

$$M = \frac{1.0 \times 10^{-7} \times 8.314 \times 293}{2.0 \times 10^{-4}} = 1.22 \text{（kg/mol）}$$

该结果与渗透压法得到的 1.15 kg/mol 很相符。气态膜压法测定分子量的优点是样品用量少，速度快。

5.8.2 抑制水蒸发

我们坚持绿水青山就是金山银山的理念，坚持山水林田湖草沙一体化保护和系统治理，全方位、全地域、全过程加强生态环境保护是党的二十大报告中有关绿色发展的重要论述。在一些干旱地区水量蒸发现象十分严重，有些地方的水年蒸发量比降水量要大得多，因此减少水蒸发、保护水资源具有重要意义。不溶性单分子层还有一个重要的功能——抑制水蒸发。

在水面上铺上不溶性单分子膜就可以有效抑制水的蒸发。不溶膜抑制水蒸发的能力因成膜物质的组成及膜压而异，通常只有凝聚膜才有良好的抑制水蒸发能力。实际应用时还要考虑不溶膜对透气性的影响，如果抑制水蒸发的同时还阻碍氧气透过则水生物将无法生存。此外，还需考虑使用方便及自然条件下风、沙等破坏因素，要求成膜材料具有良好的铺展能力和自修复能力。十六醇有良好的自行铺展成膜特性，其受扰动后可迅速恢复，氧气可以快速通过，并可减少水蒸发量 50% 以上。

水面上的不溶性单分子膜在抑制水蒸发的同时，对分子膜下面的液相还有增温作用，在自然条件下可使水面温度升高 2~3 ℃，这对于延长一年中水稻的生长期，提高产量具有重要意义。

5.9 L–B 膜

适当条件下，液体表面形成的不溶性单分子膜还可以转移到固体基质上，基本上保持其原有的分子层定向排列结构，这就是 20 世纪著名的表面化学家 Langmuir 和他的学生 Blodgett 女士创造的膜转移技术，又称为 L–B 技术。如今，L–B 技术在进行分子组装、发展新型光电子材料应用方面已成为一大热点。

对于表面带有不溶性单分子膜的溶液，通过插入或从中提出固体基片，可将该不溶性单分子层转移到固体表面上。如果将一表面具有疏水性的固体基片慢慢地插入水中，则水表面的不溶膜将以其疏水基朝向固体表面而转移到固体基材上，使固体表面变为亲水性，如图 5–22（a）所示。如果将表面为亲水性的固体从表面带有定向不溶膜的溶液中提出，则液体表面的定向单分子层将以亲水基朝向固体表面的方式转移到固体表面上，并使固体表面呈现疏水性，如图 5–22（c）所示。在进行膜转移时需维持足够的膜压，通常只有凝聚膜才能达到较好的膜转移效果。

如果将同一固体基片往返多次插入、提出带有不溶膜的溶液表面，则液体表面的定向单分子层膜就一层一层地叠加在固体基片上，形成层积膜，也称为 L–B 膜。随着转移方式的不同，L–B 膜有三种不同的结构，即图 5–22 所示的 X 型、Y 型和 Z 型。X 型层积膜的各单分子层都是以亲水基朝向空气的方式排列，Z 型层积膜是各单分子层疏水基均朝向空气的方式组合，而 Y 型则是相邻单分子层间按照头对头、尾对尾的方式进行组合。最容易得到的是 Y 型转移膜，通过把一具有疏水表面的固体基片往返地插入和提出带有不溶膜的溶液表面而制得，如图 5–22（b）所示。若改变不溶性单分子层膜的化学结构，则可得到按既定顺序排列、定向单分子层组成不同的复合层积膜。如果再应用混合不溶膜技术，则可在三维空间范围内、分子水平上控制材料的组成和结构。

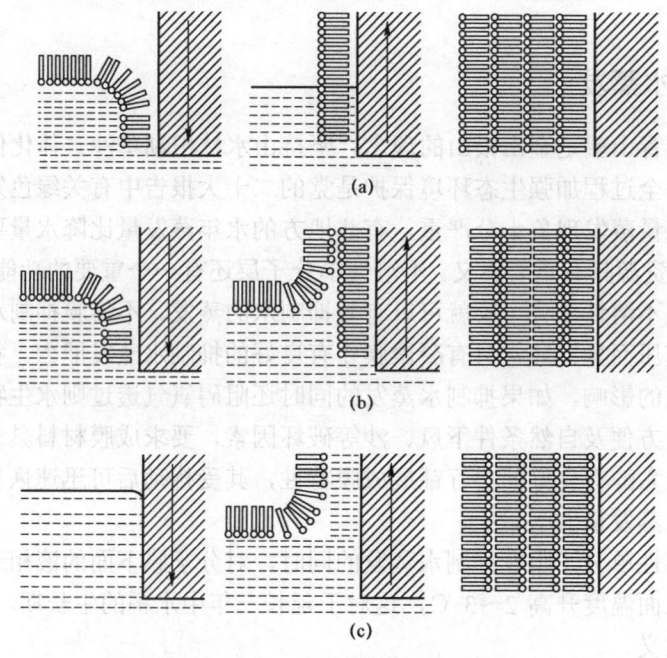

图 5-22 L-B 膜的形成及类型
(a) X 型；(b) Y 型；(c) Z 型

L-B 膜技术使人们能够在分子水平上控制材料的组成、结构和尺寸，从而获得性能优异的材料。例如，脂肪酸膜具有非常优良的绝缘功能，单层电阻即可达到 $10^9\ \Omega$ 以上，电击穿场强达到 1 MV/cm 或 100 mV/nm。鉴于 L-B 膜具有超薄的特点，这对于微电子学具有重要意义。再者，L-B 膜中成膜分子的排列具有非中心对称结构，有利于构筑各向异性和非线性光学材料。利用混合不溶膜技术还可以把一些本身不具成膜能力但拥有特殊光学、化学或生物学功能的分子融入其中，使这种功能性的 L-B 膜不仅体现功能分子的特点，而且由于 L-B 膜的结构特点产生特殊效用。

5.10 生物膜

无论是动物还是植物细胞，都被膜所包围着。生物膜主要是由不溶或难溶于水的物质定向排列构成，成为区分膜内和膜外区域的界面层，是细胞与环境进行物质迁移、新陈代谢的通道。

生物膜中含有磷脂、胆甾醇及多种蛋白质等组分。细胞膜中的脂为磷酸酯的衍生物，其结构为

$$\begin{array}{l} R_1C-O-CH_2 \\ \ \ \ \ \|\ OH \\ \ \ \ \ O\ / \\ R_2C-O-CHCH_2PH-X \\ \ \ \ \ \|\ \backslash \\ \ \ \ \ O\ OH \end{array}$$

磷酸酯衍生物结构式

其中 R_1、R_2 是 $C_{14} \sim C_{20}$ 不饱和碳链，一般是油酸或软脂酸的非亲水性端；X 是乙醇酯（如—OCH_2CH_3）或胆碱[—$OCH_2CH_2N(CH_3)_3$]之类的取代物。磷酸酯衍生物首先形成不溶性单分子层混合膜，然后再构造成双分子层。双分子层中疏水基尾对尾指向内部，亲水基向外定向排列，称为类脂性双分子膜，这种细胞膜的形成主要是疏水基相互作用的结果。双分子膜中还必须有蛋白质才能赋予其特殊功能。

现在对细胞膜结构比较一致的看法是流体镶嵌模型，如图 5-23 所示。膜由双分子层磷脂组成，蛋白质分子分散于其中，有的吸附在膜上，有的嵌入膜中，还有的穿越整个双分子层膜结构。膜对物质的选择性通透就是通过这些蛋白质发挥作用的。2003 年度诺贝尔化学奖获得者 Mackinnon 和 Agre 就是在细胞膜的水分子通道和离子通道方面做出了开创性研究工作，这些通道功能都是由特定蛋白质的特定构象来实现的，如图 5-24 所示。

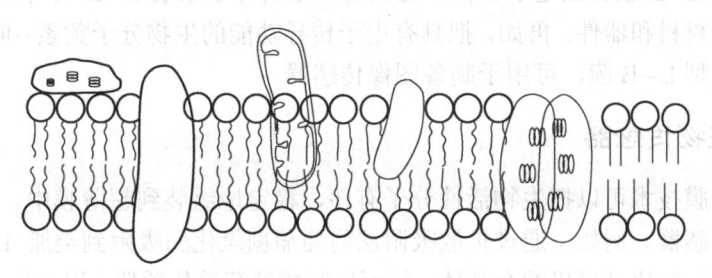

图 5-23 流体镶嵌模型

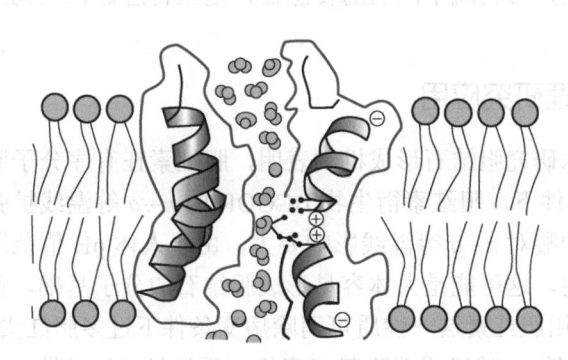

图 5-24 生物膜中的水通道

5.11 L-B 膜的应用

党的二十大报告中提出推进健康中国建设。生物医药科技创新在守护健康中国中发挥了重要作用。L-B 膜技术提供了不同功能性分子聚集体的构筑方法，近年来在仿生元器件制作科学技术领域受到高度重视。

第 5 章 不溶性单分子膜 5.11 课件

5.11.1 生物膜化学模拟

在 L-B 膜的研究过程中发现，单层 L-B 膜和多层 L-B 膜与生物膜非常相似，生物膜中的许多组分均可以在气水界面形成单分子层膜或经组装成为多层膜。这些生物组分包括磷脂（如 DPPA、脑磷脂、卵磷脂、DMPC、胆固醇等）、色素（如铁卟啉、叶绿素、α-胡萝卜素、β-胡萝卜素、胆红素、胆红素的衍生物等）、肽和蛋白质等。由这些生物分子组装的 L-B 膜可用作生物细胞的简化模型，并且在分子水平上已用于模拟生物体内的信息和能量传递、光合作用、生物矿化、胆结石成因等研究。

5.11.2 仿生功能材料

利用混合单分子膜技术可以把一些不具有成膜能力，但具有光学、化学或生物学功能的分子在一定条件下组装到多层 L-B 膜中的某一单分子层中，从而构筑新的 L-B 膜。这种带有功能性分子的 L-B 膜不仅能发挥功能分子的作用，而且基于 L-B 膜的特殊结构，还可以产生一些特殊的作用。例如，利用生物色素制成的光导电性 L-B 膜，可以用于制备光二极管和光放大器等 L-B 膜仿生电子器件。这表明以生物分子组装 L-B 膜为基础，有可能制成一系列仿生功能材料和器件。再如，把具有电子传导功能的生物分子黄素-卟啉的 L-B 膜累积起来形成异质型 L-B 膜，可用于制备图像传感器。

5.11.3 生物传感器

利用 L-B 膜技术可以把生物活性分子有序、稳定地组装到超薄膜中，制成具有特殊识别功能的生物传感器。例如，通过扩散吸附法将葡萄糖氧化酶吸附到类脂 L-B 膜上，然后利用这种膜修饰过氧化氢电极的金基体，就可以制成葡萄糖传感器。用镶嵌了酶分子的 L-B 膜修饰场效应管的栅极，可制成不同的酶传感器，这些传感器在生物医学研究中有着广泛的应用前景。

5.11.4 病理药理研究应用

应用 L-B 膜技术研究胆结石形成机制表明，胆红素在有序分子膜中的行为与其亚相中的 pH 值有关。酸性条件下，胆红素衍生物 BCOOR 的 $\pi-a$ 等温线扩张性大大增加，亚相中碱的浓度比相同浓度的酸对 $\pi-a$ 等温线影响要大。由于人体 pH 值范围正好处在胆红素构型和性质变化敏感范围内，这可能是人体容易形成胆结石的分子基础。此外，胆红素能与多种金属离子相互作用，利用胆红素这一性质可消除病变条件下过多胆红素对机体组织的毒性（如肝炎、胆管阻塞、溶血等），减轻或消除黄疸症状，而在有序分子膜内研究胆红素与金属离子的作用则更接近于人体环境。利用这一技术可更深入地研究胆红素与金属离子的相互作用及其在动物和人体内的生理功能，了解胆结石的成因、结构，对寻求有效的治疗方法具有很大意义。

5.11.5 临床诊断应用

机体的组织器官是由细胞组成的，而细胞是一个生物膜系统，不同细胞膜间的相互作用在许多方面表现出极其重要的生物学功能。借鉴 L-B 膜表征技术，研究开发膜诊断技术及膜诊断设备，并利用膜诊断技术了解生物膜性质和结构的变化状况。通过膜分子修饰技术对其进行相应的分子修复和修饰，可实现对许多疾病的早期诊断、治疗。其重要性就在于它可能给出关于疾病早期的分子信息，或将成为医学诊断及治疗技术发展的一个全新方向。

习题与问题

1. 简述表面压的含义。
2. 什么是不溶性单分子膜？不溶性单分子膜的分类及其依据是什么？
3. 25 ℃时，将一蛋白质铺展于 pH=2.6 的硫酸铵水溶液表面上并得到下列数据，请推算此蛋白质的分子量。

表面压/(mN·m^{-1})	0.135	0.210	0.290	0.360	0.595
面积/(m^2·mg^{-1})	1.89	1.74	1.67	1.64	1.58

4. 将 52 μg 十六醇加在水表面以形成不溶膜。已知成膜面宽 14 cm，移动浮片位置改变膜面积，测得表面压与成膜水面长度结果如下：

水面长/cm	20.3	20.1	19.6	19.1	18.6	18.3	18.1
表面压/(mN·m^{-1})	0.6	1.9	5.0	7.8	17.8	23.4	28.5

试计算十六醇形成凝聚膜时分子所占的面积。

5. 18 ℃时，测得一蛋白质单分子膜的表面浓度与表面压的关系如下：

表面浓度/(mg·m^{-2})	0.07	0.13	0.16	0.20	0.23	0.30	0.31	0.34
表面压/(mN·m^{-1})	5	10	15	20	28	50	62	80

试求此蛋白质的分子量。

6. 不溶性单分子膜状态的影响因素有哪些？其影响机制是什么？
7. 不溶性单分子膜的常规研究方法有哪些？其原理是什么？
8. 简述成膜法测定化合物分子量的原理。
9. 一天然大分子化合物可铺展成每平方米含量为 0.80 mg 的不溶膜。在 20 ℃时，此膜使底液水的表面张力降低了 0.035 mN/m。问此化合物的分子量。
10. 10 ℃时，将 $C_2H_5OOC(CH_2)_{11}COOC_2H_5$ 铺展在水面上形成不溶膜，测得表面压随面积变化的数据如下：

π/(mN·m^{-1})	15.4	14.1	14.0	13.5	11.6	10.0	5.0	3.3	2.0	1.0	0.5	0.2
a/nm^2	0.19	0.24	0.31	0.71	0.82	1.00	1.36	1.60	2.00	3.10	7.00	18.5

请作 π-a 图并解释所得结果。试利用所得结果推算 Boltzmann 常数。

11. 已知长链醇在水面上形成液态凝聚膜时，其 π-a 曲线外推到 $\pi=0$ 处的分子面积为 0.205 nm^2。现将一浓度为 1 mg/mL 的该未知醇溶液 36 μL 滴加到水面上，待溶剂挥发后测定其表面压与面积的关系。结果表明将此物形成液态凝聚膜时曲线外推到 $\pi=0$ 处，膜面积为

162.8 cm²。请推断其化学结构。

12. 25 ℃时，实验测定白蛋白单分子层的 $\pi-a$ 关系得到如下结果：

$\pi/(mN \cdot m^{-1})$	0.20	0.25	0.30	0.35	0.40
a/nm^2	1.245	1.192	1.115	1.128	1.108

求白蛋白的分子量。

13. 简述 L-B 膜的制备过程及原理。

14. 查阅相关文献，阐述水分子通过生物膜进入细胞的机制。

15. 讨论采用不溶膜方法抑制水蒸发时，对不溶膜有哪些要求。

参 考 文 献

[1] 赵国玺. 表面活性剂物理化学[M]. 修订版. 北京：北京大学出版社，1991.

[2] 顾惕人，朱珧瑶，李外郎，等. 表面化学[M]. 北京：科学出版社，1999.

[3] 朱珧瑶，赵振国. 界面化学基础[M]. 北京：化学工业出版社，1996.

[4] 颜肖慈，罗道明. 界面化学[M]. 北京：化学工业出版社，2005.

[5] Roberts G. Langmuir-Blodgett Films[M]. New York: Plenum press, 1990.

[6] 赵振国，王舜. 应用胶体与界面化学[M]. 北京：化学工业出版社，2018.

[7] FU S L, GAN G R, WANG C A, et al. Superconductivity in the janus WSH monolayer [J]. Journal of Superconductivity & Novel Magnetism，2024，37（4）：1-9.

[8] SINGH S K, PAIGE M F. Effect of a fluorinated surfactant on langmuir monolayer properties of minimal-linker gemini surfactants [J]. Colloids and Surfaces A：Physicochemical and Engineering Aspects，2024，700：134767.

[9] PARK J, KO J, CHOI S Q, et al. Adsorption of CMIT/MIT on the model pulmonary surfactant monolayers [J]. Journal of Oleo Science，2024，73（4）：437-444.

[10] KATTAR A, LAGE E V, CASAS M, et al. Langmuir monolayer studies of non-ionic surfactants and DOTMA for the design of ophthalmic niosomes [J]. Heliyon，2024，10（4）：e25887.

[11] TANG K L, GAO W, TAO D X, et al. Numerical investigations of translocation characteristics of nano-silica lunar dust across pulmonary surfactant monolayer [J]. Environmental Pollution，2024，347：123780.

[12] TANG K L, GAO W, TAO D X, et al. Numerical investigations of translocation characteristics of multiple silica nanoparticles across pulmonary surfactant monolayer [J]. Powder Technology，2024，442：119863.

[13] TANG K L, CUI X G. A review on investigating the interactions between nanoparticles and the pulmonary surfactant monolayer with coarse-grained molecular dynamics method [J]. Langmuir：The ACS Journal of Surfaces and Colloids，2024，40（23）：11829-11842.

[14] TOMASELLA P, LUCIFORA G, RUFFINO R, et al. Role of density and conformational

composition in the surface-to-bulk molecular dosing of photosensitive surfactant monolayers [J]. Langmuir: The ACS Journal of Surfaces and Colloids, 2024, 40 (33): 17517-17525.
[15] DE FREITAS A A, AMÉLIA M P S, DA SILVA G, et al. Molecular origins of nonideality in surface properties of surfactant-ionic liquid mixed monolayers [J]. Journal of Molecular Liquids, 2023, 382: 121984.
[16] SINGH S K, WEI B, PAN S, et al. Mixing in langmuir monolayers: Perfluorotetradecanoic acid and a gemini surfactant without a linker [J]. Langmuir: The ACS Journal of Surfaces and Colloids, 2023, 39 (46): 16503-16512.
[17] VINNICHENKO N, PUSHTAEV A, PLAKSINA Y, et al. Infrared thermography applied to the surface pressure measurements in insoluble surfactant monolayers [J]. Quantitative InfraRed Thermography Journal, 2023, 20 (1): 1-13.
[18] SAULEDA M L, CHU H C W, TILTON R D, et al. Surfactant driven marangoni spreading in the presence of predeposited insoluble surfactant monolayers [J]. Langmuir, 2021, 37 (11): 3309-3320.
[19] SINGH S K, YEBOAH A, WEI B, et al. Physicochemical properties of monolayers of a gemini surfactant with a minimal-length spacer [J]. Langmuir: The ACS Journal of Surfaces and Colloids, 2022, 38 (51): 16004-16013.
[20] REN H, ZHANG B L, LI H N, et al. Quantitative investigation of surfactant monolayer bending tendency at an oil-polar solvent interface using DPD modeling and artificial neural networks [J]. Soft Matter, 2023, 19 (40): 7815-7827.
[21] HIROKI M, RIKAKO M, EISUKE O. Nucleation of surfactant-alkane mixed solid monolayer and bilayer domains at the air-water interface [J]. Materials, 2022, 15 (2): 485.

第6章
固液界面润湿

润湿（wetting）是指在固体表面上一种液体取代另一种与之不相混溶流体的过程。因此，润湿作用必然涉及三相，其中两相是流体。常见的润湿现象是固体表面上的气体被液体取代的过程。润湿是最常见的现象之一，也是人类生活与生产中的重要过程，若无润湿作用动植物生命活动便无法进行，人类将难以生存。润湿作用还是许多生产过程的基础。例如，机械润滑、注水采油、洗涤、印染、焊接等皆与润湿作用密切关系。当然，人类在生活和生产中有时也需要其反面。例如，矿物浮选则需要有用矿物不为水所润湿，防雨布、防水等都需要形成不被润湿的表面。那么，液体在什么条件下可润湿固体？怎样改变液体和固体的润湿性质以满足人们的需要？这是引起广泛兴趣的问题。前面介绍了液体表面与界面，本章从固体表面开始介绍固液界面的润湿现象。

6.1 固体表面

固体是物质存在的一种状态，具有固定的体积和形状，质地比较坚硬。与液体不同，固体表面的分子、原子、离子等微粒流动性较差，因此固体的形状并不完全取决于表面张力，还取决于其成形的加工过程，如晶体生长、切割等。

6.1.1 非热力学平衡

1. 蒸发−凝聚平衡

当存在蒸发−凝聚平衡时，设单位时间内凝聚态蒸气粒子撞在单位凝聚态表面积上的数目为 z，根据气体动力学理论、微粒面积和一定温度下的饱和蒸气压，可计算分子在界面的平均寿命。例如，室温下对气液界面上的水分子来讲，z 为 $10^{22}/(cm^2 \cdot s)$，平均寿命为 1 μs；对于气固界面上的钨原子 z 为 $10^{-17}/(cm^2 \cdot s)$，蒸气压为 10^{-4} atm，平均寿命为 10^{32} s，即 3.1×10^{24} 年；725 ℃时，气固界面上铜原子的平均寿命为 1 h。这说明固体表面的微粒与液体表面相比，寿命很长，且温度对表面微粒寿命影响很大。

2. 向内扩散

由于表面自由能高，表面层的微粒会向内部扩散。扩散时间可由爱因斯坦扩散公式计算，即

$$D=\frac{x^2}{2t} \tag{6-1}$$

式中，D 为扩散系数；x 为时间 t 内的平均位移。725 ℃时，铜的扩散系数为 10^{-11} cm^2/s，若铜原子向内扩散 10 nm，用时 0.1 s；若室温下向内扩散 10 nm，则用时需 10^{27} s，即 3.1×10^{19}

年。这说明室温下固体表面微粒向内扩散速度极慢。

3. 表面扩散

固体表面微观形貌呈凹凸不平状，如图 6-1 所示，因此表面微粒在凸起、平滑及凹陷处的表面自由能也不相同。图 6-1 中 A 处"微粒"主要由气相所包围，而 B 处则是固相。A 处表面自由能高，B 处表面自由能低，两者稳定性不同。借鉴 Kelvin 公式，小颗粒固体的蒸气压与大平面固体蒸气压间的关系为

$$RT \ln \frac{P_r}{P_0} = \frac{2\gamma_s V_m}{r} \tag{6-2}$$

式中，P_r 和 P_0 分别为半径为 r 的固体颗粒和大平面固体的饱和蒸气压；V_m 为固体物质的摩尔体积。曲率半径不同的固体，其饱和蒸气压也不同。图 6-1 中 A 处的饱和蒸气压大于平滑处的饱和蒸气压，B 处则小于平滑处的饱和蒸气压。饱和蒸气压大，则凝聚相易挥发，然而其在动力学上则非常缓慢。

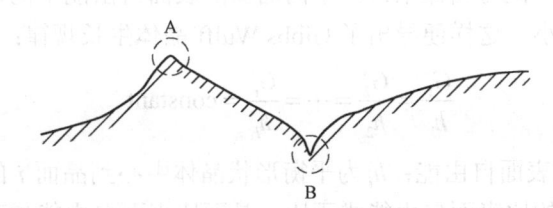

图 6-1 固体表面示意图

由上述固体表面微粒运动状态可以看出，固体表面常常处于热力学非平衡状态，并且趋向于热力学平衡状态的速率极其缓慢。

6.1.2 固体形貌

对液体而言，不考虑重力则一定体积液体的平衡形状总是球形。因为在一定条件下液体的表面张力 γ 是唯一的。当呈球状时，比表面积最小，总表面能最低。对固体则不同，若取一小块晶体，处理成圆球状，然后在高温或浸在某种腐蚀性介质中处理，则此晶体又自发形成具有一定几何形状的多面体。原因何在？

一个原因是，固体中微粒之间的相互作用力较强，固体微粒的运动能力比液体要弱得多。另一个重要原因是，组成晶体的微粒在空间上是按照一定的周期性排列的，形成具有特定对称性的晶格；即使对于许多无定形固体也是如此，只不过这种晶格周期性的延伸范围较小。正因为固体表面上微粒组成和排列的各向异性，固体表面张力也是各向异性的，如图 6-2 所示，不同晶面的表面自由能也不同。对于金、银等晶体来讲，其 $\gamma_{(111)} < \gamma_{(100)} < \gamma_{(110)}$。

1. 晶体形状

19 世纪末，Gibbs 和 Wulff 提出了关于晶体平衡形状的半经验规律：尽管各个晶面的表面自由能各不相同，但根据能量最低原理，在恒温、恒压下，一定体积的晶体处于平衡状态时，其总表面自由能应为最小，由此对应的形状即总表面自由能最小形状，这就是晶体生长最小表面自由能原理。即

$$\oiint G^s(n) dA = \text{minimum} \tag{6-3}$$

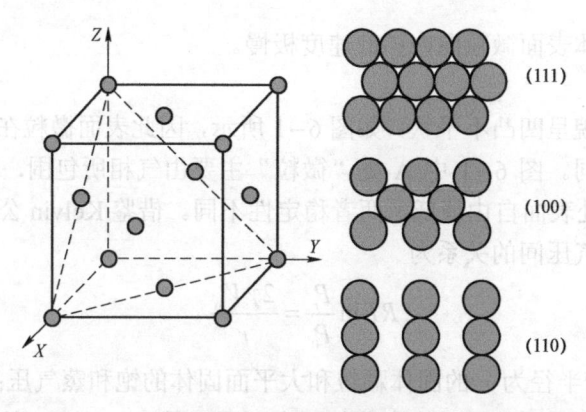

图 6-2 金属面心立方晶体不同晶面的原子排列

$G^s(n)$ 为固体表面不同晶面的比表面自由能。对液体而言，$G^s(n)$ 为常数 γ，表面积最小时其总表面自由能也最小。但对固体来讲，不同晶面的表面自由能不同，因此平衡时其表面各晶面自由能之和应为最小。这样便导出了 Gibbs Wulff 晶体生长规律：

$$\frac{G_1^s}{h_1} = \frac{G_2^s}{h_2} = \cdots = \frac{G_i^s}{h_i} = \text{constant} \tag{6-4}$$

式中，G_i^s 为晶面 i 的比表面自由能；h_i 为平衡形状晶体中心到晶面 i 的垂直距离，即晶面的法向生长速率与该晶面的比表面自由能成正比。晶面比表面自由能越高，h 就越大，该晶面生长的速率就越快；相应地，该晶面裸露在表面的比例就越小，从而使整个体系的总表面自由能最低。

当已知各晶面表面自由能时，便可推测出该晶体的平衡形状，所用方法就是晶体表面自由能极图法。具体做法是，从原点 O 画出所有可能存在晶面的法线；以原点 O 为起点，取每条法线长度正比于该晶面比表面自由能，然后将所有法线端点连接成一曲面，即晶体表面自由能极图；再将这些可能存在的晶面相互交叉、切割，包围成一个具有最小表面积的形状，这就是热力学平衡条件下晶体的形状。若晶体热平衡形状中某一晶面面积为 A_i，该晶面到原点的垂直距离即该晶面的矢径长为 h_i，则由 $G_i^s = h_i \times \text{constant}$ 可得该晶面的总表面自由能为

$$G_i = G_i^s A_i = A_i h_i \times \text{constant} \tag{6-5}$$

因此

$$G_i \propto A_i h_i \tag{6-6}$$

当体积一定时，晶体的平衡形状应满足

$$\sum A_i h_i = \text{minimum} \tag{6-7}$$

2. 无定形固体形状

尽管无定形固体也存在着短程有序结构，但由于不具备长程有序特性，故其形成热力学平衡状态时大多为球形，表面积最小。例如，聚甲基丙烯酸甲酯聚合物微球、二氧化硅微球等，这些球形粒子的尺寸可从几微米至数百微米。

3. 纳米粒子表面形状

纳米颗粒一般呈球形。尽管纳米颗粒内部粒子排列有序，但纳米晶体表面粒子排列无序，相当于气态无序分布，这就是所谓的"类气态"模型。随着研究的深入，发现纳米颗粒结构

实际上是有序与无序的组合体。

稍大的纳米晶粒多为多面体，其形成遵从总表面自由能最低原理。对于同一种材料的纳米晶粒，其形状随制备条件而异，不同条件下制得不同的平衡态形状。

至于纳米棒、纳米线、纳米片等纳米材料，则是在纳米晶体形成过程中采取了一定的实验手段调节特定晶面生长的结果，如借助表面活性剂分子对晶面吸附来调节其生长速率。

6.1.3 表面结晶学

晶体表面微粒排列的周期性以及化学组成通常与体相内部不同，因此晶体表面性质与其体相性质也存在差异。表面结晶学研究的是晶体表面层二维周期结构中基本单元的形状和大小、基本单元微粒的数目和排列方式，是开展固体表面结构研究的基础。

1. 二维晶格

二维周期性结构可以用二维晶格基元和点阵来描述。所谓基元，是指周期性结构中最基本的重复单元，通常一个基元代表一个格点，格点在平面上沿两个不相重合的方向周期性排列形成一个无限的平面点阵，叫作网格。

二维晶格的周期性可以用平移群来表示：

$$T = na + mb \tag{6-8}$$

式中，a 和 b 分别为两个不相重合的单位矢量，又叫作二维格子的基矢。由 a 和 b 组成的平行四边形叫作元格，元格是二维周期性排列中最小的重复单元。

通过旋转和镜面反映等对称操作，二维晶格可得到 10 个二维点群、5 种布拉维二维晶格和 17 个平面空间群。5 种二维晶格分别如下：

（1）斜方晶格，符号为 P，此时 $a \neq b$，$\gamma \neq 90°$，属斜方晶系。
（2）长方晶格，符号为 P，此时 $a \neq b$，$\gamma = 90°$，属长方晶系。
（3）带心长方晶格，符号为 C，此时 $a \neq b$，$\gamma = 90°$，属长方晶系，但对称性更高。
（4）正方晶格，符号为 P，此时 $a = b$，$\gamma = 90°$，属正方晶系。
（5）六方晶格，符号为 P，此时 $a = b$，$\gamma = 120°$，属六角晶系。

2. 晶列

二维晶格中，排列在一条直线上的格点组成晶列。二维晶格也可以看作是由任意一组平行的晶列组成。晶列可用晶列指数来表示。方法是：取晶列在两个坐标轴上的截数，即截距与单位长度 a、b 之比，标记为 r 和 s；则 $(1/r)/(1/s) = h/k$，可得一组互质的整数 (h, k)，即晶列指数。每一组 (h, k) 表示一组相互平行的晶列系，同一晶列系中相邻晶列之间的距离 d 可由晶列指数求出。

对于正方形晶格：

$$\frac{1}{d^2} = \frac{h^2 + k^2}{a^2} \tag{6-9}$$

对于长方形晶格：

$$\frac{1}{d^2} = \left(\frac{h}{a}\right)^2 + \left(\frac{k}{b}\right)^2 \tag{6-10}$$

对于六方晶格：

$$\frac{1}{d^2} = \frac{4}{3} \times \frac{h^2 + k^2 + hk}{a^2} \tag{6-11}$$

对于斜方晶格：

$$\frac{1}{d^2} = \frac{h^2}{a^2 \sin^2 \gamma} + \frac{k^2}{b^2 \sin^2 \gamma} + \frac{2hk \cos \gamma}{ab \sin^2 \gamma} \tag{6-12}$$

6.1.4 表面晶格缺陷

具有二维平移周期性的晶体表面叫作理想表面，偏离理想表面叫作表面缺陷。晶体表面缺陷主要有以下三类。

（1）表面点缺陷，其有三种情况，即表面空位、间隙离子和杂质离子。

（2）非化学比，其有四种情况，即负离子空缺型、正离子空缺型、间隙负离子型和间隙正离子型。

（3）位错，其有刃型位错和螺旋位错两种情况。

综上：固体表面的特点可以总结为：① 固体表面微粒难以移动，不易变形，故保持其成形时的形态，表面粗糙、凹凸不平。固体分为晶体和非晶体两类，现在又有软物质、软固体的说法。② 非晶体中的质点是杂乱无章的。固体表面的组成和结构也不均匀，但与体相的组成和结构也存在差异。③ 几乎所有晶体表面都会因为多种原因而呈现不完整性，晶体表面的不完整性主要有表面点缺陷、非化学比及位错等。上述特点对于表面吸附、表面催化等性质非常重要。

6.1.5 晶体表面结构

严格地讲，固体表面是指整个三维周期性大块晶体结构与真空之间的过渡层，其应包含所有与三维周期性体相结构有偏离的表面原子层，厚度为 0.5～2.0 nm，因为存在厚度，故又叫作表面相。这样表面结构即指表面相中微粒的组成与排列方式。

1. 表面弛豫

由于体相的三维周期性在表面处突然中断，固体表面原子的配位情况发生变化，表面原子附近的电荷分布也有所改变，因此，表面原子所处的力场与体相内原子的力场不同。为了使体系能量尽可能降低，表面上的原子常常会产生相对体相原子正常位置的上下偏移，即垂直于表面方向的位移，结果使表面相中原子层间距偏离体相内部原子层的间距，产生压缩或者膨胀。表面原子的这种上下位移现象叫作表面弛豫，其结果是在表面相中产生空间电荷层。表面弛豫可波及几个原子层，而每一层的压缩或膨胀程度也不同，越靠近表面这种现象越显著。例如，在 LiF（001）晶面的表面上，Li^+ 和 F^- 分别从原来平衡位置下移 0.035 nm 和上移 0.01 nm。

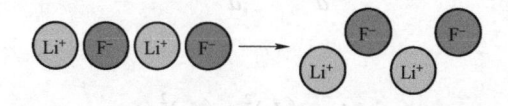

2. 表面重构

在平行于表面方向上，表面原子排列的平移对称性与体相原子有所不同，表面结构和体相结构出现本质差别，这种不同就是表面重构。表面重构通常表现为表面超结构的出现，即二维晶格的基矢按整数倍扩大。表面重构与表面原子价键不饱和产生的悬挂键有关。

3. 表面台阶结构

在晶体表面上出现一些台阶式的结构即表面台阶结构。这种结构由两组或两组以上的低指数晶面组成，晶面之间形成台阶。表面台阶结构是由一些具有高指数的晶面演变而来的，其效果是抵消邻近高指数晶面的晶体内部结构畸变而导致的表面能增加。形成表面台阶结构后表面积增加，总表面能降低。

6.2 固体表面张力和表面自由能

固体表面上的微粒受力不平衡，故固体表面具有表面自由能。固体表面自由能大小是指产生单位面积新表面时外界所需消耗的可逆功。

6.2.1 固体表面张力特性

通常一个新表面形成的过程包括两个步骤。第一步，将物体切开形成新表面时，新表面上的微粒仍维持其在原体相中的位置不变，新表面上的微粒由切割前的受力平衡状态变为切割后的受力不平衡状态。第二步，新表面上受力不平衡的微粒转移至受力平衡的位置上去。对于液体，由于微粒间相互作用较弱，较易转移，新形成的表面很快达到一种动态的热力学平衡，第二步与第一步几乎同时完成。对于固体，第二步则要慢得多，新表面上微粒在未转移至平衡位置之前必定受到一个应力，待到达平衡位置后，应力消除。

为使新形成表面上的微粒停留在原位置，相当于对该微粒施加了一个外力。设施加在单位长度上的外力为表面应力 τ，由于固体表面微粒排列的各向异性，定义沿着新表面上相互垂直的两个表面应力和的一半为其表面张力：

$$\gamma = \frac{\tau_1 + \tau_2}{2} \tag{6-13}$$

对于液体或者各向同性的固体表面，$\tau_1 = \tau_2 = \gamma$；对于各向异性的固体表面，$\tau_1 \neq \tau_2$。

那么，固体的表面张力与表面自由能之间又存在什么关系呢？如图 6-3 所示，面积为 A 的固体表面分别沿着表面应力 τ_1 和 τ_2 的方向扩展，面积增量分别为 dA_1 和 dA_2，总表面自由能的增量等于抵抗表面应力所做的可逆功，即

$$d(A_1 G^s) = \tau_1 dA_1 \tag{6-14}$$

$$d(A_2 G^s) = \tau_2 dA_2 \tag{6-15}$$

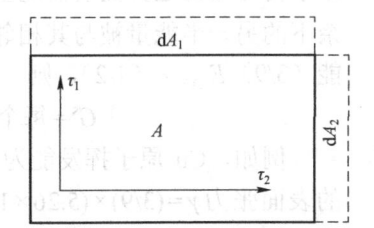

图 6-3 固体表面张力与表面自由能示意图

式中，G^s 为单位面积的表面自由能；$d(A_i G^s)$ 为表面自由能的变化。对其进行全微分，则

$$A_1 d(G^s) + G^s d(A_1) = \tau_1 dA_1 \tag{6-16}$$

$$A_2 d(G^s) + G^s d(A_2) = \tau_2 dA_2 \tag{6-17}$$

因此：

$$\tau_1 = G^s + A_1 d(G^s)/dA_1 \tag{6-18}$$
$$\tau_2 = G^s + A_2 d(G^s)/dA_2 \tag{6-19}$$

故

$$\gamma = \frac{\tau_1 + \tau_2}{2} = G^s + \frac{A_1 \dfrac{dG^s}{dA_1} + A_2 \dfrac{dG^s}{dA_2}}{2} \tag{6-20}$$

对于各向同性的固体表面，$\tau_1 = \tau_2 = \gamma$，则 $\gamma = G^s + A\dfrac{dG^s}{dA}$。

对于溶剂表面，由于 $\dfrac{dG^s}{dA} = 0$，故 $\gamma = G^s$。

对于大多无论是各向同性还是各向异性的真实固体，由于表面未达到热力学平衡状态，$\gamma \neq G^s$；若固体的表面达到了热力学平衡状态，则 $\gamma = G^s$。一般来讲，与力学性质有关的场合，固体表面采用表面张力 γ，而与热力学平衡有关的场合采用表面自由能 G^s。

6.2.2 固体表面能理论计算

（1）对于共价键晶体，可由键能计算。绝对零度时，晶体比表面能是指单位面积上所有共价键发生断裂时所需能量的一半，即

$$E_{\text{surface}} = 0.5 E_{\text{内聚}} \tag{6-21}$$

式中，$E_{\text{内聚}}$ 为通过单位面积上所有键的键能之和。

（2）对于共价键或金属键的固体，可由挥发能求算。对于最密实堆积的固体来讲，体相中每个原子周围有 12 个原子，即上层 3 个、同层 6 个、下层 3 个。在表面上，每个原子周围有 9 个原子，即同层 6 个、下层 3 个。当表面上某原子挥发时，与其周围 9 个原子所形成的化学键发生断裂，断裂一根键所需能量为 $(1/9)E_{\text{挥发}}$，因此可以由 $E_{\text{挥发}}$ 求出键能。

若一个原子由体相到达界面则需断裂三根键，即其周围的 12 个原子减少到 9 个，故一个原子自体相到达界面所需能量为 $(3/9)E_{\text{挥发}}$。当该原子自界面挥发后，它得到该能量的一半，余下的另一半能量被与其相邻的 9 个原子获得。这个能量便是该原子自体相到达界面的表面能 $(3/9)E_{\text{挥发}} \times (1/2)$，则

$$G^s = \text{每个原子的表面能} \times \text{单位面积上的表面原子数} \tag{6-22}$$

例如，Cu 原子挥发能为 5.26×10^{-12} erg/原子，每平方厘米上有 1.77×10^{15} 个原子，则铜的表面张力 $\gamma = (3/9) \times (5.26 \times 10^{-12}) \times (1/2) \times (1.77 \times 10^{15}) = 1\,550$ erg/cm²。尔格（erg）为能量单位，1 erg = 10^{-7} J。上述计算有一个假设，即微粒在表面上的相对位置与其在体相中相同，这一点与实际情况有出入。

（3）对于离子键晶体，微粒间的相互作用为库仑力，可由位能曲线计算表面能。

6.2.3 固体表面能估测法

1. 熔融外推法

将熔点较低的固体加热至熔融，测定其液态时表面张力与温度的关系，然后外推到熔点以下，估算其固态时的表面能。该方法的前提是该物质固态和液态时的表面性质相近。

2. 劈裂功法

用精巧的测力装置,测出劈裂固体形成新表面时所做的可逆功,得到形成新表面的表面能。

3. 溶解热法

固体溶解时气固界面消失,表面能以热的形式释放。可用量热计测出不同比表面固体物质的溶解热,通过热差值估算其表面能。

此外,通过测定固体与液体的接触角也可以估测固体的表面能。

6.3 润湿过程

固体表面存在表面张力。当液体与固体表面接触时,液体必然在其表面发生某种变化以降低体系自由能。润湿是一种流体从固体表面置换另一种流体的过程,是体系自由能降低的过程。润湿是日常生活和生产实际中最常见的现象之一,故研究润湿现象有极强的现实意义。润湿过程可分为三类:沾湿(adhesion)、浸湿(immersion)和铺展(spreading),它们各自针对不同的实际问题。下面分别讨论这些过程的实质及其发生的条件。

1. 沾湿

沾湿是指液体与固体从不接触到接触、变液气界面和固气界面为固液界面的过程,如图 6-4 所示。现实生活中,喷雾农药时液滴能否有效地附着在植物枝叶表面,雨滴会不会沾在衣服上?此类问题均为沾湿过程能否自发进行的问题。

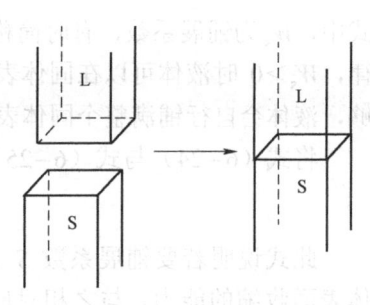

图 6-4 沾湿过程

设固液接触形成单位接触面积,此过程中体系自由能降低值($-\Delta G$)应为

$$-\Delta G_a = \gamma_{sg} + \gamma_{lg} - \gamma_{sl} = W_a \tag{6-23}$$

式中,γ_{sg} 为固气表面自由能;γ_{lg} 为液气表面自由能;γ_{sl} 为固液界面自由能。W_a 称为沾湿过程的黏附功,它是沾湿过程体系对外所能做的最大功,也是将接触的固体和液体自交界处拉开时外界所需做的最小功。显然,此值越大则固体和液体结合越牢固,故 W_a 值反映固液界面结合能力以及两相分子间相互作用力的大小。恒温、恒压条件下,$W_a>0$,即 $\Delta G_a<0$。根据热力学第二定律,$W_a>0$ 的过程为自发过程,这是能够发生沾湿的前提条件。

2. 浸湿

浸湿是指固体浸入液体中的过程。洗衣时把衣服泡在水中的过程就是浸湿过程,其实质是原固体的固气界面被固液界面所代替,液体表面在此过程中无变化,如图 6-5 所示。

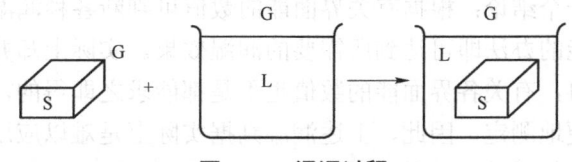

图 6-5 浸湿过程

在浸湿面积为单位面积时,此过程的自由能变化值为

$$-\Delta G_i = \gamma_{sg} - \gamma_{sl} = W_i \tag{6-24}$$

式中，W_i 为浸润功，它反映液体在固体表面上取代气体或另一种与之不相混溶流体的能力。$W_i > 0$ 即 $\Delta G_i < 0$，根据热力学第二定律，W_i 值的正负性是浸湿过程能否自发进行的判断依据。

3. 铺展

工业生产中的应用涂布工艺目的就是在固体基底上均匀地形成一流体薄层。该过程不仅要求液体能附着于固体表面，更希望其能自发铺展成均匀的薄膜。农药喷雾时也有类似的要求，即药剂液滴不仅能附着于植物的枝叶上，而且能自行铺展，以便覆盖更大的面积，达到更好的药效保护效果。铺展过程的实质是以固液界面代替固气界面，同时还扩展了液气界面的过程（图6-6）。

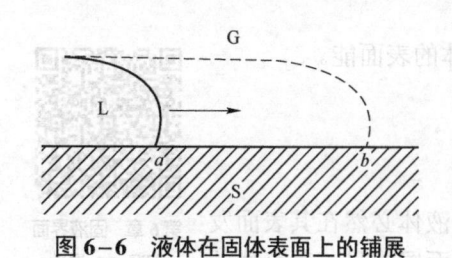

图 6-6 液体在固体表面上的铺展

铺展面积为单位值时，体系自由能的变化值为

$$-\Delta G_s = \gamma_{sg} - \gamma_{lg} - \gamma_{sl} = W_s \tag{6-25}$$

式中，W_s 为铺展系数，有时简称 S。在恒温、恒压下，$W_s > 0$ 即 $\Delta G_s < 0$。根据热力学第二定律，$W_s > 0$ 时液体可以在固体表面上自动展开，连续地从固体表面上取代气体，只要用量足够，液体会自行铺满整个固体表面。

将式（6-24）与式（6-25）结合可得

$$S = W_i - \gamma_{lg} \tag{6-26}$$

此式说明若要铺展系数 S 大于 0，则 W_i 必须大于 γ_{lg}。γ_{lg} 是液体的表面张力，表征液体表面收缩的能力。与之相对应，W_i 则体现固体与液体间黏附的能力，因此，W_i 又称为黏附张力。

三种润湿过程自发进行的条件皆可用黏附张力来表示：

$$W_a = W_i + \gamma_{lg} > 0 \tag{6-27}$$

$$W_i > 0 \tag{6-28}$$

$$W_s = W_i - \gamma_{lg} > 0 \tag{6-29}$$

由于液体的表面张力总为正值，对于同一体系 $W_a > W_i > W_s$，凡能自行铺展的体系，其他润湿过程皆可自发进行。因而，常用铺展系数作为体系润湿性指标。

从式（6-27）、式（6-28）和式（6-29）还可看出，固体表面能对体系润湿特性的影响都是通过黏附张力 W_i 起作用的。其共同规律是：固气界面能越大，固液界面能越小，也就是黏附张力越大，越有利于润湿。液体表面张力对三种润湿过程的影响各不相同，对于沾湿，γ_{lg} 大有利；对于铺展，γ_{lg} 小有利；而对于浸湿，则 γ_{lg} 大小与之无关。

从上述内容得出一个结论：根据有关界面能的数值可判断各种润湿过程是否能够进行，再通过改变相应界面能的办法即可达到所需要的润湿效果。实际上却并非如此简单，因为改变各种界面能并非易事，有关各界面能的数值也不是都能求之即得的，在三种界面中，只有液体表面张力可以方便地测定。因此，上述润湿判据实际上是难以应用的，不过在固液接触角存在情况下，100 多年前就已经找出接触角与有关界面能的关系，为研究润湿现象提供了方便。

6.4 接触角与润湿

将液体滴于固体表面上,液体或通过铺展覆盖在固体表面或在固体上面形成一稳定液滴,如图 6-7 所示。上述情况因体系性质而异,所形成液滴的形状可以用接触角来描述。接触角是指在固、液、气三相交界处,自固液界面经液体内部到达气液界面的夹角,用 θ 表示。

6.4.1 Young 氏方程

1. 力学方法

平衡接触角与三个界面自由能之间有式(6-30)的关系。此式最早是由 T. Young 在 1805 年提出的,常称为 Young 氏方程,它是润湿的基本公式,亦称为润湿方程。液滴在固体表面上保持一定的形状,可以看作是三个界面张力在三相交界线处任意一点平衡的结果,此关系式适用于具有固液、固气连续表面的平衡体系。

$$\gamma_{sg} - \gamma_{sl} = \gamma_{lg} \cos\theta \tag{6-30}$$

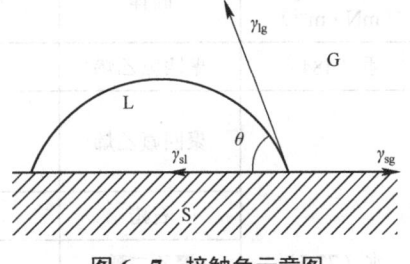

图 6-7 接触角示意图

2. 热力学方法

力学方法导出的润湿方程容易记忆,但由于固体界面的不均匀性、固液及固气界面张力性质的抽象性,人们又用热力学方法导出了润湿方程。

如图 6-8 所示,设停留在固体表面上的液滴可逆地扩大固液界面的面积为 dA,相应的气液界面面积的增量为 $dA\cos(\theta - d\theta)$,体系自由能变化值为

$$dG = \gamma_{sl}dA + \gamma_{lg}\cos(\theta - d\theta)dA - \gamma_{sg}dA \tag{6-31}$$

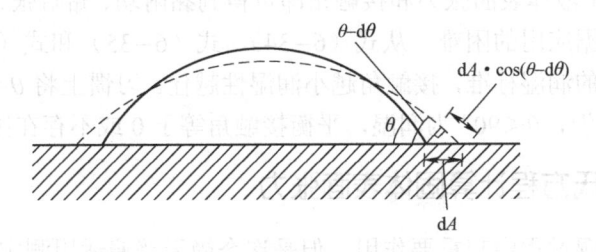

图 6-8 接触角与界面能

因为 $d\theta$ 值很小而忽略不计,上式变形为

$$dG/dA = \gamma_{sl} + \gamma_{lg}\cos\theta - \gamma_{sg} \tag{6-32}$$

当体系达到平衡时,满足 $dG/dA = 0$,于是

$$\gamma_{sg} - \gamma_{sl} = \gamma_{lg}\cos\theta \tag{6-33}$$

即得到润湿方程,与式(6-30)一致。与力学推导方式不同,热力学推导更能从体系能量最低的角度认识固液界面接触角的唯一性。在液体润湿固体的周边,气、液、固三相接触处形

成了一个所谓的"三相线",通常也称为"润湿线"。但从分子水平角度看,三相接触处实际上仍是一个小区域,而不是一条线,因此,"三相线"称为三相区更为恰当。表 6-1 所示为一些液体在固体表面上的接触角值。

表 6-1 一些液体在固体表面上的接触角值

液体 (γ_{lg}) / (mN·m^{-1})	固体	θ/(°)	液体 (γ_{lg}) / (mN·m^{-1})	固体	θ/(°)
汞 (484)	聚四氟乙烯	150	二碘甲烷 (67)	聚四氟乙烯	85
水 (72.5)	聚四氟乙烯	112		石蜡	61
	石蜡	110		聚乙二醇	46
	聚乙二醇	103	苯 (28)	聚四氟乙烯	46
	人类皮肤	75~90		石墨	0
	金	0	正癸烷 (23)	聚四氟乙烯	40
			正辛烷 (21.6)	聚四氟乙烯	30
			水/十四烷 (50.2)	聚四氟乙烯	170

6.4.2 接触角与润湿关系

将 Young 氏方程与固液界面润湿三种情况结合,可得

$$W_a = \gamma_{lg}(\cos\theta + 1) \tag{6-34}$$

$$W_i = \gamma_{lg}\cos\theta \tag{6-35}$$

$$W_s = \gamma_{lg}(\cos\theta - 1) \tag{6-36}$$

原则上说,测定了液体表面张力和接触角即可得到黏附功、黏附张力和铺展系数的数值,从而解决各种润湿判据应用的困难。从式 (6-34)、式 (6-35) 和式 (6-36) 中不难看出,接触角的大小是很好的润湿标准,接触角越小润湿性越佳。习惯上将 $\theta=90°$ 定为润湿与否的标准,$\theta>90°$ 为不润湿,$\theta<90°$ 为润湿,平衡接触角等于 0 或不存在则为铺展。

6.4.3 Young 氏方程计算固体表面张力

固体表面能在润湿过程中起重要作用,但是迄今尚无普遍适用测定固体表面能的方法。借鉴液液界面关于界面张力与构成界面两体相表面张力的理论关系,将其应用于固液界面,为测算固体表面能提供了一条新的途径。

1. Good-Girifalco 方法

将预测液液界面张力的 Good-Girifalco 理论应用于固液界面,可得

$$\gamma_{sl} = \gamma_{sg} + \gamma_{lg} - 2\phi(\gamma_{sg}\gamma_{lg})^{1/2} \tag{6-37}$$

式中,ϕ 为校正因子,与分子大小和分子间相互作用力有关,随体系组成而定。在固、液、气三相共存体系中,考虑到气相中含有液体自身的蒸气,而蒸气也可能吸附到固体表面上,使固体表面能发生变化。因此,

$$\gamma_{sg} - \gamma_{sv} = \pi$$

或

$$\gamma_{sg} = \gamma_{sv} + \pi \tag{6-38}$$

式中，γ_{sv} 表示吸附液体蒸气后固体的表面张力；π 为固体表面吸附层的表面压。

将式（6-37）和式（6-38）与 Young 氏方程结合，得

$$\gamma_{lg}(\cos\theta + 1) = 2\phi(\gamma_{sg}\gamma_{lg})^{1/2} - \pi$$

或

$$\cos\theta = 2\phi\left(\frac{\gamma_{sg}}{\gamma_{lg}}\right)^{1/2} - \frac{\pi}{\gamma_{lg}} - 1 \tag{6-39}$$

对于一般低能固体与水或水溶液体系，π/γ_{lg} 项很小，可以忽略，式（6-39）变为

$$\cos\theta = 2\phi\left(\frac{\gamma_{sg}}{\gamma_{lg}}\right)^{1/2} - 1 \tag{6-40}$$

或

$$\gamma_{sg} = \gamma_{lg}\left(\frac{\cos\theta + 1}{2\phi}\right)^2 \tag{6-41}$$

根据式（6-40），测定一系列表面张力不同的液体在同一固体表面上的接触角，由 $\cos\theta$ 对 $1/\gamma_{lg}^{1/2}$ 作图将得一直线。若 ϕ 值已知，则根据直线斜率可计算出固体表面张力 γ_{sg}。对于非极性液体和非极性固体的体系，ϕ 值约等于 1，许多液体与聚四氟乙烯体系服从这种规律。

2. Fowkes 方法

Fowkes 假定液体和固体表面张力可分为色散力贡献和极性作用贡献两部分。若固液两相中有一相是非极性的，则固液之间只有色散力相互作用。如果忽略固气界面的蒸气吸附作用，则式（6-39）改写为

$$\gamma_{lg}(\cos\theta + 1) = 2(\gamma_{sg}^d \gamma_{lg}^d)^{1/2}$$

或

$$\cos\theta = \frac{2(\gamma_{sg}^d \gamma_{lg}^d)^{1/2}}{\gamma_{lg}} - 1 \quad (6-42)$$

式中，γ_{sg}^d 和 γ_{lg}^d 分别表示固体和液体表面张力中的色散力部分。

根据式（6-42），对 $\cos\theta \sim \dfrac{(\gamma_{lg}^d)^{1/2}}{\gamma_{lg}}$ 作图得一直线，其斜率为 $2(\gamma_{sg}^d)^{1/2}$。图 6-9 给出了 5 种低能固体表面的测试结果，其均具有很好的线性关系，且 5 条直线在纵坐标上的截距均为 -1，说明式（6-42）对这些

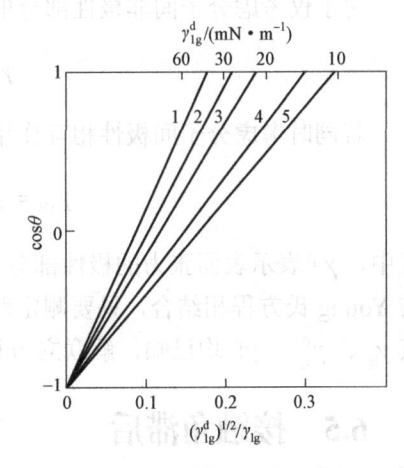

图 6-9 接触角与固体表面张力的关系

体系的适用性。从 $\cos\theta \sim \dfrac{(\gamma_{lg}^d)^{1/2}}{\gamma_{lg}}$ 直线斜率可得固体的 γ_{sg}^d 值，表 6-2 列出了由此法得到的一些固体表面的 γ_{sg}^d 值。

表 6-2 一些固体表面的 γ_{sg}^d 值

固体	$\gamma_{sg}^d / (mN \cdot m^{-1})$	固体	$\gamma_{sg}^d / (mN \cdot m^{-1})$
聚六氟丙烯	18.0	聚乙烯	35.5
聚四氟乙烯	19.5	聚苯乙烯	44.0
正三十六烷晶体	21.0	十八胺单层/铂	22.1
石蜡	25.5	全氟癸酸单层/铂	13.1
聚丙烯	28.0	全氟月桂酸单层/铂	10.4

对于非极性固体，$\gamma_{sg}^d = \gamma_{sg}$，故用 Fowkes 方法可得到非极性固体的表面能。

对于非极性液体，也有 $\gamma_{sg}^d = \gamma_{lg}$。根据式（6-42）得

$$\gamma_{sg}^d = \dfrac{\gamma_{lg}(\cos\theta+1)^2}{4} \tag{6-43}$$

当 $\theta=0°$ 时，式（6-43）变为

$$\gamma_{sg}^d = \gamma_{lg} = \gamma_c$$

说明在这种情况下，所得固体润湿临界表面张力值 γ_c 与表征固体表面张力的 γ_{sg}^d 值相应。如果固体也是非极性的，则 γ_c 与 γ_{sg} 相应，即 γ_c 相当于固体的表面张力。

3. Wu 氏方法

Wu 对 Fowkes 公式作了两点改进：一是用倒数平均法计算不同分子间的张力常数，而不用几何平均法；二是不仅考虑色散力，同时也考虑分子间极性力的影响。

对于仅考虑分子间非极性部分的作用，得到下列公式：

$$\gamma_{AB} = \gamma_A + \gamma_B - \dfrac{4\gamma_A^d \gamma_B^d}{\gamma_A^d + \gamma_B^d} \tag{6-44}$$

若同时考虑分子间极性相互作用，则有

$$\gamma_{AB} = \gamma_A + \gamma_B - \dfrac{4\gamma_A^d \gamma_B^d}{\gamma_A^d + \gamma_B^d} - \dfrac{4\gamma_A^p \gamma_B^p}{\gamma_A^p + \gamma_B^p} \tag{6-45}$$

式中，γ^p 表示表面张力的极性部分；γ_A 和 γ_B 分别表示固体和液体的表面能。将式（6-45）与 Young 氏方程相结合，只要测定两种或两种以上不同极性液体在固体表面上的接触角，若其 γ_{lg}、γ_{lg}^d、γ_{lg}^p 均已知，解联立方程，即可获得固体的 γ_{sg}^d 和 γ_{sg}^p。

6.5 接触角滞后

Young 氏方程中所用接触角是静态平衡接触角，但即使是"静态平衡"角度，有时也得不到一致的结果，表明接触角测量过程中有许多干扰因素。大多

数体系中，接触角大小与液体在固体表面是趋向于前进（advance）还是后退（recede）有关。固液界面取代固气界面形成的接触角叫作前进角，用 θ_A 表示；固气界面取代固液界面形成的接触角叫作后退角，用 θ_R 表示（图 6-10）。前进角与后退角不等的现象称为接触角滞后，通常，前进角总是大于后退角，如水在某些矿物表面的前进角和后退角之差可达 50°，水银在钢上的前进角与后退角之差可达 150°之多。表 6-3 列出了一些液体在纤维素表面的前进角和后退角值。

图 6-10 前进角与后退角

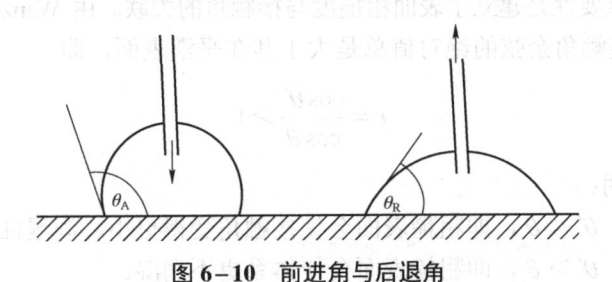

表 6-3 一些液体在纤维素表面的前进角和后退角

固体	液体	前进角/(°)	后退角/(°)
二醋酸纤维素膜	二碘甲烷	103	70
三醋酸纤维素膜	二碘甲烷	102	81
三醋酸纤维素膜	a-溴萘	106	82
三醋酸纤维素膜	溴苯	113	81
三丙酸纤维素膜	二碘甲烷	120	85
三丁酸纤维素膜	二碘甲烷	138	100

引起接触角滞后的原因有很多，其中最主要的原因有三个：不平衡状态、固体表面的粗糙性和不均匀性。

6.5.1 不平衡状态

测定接触角应在热力学平衡状态下进行，即由液滴、固体表面及气体所组成的体系需处于热力学平衡状态。但往往体系难以达到热力学平衡，如高粘度液体在固体表面上就难以达到平衡态。

例如，将一玻璃珠放在热的铁板表面让其慢慢熔化并铺展，当停止铺展时其前进接触角为 θ_A；将同种玻璃粉放在热的铁板表面熔化、收缩，当停止收缩时后退接触角为 θ_R。实验结果表明：温度在 1 030~1 225 ℃时，玻璃粘度为 100 Pa·s，$\theta_A = \theta_R = 0° \sim 54°$；降低温度，玻璃粘度增加至 200~1 100 Pa·s，$\theta_R = 0°$，$\theta_A - \theta_R = 29° \sim 132°$。此即玻璃粉熔化后粘度太大不能收缩，无法达到热平衡的缘故，其 θ_A 与 θ_R 不等。

6.5.2 固体表面粗糙性——Wenzel 方程

由于固体表面原子、分子的不可迁移性，表面总是高低不平、粗糙的。因此，固体的实际表面积比其按光滑表面计算的大得多。将固体实际表面积与其光滑表面积之比用 r 表示，称为粗糙因子。r 值越大，表面越粗糙。对粗糙表面，不能再简单应用 Young 氏方程，需对其加以修正，如下式所示。

$$r(\gamma_{sg} - \gamma_{sl}) = \gamma_{lg} \cos\theta' \tag{6-46}$$

该方程称为 Wenzel 方程，式中 θ' 为液滴在粗糙表面的表观接触角。

Wenzel 方程的重要性是建立了表面粗糙度与接触角的关联。由 Wenzel 方程可知，当 $r>1$ 时液滴在粗糙表面接触角余弦的绝对值总是大于其在平滑表面，即

$$r = \frac{\cos\theta'}{\cos\theta} > 1 \tag{6-47}$$

式（6-47）说明：

(1) $\theta<90°$ 时，$\theta'<\theta$，即粗糙表面会使接触角变得更小，润湿性更好。

(2) $\theta>90°$ 时，$\theta'>\theta$，即粗糙表面会使体系更不润湿。

(3) 粗糙的固体表面给准确测定其真实接触角带来困难。

(4) 由式（6-47）可以估算实验误差。例如，当 $\theta=10°$ 时，若 $r=1.02$，则 $\theta-\theta'=5°$；当 $\theta=45°$ 时，若 $r=1.1$，则 $\theta-\theta'=5°$；当 $\theta=80°$ 时，若 $r=2.0$，则 $\theta-\theta'=5°$。由此可见，接触角越小时表面粗糙度对其影响越大。若要得到准确的真实接触角，要注意保证表面光滑。

6.5.3 固体表面不均匀性——Cassie 方程

固体表面多晶性或者不同程度的污染等均会导致其表面不均匀性。设固体表面分别是由物质 A 和物质 B 组成的复合表面，两者占表面分数分别为 x_A 和 x_B。液滴在复合表面的接触角 θ 与其在纯 A、纯 B 表面的接触角 θ_A 与 θ_B 之间的关系为

$$\gamma_{lg}\cos\theta = x_A(\gamma_{sg}-\gamma_{sl})_A + x_B(\gamma_{sg}-\gamma_{sl})_B \tag{6-48}$$

或

$$\cos\theta = x_A\cos\theta_A + x_B\cos\theta_B \tag{6-49}$$

式（6-48）、式（6-49）称为 Cassie 方程。

水能在清洁的玻璃表面发生铺展，在被污染的玻璃表面则不能，污染是造成接触角滞后的重要因素。表 6-4 所示为水在金表面的接触角随气相组分的变化值。

表 6-4 水在金表面的接触角随气相组分的变化值（25℃）

气相组成	$\theta_A/(°)$	$\theta_R/(°)$	气相组成	$\theta_A/(°)$	$\theta_R/(°)$
水蒸气	7	0	水蒸气+空气（净化）+苯蒸气	86	83
水蒸气+空气（净化）	6	0	水蒸气+实验室空气	65	30
水蒸气+苯蒸气	84	82	水蒸气+室外空气	13	0

用 TiO_2 溶胶浸泡带十八烷基三甲基氯化铵单分子膜的玻璃板,得到十八烷基三甲基氯化铵–TiO_2 复合表面,测定水在其表面前进角 θ_A 和后退角 θ_R 随 TiO_2 覆盖率的变化关系,结果如图6-11所示。由于 TiO_2 是亲水性强的高能表面,十八烷基三甲基氯化铵定向单分子层是弱亲水性低能表面。随着 TiO_2 覆盖率增加,θ_R 从 40°开始快速下降,当 TiO_2 覆盖率达到0.85时 θ_R 几乎降至0°。在 TiO_2 覆盖率从 0 增加到 0.6 时,前进角 θ_A 几乎没有变化,直至覆盖率达到 0.8 后才明显下降。这一实验结果表明,TiO_2 覆盖率低于 0.6 时,前进角反映的是占覆盖率 0.4 的十八烷基三甲基氯化铵单分层的润湿性能。

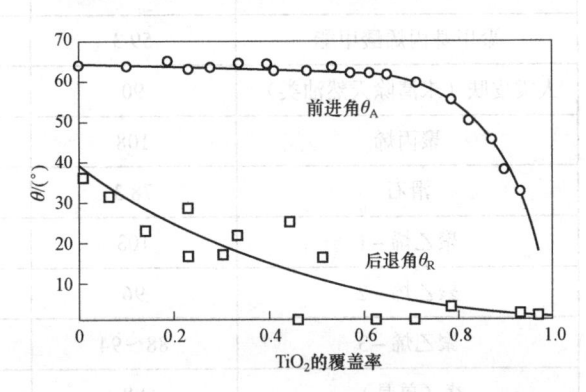

图6-11 水在 TiO_2–十八烷基三甲基氯化铵复合表面上的接触角

上述表明,在以低能表面为主的不均匀表面上,其前进角再现性好,而以高能表面为主的不均匀表面上,其后退角再现性好。高能表面上掺入少量低能杂质将使前进角显著增加而对后退角影响不大;反之,低能表面上掺入少量高能杂质会使后退角大大减小。前进角反映液体与固体表面弱亲和力部分的润湿性质,后退角反映液体与固体表面强亲和力部分的润湿性质。

Cassie 方程还可用于金属筛、纺织品等筛孔性物质润湿性质的研究。例如,纺织品是一种纤维网状织物,若 x_B 为纤维空隙面积分数,$\gamma_{sg(B)}$ 为零,$\gamma_{sl(B)}$ 为 γ_{lg},式(6-49)可改写成

$$\cos\theta = x_A\cos\theta_A - x_B \tag{6-50}$$

研究结果表明,水滴在筛网和织物上的表观接触角与式(6-50)相符。

接触角与固、液、气三相物质的性质密切相关。此外,接触角也受温度的影响,但影响不大。一般随温度升高接触角略有下降。表6-5列出了一些体系的前进接触角及其温度对其的影响。

表6-5 前进接触角及其温度系数(20~25 ℃)

液体 γ/(mN·m^{-1})	固体	θ/(°)	$(d\theta/dT)/[(°)\cdot K^{-1}]$
汞(184)	聚四氟乙烯	150	—
	玻璃	128~148	—
水(72)	正三十六烷	111	—
	石蜡	110	—

续表

液体 $\gamma/(mN \cdot m^{-1})$	固体	$\theta/(°)$	$(d\theta/dT)/[(°) \cdot K^{-1}]$
水（72）	聚四氟乙烯	98～112	—
	四氟乙烯－六氟丙烯共聚物	108	−0.05
	含氟聚合物（3 M）	119.05±0.16	—
	异丁橡胶	110.8～113.3	—
	聚甲基丙烯酸甲酯	59.3	—
	人类皮肤（未清除天然油类）	90	—
	聚丙烯	108	—
	滑石	78.3	—
	聚乙烯-1	103	−0.01
	聚乙烯-2	96	−0.11
	聚乙烯-3	88～94	—
	萘（单晶）	88	−0.13
	石墨	86	—
	炭（Graphon）	82	—
	硬脂酸（沉积于 Cu 上的 L－B 膜）	80	—
	硫黄	78	—
	热解炭	72	—
	铂	40	—
	碘化银	17	—
	金	0	—
二碘甲烷（50.8）	聚四氟乙烯	85～88	—
	石蜡	60～61	—
	滑石	53～64.1	—
	聚乙烯	46～51.9	—
	聚乙烯（单晶）	40	—
甲酰胺（58）	四氟乙烯－六氟丙烯共聚体	95.38±0.20	—
	聚乙烯	75	−0.01
	聚甲基丙烯酸甲酯	50.0	—
	滑石	67.1	—
二硫化碳（～35）	冰（−10 ℃）	35	—

续表

液体 γ/(mN·m^{-1})	固体	θ/(°)	$(d\theta/dT)/[(°)\cdot K^{-1}]$
苯（28）	聚四氟乙烯	46	—
	正三十六烷	42	—
	石蜡	0	—
	石墨	0	—
正丙醇（23）	聚四氟乙烯	43	—
	石蜡	22	—
	聚乙烯	7	—
正癸烷（23）	石墨	120	—
	聚四氟乙烯	32～40	—
癸烷	聚四氟乙烯-聚六氟丙烯共聚物	43.70±0.15	—
正辛烷（21.6）	聚四氟乙烯	30	−0.16

6.6 动态接触角

以上讨论的接触角均是静态接触角，而实际过程中常常涉及动润湿问题，如胶片涂布等。动态润湿过程中的接触角称为动态接触角，也分为动态前进角和动态后退角，分别以 θ_{dA} 和 θ_{dR} 来表示。在动态润湿过程中往往希望一种流体取代固体表面上另一种流体的速度越快越好，因此动态接触角应尽可能低。

在自铺展和强制铺展过程中，可以观察到动态前进角和动态后退角的变化，如图 6-12 所示。一种情况是在玻璃管中充入一段液体，静止时液体与管壁形成一定的接触角，这是平衡接触角，也叫静态接触角，以 θ_S 表示，如图 6-12（a）所示。加压使液体段向右移动，运动液段的前液面会呈凸出状，与管壁形成大于 θ_S 的前进角 θ_{dA}；后液面则呈凹陷状，形成小于 θ_S 的后退角 θ_{dR}，如图 6-12（b）所示。图 6-12（c）和图 6-12（d）所示是模拟涂布工艺的润湿情况。挤出管中的液体与固体表面接触形成的静态接触角 θ_S，推动固体表面向右移动，接触角发生变化。

图 6-13 所示为水在聚乙烯和疏水玻璃表面上前进角与其界面运动速度的关系。曲线说明，固体界面运动速度较低时（约 1 mm/min），前进角几乎保持不变，随着界面运动速度增加，前进角突然变大再趋向于一定值，这是静态接触角大于 90°时疏水体系中的典型情况。对于接触角小于 90°的亲水体系，当界面运动速度增加时，前进角的变化规律也是随速度增加而变大，速度大到一定程度后，前进角可大于 90°，亲水体系变为不能被水润湿的疏水体系。在保持体系能够被润湿条件下，所能容许的最大界面运动速度叫作润湿临界速度，该值对生产效率有重要意义。表面活性剂作为润湿剂有改善体系动润湿性能、提高体系润湿临界速度的作用。

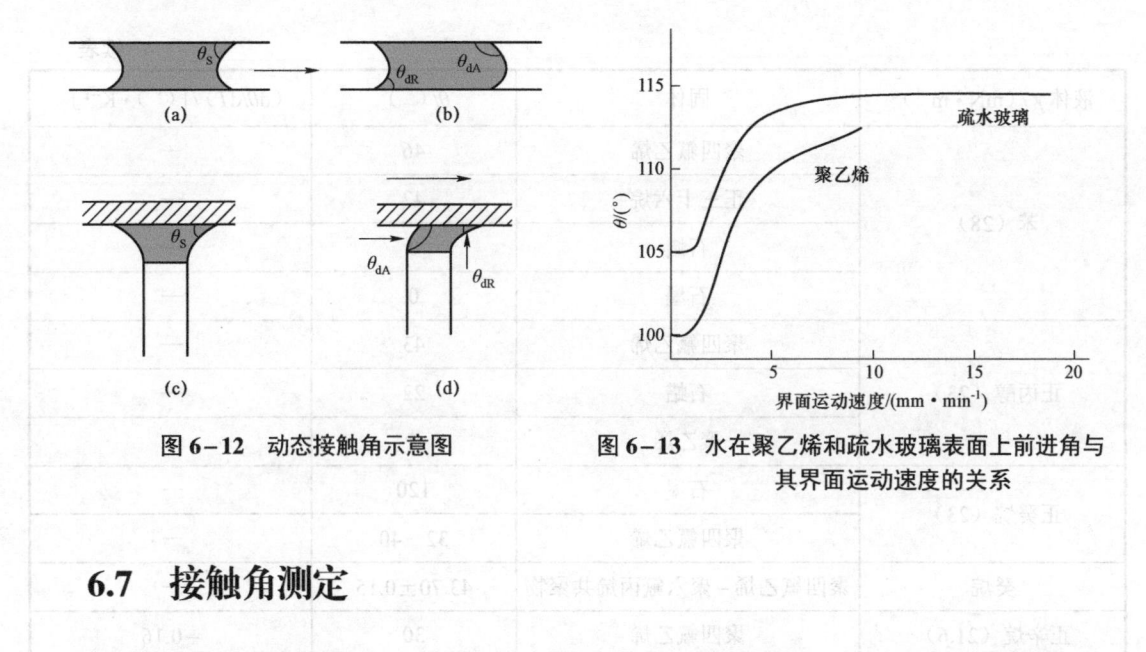

图 6-12　动态接触角示意图

图 6-13　水在聚乙烯和疏水玻璃表面上前进角与其界面运动速度的关系

6.7　接触角测定

接触角测定方法有多种。根据直接测定物理量的不同可分为 4 大类，即角度测量法、长度测量法、表面张力法和透过测量法。前三种适用于连续平整的固体表面，后一种适用于粉末型固体表面接触角测定。

6.7.1　角度测量法

1. 躺滴法

直接观测处在固体平面上的液滴或贴泡外形，再用量角器测 θ 角，如图 6-14 所示。固体表面上液滴或贴泡的外形也可以首先通过投影或摄像，然后在照片上直接测量 θ 角。此法直接、简便，但是切线难以作准。

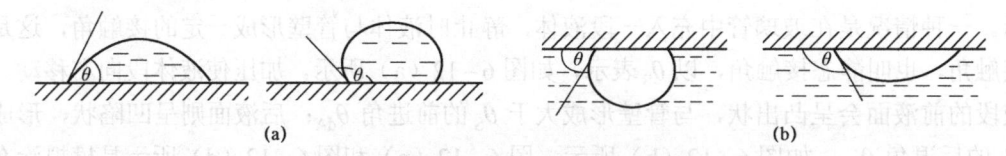

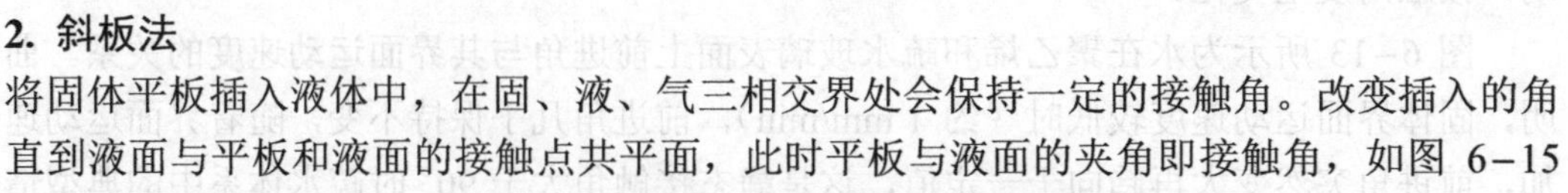

图 6-14　躺滴法或贴泡法测定接触角
(a) 躺滴法；(b) 贴泡法

2. 斜板法

将固体平板插入液体中，在固、液、气三相交界处会保持一定的接触角。改变插入的角度，直到液面与平板和液面的接触点共平面，此时平板与液面的夹角即接触角，如图 6-15 左边所示。需要注意的是，此时平板右边液体与板的接触点处液面是弯曲的。

3. 光反射法

将通过狭缝的高亮度光源照射在三相交界处，改变入射光方向，当反射光刚好沿着固体表面反射出时，根据入射光与反射光夹角 2φ 计算接触角，如图 6-16 所示。

$$\theta = \frac{\pi}{2} - \varphi \tag{6-51}$$

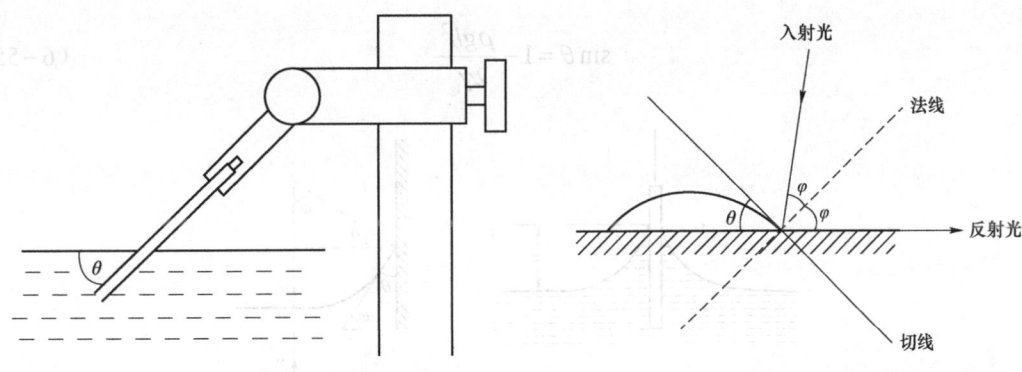

图 6-15　斜板法接触角测定示意图　　图 6-16　光反射法测定接触角示意图

此法没有作切线的困难，不仅适用于平整的固体表面，还可用于纤维等接触角的测定，不足之处是仅能测定小于 90°的接触角。

6.7.2　长度测量法

1. 小液滴法

对于小液滴形状可看成球冠的情况，其侧面透视图如图 6-17（a）所示。由平面几何学可以得到

$$\sin\theta = \frac{2hr}{h^2 + r^2} \tag{6-52}$$

$$\tan\frac{\theta}{2} = \frac{h}{r} \tag{6-53}$$

该法只要测出小液滴高度 h 和液滴与固体接触圆半径 r，就可计算出接触角 θ。此法用液量少，也避免了直接测量角度的不足。

2. 液饼法

向处在平整固体表面上的液滴增加液体，液滴高度随之增加，直至液滴高度不再变化，而只是直径增加，如图 6-17（b）所示。这时液滴最大高度 h_m 与接触角具有以下关系：

$$\cos\theta = 1 - \frac{\rho g h_m^2}{2\gamma_{lg}} \tag{6-54}$$

式中，ρ 为液体的密度；g 为重力加速度。本方法仅适用于液面半径 r 比其高度大很多的情况。

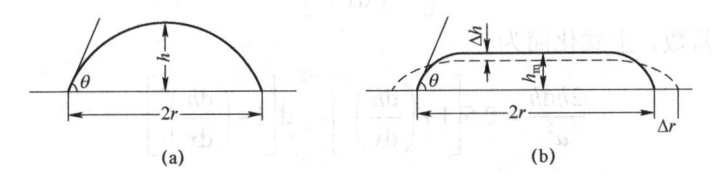

图 6-17　小液滴法和液饼法测定接触角示意图
（a）小液滴法；（b）液饼法

3. 垂片法

如图 6-18 所示，将一固体片垂直插入液体中，液体沿固体片上升高度 h 与固液接触角 θ 具有以下关系：

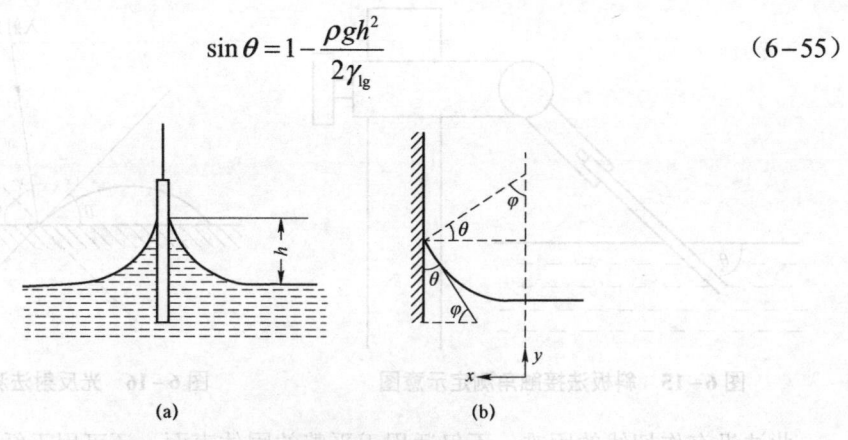

$$\sin\theta = 1 - \frac{\rho g h^2}{2\gamma_{lg}} \qquad (6-55)$$

图 6–18　垂片法测定接触角示意图

此关系由 Bashforth Adams 方程导出。弯曲液面两侧压差 ΔP 可表示为

$$\Delta P = \rho g h = \gamma_{lg}\left(\frac{1}{R_1} + \frac{1}{R_2}\right) \qquad (6-56)$$

因为液面呈圆锥形，故 $1/R_1$ 可取作 0，$1/R_2$ 则表示为

$$\frac{1}{R_2} = \frac{\dfrac{d^2h}{dx^2}}{\left[1+\left(\dfrac{dh}{dx}\right)^2\right]^{3/2}} = \frac{\rho g h}{\gamma_{lg}} \qquad (6-57)$$

因为

$$\frac{d^2h}{dx^2} = \left(\frac{dh}{dx}\right)\frac{d\left(\dfrac{dh}{dx}\right)}{dh} = \frac{\rho g h}{\gamma_{lg}}\left[1+\left(\frac{dh}{dx}\right)^2\right]^{3/2} \qquad (6-58)$$

故

$$\frac{\rho g h}{\gamma_{lg}} = \frac{\left(\dfrac{dh}{dx}\right)d\left(\dfrac{dh}{dx}\right)/dh}{\left[1+\left(\dfrac{dh}{dx}\right)^2\right]^{3/2}} = \frac{2h}{a^2} \qquad (6-59)$$

其中，a^2 为毛细常数。上式化简为

$$\frac{2h\,dh}{a^2} = 0.5\left[1+\left(\frac{dh}{dx}\right)^2\right]^{-3/2} d\left[1+\left(\frac{dh}{dx}\right)^2\right] \qquad (6-60)$$

即

$$\frac{dh^2}{a^2} = -d\left[1+\left(\frac{dh}{dx}\right)^2\right]^{-1/2} \qquad (6-61)$$

因为 $\dfrac{dh}{dx} = \tan\varphi$，代入上式并积分，可得式（6–55）和式（6–62）。

$$\left(\frac{h}{a}\right)^2 - 1 - \cos\varphi = 1 - \sin\theta \qquad (6\text{-}62)$$

由此可见，在已知液体密度及表面张力的情况下，采用垂片法只要测定出液体沿垂片上升的高度就可以算出其接触角。

6.7.3 表面张力法

利用测定液体表面张力的吊片装置也可以测定液体对固体吊片的接触角。吊片法测定液体表面张力时，欲得准确结果，液体必须很好地润湿吊片，保证接触角为 0°，若接触角不为 0°，则吊片正好接触液面时液体作用于吊片的力 f 应为

$$f = (\gamma_{\text{lg}}\cos\theta)P \qquad (6\text{-}63)$$

式中，P 为吊片周长。因此，在已知液体表面张力及吊片周长的情况下，用测力装置测出吊片受力 f，即可算出接触角 θ。此装置也常称作润湿天平。

6.7.4 透过高度法

上述方法都只适用于平整的固体表面，而在实际应用中也会遇到许多有关粉末润湿的问题，也常需要测定液体对粉末的接触角。透过高度法可以满足这类需要。它的基本原理是：固体粒子间的空隙相当于一束毛细管，在毛细管作用下使可润湿固体粉末表面的液体渗透到粉末柱中。由于毛细作用取决于液体的表面张力和对固体的接触角，用已知表面张力的液体测定其在粉末柱中的透过性即可获得该液体对粉末的接触角信息。具体测定方法有两种，即透过高度法（又叫作透过平衡法）和透过速率法。

透过高度法如图 6-19 所示，将固体粉末固定填装在管底有孔的样品玻璃管中。此管底部装置可防止粉末漏失，但容许液体自由通过。让管底接触液面，在毛细力作用下液面在管中上升。上升最大高度 h 由下式决定：

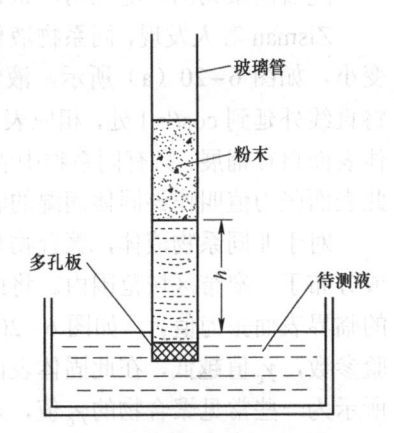

图 6-19 透过高度法测定接触角示意图

$$h = -2\gamma\cos\theta / (\rho g r) \qquad (6\text{-}64)$$

式中，γ 和 ρ 为液体的表面张力和密度；θ 为接触角；g 为重力加速度；r 为粉末柱中等效毛细管半径。由于粉末柱 r 值无法直接测定，通常采用标准液体校正的办法获得。即，用已知表面张力 γ_0、密度 ρ_0 和对所研究粉末接触角为 0°的液体测定其透过高度 h_0，应用式（6-64）算出粉末柱的等效毛细半径 r，再用其他液体测定其在同样粉末柱中的透过高度，通过等效毛细半径值计算得到各液体对该粉末的接触角。计算公式也可以写作

$$\cos\theta = \rho\gamma_0 h / (\rho_0\gamma h_0) \qquad (6\text{-}65)$$

由于粉末柱等效毛细半径与其粒子大小、形状及填装紧密程度密切相关，故用此法欲得到正确的结果，粉末样品及装柱方法的统一性就尤为重要。此外，还需足够的平衡时间以保证达到毛细上升的平衡值。

测量接触角的方法有很多种，但要准确测量却不容易，主要是因为影响接触角的因素较多，尤其是样品的纯度，有时少量的杂质即会造成较大的偏差。因此，测量接触角时，需对

液体与固体样品进行预处理，以保证其纯度，有时甚至需要对空气净化。

6.8 固体表面润湿性质

固液界面润湿可分为三种：不润湿、润湿和铺展。由 Young 氏方程可得，当其他条件不变时，固气界面张力越高，固体越易被润湿。由于获得固体表面张力比较困难，所以通常将固体分为高能表面和低能表面两大类。熔点高、硬度大的金属，金属氧化物、硫化物、无机盐等离子型固体表面能通常比一般液体高得多，高达几百至几千 mN/m，属于高能表面，能被一般的液体所润湿。而碳氢化合物、碳氟化合物以及聚合物等有机固体化合物的表面能与一般液体不相上下，属于低能表面，这些固体表面能否被液体所润湿，取决于固、液两相的成分和性质。

6.8.1 低能表面润湿性质

随着高聚物的广泛应用，认识低能表面的润湿性越来越重要。

Zisman 等人发现，同系物液体在同一聚合物固体表面上的接触角随液体表面张力降低而变小。如图 6-20（a）所示，液体表面张力 γ_{lg} 与其接触角余弦值 $\cos\theta$ 呈很好的线性关系。将直线外延到 $\cos\theta=1$ 处，相应表面张力值的含义为：表面张力大于此值的液体皆不能在此固体表面自行铺展，只有同系物中表面张力小于此值的液体方可在该固体表面自动铺展。因此，此表面张力值叫作该固体润湿的临界表面张力，简称临界表面张力，以 γ_c 表示。

对于非同系物液体，聚合物与液体接触角余弦值 $\cos\theta$ 对液体表面张力 γ_{lg} 也大致呈直线或分布于一窄带区域范围内。将此带外延与 $\cos\theta=1$ 线相交，相应 γ_{lg} 的下限值即为该聚合物的临界表面张力值 γ_c，如图 6-20（b）所示。临界表面张力 γ_c 是表征固体表面润湿特性的经验参数，γ_c 值越低，在此固体表面能发生铺展的液体种类便越少，其可润湿性越差。表 6-6 所示为一些常见聚合物的 γ_c 值，表 6-7 所示为一些有机固体的 γ_c 值，表 6-8 所示则是一些两亲分子在金属、玻璃或其他高能固体表面上形成定向单分子层膜（即 L-B 膜）时的 γ_c 值。

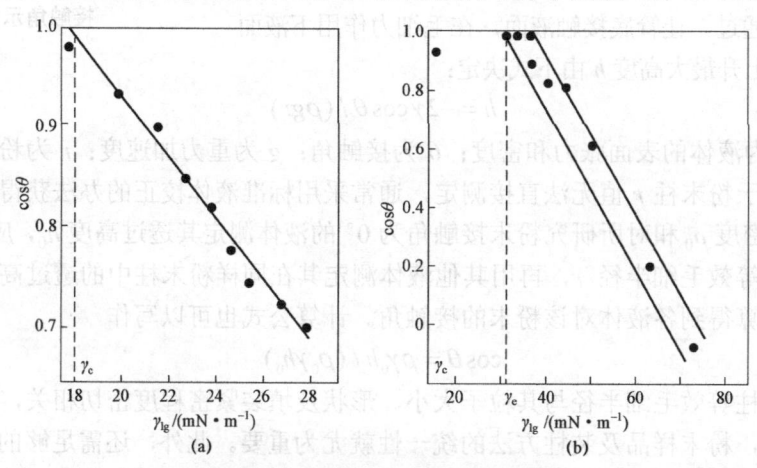

图 6-20 低能固体表面的润湿特性

(a) 聚四氟乙烯/正构烷烃；(b) 聚乙烯/非同系物液体

表 6-6 一些常见聚合物的 γ_c 值

固体	$\gamma_c/(mN \cdot m^{-1})$	固体	$\gamma_c/(mN \cdot m^{-1})$
聚四氟乙烯	18	聚乙烯醇	33
聚三氟乙烯	22	聚甲基丙烯酸甲酯	39
聚二（偏）氟乙烯	25	聚氯乙烯	39
聚一氟乙烯	28	聚二（偏）氯乙烯	40
聚乙烯	31	聚酯	43
聚三氟氯乙烯	31	尼龙 66	46
聚苯乙烯	33	纤维素及其衍生物	40~45

表 6-7 一些有机固体的 γ_c 值

固体	$\gamma_c/(mN \cdot m^{-1})$
正三十六烷	22
石蜡	26
萘	36
季戊四醇四硝酸酯	40
环三次甲基三硝胺	44

表 6-8 一些定向单分子层膜的 γ_c 值

固体	$\gamma_c/(mN \cdot m^{-1})$	固体	$\gamma_c/(mN \cdot m^{-1})$
全氟月桂酸	6	α-乙基己酸	29
全氟丁酸	9.2	三硝基丁酸	43
十八胺	22	苯甲酸	53
硬脂酸	24	α-萘甲酸	58
α-戊基十四酸	26		

有关低能固体表面润湿性总结规律如下：

（1）固体润湿性与其分子极性有关。各类碳氢或碳氟化合物中，极性化合物的可润湿性显著优于相应完全非极性的化合物。

（2）高分子固体润湿性质与其元素组成有关。在碳氢链中加入其他杂原子将明显改变高聚物的润湿性能。加入氟原子使固体可润湿性降低，γ_c 变小；其他原子则使 γ_c 升高，改善可润湿性。各种杂原子改善固体可润湿性的能力次序如下：

$$N > O > I > Br > Cl > H > F$$

（3）高分子碳氢链上的氢原子取代越多则影响越大。图 6-21 所示为碳氢链上氢原子被氟或氯取代百分数与 γ_c 的关系。可以看出，氟原子取代氢原子时，大约每增加 25% 的氟取代

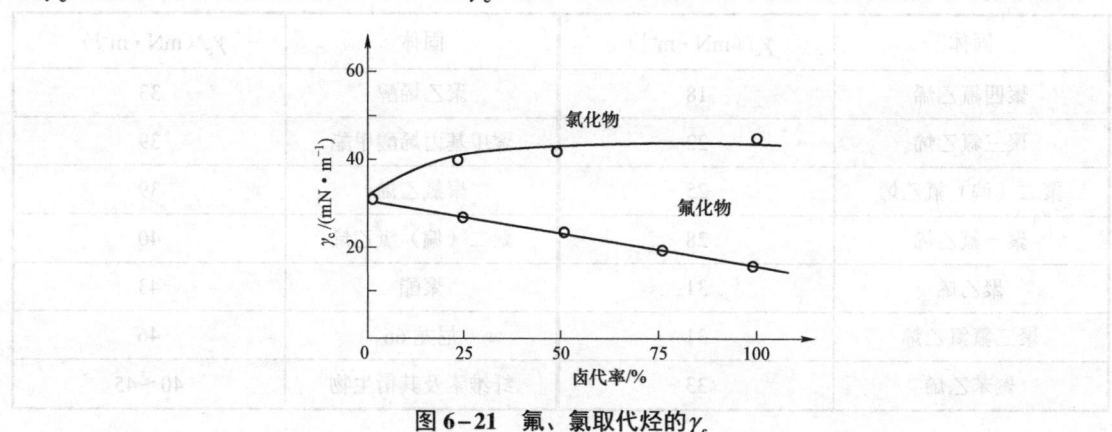

量 γ_c 就降低 4 mN/m；氯的作用则是使 γ_c 升高，其升高值与取代量之间并无简单线性关系。

图 6-21 氟、氯取代烃的 γ_c

（4）附着有两亲单分子层的高能固体表面显示低能表面的特性。这说明固体的润湿性质取决于固体表面层的原子或原子团的性质及排列情况，与基质关系不大。

（5）低能固体表面的 γ_c 与其表面化学结构有关，表面组成中一定的基团相应于一定的 γ_c 值。表 6-9 给出了一些表面基团组成及相应的 γ_c 值。

表 6-9 一些表面基团组成及相应的 γ_c 值

基团组成	$\gamma_c/(mN \cdot m^{-1})$	基团组成	$\gamma_c/(mN \cdot m^{-1})$	基团组成	$\gamma_c/(mN \cdot m^{-1})$
—CF_3	6	—CH_3（晶体）	20～22	—CClH—CH_2—	39
—CF_2H	15	—CH_3（单层）	22～24	—CCl_2—CH_2—	40
—CF_3，—CF_2—	17	—CH_2—	31	=CCl_2	43
—CF_2—	18	—CH_2—，=CH—	33	—CH_2ONO_2（结晶，110 面）	40
HCF_2—CH_2—	22	—CH=（苯环中）	35		
—CFH—CH_2—	28	—CF_2—CH_2—	25	—CH_2ONO_2（结晶，101 面）	45

6.8.2 高能表面自憎现象

原则上高能表面能被一般液体所铺展，如水和油类液体滴到干净的玻璃或金属表面上都是铺展的。但也有一些低表面张力的有机液体，在金属或金属氧化物等高能表面却不能自动铺展，而是形成有相当大接触角的液滴，见表 6-10。究其原因是，这类有机液体物质大多为两亲性分子，与高能表面接触时液体分子在固体表面形成一层定向排列的吸附层，其以极性基朝向高能表面、非极性基向外的方式定向排列成吸附膜，改变了固体表面的原有性质，高能表面变成了低能表面。这样形成的低表面张力 γ_c 比这些液体自身表面张力 γ_{lg} 还要低时，这些液体便不能在其自身的吸附膜上发生铺展。这种现象称为高能表面的自憎现象。

表 6-10 一些低表面张力的有机液体在高能表面上的接触角（20℃）

液体	$\gamma_{lg}/(mN \cdot m^{-1})$	$\theta/(°)$			
		钢	白金	石英	α-氧化铝
1-辛醇	27.8	35	42	42	42
2-辛醇	26.7	14	29	30	26
2-丁基-1-己醇	26.7	25	20	26	19
α-丁基-1-戊醇	26.1	—	7	20	7
正辛醇	29.2	34	42	32	43
2-乙基己酸	27.8	<5	11	7	12
磷酸三邻甲酚酯	40.9		7	14	18
磷酸三邻氯苯酯	45.8		7	19	21

自憎现象也有实用价值。一些精密机械使用具有自憎现象的润滑油涂于轴承部位，可以防止油在金属部件上形成油污而影响机械精密度。这再一次说明：固体表面的润湿性质取决于固体表面层的原子或原子团的性质及排列情况。运用此概念可以根据需要能动地改变固体表面润湿性质。

6.9 润湿剂

能够促进或加速液体润湿固体的物质称为润湿剂，在具体实际应用中又有不同的称呼。能促进液体渗入纤维或孔性固体内部的物质称为渗透剂，使固体颜料粉末等稳定地分散于液体介质中的物质称为分散剂，这些都是广义上的润湿剂。

润湿剂能够改善固液界面的润湿效果，原因是其可以降低液体的表面张力以及固液间的界面张力。作为润湿剂的大多是阴离子型或非离子型表面活性剂，很少用阳离子型表面活性剂，因为大多数固体在中性甚至弱酸性条件下表面常常带负电荷（如不溶性金属和非金属氧化物、天然纤维等）。阳离子型表面活性剂中的阳离子与固体表面强烈的电性吸引使得表面活性剂非极性端朝向水相而变成疏水表面。若要希望固体表面转化为憎水性表面，则要用阳离子型表面活性剂，如十二烷基氯代吡啶，这种作用又称为反润湿转化。

6.9.1 润湿剂分子对润湿性能的影响

用作润湿剂的阴离子型表面活性剂分子结构具有以下特点：

（1）疏水基支化程度高，亲水基位于分子中部，有利于提高润湿能力。Draves法实验是评价表面活性剂润湿性能的常用方法。该方法是在一定温度下将一定量的纤维或纺织品（或多孔性固体，或固体粉末）放在指定浓度和电解质组成的表面活性剂溶液中，测定完全润湿所需的时间。所需时间越短，润湿性越好。

利用Draves法实验，表6-11列出了几种分子量相同而结构不同的烷基琥珀酸酯磺酸钠润湿剂的实验结果。由表可知，—SO₃Na位于表面活性剂分子结构中间位置，以及非极性碳氢链分支结构较多时表面活性剂的润湿性能较好。这一方面是因为表面活性剂对固体表面的润湿能力与其溶液表面张力的关系大致一致，即能使溶液表面张力下降越多的表面活性剂对固体表面的润湿能力也越好。另一方面，极性基靠近分子中间部位的比其在分子两端时扩散动力学快，动润湿性能也较好。

表6-11 几种表面活性剂的润湿时间（Draves 法）

表面活性剂	含量/%	润湿时间/s
$C_{14}H_{29}CH(SO_3Na)COOCH_3$	0.1	25
$C_{10}H_{21}CH(SO_3Na)COOC_5H_{11}$	0.1	1.6
$C_7H_{15}CH(SO_3Na)COOC_8H_{17}$	0.1	1.5
$C_7H_{15}CH(SO_3Na)COO(CH_3)C_6H_{13}$	0.1	1.3
$C_7H_{15}CH(SO_3Na)COOCH_2CH(C_2H_5)C_4H_9$	0.1	0

（2）直链表面活性剂浓度很低时，较长的非极性碳氢链具有更好的润湿作用，这可能是前者 γ_{cmc} 较低的原因，但高浓度时短链的则更有效。Draves 法实验表明，表面活性剂非极性碳氢链长度适中时润湿时间有最小值。

常用的阴离子型润湿剂有：烷基硫酸盐（$ROSO_3M$），如十二烷基硫酸钠；烷基磺酸盐和烷基苯磺酸盐；二烷基琥珀酸酯磺酸盐，如琥珀酸二异苯酯磺酸钠；烷基酚聚氧乙（丙）烯醚琥珀酸半酯；烷基萘磺酸盐，如二丁基萘磺酸钠，商品名为拉开粉；脂肪酸或脂肪酸酯硫酸盐，如硫酸化蓖麻油，其商品名为土耳其红油。此外，还有羧酸皂、磷酸酯等。

用作润湿剂的非离子型表面活性剂有：含有适当聚合度的聚氧乙烯脂肪醇、硫醇、烷基酚等。如渗透剂 JFC，分子通式为 $RO-(CH_2CH_2O)_nH$，R 为 $C_8 \sim C_{10}$ 的烷基，n 为 6~8，具有耐酸、耐碱、耐硬水、稳定好、与其他类型表面活性剂配伍性好等优点。氧乙烯单体为 3~4 时的壬基酚（或辛基酚）聚氧乙烯醚的润湿性能最好。聚氧乙烯氧丙烯嵌段共聚物、聚氧乙烯脂肪酸酯、聚乙烯吡咯烷酮等结构适当时也可用作润湿剂。

以上都是以水作为溶剂的润湿剂，在有机介质中，用作润湿剂的多为高分子类表面活性剂。

6.9.2　润湿剂吸附状态对固体表面性能的影响

润湿剂对固体表面润湿性能的影响还取决于其在固液界面上的吸附状态和吸附量。将高表面能云母片插入阴离子型表面活性剂月桂酸钾水溶液中，随着月桂酸钾溶液浓度增加到 cmc 时，云母片表面变为疏水表面，水不能在其上面铺展，高于 cmc 以后表面又变为亲水性。这是因为 cmc 以下时，亲水基朝向云母片、亲油基向着水相形成低能疏水表面；超过 cmc 后，月桂酸阴离子型表面活性剂的碳氢链再次以亲油基朝向云母片、亲水基向着水相在云母片上形成双分子层吸附膜，云母片表面再次成为亲水性。

月桂酸钾在硅石上的吸附状态与月桂酸钾浓度无关，表面一直是亲水性的。这是因为月桂酸钾疏水基以 wan der Waales 力定向吸附于硅石固体表面，亲水基朝向水相，这种吸附状态不可能再次形成双分子吸附层。

对于十二烷基三甲基溴化铵阳离子型表面活性剂，无论对云母片还是对硅石，其润湿现象均表现为：最初表面呈现亲水性，高于某浓度时则变为疏水性，也是形成双分子吸附层的缘故。

6.10　润湿热

浸湿过程自发进行时体系自由能降低，单位面积浸润功为 $A = W_i = \gamma_{sg} - \gamma_{sl}$。实际过程中，体系与环境间除存在数值不大的膨胀功外，并无其他形式的能量交换，故体系自由能的降低值主要以热的形式释放，这就是润湿热。采用精密量热法可以测出固体表面浸润时的热效应，该值是表征固液体系润湿特性的重要参数，润湿热越大说明固体和液体间的亲和力越强。虽然常用固液接触角量化润湿性能的强弱，但是接触角为 0° 或自动铺展情况下无法再分辨体系润湿性能的优劣，这时润湿热数据便可作为量化参数。

表 6-12 列出了 25 ℃时一些液体对石墨化炭黑和金红石的润湿热。数据表明各种液体对非极性石墨化炭黑的润湿热相当接近，而对极性金红石的润湿热则相差悬殊，这是固体表面和液体间相互作用大小的反映。对于非极性固体石墨化炭黑，液体与其界面主要是色散作用，无论液体是否为极性，其润湿热都很接近；而极性固体与液体间的相互作用强弱则随液体性质不同而异。

表 6-12　25 ℃时一些液体对石墨化炭黑和金红石的润湿热

液体	金红石/(mJ·m⁻²)	石墨/(mJ·m⁻²)	液体	金红石/(mJ·m⁻²)	石墨/(mJ·m⁻²)
甲醇	426	110	1-氯代丁烷	330	106
乙醇	397	110	丁酸	506	115
正丁醇	410	114	己烷	135	103
1-硝基丙烷	415	115	辛烷	140	127

润湿热数据还可以提供固体表面能信息。根据表面热力学基本关系可得

$$\Delta G_i = \gamma_{sl} - \gamma_{sg} = \Delta H_i + T(dG_i/dT) \tag{6-66}$$

另一方面，根据 Fowkes 关系式可得

$$\Delta G_i = \gamma_{lg} - 2\left(\gamma_{lg}^d \gamma_{sg}^d\right)^{1/2} \tag{6-67}$$

结合式（6-66）和式（6-67）可得

$$\Delta H_i = \gamma_{lg} - 2\left(\gamma_{lg}^d \gamma_{sg}^d\right)^{\frac{1}{2}} - 2\left(\gamma_{sg}^d\right)^{\frac{1}{2}} T\left[d\left(\gamma_{lg}^d\right)^{\frac{1}{2}}/dT\right] - 2\left(\gamma_{lg}^d\right)^{\frac{1}{2}} T\left[d\left(\gamma_{sg}^d\right)^{\frac{1}{2}}/dT\right] \tag{6-68}$$

在已知 γ_{lg} 和 γ_{lg}^d 的情况下，测定润湿热 ΔH_i，由式（6-68）便可求出 γ_{sg}^d。

6.11　超疏水和超亲水表面

通常情况下，即使用疏水性最强的碳氟链修饰分子级平整的表面，其

与水的接触角（Water Contact Angle，WCA）最大也只能达到 120°。若某固体表面与水的接触角大于 120°，则该固体表面称为超疏水表面。表征超疏水表面有两个特征参量：WCA＞150° 以及液滴的滑动角（Sliding Angle，SA，又叫摩擦角）＜5°。滑动角是指表面相对于水平面倾斜的角度，是表面上水滴发生滚落时的最小角度，有时也用倾斜角（tilt angle）来描述。超疏水表面接触角和滑动角示意图如图 6-22 所示。超亲水表面则是指 WCA＜10° 的表面。

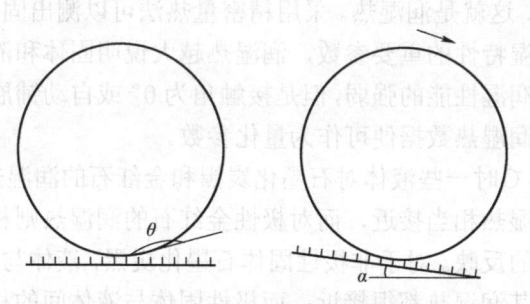

图 6-22　超疏水表面接触角和滑动角示意图

6.11.1　超疏水表面结构

Neinhuis 首先对包括荷叶在内的 8 种植物叶面超疏水特性进行了研究。结果发现，4 种植物叶面可被水润湿，叶子表面在微米尺度上是平整光滑的，其 WCA＜110°、SA＞40°。另外包括荷叶在内的 4 种叶面则不能被水润湿，叶子表面不仅有蜡质表皮（epicuticular wax），还有微米级的突起结构（papillae），比较粗糙，其 WCA＞150°、SA＞5°。由于水不能润湿叶面且滚动角很小，水滴滑落时会将叶片上的尘土等微粒带走，造就了出淤泥而不染的"荷叶自洁效应"特性，如图 6-23 所示。

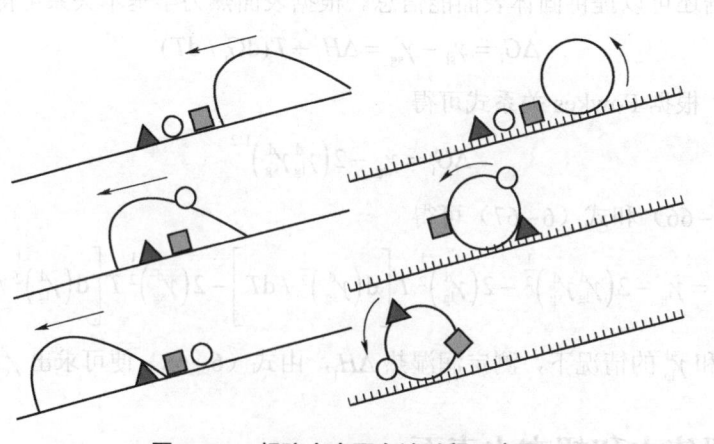

扫码观看"荷叶自洁效应"视频

图 6-23　超疏水表面自洁过程示意图

Neinhuis 对另外 6 种植物叶片的润湿性研究同样表明，叶子表面微观上的粗糙结构和疏水性蜡质造就了其超疏水性。在这种表面上，水不能铺展，也不能与其表面完全接触，而只是存在于这种微凸结构的顶端,如图 6-24 所示。Otten 对旱金莲(Indian cress 或 Tropaeolum)和斗篷草(Lady's mantle)叶片的润湿性研究也发现,这两种植物叶片的超疏水性源自其表面的毛发状结构,如图 6-25 所示。

图 6-24　超疏水叶子上面的水珠　　　　图 6-25　叶子毛发状结构上的水珠

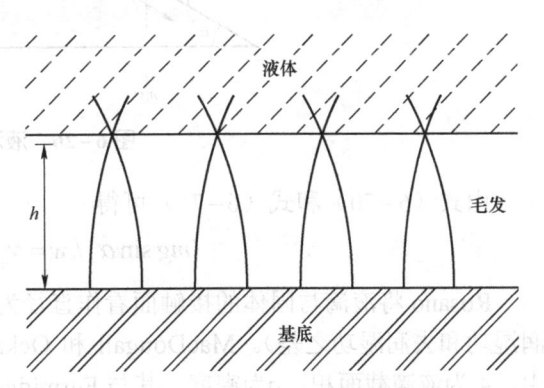

Neinhuis 和 Otten 研究结果一致表明,具有超疏水性能的植物叶片表面必须粗糙且具有疏水性。水滴存在于粗糙表面的顶端,水滴与叶片的其他表面之间则充满空气。实际上,超疏水特性又可分为均质润湿(homogeneous wetting)和非均质润湿(heterogeneous wetting)两种情况。1936 年 Wenzel 总结了均质润湿的规律,1944 年 Cassie 和 Baxter 总结了非均质润湿的规律。

6.11.2　滑动角

液滴在固体表面及毛细管中的运动很早就引起了人们的关注。Jamin 研究表明,液体在毛细管中运动的阻力与其前进角和后退角的差值有关。West 和 Yarnold 进一步研究表明,毛细管中液体运动阻力还与前进角和后退角的余弦值差、管半径及液体表面张力有关;对于平整固体表面上液滴的运动,液滴的表面张力则尤为重要。Bikerman 指出液滴在叶片上的黏附量取决于叶片倾斜度、液滴大小及其与叶片的接触角,并给出了如下方程:

$$\frac{mg\sin\alpha}{w} = k\gamma_{lg} \tag{6-69}$$

式中,m 为液滴质量;α 为可使液滴发生滑动的倾斜角;w 为液滴宽度;γ_{gl} 为液滴的表面张力;k 为常数。该式的重要意义是将滑动角与液滴的表面张力进行了关联。

Furmidge 给出了一个将倾斜角与液滴前进角和后退角相关联的关系式。一个沿表面匀速且缓慢滑动的液滴,其向下运动的驱动力为重力沿固体表面的分量 $mg\sin\alpha$(图 6-26)。液滴下行 dl 距离所做的功为

$$dW = mg \cdot \sin\alpha \cdot dl \tag{6-70}$$

假定液滴与斜面的接触面为矩形,宽度为 w,则被液滴前端润湿的面积 wdl 等于液滴尾端前行的去润湿面积。润湿单位固体表面积所做的功为 $\gamma_{lg}(1+\cos\theta_A)$,而去润湿单位固体表面积所做的功为 $\gamma_{lg}(1+\cos\theta_R)$,因此,液滴移动 d$l$ 距离所做的功 dW 为

$$dW = \gamma_{lg}w\cos\theta_R dl - \gamma_{lg}w\cos\theta_A dl \tag{6-71}$$

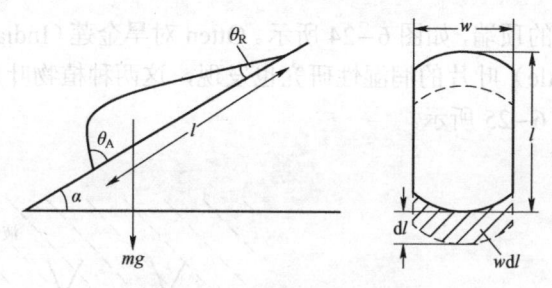

图 6-26 液滴滑动示意图

由式（6-70）和式（6-71）可得

$$(mg\sin\alpha)/w = \gamma_{lg}(\cos\theta_R - \cos\theta_A) \tag{6-72}$$

Rosano 将液滴与固体的接触面看作直径为 l 的圆形，得到 $mg\sin\alpha/l=\Delta\tau$（$\Delta\tau$ 为单位面积润湿功和去润湿功之差）。MacDougall 和 Ockrent 曾推导出 $A\rho g\sin\alpha=\gamma_{lg}(\cos\theta_R-\cos\theta_A)$，式中，$A$ 为液滴截面积，ρ 为密度。其与 Furmidge 方程均类似。上述公式将 α 与 θ_R 和 θ_A 进行了关联，即测出液滴的前进角和后退角，就可以求出使该液滴滑动的倾斜角。这表明前进角和后退角的差值越小，液滴越易滑动，倾斜角也越小。

Frenkel 对倾斜表面上液滴的滑动角进行了研究，如图 6-27 所示。假定所有阻止液滴滑动的初始阻力均来自液滴的后部，液滴开始滑动时的倾斜角为 α，此时前进力超过了液滴后部的滞后力。滞后力 f_R 作用一段距离 ds 所做的功为

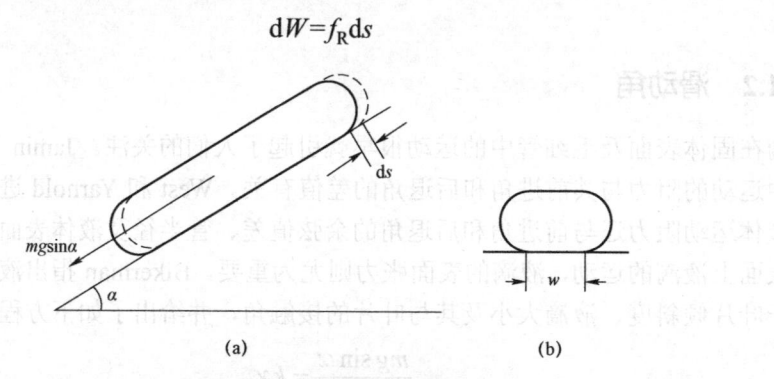

$$dW = f_R ds \tag{6-73}$$

图 6-27 液滴滑动示意图
(a) 侧视图；(b) 后视图

在液滴后沿形成了一个新的液体表面和一个新的固体表面，同时液固界面消失。因此，当面积为 dA 的固体表面暴露出来后，液滴后部所做的功为

$$dW = (\gamma_{lg} + \gamma_{sg} - \gamma_{sl})dA = (\gamma_{lg} + \gamma_{sg} - \gamma_{sl})wds \tag{6-74}$$

因此有

$$f_R = (\gamma_{lg} + \gamma_{sg} - \gamma_{sl})w \tag{6-75}$$

而滞后力 f_R 与前进力 $mg\sin\alpha$ 相等，故

$$mg\sin\alpha = (\gamma_{lg} + \gamma_{sg} - \gamma_{sl})w$$

Olsen 等人将此式与 Young 氏公式结合，得到

$$mg\sin\alpha = w\gamma_{\text{lg}}(1+\cos\theta) \tag{6-76}$$

严格来讲，上式只有在忽略液体蒸气在固体表面吸附的情况下才正确，但对低能固体表面是一个较好的近似，可用平衡接触角预测其倾斜角。该式也可以写作 $mg\sin\alpha = wW_a$，测得倾斜角后可以求算其黏附功。

6.11.3 接触线

Wenzel 和 Cassie 理论在研究超疏水表面方面受到极大重视，但这两个理论涉及的是固液接触面而不是接触线。现在一些研究已开始关注液滴前进或者后退过程中发生在接触线上的情景。

对一些硅氧烷修饰的固体表面研究发现，尽管液滴在这些表面上的接触角较小，但接触角滞后很小或者几乎为零。水、十六烷和碘甲烷等液滴在其表面很容易滑落。McCarthy 等人认为，用单一静态接触角或者前进角来描述一个表面的疏水性能不完备，还应考虑前进角、后退角以及三相线的问题。粗糙表面的拓扑结构影响液滴在固体表面三相线的连续性及接触角滞后性，对材料的表面亲、疏水性能尤为重要，图 6-28 展示了不同表面的拓扑结构和三相线。

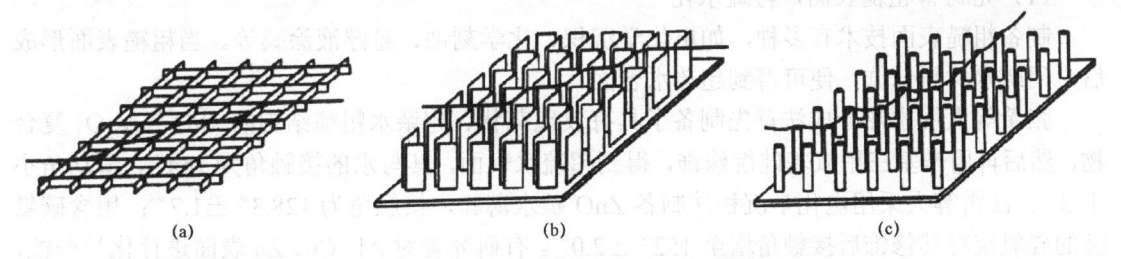

图 6-28 不同表面的拓扑结构和三相线
(a) 屏风状——连续接触线；(b) 分开的山脊状——不连续但为真正的接触线；(c) 分开的柱状——非常不连续

从三相线的角度考虑接触角的滞后性，观点如下：

（1）当液滴运动时，只有润湿新表面和去润湿界面的水分子发生运动，就像坦克履带，其他分子可看作不动。在非常小运动的情况下，如移动 0.5 nm，移动的是三相接触线上的水分子（一个水分子的宽度为 0.5 nm）。接触线上发生的任何一点改变均对滞后有影响，因此，三相线的结构及稳定性是液滴运动应关注的关键问题。

（2）液滴运动可以是滑动，也可以是滚动，或者两种情况结合，采用哪种方式取决于固体表面化学及拓扑结构，不同方式对应液滴内部及界面水分子的运动状态也不同。水分子在一定距离内如何移动是动力学过程，从热力学的观点看，无论是滑动还是滚动，在能量上是等价的。

（3）液滴需要沿整个三相线向前或者向后运动，除非滞后为零，否则在其运动之前液滴必须发生形变，这种形变可认为是液滴运动所需克服的活化能。

（4）液滴前进或后退是完全不同的过程，具有不同的活化能，二者可以不同步。这意味着围绕接触线可发生多个同步或连续的过程，且这些过程具有多个活化能。一个运动液滴及其液固接触线的形状取决于接触线周边前进及后退的相对速度。

液滴接触角 θ_A 和 θ_R 究竟与什么相关呢？设在一表面上有层硅氧烷膜，其与水的接触角

θ_A、θ_R 分别为 118°、98°，若三个体积相同的液滴置于其上，调整其接触角分别为 98°、108° 和 118°。表面发生倾斜时液滴表现出什么行为呢？接触角为 98° 的接触线将保持不动，液滴开始收缩直至达到其前进角；118° 的液滴开始前进，但液滴后端的接触线保持不动，直至达到其后退角；108° 介于前两者之间，既不前进也不后退，而是变形，直到达到 θ_R 和 θ_A。每个液滴在最后发生运动时会达到同一形状，但其经历过程却不同，这些过程有不同的前进、后退机制，以及不同的活化能。若以滞后为活化能特征，对于这三个过程，即使是相同液滴在同一个表面上活化能也是不同的。

接触角滞后性反映了液滴在表面运动时从一个介稳态到另一个介稳态所需的活化能，可从根据界面面积及界面自由能的变化来定量描述，也可以从接触线的观点来观察液滴的运动及滞后。从宏观上看接触线运动所需活化能就是液滴的形变。

6.11.4 超疏水表面制备

制备超疏水表面就是制备一个粗糙的疏水表面，这样既可以俘获空气，又有低的表面自由能。超疏水表面制备方法可概括为两种：将疏水材料表面粗糙化或者将粗糙表面疏水化。

（1）先制备粗糙表面，再疏水化

制备粗糙表面技术有多种，如电化学沉积、化学刻蚀、悬浮液涂膜等。当粗糙表面形成后，用疏水材料修饰，便可得到超疏水表面。

张希等人用水热合成法首先制备了具有玫瑰花状、超亲水粗糙结构的 $SiO_2-Al_2O_3$ 复合物，然后再用辛基三甲氧基硅烷修饰，得到超疏水表面，其与水的接触角为 154°，滑动角小于 3°。江雷等人采用电化学沉积法制备 ZnO 疏水薄膜，接触角为 128.3°±1.7°；用含碳氟链的硅氧烷对其修饰后接触角增至 152°±2.0°。有研究者对 Al、Cu、Zn 表面进行化学刻蚀，再用氟代硅氧烷进行修饰，得到了超疏水表面。LB 组装技术也被用来构筑超疏水表面。利用 LB 技术在 ITO 半导体片上沉积聚电解质膜，通过电化学法沉积 Ag 得到粗糙的表面，再用十二烷基硫醇使之疏水化，所得疏水表面与水接触角大于 154°，滑动角小于 3°。Wu 等人首先制得 ZnO 粗糙表面，然后用不同链长的脂肪酸对其进行修饰，当用 $C_8 \sim C_{14}$ 的脂肪酸修饰时为 Wenzel 型，即均质润湿，有较大接触角回滞环；脂肪链大于 C_{16} 时为 Cassie 型，为非均质润湿。

（2）一步粗糙疏水化

通过适当设计可实现粗糙、疏水一步化。将有机硅烷通过氢键形成溶胶，再掺杂 PDMS，使之凝胶化，形成薄膜。实验表明，水在该表面的接触角大于 150°。Rao 等人通过硅氧烷水解聚合得到各种粗糙形貌的疏水表面，与水的接触角为 159°～173°。

江雷等人以孔密度为 $1.23 \times 10^{10}/cm^2$、平均孔径 68.7 nm 的 Al_2O_3 膜为模板制得聚乙烯醇 PVA 纳米纤维阵列。纳米纤维顶部平均直径为 72.1 nm，纤维间距为 361.8 nm，纤维密度为 7.07×10^8 根/cm^2，如图 6-29 所示。由于亚甲基向外，所得材料表面为疏水表面，与水接触角为 171.2°±1.6°。

（3）先形成规整表面，再疏水化

先形成结构规整的表面，然后处理使之疏水化，目的是探讨结构与超疏水性之间的关系。江雷等人在硅片上先用光刻法制得高 30 μm，边长为 10 μm，间隔分别为 6μm、10μm、13μm、

15 μm 和 20 μm 的柱，然后化学沉积碳纳米管，再用乙烯基三甲氧基硅烷或 2-氟代辛基乙基三甲氧基硅烷修饰，所得结构如图 6-30 所示，测得水在不同表面上的接触角如表 6-13 所示。可以看出，间距和修饰剂均对接触角有影响。

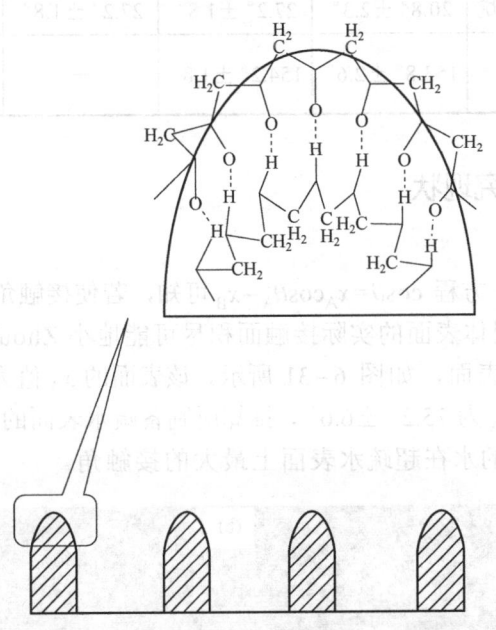

图 6-29　PVA 分子在气固界面上的构象

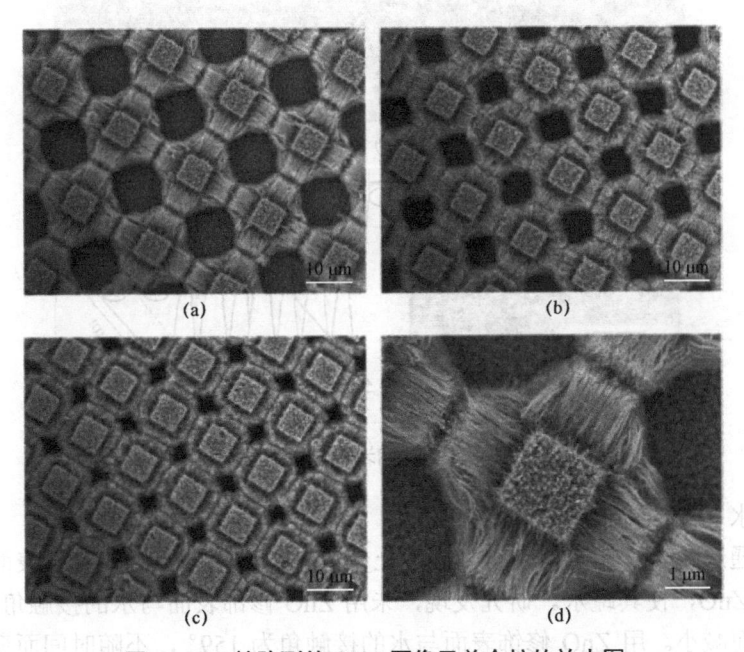

图 6-30　柱陈列的 SEM 图像及单个柱的放大图

(a) 间隔为 20 μm 的柱陈列的 SEM 图像；(b) 间隔为 15 μm 的柱阵列的 SEM 图像；
(c) 间隔为 10 μm 的柱陈列的 SEM 图像；(d) 单个柱的放大图

表 6-13 水在不同表面上的接触角

	间距/μm	6	10	13	15	20
接触角	未修饰表面	10°±1.5°	25.5°±2.7°	—	142.9°±1.8°	22.2°±4.1°
	乙烯基三甲氧基硅烷	20.8°±2.3°	27.2°±1.8°	27.2°±1.8°	153.3°±3.3°	21.2°±1.5°
	2-氟代辛基乙基三甲氧基硅烷	153.8°±2.6°	154.2°±1.8°	—	159.6°±0.3°	162.7°±1.5°

6.11.5 超疏水研究现状

（1）逼近极限

由式（6-50）Cassie 方程 $\cos\theta=x_A\cos\theta_A-x_B$ 可知，若使接触角 θ 趋近于 180°，则必须尽量降低 x_A，使液体与固体表面的实际接触面积尽可能地小 Zhou 等人制备了微观形貌为微纳米锥状疏水结构的表面，如图 6-31 所示。该表面的 x_A 值为 6.12×10^{-4}，所用材料为平整表面时与水接触角 θ_A 为 75.2°±6.6°，推算所制备疏水表面的 θ 可达 177.8°±0.1°，实测为 178°，是迄今报道的水在超疏水表面上最大的接触角。

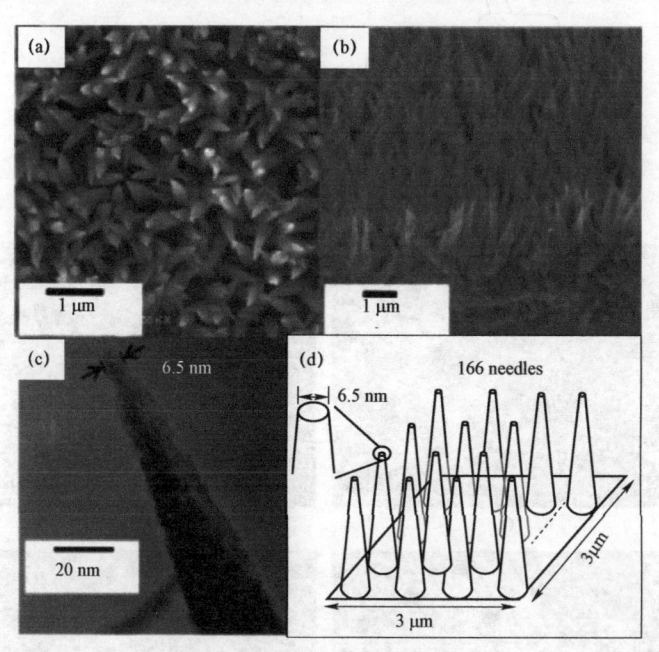

图 6-31 微纳米锥状疏水结构

（2）超疏水-超亲水可逆转化

Lau 等人通过化学气相沉积法得到硅片上负载有碳纳米管阵列的粗糙表面，再在碳纳米管上形成一层 ZnO，使其疏水。研究发现，未用 ZnO 修饰表面与水的接触角为 146°，接触角随时间延长而减小。用 ZnO 修饰表面与水的接触角为 159°，不随时间而变；在紫外线照射下，接触角由 159°降低至 46°；将其置于暗处 12 h，该表面又恢复超疏水性，实现超疏水和超亲水表面之间的可逆转变。

江雷等人直接用化学气相沉积法制备 ZnO 的粗糙表面，接触角为 164.3°。紫外线照射下接触角变小，2 h 后可降至低于 5°；在暗处放置后又恢复其超疏水性。他们还用低温水热合成技术在玻璃基片上沉积 TiO_2 纳米棒，清洗后存于暗处两周，测得该表面与水的接触角为 154°，具有超疏水性。光照时，该膜由超疏水变为超亲水。这是因为 TiO_2 为光敏材料，紫外线照射下产生空穴，空穴与晶格氧反应生成表面氧空穴，水分子与其发生配位增强了表面的亲水性。

（3）壁虎效应

江雷等人制备了由疏水聚苯乙烯纳米管排列而成的膜，管密度为每平方毫米 $6.76×10^6$ 根，管长（57.8±0.8）μm，外径（283.4±4.1）nm，壁厚（59.8±1.9）nm。相比平整的聚苯乙烯与水接触角为 95°，该薄膜与水接触角为 162.0°±1.7°，具有超疏水性。不过，这个超疏水表面还有很强的黏附力，这种效应叫作壁虎效应（gecko mechanism）。壁虎脚上约有 50 万根刺毛（seta-setae），这些刺毛与固体基底接触时通过范德华力产生较强的吸附力。同样，此时水滴与聚苯乙烯纳米管排列形成的表面有很强的黏附力或者亲和力。如果用滑动角来衡量，这类表面不是超疏水表面，从接触角滞后观点来看，它也不具备超疏水性，但其与水的接触角的确大于 150°。

（4）超双疏表面

利用既疏水又疏油的碳氟类化合物修饰表面，发现形成的表面对水和油的接触角均高于 150°，这种表面为超双疏表面。Xiong 和 Liu 等人用双嵌段共聚物处理棉纤维，发现水、二碘甲烷、十六烷、润滑油、食用油、泵油和使用过的泵油在处理后的棉纤维上均呈小液珠状，其接触角分别为 164°、153°、155°、154°、156°、157° 和 152°，这说明这种棉纤维既疏水又疏油，为超双疏材料（superamphiphobic）。

周峰等人先将碳氟链接枝到多壁碳纳米管上，使之与聚氨酯等在适当的溶剂中混合，再利用喷涂法制得复合涂层。研究结果表明，水、0.5%十二烷基硫酸钠水溶液、十六烷、二碘甲烷、甘油、菜籽油、多烷基取代环戊烷、聚烯烃等在该涂层上的接触角分别为 162°、152°、152°、150°、155°、152°、152° 和 150°，滑动角分别为 5°、15°、40°、30°、10°、35°、30° 和 30°，这说明该涂层具有超双疏性。

（5）两种模型运用范围

Wenzel 和 Cassie 两种超疏水模型均可对超疏水现象进行描述。那么每种模型的使用条件是什么呢？研究认为当温和地将小液滴放在表面上时可用 Cassie 模型，当小液滴从一定高度落下时用 Wenzel 模型。还有研究表明，对液滴施加一个压力时可由 Cassie 模型变为 Wenzel 模型；液滴较小时为 Cassie 模型，较大时为 Wenzel 模型。

6.12 润湿应用

6.12.1 洗涤

洗涤去污是一个复杂过程，其中的润湿渗透过程很重要。吸附在被洗物体表面的污垢粒子大都是不能被水润湿的尘埃、煤烟、油脂等疏水性物质，若要将污垢从被洗涤物表面或孔隙中剥离，洗涤液对于疏水性物质表面必须有良好的润湿能力。在水中加入表面活性剂即洗涤剂后，改善了水对污垢的润湿性，使溶液一直渗入到污垢粒子与织物间缝隙中，并在它们表面形成一个亲水性的吸附层，降低界面张力，削弱污垢与织物间的黏附力，有利于污垢从织物表面脱离。脱离下来的污垢粒子表面被表面活性剂分子包覆，形成亲水性外层。此外，表面活性剂在溶液中形成的胶束还有分散、增溶等能力，借助于搓揉、摩擦、摇荡等机械作用将污垢转移到溶液中而除去。图6-32所示为洗涤去污过程示意图，其中，图6-32（a）表示加洗涤剂去油污的过程。洗涤剂提高了固-油-水三相边界的接触角，若 $\theta=180°$ 则油污会自动从固体表面除去；若 $0°<\theta<90°$，可以借助机械方法，再加上洗涤剂的分散作用、增溶作用等而除去油污，如图6-32（b）所示。

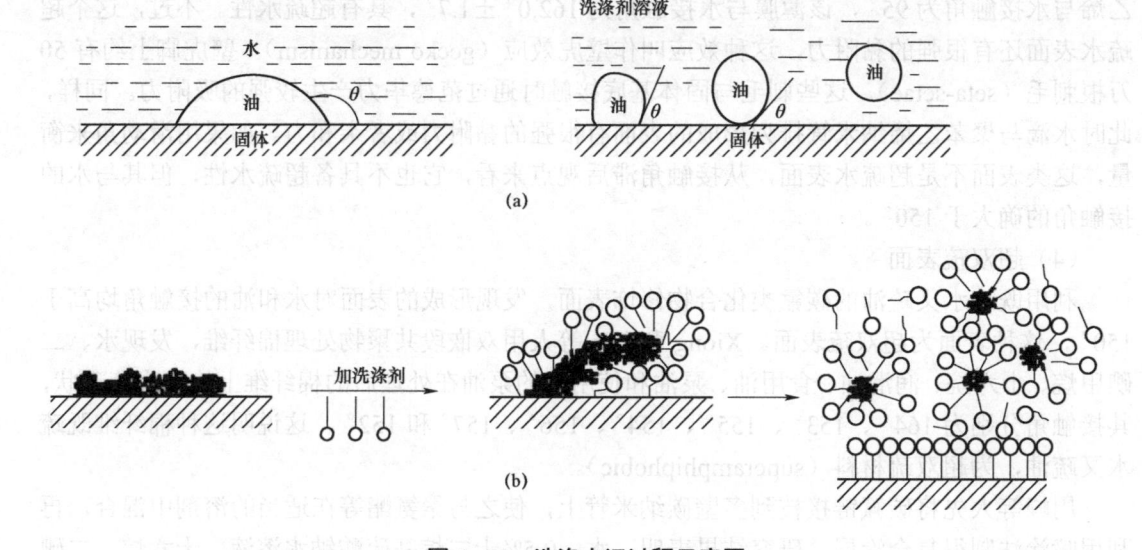

图6-32 洗涤去污过程示意图

一种优良的洗涤剂，需要具有以下几种性质：
（1）好的润湿性能，能吸附在织物与水界面、污垢与水界面上；
（2）有清除污垢的能力；
（3）有使污垢分散、悬浮或增溶的能力；
（4）防止污垢重新沉积到干净固体表面上。

一种好的润湿剂并不一定是好的洗涤剂。综合性能表明，碳氢链为 C_{12} 时性能较佳。使用一种表面活性剂很难同时具备以上各种功能，往往还需加入其他添加剂。以起泡多少来判断洗涤剂的好坏是一种误解。例如，非离子型洗涤剂具有较好的洗涤效果，但并不是好的起泡剂。

6.12.2 矿物浮选

铜、钼等金属在矿脉中含量较低，在冶炼之前常采用浮选法提高其在原矿中的含量。浮选过程大致是：将粉碎的原矿（0.01~0.1 mm）倾入水池中，由于矿粉常易被水润湿，密度又较大，故沉于池底。加入一些有机黄原酸盐（ROCSSNa）、硫代磷酸盐等捕集剂后，在Mo、Cu等硫化矿表面吸附，使得矿物成为疏水表面。通入空气后，矿粉则附在气泡上并和气泡一起富集在水面，进行收集。若矿粉中含有多种金属，可选用不同的捕集剂和其他助剂使各矿物先后浮起而分别捕获。

捕集剂的作用是改变矿粉的表面性质，其极性端吸附在矿物表面，非极性端向着水，矿粉表面由亲水性变为亲油性，当不断加入捕集剂时，固体表面上生成一个亲油性很强的薄膜。捕集剂不宜加得太多，过多捕集剂可能形成双层吸附，使亲油表面再转为亲水表面。

浮选剂中除加捕集剂外，还必须有起泡剂及其他助剂，如 pH 调节剂、抑制剂、活化剂等。对起泡剂的要求是：有很好的起泡性和选择性，来源广、价格低等。用作起泡剂的主要有松油、粗甲氧基甲基苯酚、聚乙二醇类、烷基苯磺酸钠等。矿物浮选过程如图 6-33 所示。

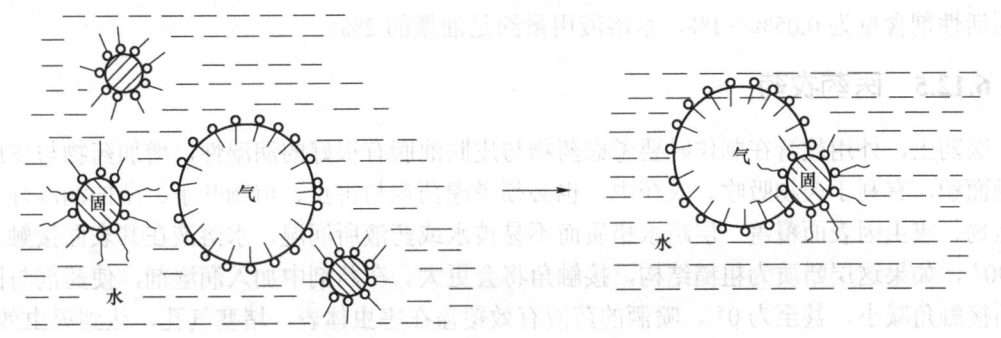

图 6-33　矿物浮选过程示意图（o—起泡剂；o～捕集剂）

6.12.3　纺织印染

渗透剂广泛应用于印染纺织工业中。在染料溶液或染料分散液中需使用渗透剂，使染料均匀地渗透到织物中。纺织品在树脂整理液中浸渍时间很短，常加 Triton-100 作渗透剂，以达到均匀整理的效果。

棉布丝光过程需用 20%～30%NaOH 溶液进行短时间浸渍，为使碱液迅速而均匀渗透，常加α-乙基己烯磺酸钠，并与助剂乙二醇单丁醚复合使用。

6.12.4　采油

1. 活性水驱油

原油开采中，为提高原油开采率常用表面活性剂水溶液注水驱油，常称为活性水。活性水中的表面活性剂主要是润湿剂，既要降低油水界面张力，又要有使润湿发生反转的能力。图 6-34 所示为活性水驱油原理示意图。

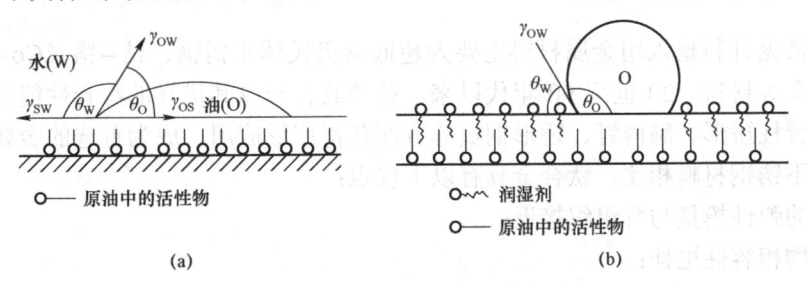

图 6-34　活性水驱油原理示意图

由图 6-33（a）可知，当岩石孔壁上吸附了原油中的表面活性物后，孔壁被非极性链形成的膜所覆盖，由高能表面变为低能表面，成为亲油表面。残油在其表面形成接触角 $\theta<90°$，附着力强，不易被水所带走。注入活性水后，润湿剂吸附在油水界面上，孔壁由亲油表面变成亲水或者憎油表面，见图 6-33（b）。当 $\theta>90°$，残油易被水流带走，提高水驱油效率。

2. 原油输送

原油粘度高，原油输送过程中加入含有润湿剂的水溶液，使管道内壁形成亲水性表面从而降低管壁对稠油的流动阻力，节省动力，这种水又称为润湿降阻剂。适用作润湿降阻剂的表面活性剂有：脂肪酸聚氧乙烯酯、聚氧乙烯烷醇酰胺、聚氧乙烯失水山梨醇脂肪酸酯等。表面活性剂含量为 0.05%～1%，水溶液用量约是油量的 2%。

6.12.5 医药农药

医药上，外用软膏在制作时要考虑药物与皮肤油脂有很好的润湿性，增加药物与皮肤的接触面积，有利于药物吸收。农药中，也必须考虑药剂与害虫、植物叶子、茎的润湿性。许多植物、害虫因表面覆盖一层疏水蜡质而不易被水或药液所润湿，水溶液在其表面接触角大于 90°，如果这层蜡质为粗糙结构，接触角将会更大。在药剂中加入润湿剂，使药剂与固体表面接触角减小，甚至为 0°。喷洒的药液有效覆盖在害虫体表，堵塞气孔，达到灭虫效果，这种药液称为接触性杀虫剂。有一种杀虫剂是使害虫将药物吸入体中而中毒死亡，对于这类杀虫剂，药液就不能过分铺展。

有时表面活性剂本身就具有直接消灭病害虫的效果。例如，蚊子等昆虫能在水面上自由爬行、产卵、繁殖，若是在肥皂水表面则无法支撑蚊子身体重力，蚊子产的卵子、幼虫都会沉入水中。实验结果表明，肥皂水含量在 0.10%～0.25%时就能见效。

6.12.6 热交换器

现代化工生产中，为使能量得到充分利用普遍使用各种热交换器，利用水蒸汽来加热物体，让水蒸汽冷凝时放出的热通过固体管壁传给被加热的物体。如果管壁能被水润湿，冷凝水就会形成一种液体薄层，覆盖在管壁表面，又称为膜状冷凝。若管壁不能被水润湿，则冷凝水就会呈珠状顺管壁滚落下来，此时管壁就能直接与水蒸汽接触，提高传热的效率，这称之为滴状冷凝。滴状冷凝对于蒸汽的热导率比膜状冷凝要大 8～35 倍。在金属热交换器中常用硬脂酸和蜂蜡等作反润湿剂以提高热交换效率。

6.12.7 钛合金表面修饰

目前，常见外科植入用金属材料主要为超低碳奥氏体不锈钢、钴-铬（Co-Cr）合金、纯钛和钛合金等材料。20 世纪 90 年代以来，钛及其合金以其优异的综合性能在牙种植体、人工关节、脊柱矫形、髓内钉、矫形钢板等方面获得广泛应用，成为首选的金属材料。

与传统不锈钢材料相比，钛合金具有以下优点：

（1）钛的弹性模量与骨组织接近；
（2）生物相容性更佳；
（3）耐蚀性和抗疲劳性能优于不锈钢和钴基合金；

(4) 植入后组织反应轻微，表面性能好；

(5) 与不锈钢相比，钛及其合金对骨组织的生长影响较小；

(6) 钛及其合金中无镍成分，过敏较小；

(7) 手术后能进行 MRI 和 CT 检查；

(8) 钛合金内植入物可以长期留存体内，避免二次手术。

虽然钛及其合金与其他金属材料相比具有与骨骼最为接近的弹性模量，但仍远远高于骨骼的弹性模量，这就容易造成界面上机械性能不匹配。从成分上来看，钛与自然骨骼也截然不同，钛与骨骼之间虽然具有良好的生物相容性，但钛合金与骨骼之间只是一种机械嵌连，植入体周围无纤维包囊形成，没有强有力的化学骨性结合，因此，对钛合金进行表面改性以改善其性能一直受到重视。

表面改性提高钛合金表面生物活性常用的方法有以下 6 种。

(1) 表面修饰。这是钛合金表面改性最直接的方法。具体为电化学晶界腐蚀、等离子喷刷、超声振荡及激光束点融等方法，不改变钛合金表层化学组成，而是借助改变表面微观形貌获得最佳效果。

(2) 表面涂层。目前用得较多的是在钛合金表面涂覆羟基磷灰石（HA，又称生物陶瓷涂层）。羟基磷灰石含有能与人体组织发生键合的羟基，其化学成分、晶体结构与人体组织中的羟基磷灰石极为相似，植入人体后与骨骼的键合性能好，并能诱导骨组织长入微孔，且组织反应轻微，数月后紧密结合的界面一般能达到骨性整合，已成为生物活性陶瓷中的首选涂层材料。

(3) 多孔钛涂层。当钛合金表面孔隙在 100 μm 以上、孔隙率为 40%～50%时，新生骨较易长入多孔钛涂层孔隙内，使植入体与骨组织实现生物固定。若在多孔钛表面和孔壁喷涂一层 HA，利用 HA 的骨传导作用可引导新骨沿孔壁长入孔内，有效提高多孔钛涂层的生物固定功能。

(4) 二氧化钛薄膜。二氧化钛薄膜用于医疗界具有独特的优点，如化学性质稳定、和血液的相容性好，对钛合金进行生物活化处理，在钛合金表面制备活性二氧化钛层。

(5) 离子注入。注入钙离子可改善骨质传导性，注入铱离子可提高耐蚀性。

(6) 生化技术。将大分子蛋白质或酶等有机高分子化合物以化学键的形式接到基体上，使其具有更优良的生物活性，这是一种更直接有效的方法。

6.13 固体表面组成和结构测试方法

6.13.1 低能电子衍射

低能电子衍射（low energy electron diffraction，LEED）的基本原理与 X 射线衍射基本一致，由阴极灯射出的电子经加速后成为低能电子，垂直入射到样品表面发生散射，非弹性散射的电子被阻截；能量与入射电子相同的弹性散射电子在正高压加速后打到荧光屏上产生亮斑，形成 LEED 图像。改变入射电子能量，入射电子波长也随之改变；衍射斑在荧光屏上发生移动，衍射强度产生变化。分析衍射图谱，可获得固体表面的结构。

LEED 入射电子能量为 10～500 eV，由于样品与电子强烈的相互作用，使固体表面参与衍射的厚度只是表面 1 个或 2~3 个的原子层，因此，实验测得的是二维衍射花样。

LEED 是测定表面吸附层原子几何构型的主要方法之一，它可以测定吸附层的二维周期性结构。透射电子显微镜中的衍射为高能电子衍射，入射电子的能量高，得到的是三维衍射花样。

6.13.2 俄歇电子能谱

俄歇电子能谱（Auger Electron Spectroscopy，AES）是基于俄歇效应进行测定的。俄歇效应是俄歇在 1925 年研究 X 射线电离时发现的。当一束能量大于原子内层电子结合能的电子束照射到样品上时，原子内层电子被激发，外层电子向内层跃迁，迅速填补由此产生的空穴，同时释放出剩余能量。能量释放通过两种方式实现：一种是发射出能量等于两个能级差的光子，即特征 X 射线；另一种是没有伴随光子发射，而是高能级上的一个电子发生电离，这个过程叫作俄歇跃迁，产生的电子叫作俄歇电子。

例如，若电子束将某原子 K 层电子激发为自由电子，L 层的电子跃迁到 K 层，跃迁时释放的能量又将 L 层的一个电子激发为俄歇电子，这个俄歇电子就称为 KLL 俄歇电子。若 L 层的电子被激发，M 层的电子填充到 L 层，释放的能量将 M 层的电子激发为俄歇电子，则为 LMM 俄歇电子。

因为每个元素均有其特定的俄歇电子能谱，它只反映被激发原子本身的特性，故俄歇电子能谱可用于样品元素分析，穿透深度为 1~3 nm。由于原子内层的电子能级因其化学结合状态而变化，故当原子所处的状态（如价态）或者原子周围环境（如配位环境）变化时，能谱谱峰的位置及能谱的峰形均会随之变化，此即"化学位移"。故俄歇电子能谱不但可以做元素分析，还可以探测原子所处的状态和周围化学环境。

发射特征 X 射线和产生俄歇电子这两个过程是同时发生的，对于原子序数小于 32 的轻元素，发射俄歇电子的概率较大，故适用于轻元素分析。

6.13.3 光电子能谱

光电子能谱（photoelectron spectroscopy）的基本原理为爱因斯坦光电效应定律。当用一定波长光照射被束缚在不同能级上的电子时，原子中的价电子吸收一个光子后从基态跃迁到激发态而离开原子，此即光电离。对样品中发射出的光电子能量进行分析，可以得到光电子能谱。光电离作用需要一个最小的光子能量 $h\nu$，叫作临阈光子能量，光子能量大于该值时才会产生光电离。

若入射光的能量为 $h\nu$，发射出光电子的动能为 E_k，被激发电子的束缚能或者结合能为 E_b，则

$$E_b^v = h\nu - E_k - (\phi_{sp} - \phi_s) \tag{6-77}$$

式中，E_b^v 是以真空能级为参考点计算出的束缚能；ϕ_s 和 ϕ_{sp} 分别为样品和能谱仪的功函数。对于一定的激发源，$h\nu$ 为已知，且 ϕ_s 和 ϕ_{sp} 也有确定的值，测出 E_k 即可求出 E_b。E_b 就是相应内层电子能级或价电子能带上电子的束缚能，与每个原子、分子的各个轨道相对应，利用光电子能谱可以鉴定原子和分子。

对于固体样品，当激发光子进入样品深处时，所产生的光电子在固体内部要经历多次非

弹性散射，难以逸出，只有在表面层下很短的距离内产生的光电子才可以逸出，故光电子能谱主要用于材料表面分析。

光电子能谱又可分为以下两种。

（1）紫外光电子能谱（UPS）。紫外光电子能谱产生的光电子能量一般在 10~50 eV 之间，样品深度约为 3 nm，可用于研究分子的成键情况及固体表面的吸附。

（2）X 射线光电子能谱（XPS）。X 射线光电子能谱以 AlKα（1 486.6 eV）或者 MgKα（1 253.6 eV）射线作为激发源，它可以激发原子的价电子和内层电子。由于原子内层电子的束缚能基本上是常数，故可用作元素分析。相对于 UPS，XPS 可分析固体表面几纳米深度的原子组成和结合状态。

随原子所处化学环境的不同，内层电子的束缚能也会有所变化，这就是化学位移。当原子外层价电子数减少时，原子核对内层电子吸引力增强，束缚能增大，反之则减小。

化学位移效应主要有以下三种情况：

（1）分子化合物内同一元素的非等效原子，如处于有机化合物中甲基、亚甲基、羰基等上的碳原子。

（2）晶体中同一元素的非等效点阵位置，或存在多种氧化价态的金属元素化合物，如 NH_4NO_3 中的氮原子、$Na_2S_2O_3$ 中的硫原子、Fe_3O_4 中的铁原子等。

（3）不同化合物内同种元素内层的束缚能变化。

近年来的研究表明，纳米粒子中的原子所处化学环境随纳米粒子的粒径而改变，如粒径极小的金纳米粒子中 Au—Au 键的键长变短，这已由 X 射线衍射和高分辨电子显微镜观察所证实。这种变化也反映在 XPS 中，随着金纳米粒子粒径的减小，零价金的 $4f_{7/2}$ 和 $4f_{5/2}$ 自旋-轨道耦合的电子结合能均有所增加，谱峰位置发生改变。

习题与问题

1. 固体表面的特点有哪些？
2. 在相同温度和压力条件下，质量、比表面积相同的金属粉和有机化合物粉体材料，通常哪种物质吸附的气体量会较多？为什么？
3. 何谓润湿？举例说明润湿作用的重要性。
4. 简述液体在固体表面发生铺展的现实意义。
5. 采用热力学方法推导 Young 氏方程。
6. Young 氏方程适用的条件是什么？对于粗糙、化学组成不均匀等物体表面，其固-液接触角改进方程有哪些？各适用于什么情况？
7. 已知一液体对固体不能润湿，能不能用长度测量法来测定它们之间的接触角？
8. 20 ℃时水在石蜡上的接触角为 105°，计算水对石蜡的黏附功和铺展系数。
9. 液体倒在固体表面上为什么会形成液饼？（即为何液滴有最大高度？）
10. 有 0.5 kg 炭黑，每克具有 100 m^2 的表面积，水对炭黑表面的接触角为 82°，问水对炭黑能进行什么样的润湿过程？有什么办法能使水在炭黑表面铺展？
11. 汞在一非极性固体表面上形成接触角为 128° 的液滴，推算此固体的表面能。
12. 有一纤维直径为 15 μm，密度为 1.3 g/cm^3，水对其接触角为 105°，将此纤维织成布，表观密度为 0.92 g/cm³，估算水对布的表观接触角。若用此布做一直径为 3 cm 的玻璃管的底，将此管直立，问其中能盛多少水而不漏？

13. 论述表面活性剂对水-固体体系润湿性的影响。
14. 简述超疏水表面物质结构的特点以及人工制备超疏水表面的常规方法。
15. 固体表面组成和结构的常规测试方法有哪些？

参 考 文 献

[1] 刘洪国，孙德军，郝京诚. 新编胶体与界面化学 [M]. 北京：化学工业出版社，2016.
[2] 沈钟，赵振国，康万利. 胶体与表面化学 [M]. 北京：化学工业出版社，2018.
[3] 赵振国. 应用胶体与表面化学 [M]. 北京：化学工业出版社，2008.
[4] 颜肖慈，罗明道. 界面化学 [M]. 北京：化学工业出版社，2004.
[5] 朱珬瑶，赵振国. 界面化学基础 [M]. 北京：化学工业出版社，1996.
[6] 赵国玺. 表面活性剂物理化学 [M]. 修订版. 北京：北京大学出版社，1991.
[7] 王果庭. 胶体稳定性 [M]. 北京：科学出版社，1990.
[8] Feng Shi, Xiaoxin Chen, Liyan Wang, et al. Microrose-liked Surface Zeolite Films Formed by Direct In-Situ Hydrothermal Synthesis: from Superhydrophilicity to Superhydrophobicity[J]. Chemistry of Materials. , 2005, 17: 6177-6180.
[9] Mei Li, Jin Zhai, Huan Liu, et al. Electrochemical Deposition of Conductive Superhydrophobic Zinc Oxide Thin Films[J]. The Journal of Physical Chemistry B, 2003, 107(37): 9954-9957.
[10] Baitai Qian, Ziqiu Shen. Fabrication of Superhydrophobic Surfaces by Dislocation-Selective Chemical Etching on Aluminum, Copper, and Zinc Substrates[J]. Langmuir, 2005, 21(20): 9007-9009.
[11] Gang Zhang, Dayang Wang, Zhong-Ze Gu, et al. Fabrication of Superhydrophobic Surfaces from Binary Colloidal Assembly[J]. Langmuir, 2005, 21(20): 9143-9148.
[12] Nan Zhao, Feng Shi, Zhiqiang Wang, et al. Combining Layer-by-Layer Assembly with Electrodeposition of Silver Aggregates for Fabricating Superhydrophobic Surfaces[J]. Langmuir, 2005, 21(10): 4713-4716.
[13] Xuedong Wu, Lijun Zheng, Dan Wu. Fabrication of Superhydrophobic Surfaces from Microstructured ZnO-Based Surfaces via a Wet-Chemical Route[J]. Langmuir, 2005, 21(7): 2665-2667.
[14] Joong Tark Han, Dae Ho Lee, Chang Yeol Ryu, et al. Fabrication of Superhydrophobic Surface from A Supramolecular Organosilane with Quadruple Hydrogen Bonding[J]. Journal of the American Chemical Society, 2004, 126(15): 4796-4797.
[15] Lin Feng, Yanlin Song, Jin Zhai, et al. Creation of a Superhydrophobic Surface from an Amphiphilic Polymer[J]. Angewandte Chemie International Edition, 2003, 42: 800-802.
[16] Lei Jiang, Yong Zhao, Jin Zhai. A Lotus-Leaf-like Superhydrophobic Surface: A Porous Microsphere/Nanofiber Composite Film Prepared by Electrohydrodynamics[J]. Angewandte Chemie International Edition, 2004, 43: 4338-4341.

[17] Taolei Sun, Guojie Wang, Huan Liu, et al. Control over the Wettability of An Aligned Carbon Nanotube Film[J]. Journal of the American Chemical Society, 2003, 125(49): 14996−14997.

[18] Eiji Hosono, Shinobu Fujihara, Itaru Honma, et al. Superhydrophobic Perpendicular Nanopin Film by the Bottom-Up Process[J]. Journal of the American Chemical Society, 2005, 127(39): 13458−13459.

[19] Huan Liu, Lin Feng, Jin Zhai, et al. Reversible Wettability of a Chemical Vapor Deposition Prepared ZnO Film between Superhydrophobicity and Superhydrophilicity[J]. Langmuir, 2004, 20: 5659−5661.

[20] Xinjian Feng, Jin Zhai, Lei Jiang. The Fabrication and Switchable Superhydrophobicity of TiO_2 Nanorod Films[J]. Angewandte Chemie International Edition, 2005, 44: 5115−5118.

[21] Meihua Jin, Xinjian Feng, Lin Feng, et al. Superhydrophobic Aligned Polystyrene Nanotube Films with High Adhesive Force[J]. Advanced Materials, 2005, 17: 1977−1981.

[22] Dean Xiong, Guojun Liu, E J Scott Duncan. Diblock-Copolymer-Coated Water-and Oil-Repellent Cotton Fabrics[J]. Langmuir, 2012, 28: 6911−6918.

[23] KUSANO R, KUSANO Y. Symmetric expressions of surface tension components [J]. The Journal of Adhesion, 2023, 99 (16): 1-21.

[24] DING Y, JIA L, YIN L F, et al. Self-climbing of a low surface tension droplet on a vertical conical surface[J]. Colloids & Surfaces A: Physicochemical & Engineering Aspects, 2023, 658: 0927-7757.

[25] BATTAGLIA O R, GALLITTO A A, TERMINI G, et al. Affordable methods for surface tension and contact angle measurements [J]. European Journal of Physics, 2023, 44 (5): 055001.

[26] HUMINIC G, HUMINIC A, VĂRDARU A, et al. Surface tension of Ag NPs-rGO based hybrid nanofluids [J]. Journal of Molecular Liquids, 2023, 390: 123002.

[27] RUDLONG A M, GODDARD J M. Synthesis and characterization of hydrophobic and low surface tension polyurethane [J]. Coatings, 2023, 13 (7): 1133.

[28] BLANK M, NAIR P, PÖSCHEL T. Modeling surface tension in smoothed particle hydrodynamics using young-laplace pressure boundary condition [J]. Computer Methods in Applied Mechanics and Engineering, 2023, 406: 115907.

[29] GENG X, LI B Y, JIANG Z H. Evaluation of surface tension of $CaO - SiO_2 - Al_2O_3$ - based mold flux containing Ce_2O_3 [J]. Steel Research International, 2023, 94 (3): 1.

[30] KO U H, CHUNG J, LEE J, et al. Surface tension-induced biomimetic assembly of cell-laden fibrous bundle construct for muscle tissue engineering [J]. Biomedical materials, 2023, 18 (5): 055031.

[31] ZHANG Y Z, ZHU J H, YAN M Y, et al. Printing of liquid metal by laser-induced thermal bubble at the solid-liquid interface [J]. Optics & Laser Technology, 2024, 177: 111228.

第7章
固气界面吸附

吸附（adsorption）是一种最常见的界面现象，当互不混溶的两相接触时，两体相中的某种或几种组分浓度与其在两相界面处不同的现象统称为吸附。有实用价值的吸附均是界面浓度高于体相浓度的正吸附（positive adsorption），反之称为负吸附（negative adsorption）。在科研生产中，固气界面的吸附作用不仅可直接用于气体分离提纯，对多相催化也具有重要意义。固体比表面、孔径分布等宏观性质的常规测试方法也是根据固气界面吸附原理设计的。

本章以讨论气体在固体表面的物理吸附（physical adsorption）为主，介绍物理吸附的本质及经典理论，并简要介绍固气界面吸附应用。

第7章 固气界面吸附 7.1 课件

7.1 吸附

当气体或蒸气与洁净的固体表面接触时，一部分气体被固体捕获，若气相体积恒定则压力下降，若压力恒定则体积减小。气相中消失的组分进入固体内部称为吸收，附着于固体表面称为吸附，在难以区分吸收和吸附时，可笼统地称作吸着。被吸附的物质称为吸附质（adsorbate），能有效吸附吸附质的物质称为吸附剂（adsorbent）。

7.1.1 物理吸附和化学吸附

吸附作用可分为物理吸附和化学吸附两大类，两类吸附的本质区别在于吸附分子与固体表面相互作用力的性质。发生物理吸附（physical adsorption，physisorption）的作用力通常是van der Waals 色散力、氢键等；化学吸附（chemical adsorption，chemisorption）的作用力则是化学键，即吸附分子与固体表面原子间有电子转移、交换等过程。

物理吸附的主要特点有：

（1）吸附热不大，为 20～40 kJ/mol。

（2）吸附质在固体表面上可以自由扩散、运动。

（3）发生物理吸附时，除冰、石蜡、聚合物等外固体分子结构无变化。

（4）除孔性固体因扩散因素吸附速率较慢外，其余固体吸附速率较快，快速达到吸附平衡。降低气相压力，被吸附气体可发生无结构变化的可逆脱附。

气体在固体表面发生物理吸附，最常见的实例是干燥剂硅胶对水汽的吸附。在食品、药品及精密实验仪器中，常用各种规格的硅胶作为吸湿干燥剂，其原理就是水分子在亲水性硅胶表面有强烈的吸附能力，达到吸附饱和后，经加热处理，水分子发生脱附，硅胶可再生。

化学吸附的特点有：

（1）吸附热与化学键能大小相当，为 100~400 kJ/mol。

（2）吸附由于在固体表面特定位置形成化学键，吸附点位置具有选择性，吸附质在表面不可移动，也不能扩散。

（3）对共价键或金属键的固体，表面发生化学吸附后吸附剂也难以再生。

（4）由于形成化学键，即使在超高真空条件下吸附质也难以脱附，若强制脱附，脱附的吸附质与吸附前相比常有结构变化。

一定条件下，氧气可在镍、硅等固体表面形成热力学稳定的化学吸附层，氧气在铝表面发生化学吸附时，形成氧化铝（Al_2O_3），其厚度虽仅为 100 nm，但坚实，稳定性高，且具有化学惰性。

7.1.2 吸附剂

能有效地从气相或液相中吸附某些成分的物质称为吸附剂（adsorbent）。吸附剂大多是多孔、比表面积大的固体。吸附剂具有以下特点：

（1）常温下，吸附剂固体表面原子活动性低、蒸气压低，固体表面原子与其气相难以发生可觉察的交换。

（2）吸附剂固体表面结构不均匀，不同位置表面势不同，即使在距表面同一高度，气体分子在不同位置所受作用力也不同。若气体分子在同一高度沿某一方向运动时所受作用力随其运动呈周期性变化，则称该表面为均匀表面，反之为不均匀表面。该曲线的波谷称为吸附中心，通常也是催化中心点。

（3）固体体相内的杂原子、原子和分子也可向表面缓慢扩散，在表面聚集形成更稳定的状态，成为吸附中心。

7.1.3 吸附驱动力

1. van der Waals 力

分子间普遍存在的 van der Waals 作用力是固气界面发生物理吸附的主要驱动力，该作用力主要有三种来源：① 具有永久偶极矩的极性分子（偶极子）间产生的静电相互作用；② 极性分子诱导邻近分子发生电荷转移产生诱导偶极子，极性分子与诱导偶极子间的相互作用；③ 非极性分子间存在的瞬间偶极矩诱导邻近分子产生偶极矩，两个诱导偶极矩间的色散相互作用力。van der Waals 作用力可分为静电力、诱导力和色散力三种。其中，极性和非极性分子间普遍存在着的作用力是色散力，静电力和诱导力必须有极性分子参与才能存在。

固体表面原子和吸附质分子、吸附质分子和吸附质分子相互接近时都能产生色散力。当吸附质分子或固体表面粒子都具有极性或极性基团时，可产生静电力或诱导力作用。

2. 电性作用力

固体表面因多种原因携带电荷。主要原因如下：

（1）固体表面某些晶格离子的选择性溶解或表面组分的选择性解离。例如，金属或非金属氧化物在水中进行水解反应，其表面生成羟基的浓度随溶液 pH 值不同而改变，从而使表面带正电荷或负电荷。

$$M\text{–}O^- \xleftarrow{OH^-} M\text{–}OH \xrightarrow{H^+} M\text{–}OH_2^+$$

（2）固体表面对溶液中的同种离子或基团选择性吸附。例如，AgI 可从 $AgNO_3$ 溶液中选择性吸附 Ag^+ 而使表面带正电荷，或从 KI 溶液中吸附 I^- 而使表面带负电荷。

（3）固体晶格缺陷引起表面带电。例如，硅酸盐结构中 SiO_2 四面体上的 Si 原子被 Al 原子同晶置换，表面带负电荷。

固体表面的荷电特性会对吸附产生影响。例如，有机小分子离子因静电吸附于固体表面时一般是可逆的，但对带电高分子、蛋白质等大体积离子吸附时可引起分子结构改变，此时吸附不可逆，这种情况在固液吸附中表现得更为显著。

3. 氢键作用

固体表面携带羟基、巯基、羧基、氨基等含氢原子的基团时，氢原子与吸附质中电负性大、含孤对电子的 O、S、N、F 等原子相互作用，形成直线型氢键；固体表面上的 O、N、F 等原子的孤对电子也可与吸附质分子中的氢原子形成氢键，从而诱导吸附质吸附。水能与氧化物固体表面形成氢键是其发生吸附的重要作用力，如图 7-1 所示，H_2O 和 NH_3 与固体表面羟基形成氢键。虽然氢键吸附也属于物理吸附，但其强度比 van der Waals 作用力大 5~10 倍，故借助氢键吸附的水分子在室温下很难发生脱附。

4. 电荷转移

固体表面有 Bronsted 酸性中心（给质子体）或 Lewis 酸性中心（受电子体）时，吸附质分子接近吸附剂时可引发其电荷分布发生变化，与固体表面的给质子体或受电子体作用，形成配合物。

芳香性化合物苯环上连有硝基、氰基等吸电子基团时，共轭的 π 轨道呈缺电子状态，可与给电子体发生作用；反之，若连接有烷基等给电子基团时，共轭 π 轨道负电荷过剩，与受电子体发生作用，这样，带苯环的化合物可与固体表面的给电子体或受电子体形成芳香性氢键吸附。图 7-2 所示为固体表面羟基与含大 π 键化合物形成芳香性氢键示意图，这也是苯衍生物多采取苯环平躺方式在固体表面吸附的主要原因。例如，苯甲醚中的氧原子和苯环均可与多孔玻璃表面的羟基形成氢键，硅胶从环己烷中吸附的芳香性化合物大多在其表面采取平躺的构象。

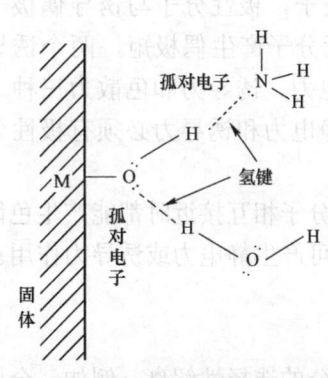

图 7-1 H_2O 和 NH_3 与固体表面羟基形成氢键示意图

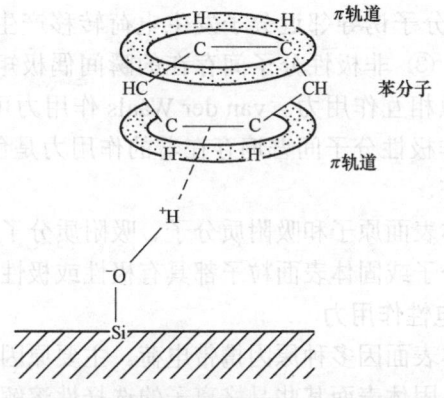

图 7-2 固体表面羟基与含大 π 键化合物形成芳香性氢键示意图

物理吸附作用力中，van der Waals 力是普遍存在的，特别是以活性炭、碳分子筛、石墨等碳质材料为吸附剂时更是如此，而其他几种作用力是由吸附剂和吸附质分子共同决定的。应当指出，在多孔固体上进行吸附时还要考虑毛细凝结作用。

7.2 吸附热

气体在固体表面发生物理吸附时，通常可以忽略吸附分子构型和吸附剂表面结构的变化。吸附过程是自发过程，故恒温、恒压下 $\Delta G<0$。考虑到在固体表面的吸附质分子较其在气相中自由度下降，$\Delta S<0$，根据定义 $\Delta G=\Delta H-T\Delta S$，吸附过程的 ΔH 必为负值，即气体在固体表面发生物理吸附的过程为放热过程。

表征吸附热的方式有多种，大致可分为积分吸附热和微分吸附热两类。

恒温、恒容和吸附剂表面积恒定条件下，气体进行吸附时所放出的热量称为积分吸附热，该热效应为体系内能的变化值 ΔU。吸附 1 mol 气体的积分吸附热 q_i 可表示为

$$q_i = \left(\frac{\Delta U}{n}\right)_{T,V,A} \tag{7-1}$$

式中，n 为吸附质气体物质的量；T 为温度；V 为体积；A 为吸附剂表面积。量热计通过长时间检测吸附过程热效应所获得的热量称为积分吸附热。

恒温、恒容和吸附剂表面积恒定条件下，保持气体分子与固体表面原子摩尔比不变，吸附 1 mol 气体的热效应称为微分吸附热 q_d，可表示为

$$q_d = \left(\frac{\partial \Delta U}{\partial n}\right)_{T,V,A} \tag{7-2}$$

式中，n 为吸附质气体物质的量；T 为温度；V 为体积；A 为吸附剂表面积。微分吸附热 q_d 可从积分吸附热与吸附量关系曲线上的斜率求出，也可通过吸附剂在吸附一定量气体后再吸附极少量气体时所释放的热量获得。

恒温、恒压和吸附剂表面积恒定条件下，气体进行吸附时所放出的热量为焓变 ΔH，则等量吸附热 q_{st} 可表示为

$$q_{st} = \left(\frac{\partial \Delta H}{\partial n}\right)_{T,P,A} \tag{7-3}$$

显然，q_{st} 也是一种微分吸附热，q_{st} 称为等量吸附热是因为其通常是借助吸附等量线获得的。根据 Clapeyron Clausius 方程，上式又可以表示为

$$q_{st} = RT^2 \left(\frac{\partial \ln P}{\partial T}\right)_\Gamma \tag{7-4}$$

式中，下标 Γ 表示吸附量恒定。根据式（7-4）可知，在恒定吸附量时，由 $\ln P$ 对 $1/T$ 作图，依据直线斜率可求出 q_{st}。

微分吸附热常与吸附量有关，即与吸附剂表面被吸附质气体覆盖的分数——覆盖度（coverage）有关，常随吸附量增加而下降。当吸附气体的平衡压力趋近于饱和蒸气压时，微分吸附热近似于吸附质气体的液化热。图 7-3 所示为氮气在石墨化炭黑上的微分吸附热与覆

盖度 θ 的关系。由图可知，低覆盖度时曲线有弯曲，可能与表面不均匀性有关，曲线斜率变化最大处可能是单层吸附覆盖度 θ 近于 1 的情况；当 $\theta>1$ 时微分吸附热逐渐趋近于定值，接近于气体的液化热。通常微分吸附热随覆盖度的变化关系十分复杂，有时甚至难以给出合理的解释。

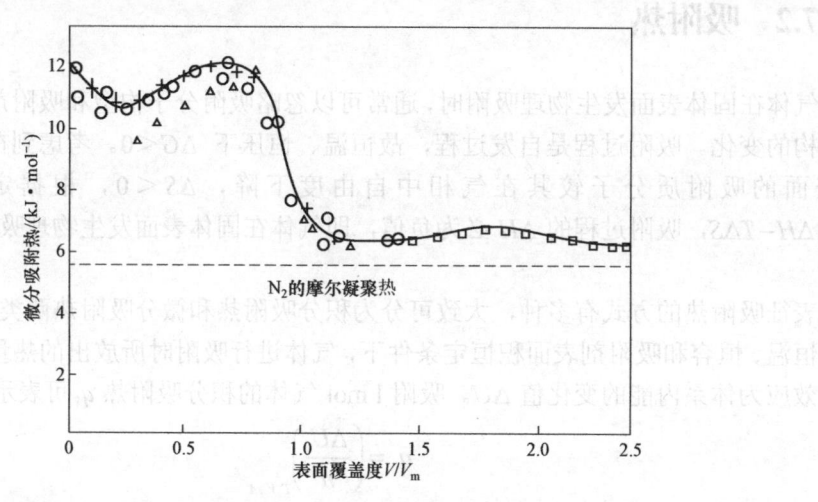

图 7-3　氮气在石墨化炭黑上的微分吸附热与覆盖度 θ 的关系

7.3　吸附曲线

吸附量（amount adsorbed）是研究吸附中最重要的物理量，以每克吸附剂或每平方米吸附剂表面上吸附吸附质的质量、体积或吸附质的摩尔量等来表示，也称为比吸附量。对于气体在固体表面的吸附，吸附量是吸附质/吸附剂的性质、吸附平衡压力和温度的函数，当吸附质、吸附剂确定后，吸附量只与温度和压力有关。在吸附量、温度和压力三个参数中，为了不同的研究目的，常恒定其中某一参数，考查其他两参数间的关系，它们的关系曲线称为吸附曲线。

7.3.1　吸附等温线基本类型

一定温度下，吸附量与平衡压力的关系曲线称为吸附等温线（adsorption isotherm）。Brunauer 等人根据大量气体吸附实验结果，将气体吸附等温线分为 5 种基本类型，如图 7-4 所示。其中，吸附量用 V 表示，横坐标为相对压力 P/P_0，P_0 是吸附质气体在吸附温度下的饱和蒸气压，P 是吸附平衡时吸附质气体的分压。

第Ⅰ类吸附等温线的特征是：相对压力较低时，吸附量迅速增加；相对压力达到一定值后，吸附量趋于恒定，达到极限吸附量。极限吸附量有时反映单分子层的饱和吸附量，对于微孔吸附剂则可能是吸附质将微孔充满时的量。

第Ⅱ～Ⅴ类吸附等温线是吸附质分子发生多层分子吸附和毛细凝结的特征。当吸附剂为非孔或孔径很大时，吸附质在吸附剂表面的吸附层数原则上可看作不受限制，该情况下的吸附等温线为Ⅱ型和Ⅲ型。当吸附剂不是微孔或不全是微孔时，吸附层数受孔大小的限制，在

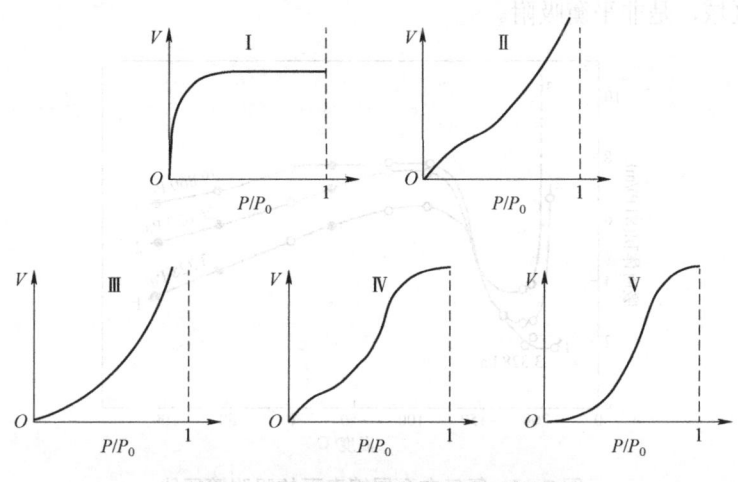

$P/P_0 \to 1$ 时的吸附量可看作是将吸附剂孔隙填充满时所需吸附质液态的量,此类情况的吸附等温线属于Ⅳ、Ⅴ型。Ⅱ和Ⅲ型、Ⅳ和Ⅴ型吸附等温线的区别在于曲线的起始斜率,Ⅱ和Ⅳ型曲线斜率是由大变小,Ⅲ和Ⅴ型为由小变大;形状上,Ⅱ和Ⅳ型曲线在低压区凸向纵轴,Ⅲ和Ⅴ型曲线则凹向横轴。

图7-4 气体吸附等温线的基本类型

上述吸附等温线反映了吸附质与吸附剂表面相互作用的特性,从吸附等温线可以获得吸附质与吸附剂相互作用大小、吸附剂表面、孔隙大小、孔径分布和形状等信息。绝大多数气体吸附等温线均可归纳为上述5种基本类型,特殊条件下,在均匀的固体表面上还可获得阶梯形吸附等温线。

7.3.2 吸附等压线和吸附等量线

压力一定下,平衡吸附量与温度的关系曲线称为吸附等压线(adsorption isobar),如图7-5

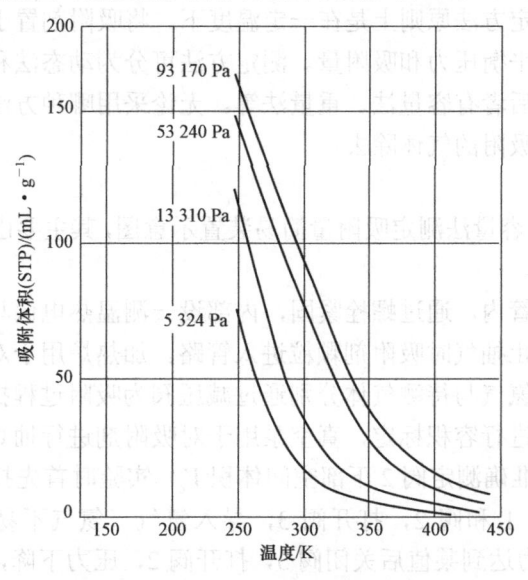

图7-5 氨气在木炭上的吸附等压线

所示。由图可知，在一定温度范围内平衡吸附量皆随温度升高而降低，但是若低温时气体在固体表面发生物理吸附、高温时发生化学吸附，则吸附等压线可能出现最低点和最高点。图 7-6 所示为氢气在金属镍表面的吸附等压线。对这一现象的解释是，吸附曲线最低点的左边属于物理吸附，最高点的右边是化学吸附，曲线最低点和最高点间的区域为物理吸附向化学吸附的过渡区域，是非平衡吸附。

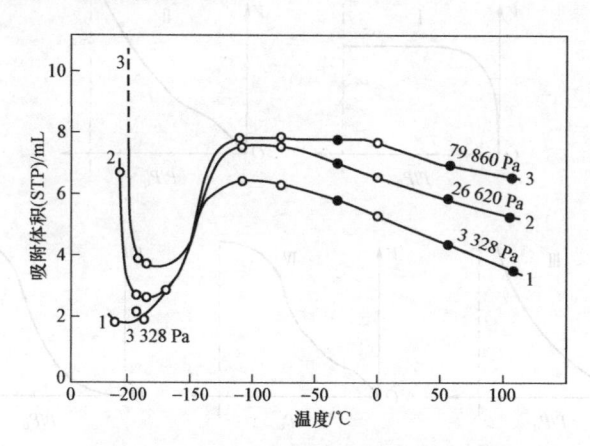

图 7-6　氢气在金属镍表面的吸附等压线

若固定吸附量不变，吸附温度与平衡压力间的关系曲线称为吸附等量线（adsorption isostere）。根据吸附等量线，应用 Clapeyron Clausius 方程，可计算出等量吸附热。

吸附等温线、吸附等压线和吸附等量线三者之间可以相互换算。在研究物理吸附时，吸附等温线是最基本的吸附曲线。测定吸附等温线、寻求描述吸附等温线方程是吸附理论研究中的主要内容。

7.3.3　吸附等温线测定方法

气体吸附等温线测定方法原则上是在一定温度下，将吸附剂置于吸附质气体中，达到吸附平衡后，测定或计算平衡压力和吸附量。测定方法可分为动态法和静态法两类，前者有常压流动法、色谱法等，后者有容量法、重量法等。无论采用哪种方法，在进行测定前，都应尽可能将吸附剂表面已吸附的气体除去。

（1）容量法

图 7-7 所示为一种容量法测定吸附量简易装置示意图，其主要由压力传感器、气体储瓶、试样管和真空泵等组成。

吸附剂装填在试样管内，通过螺栓紧固，内部设一测温热电偶与吸附剂直接接触，试样管上部装有过滤网，防止抽气时吸附剂颗粒进入管路。加热炉用于对试样管恒温，通过控温热电偶实现快速温控。氦气与待测气体分别通过减压阀为吸附过程提供气体，其中氦气用于对装有吸附剂的试样管进行容积标定，真空泵用于对吸附剂进行抽真空脱附。

实验测量前，预先准确测定阀 2 下部空间体积 V_c。实验时首先打开阀 1 和阀 2，抽真空，达到极限真空后关闭阀 1 和阀 2，打开阀 3，导入氦气（氦气不易被吸附，常用来标定管路空间死体积 V_d）。压力达到某值后关闭阀 3，打开阀 2，压力下降，由理想气体状态方程可得 V_d。

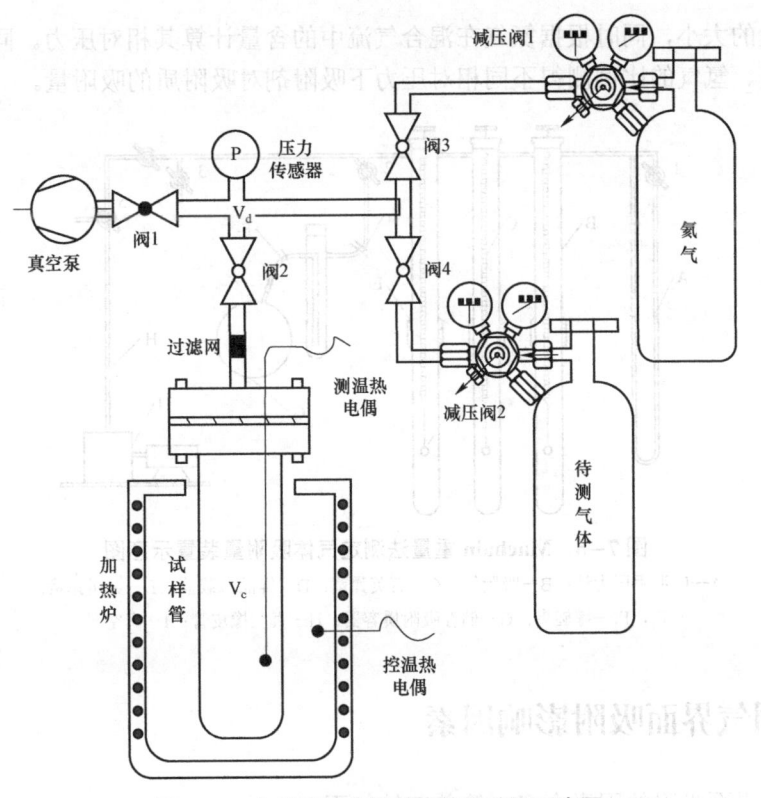

图 7-7 容量法测定吸附量简易装置示意图

温度 T 下测定待测气体吸附量操作过程如下：将试样装入试样管中，抽真空预处理。用类似测定 V_d 的方法测试装填样品后的试样管体积。然后再抽真空，关闭阀 1、2，在 V_d 内充入吸附质气体，记录其压力。打开阀 2，吸附质气体向试样管膨胀，压力下降。当达到吸附平衡时，压力不再变化。根据压力变化值及装填样品后的试样管体积、V_d 值可计算吸附剂对吸附质的吸附量。

（2）重量法

通过称重测定吸附量的方法称为重量法。图 7-8 所示为 Macbain 重量法测定气体吸附量装置示意图，主要由 U 形汞压力计 A、吸附管 B、石英弹簧 C、样品皿载篮 D 等组成。

实验预先标定石英弹簧延伸率与加载重量的关系。吸附剂放于轻质载篮上，将阀门 1、4、5 接通主管路，阀门 2、3 关闭，启动真空泵 I 对载篮上的吸附剂进行预脱气处理，体系抽至要求真空度后关闭阀门 1、4。打开阀门 2、螺旋夹 F_1 和 F_2，吸附质气体由储存容器 G 缓慢地引入吸附管中；吸附平衡后，分别记下压力值和弹簧伸长值，计算出气体吸附量。通过调节吸附质的平衡蒸气压，可测出不同压力下相应的吸附量。

重量法可直接求得吸附量，不需要做死体积校正。但此法平衡时间长，精确测定时，需对盛放吸附剂的小器皿浮力予以校正。

（3）流动色谱法

色谱法测定吸附等温线的方法很多，这里仅简要介绍一种。测试时以氮气为吸附质，氢气为载气。按一定流速汇合的氮气和氢气混合后通入装有吸附剂的样品管中，在液氮浴中冷却时氮气被吸附，撤离液氮浴后吸附的氮气迅速脱附，通过记录仪绘出脱附曲线，脱附峰面积反映吸附量的大小，同时根据氮气在混合气流中的含量计算其相对压力。同样地，改变混合气体中氮气、氢气的比例测得不同相对压力下吸附剂对吸附质的吸附量。

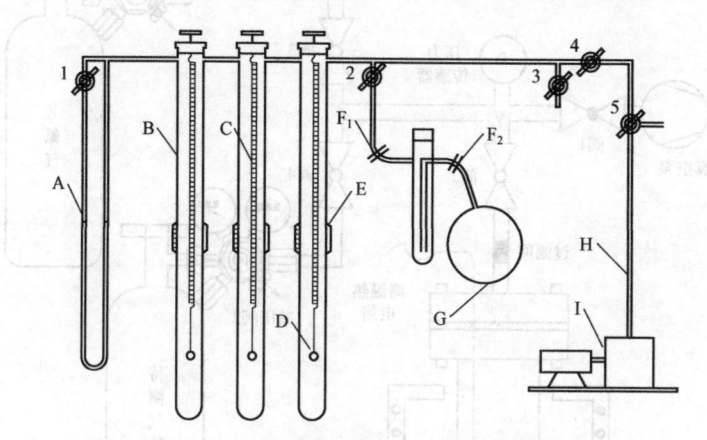

图 7-8　Macbain 重量法测定气体吸附量装置示意图
A—U 形汞压力计；B—吸附管；C—石英弹簧；D—样品皿载篮；E—金属弹簧；
F_1，F_2—螺旋夹；G—储存吸附质容器；H—真空橡皮管；I—真空泵

7.4　固气界面吸附影响因素

影响固气界面吸附的因素众多，简单归纳如下。

7.4.1　温度

气体在固体表面的吸附是一个放热过程，无论是物理吸附还是化学吸附，升高温度时吸附量减少。在实际应用中要根据体系的性质和需要来确定具体的吸附温度。

一般情况下明显的物理吸附发生在气体沸点附近。例如，活性炭、硅胶、Al_2O_3 等常规吸附剂，在氮气沸点 -195.8 ℃附近才能有效吸附 N_2，在氦气沸点 -268.6 ℃附近才能吸附 He，室温下这些吸附剂对 N_2、He 和空气均不具有吸附作用，所以色谱实验中才用 He 等气体作为载气。

化学吸附的情况比较复杂。例如，H_2 的沸点为 -252.5 ℃，室温下活性炭、硅胶、Al_2O_3 对其均不具有吸附作用，但在 Ni 或 Pt 上则被化学吸附。温度不仅影响吸附量，还能影响吸附速率和吸附类型。因为化学吸附是表面化学反应，温度升高吸附速率增大。-78 ℃时 H_2 在 $MgO-Cr_2O_3$ 催化剂上为物理吸附，在 100 ℃时则为化学吸附。

7.4.2　压力

无论物理吸附还是化学吸附，增加压力，吸附量增大。物理吸附类似于气体的液化，吸附过程随吸附质压力改变呈可逆变化。图 7-4 中 5 种吸附等温线反映了压力对吸附量的影响。物理吸附中，通常相对压力超过 0.01 时才有较显著的吸附，在 0.1 时可在吸附剂表面形成单层饱和吸附，继续升高压力则形成多层吸附。

化学吸附是一种表面化学反应，只能是单分子层吸附，开始发生显著吸附时所需的压力

较物理吸附低得多。化学吸附过程往往是不可逆的，即在一定压力下吸附达到平衡后，要使被吸附分子发生脱附，单靠降低压力不行，还必须同时升高温度。因此，吸附剂或催化剂表面脱气纯化时，必须在真空、加热条件下进行。无论物理吸附还是化学吸附，吸附速率均随吸附质气体压力升高而增加。

7.4.3 吸附剂与吸附质的性质

由于吸附剂和吸附质品种繁多，因此其吸附行为也十分复杂。这里介绍影响吸附的一些基本规律。

（1）极性吸附剂易于吸附极性吸附质，如硅胶、硅铝催化剂、Al_2O_3 等极性吸附剂易吸附极性的水、氨、乙醇等分子。

（2）非极性吸附剂易吸附非极性吸附质，如活性炭、炭黑是非极性吸附剂，其对烃类和各种有机蒸气的吸附能力较大。炭黑的情况比较复杂，表面含氧量增加时，其对极性水蒸气的吸附量也增大。

（3）无论是对极性还是非极性吸附剂，吸附质分子结构越复杂、沸点越高，被吸附剂吸附的趋势越强。这是因为分子结构越复杂，范德华引力越大；沸点越高，气体越易凝结，这些都有利于吸附。

（4）酸性吸附剂易吸附碱性吸附质，反之亦然。例如，石油化工中常见的硅铝催化剂、分子筛、酸性白土等均为酸性吸附剂或固体酸催化剂，它们易吸附碱性气体，如 NH_3、水蒸气和芳烃蒸气等。$Pt-Al_2O_3$ 催化剂在使用过程中极易被 H_2S 或 AsH_3 中毒，这是因为这些气体分子中的 As 或 S 原子均含有孤对电子，与 Pt 原子的空轨道可形成配位键，即形成一种很强的化学吸附，从而使催化剂发生中毒、失效。

上述规律在很大程度上反映了吸附剂表面性质对吸附性能的影响。事实上在许多情况下，吸附剂孔隙大小还影响吸附质种类，并且对吸附量也有直接影响，最典型的例子就是分子筛的吸附行为。例如，5A 型分子筛的孔径为 0.4~0.5 nm，X 型和 Y 型分子筛的孔径为 0.9~1 nm，苯分子的临界大小为 0.65 nm，故 X 型和 Y 型分子筛能吸附苯，而 A 型分子筛则完全不吸附苯。硅胶对水有很强的吸附能力，但硅胶扩孔后比表面积下降，对水蒸气的吸附量也急剧减小。

7.5 气体吸附模型

由于固体吸附剂表面结构的复杂性及不同吸附质气体的物性差异，很难用统一的吸附模型来描述所有的吸附等温线，至今还没有一个简单的、定量理论可根据吸附质和吸附剂的物理化学参数来预测其吸附等温线。但是，依据吸附剂对某一吸附质气体的吸附等温线，按照一定的理论模型可预测其他气体在该吸附剂上的吸附等温线。

目前，有关固气界面物理吸附的理论模型大致上可分为三类。第一类是从气体吸附引起固气界面能下降的角度出发，考查单位表面上吸附量与平衡压力的关系。这种模型认为：被吸附的分子在固体吸附剂表面只是失去了一个垂直方向运动的自由度，但在二维平面内仍可以自由运动，为非定位吸附。第二类吸附模型认为：吸附分子为定位吸附，在表面上不能做二维运动，吸附质横向间的相互作用可以忽略，但有垂直方向的相互作用，因而吸附可以是单层或多层，吸附过程是气相分子与处于吸附层中的分子动态交换的过程。第三类模型认为固体表面存在着吸附势场，气相中的分子一旦落入此势场中即被捕获，但这一模型未对吸附图像给出明确的限定。

7.5.1 二维吸附模型吸附等温式

吸附在固体表面上的气体可以看作是一个二维吸附膜。设固体在真空中的表面自由能为 γ_0，吸附气体生成二维吸附膜后变为 γ，固体表面自由能变化值为

$$\pi = \gamma_0 - \gamma \tag{7-5}$$

式中，π 为表面压或称吸附膜的展开压；对于固体表面，γ_0 和 γ 不易直接测定。因为 $d\pi = -d\gamma$，体系温度为 T 时达到吸附平衡时的 Gibbs 吸附公式可表述为

$$-d\gamma = RT\Gamma d\ln P$$
$$d\pi = -d\gamma = RT\Gamma d\ln P \tag{7-6}$$

式中，P 为吸附质气体达到吸附平衡时的压力；Γ 为单位固体表面上气体的吸附量（mol/m^2），也称为表面浓度或表面吸附量；R 为气体常数。

当 P 很低时 Γ 很小，分子间的相互作用可以忽略，被吸附的分子可看作二维空间内可自由运动的气体。吸附膜状态可用二维理想气体状态方程或二维非理想气体状态方程描述。

若服从二维理想气体状态方程：

$$\pi A = RT \tag{7-7}$$

式中，A 为每摩尔吸附质分子占据的面积。对上式变换可得

$$\pi dA = \frac{RTdA}{A} \tag{7-8}$$

$$\pi dA = RTd\ln A \tag{7-9}$$

$$\pi dA + Ad\pi = 0 \tag{7-10}$$

因为

$$A = 1/\Gamma \tag{7-11}$$

故式（7-6）又可写作

$$Ad\pi = RTd\ln P \tag{7-12}$$

联立式（7-10）和式（7-12），可得

$$-RTd\ln A = RTd\ln P \tag{7-13}$$

对上式积分

$$-\ln A = \ln P + c \tag{7-14}$$

$$\frac{1}{A} = HP \tag{7-15}$$

$$\Gamma = HP \tag{7-16}$$

式（7-14）～式（7-16）中，c，H 为常数。由于表面覆盖度 $\theta = \Gamma/\Gamma_m$（Γ_m 为饱和吸附量），因而

$$\theta = H'P \tag{7-17}$$

式中，H' 为常数。式（7-16）和式（7-17）称为气体吸附 Henry 定律或 Henry 吸附等温式，它表示气体吸附覆盖度很低时，被吸附的气体是二维理想气体，吸附量与平衡压力成直线关系，该吸附等温线为通过原点的直线，式中常数 H 及 H' 称为 Henry 常数，由吸附剂和吸附质的结构和性质决定。室温下，当气体压力远低于 1 atm 时，氩气、氮气、氧气在活性炭、硅胶和黏土上的吸附等温线均为直线型。图 7-9 所示为 0 ℃时 O_2 和 N_2 在硅胶上的吸附等温线。

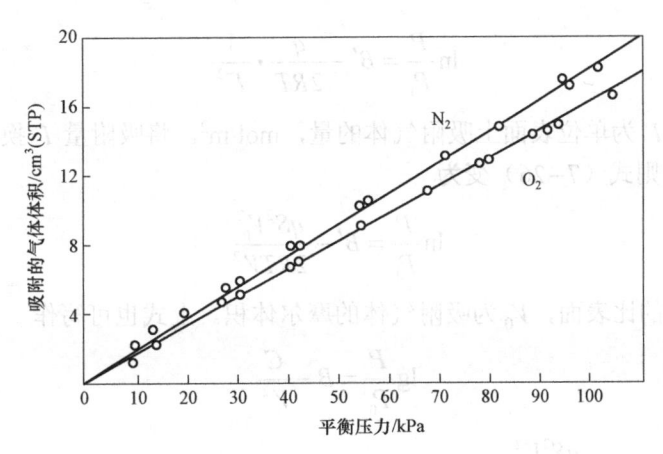

图 7-9 O_2 和 N_2 在硅胶上的吸附等温线（0 ℃）

许多情况下，即使气体在固体表面的覆盖度很低，被吸附的气体在固体表面也不能看作二维理想气体，还必须考虑吸附气体分子本身的面积（死面积）和它们之间的相互作用力。

若只考虑吸附分子本身的面积，则有

$$\pi(A - A_0) = RT \tag{7-18}$$

A_0 为 1 mol 吸附质气体分子的死面积。用上述类似方法可推导出

$$P = K \frac{\theta}{1-\theta} \exp\left(\frac{\theta}{1-\theta}\right) \tag{7-19}$$

式中，K 为常数。此式称为 Volmer 方程或 Volmer 吸附等温式。

若同时考虑吸附气体分子死面积及其间的横向相互作用，则二维气体状态方程可写作

$$(\pi + a/A^2)(A - A_0) = RT \tag{7-20}$$

从而可得到下列吸附等温式：

$$P = k' \frac{\theta}{1-\theta} \exp\left(\frac{\theta}{1-\theta} - \frac{2a}{A_0 RT}\theta\right) \tag{7-21}$$

式（7-20）、式（7-21）中，a、k' 为常数。此式被称为 Hill-de Boer 方程。

随吸附质气体分子在固体表面的覆盖度增加，Harkins 和 Jura 将二维吸附气体膜看作是二维压缩凝聚膜。采取与不溶膜状态方程类似的方法，表面压 π 与吸附分子摩尔面积 A 间存在下述关系：

$$\pi = b - qA \tag{7-22}$$

式中，b 和 q 为常数。将式（7-22）微分可得

$$\mathrm{d}\pi = -q\mathrm{d}A \tag{7-23}$$

将式（7-23）代入式（7-6）立得

$$-q\mathrm{d}A = RT\Gamma\mathrm{d}\ln P \tag{7-24}$$

$$\mathrm{d}\ln p = -\frac{q}{RT\Gamma}\mathrm{d}A = -\frac{qA}{RT}\mathrm{d}A \tag{7-25}$$

积分上式得

$$\ln\frac{P}{P_0} = B' - \frac{q}{2RT} \cdot \frac{1}{\Gamma^2} \tag{7-26}$$

式中，B' 为常数；Γ 为单位表面上吸附气体的量，mol/m^2。将吸附量 Γ 换算成每克吸附剂吸附气体的体积 V，则式（7-26）变为

$$\ln\frac{P}{P_0} = B' - \frac{qS^2V_0^2}{2RTV^2} \tag{7-27}$$

式中，S 为吸附剂的比表面，V_0 为吸附气体的摩尔体积。上式也可写作

$$\lg\frac{P}{P_0} = B - \frac{C}{V^2} \tag{7-28}$$

式中，$B = \dfrac{B'}{2.303}$；$C = \dfrac{qS^2V_0^2}{4.606RT}$。

式（7-27）、式（7-28）称为 Harkins Jura 方程。由该方程可知，P/P_0 的对数与 $1/V^2$ 呈线性关系，直线的斜率与吸附剂的比表面有关。

7.5.2　Langmuir 单分子层吸附理论

（1）Langmuir 吸附等温式

Langmuir 单分子层吸附模型基本假设是：① 吸附是单分子层的，只有与固体表面直接接触、碰撞的气体分子才能被吸附；② 固体表面是均匀的，被吸附分子间无相互作用，即吸附热与表面覆盖度无关，为一常数，这就意味着 Langmuir 理论只适用于均匀固体表面的吸附过程；③ 吸附质在吸附剂上的吸附状态是动力学平衡的，即气体分子撞到固体表面被吸附的速度与被吸附分子从固体表面逃逸到气相的脱附速度相等。

设固体单位表面上共有 a_m 个吸附位点，即固体单位表面或单位质量上的最大吸附量（mol/m^2 或 mol/g），若已被吸附质分子占据的吸附位点数即吸附量为 a，则空余吸附位点数 a_0 为 $a_m - a$。固体单位面积上每秒发生吸附质被吸附的速度 v_{ad} 与空余吸附位点数 a_0 和吸附质气体压力 P 的乘积成正比，即 $v_{ad} = k_{ad} \cdot P_A \cdot a_0$；而脱附速度 v_{de} 正比于已吸附的分子数 a，即 $v_{de} = k_{de} \cdot a$。达到吸附平衡时，$v_{ad} = v_{de}$。即

$$k_{de} \cdot a = k_{ad} \cdot P \cdot a_0 = k_{ad} \cdot P \cdot (a_m - a) \tag{7-29}$$

$$a/a_m = k_{ad} \cdot P/(k_{de} + k_{ad} \cdot P) \tag{7-30}$$

式中，k_{ad}、k_{de} 分别为吸附和脱附速率常数。设 $k = k_{ad}/k_{de}$，覆盖度 $\theta = a/a_m$。由式（7-30）可得 Langmuir 吸附等温式

$$\theta = kP/(1+kP) \tag{7-31}$$

或

$$a = \frac{a_m kP}{1+kP} \quad 或 \quad \frac{P}{a} = \frac{1}{a_m k} + \frac{P}{a_m} \tag{7-32}$$

式中，a_m 为单层饱和吸附量；k 为吸附平衡常数，与吸附热 Q、吸附温度 T 存在以下关系：

$$k = k_0 \exp\left(\frac{Q}{RT}\right) \tag{7-33}$$

式中，k_0 为常数。

（2）吸附平衡常数 k 与吸附时间 τ

Langmuir 吸附平衡是动态平衡，达到吸附平衡后，吸附质在固体表面有一定的吸附滞留量。从气体分子碰撞到固体表面被捕获吸附到其离开表面又返回气相所经历的时间称为吸附（停留）时间，吸附时间 τ 是常用的吸附特性参数，其与吸附热 Q 和温度 T 存在下述关系：

$$\tau = \tau_0 e^{Q/(RT)} \tag{7-34}$$

式中，τ_0 为吸附分子振动时间，其与固体表面原子振动时间有相同的数量级。由于各类固体表面原子的 τ_0 为 $10^{-14} \sim 10^{-13}$ s，故 τ_0 常取 10^{-13} s。

Langmuir 吸附等温式中吸附平衡常数 k 与吸附热 Q 和 k_0 相关，见式（7-33）。而 k_0 与 τ 又存在下述关系：

$$k_0 = \frac{N_A \sigma \tau_0}{(2\pi MRT)^{1/2}} \tag{7-35}$$

式中，N_A 为 Avogadro 常数；σ 为每个吸附分子占据面积；M 为分子量。若设气体的 $\tau_0 = 10^{-13}$ s，即可求出 k_0；若又已知吸附热数据 Q，依据式（7-33）可求出吸附常数 k。

【例】对于某气体在固体表面发生吸附，若 $\tau_0 = 10^{-13}$ s，吸附分子占据面积 $\sigma = 0.1$ nm²，吸附热 $Q = 20$ kJ/mol，气体分子量 $M = 0.028$ kg/mol，求温度 $T = 120$ K 时，气体在固体表面吸附的 Langmuir 吸附平衡常数 k。

解：将题中数值代入式（7-35），得

$$k_0 = 4.55 \times 10^{-10} \text{ Pa}^{-1}$$

应用式（7-33），得

$$k = 0.23 \text{ Pa}^{-1}$$

由式（7-33）知，吸附热越大，k 越大。k 越大，在吸附等温线上的直接反映就是越凸向吸附量纵轴，即等温线起始段斜率越大。图 7-10 所示为三种 k 值的覆盖度 θ 与吸附质相对压力 P/P_0 的关系。

（3）单层饱和吸附量 a_m 与固体比表面

吸附常数 k 和最大吸附量 a_m 是 Langmuir 吸附等温式中两个重要的参数，前者可计算吸附热，后者可获得固体的表面积。根据式（7-32），以 P/a 对 P 作图，由直线斜率和截距便可求出 k 和 a_m。a_m 可以是吸附气体的体积，也可以是吸附气体物质的量，由吸附等温线的单位决定，当以体积计时应换算成标准状态下的体积，再除以标准状态下气体摩尔体积即可得到物质的量。吸附质气体在固体表面被吸附的状态为液态或固态时（一般认为是液态），可根据不同气体的液态密堆积模型和液态时的密度求出该吸附态时分子的截面 σ，再根据每克吸附剂上的最大吸附量 a_m 算出该吸附剂的比表面。

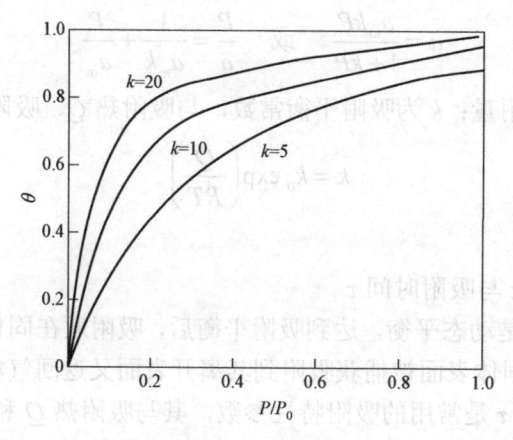

图7-10 三种 k 值的 Langmuir 吸附等温线示意图

Langmuir 吸附等温式不乏实验证据，但仔细分析会发现，实验值与理论值常有偏差。一般来说，低压时吸附量实验值偏高，可能原因是由吸附质表面性质不均匀，随着吸附量增加发生吸附位置的活性越来越低，吸附热下降引起的。此外，低温下吸附时还可能形成多层吸附，这不符合 Langmuir 吸附等温式的基本假设。因此，只有那些符合 Langmuir 基本假设的体系用该式处理才能得到满意的结果。

（4）Langmuir 混合气体吸附等温式

设 A、B 两种混合气体在固体表面吸附时达到平衡，各自平衡气体分压分别为 P_A 和 P_B。与单组分气体吸附时 Langmuir 公式推导相同，混合气体吸附的 Langmuir 公式为

$$\theta_A = \frac{k_A P_A}{1 + k_A P_A + k_B P_B} \tag{7-36}$$

$$\theta_B = \frac{k_B P_B}{1 + k_A P_A + k_B P_B} \tag{7-37}$$

式中，θ_A、θ_B 分别为气体 A、B 各自的覆盖度；k_A、k_B 为各自吸附平衡常数。若用吸附质气体 A、B 吸附量 a_A、a_B 表示式（7-36）、式（7-37），则为

$$a_A = \frac{a_{m,A} k_A P_A}{1 + k_A P_A + k_B P_B} \tag{7-38}$$

$$a_B = \frac{a_{m,B} k_B P_B}{1 + k_A P_A + k_B P_B} \tag{7-39}$$

式中，$a_{m,A}$、$a_{m,B}$ 分别为单组分吸附质 A、B 时的单层饱和吸附量。

由式（7-36）～式（7-39）可以看出：

（1）当混合气体中每种气体的分压都很小时，即 $k_A P_A + k_B P_B \leqslant 1$，$a_A = a_{m,A} \cdot k_A \cdot P_A$，$a_B = a_{m,B} \cdot k_B \cdot P_B$，吸附质气体 A、B 的吸附量与另一种气体是否存在无关。

（2）在 A、B 两种气体中，若一种气体的 kP 值远小于另一种，则 kP 值较大气体的吸附量与 kP 较小气体是否存在无关，但 kP 值较小气体的吸附量却随 kP 值较大气体压力的增大

而减小。

(3) 更普遍的情况是,若两种气体的 kP 都不太小或接近时,增大一种气体的压力将减小另一种气体的吸附量。

以上是 Langmuir 于 1916 年从动力学模型出发得到的吸附等温式,用统计热力学或其他方法也能得到相同的结果。

7.5.3　BET 吸附方程——多分子层吸附理论

BET 多分子层吸附理论是由斯蒂芬·布鲁诺尔(Stephen Brunauer)、保罗·休·艾米特(Paul Hugh Emmett)和爱德华·泰勒(Edward Teller)于 1938 年提出的,以他们发表在美国化学杂志上的一篇论文为标志,该理论是开展固体表面性质研究的重要理论基础。

1. BET 吸附公式导出

从 Langmuir 单分子层吸附模型出发,斯蒂芬·布鲁诺尔、保罗·休·艾米特和爱德华·泰勒假设气体在固体表面吸附的每一层均服从 Langmuir 模型,进一步导出了多分子层吸附理论。该理论在保留 Langmuir 模型中吸附热为一常数,且与表面覆盖度无关的同时,补充了以下三个条件:

(1) 气体在固体表面吸附可以是多分子层,并不一定要铺满一层再铺上一层,即在表面不同吸附位置可有不同的吸附层。

(2) 第一层吸附热(E_1)与以后各层不同,吸附剂与吸附质的 van der Waals 作用力仅限于吸附第一层,第二层以上各层吸附热均为吸附质的液化热 E_L。

(3) 只有相邻两层的吸附分子处于动态平衡,即第 n 层上的脱附速度等于第 $n-1$ 层上的吸附速度,即吸附质在固体表面的吸附与脱附只发生在直接暴露于气相的最顶层表面。

图 7-11 所示为 BET 吸附模型示意图。图中空白吸附层位置以 A_0 表示,发生了单分子层吸附的吸附层位置为 A_1,发生双分子层吸附的吸附层位置为 A_2,以此类推。显然,吸附剂总表面积为各吸附层位置数之和,总吸附量为各吸附层上吸附质分子数之和。

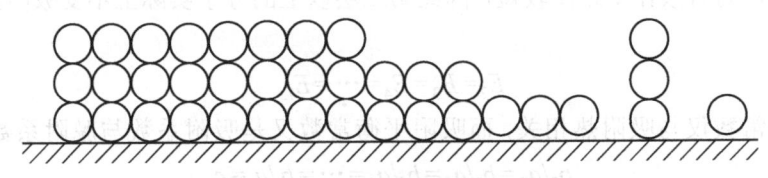

图 7-11　BET 吸附模型示意图

根据假设,达到动态吸附平衡后 A_0、A_1、A_2…都是固定的,吸附到空白吸附位 A_0 上的吸附速度等于从单分子层 A_1 上的脱附速度,在 A_0 上的吸附速度与其面积及平衡时气体压力成正比,A_1 上的脱附速度与第一层的吸附热 E_1 有关,所以

$$a_1 P A_0 = b_1 A_1 \mathrm{e}^{-E_1/(RT)} \tag{7-40}$$

假设吸附分子间无相互作用,故式(7-40)中吸附系数 a_1、脱附系数 b_1 均为常数,R 为气体常数,T 为吸附温度。

吸附平衡时 A_1 也是固定的,故第一层吸附分子再发生吸附的吸附速度与第二层吸附分子发生脱附的速度相等,即

$$a_2PA_1 = b_2A_2e^{-E_2/(RT)} \tag{7-41}$$

式中，E_2 为第二层的吸附热。同理类推，得

$$a_3PA_2 = b_3A_3e^{-E_3/(RT)}$$

$$\vdots$$

$$a_iPA_{i-1} = b_iA_ie^{-E_i/(RT)}$$

如前所述，吸附剂总面积 A 是各吸附层吸附位数之和，且当吸附剂为平面无孔时，原则上吸附层数可达无穷多，故

$$A = \sum_{i=0}^{\infty} A_i \tag{7-42}$$

被吸附气体的总体积或吸附量 V 为

$$V = V_0 \sum_{i=0}^{\infty} iA_i \tag{7-43}$$

式中，V_0 为单分子层覆盖满吸附剂单位表面积时所需的气体体积。若以 V_m 表示吸附剂表面被单分子层饱和吸附时的气体体积，显然 $V_m = AV_0$。在 Langmuir 模型中表面覆盖度 $\theta(\theta = V/V_m)$ 的最大值为 1，而在 BET 模型中由于吸附层是多层的，故 θ 可以大于 1，见下式。

$$\theta = \frac{V}{V_m} = \frac{V}{AV_0} = \frac{\sum_{i=0}^{\infty} iA_i}{\sum_{i=0}^{\infty} A_i} \tag{7-44}$$

根据 BET 假设模型，第二层以上的吸附热等于吸附质的液化热 E_L，即第二层以上发生吸附、脱附的性质与液态吸附质的凝聚、蒸发是等效的。考虑到只有第一层吸附分子才能与固体表面直接接触，第二层以上吸附分子只与同类分子相接触，且气体与固体表面的 van der Waals 力有效作用距离较短，因此第二层以上的分子实际上不受吸附剂表面性质影响。即

$$E_2 = E_3 = E_4 = \cdots = E_L \tag{7-45}$$

由于吸附平衡常数仅与吸附热相关，而吸附平衡常数又是吸附系数与脱附系数之比，因此，

$$b_2/a_2 = b_3/a_3 = b_4/a_4 = \cdots = b_i/a_i = c \tag{7-46}$$

设

$$y = \frac{A_1}{A_0} = \frac{a_1}{b_1} P e^{E_1/(RT)} \tag{7-47}$$

$$x = \frac{A_i}{A_{i-1}} = \frac{a_i}{b_i} P e^{E_L/(RT)}, \quad i > 1 \tag{7-48}$$

令 $C = y/x$，则有

$$A_1 = yA_0 = CxA_0$$

$$A_2 = xA_1 = Cx^2A_0$$

$$A_3 = xA_2 = Cx^3 A_0$$
$$\vdots$$
$$A_i = xA_{i-1} = Cx^i A_0 \quad (7-49)$$

将式（7-49）代入表面覆盖度公式（7-44），可得

$$\theta = \frac{V}{V_m} = \frac{V}{AV_0} = \frac{\sum_{i=0}^{\infty} iA_i}{\sum_{i=0}^{\infty} A_i} = \frac{CA_0 \sum_{i=1}^{\infty} ix^i}{A_0 \left(1 + C\sum_{i=1}^{\infty} x^i\right)} = \frac{C\sum_{i=1}^{\infty} ix^i}{1 + C\sum_{i=1}^{\infty} x^i} \quad (7-50)$$

由于 $x<1$，因此

$$\sum_{i=1}^{\infty} x^i = x^1 + x^2 + \cdots = \frac{x}{1-x} \quad (7-51)$$

$$\sum_{i=0}^{\infty} ix^i = x\frac{d}{dx}\sum_{i=1}^{\infty} x^i = x\frac{d}{dx}\left(\frac{x}{1-x}\right) = \frac{x}{(1-x)^2} \quad (7-52)$$

故式（7-50）可演化为

$$\frac{V}{V_m} = \frac{Cx}{(1-x)(1-x+Cx)} \quad (7-53)$$

若在平面固体上进行吸附，吸附层数不受限制，吸附量可达无穷大。由图7-4中Ⅱ、Ⅲ类型吸附等温线可知，只有当气体分压 P 趋近于其饱和蒸气压 P_0，即 $P \to P_0$ 时，气体在固体表面的吸附量趋近于无穷大，此时式（7-51）中的分母趋于0，即 $x \to 1$，结合式（7-46），由 x 定义可得

$$x = \frac{A_i}{A_{i-1}} = \frac{a_i}{b_i} P e^{E_L/(RT)}$$

在无限高层 ∞ 时，

$$1 = \frac{A_\infty}{A_\infty} = \frac{a_\infty}{b_\infty} P_0 e^{E_L/(RT)}$$

对比上两式，可得

$$x = P/P_0 \quad (7-54)$$

即 x 的物理意义为：吸附平衡时气体分压与其饱和蒸气压的比 P/P_0。将式（7-51）中的 x 用 P/P_0 取代，可得

$$\frac{V}{V_m} = \frac{CP}{(P_0-P)[1+(C-1)P/P_0]} \quad (7-55)$$

亦可化作

$$\frac{P}{V(P_0-P)} = \frac{1}{V_m C} + \frac{P(C-1)}{P_0 V_m C} \quad (7-56)$$

式中，V 为吸附气体的体积；V_m 为单分子层吸附时的吸附量；P_0 为吸附温度下吸附质的饱和

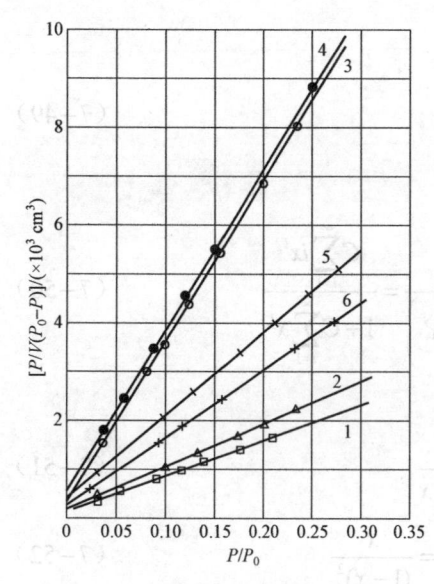

图 7-12 BET 二常数公式验证

蒸气压；C 为常数，与吸附质的汽化热有关。在给定温度下测定吸附质气体不同分压 P 下的吸附体积，由图解法可求得 C 和 V_m 的值。若已知每个气体分子在吸附剂表面所占有的面积，即可求得吸附剂总表面积，这就是著名的 BET 二常数公式，见式（7-53）、式（7-55）和式（7-56）。

2. BET 公式验证

图 7-12 所示为 Brunauer 等人采用 6 种固体在 90.1 K 吸附氮气的实验结果。6 种固体分别为铁催化剂、Fe-Al$_2$O$_3$ 催化剂、Fe-Al$_2$O$_3$-K$_2$O 催化剂、经熔融的铜催化剂、Cr$_2$O$_3$ 凝胶、硅胶。由图可见，P/P_0 为 0.05~0.35 时实验结果与 BET 二常数公式吻合性良好。

BET 二常数公式最重要的应用是计算固体的比表面积，若与实验结果吻合，则用不同吸附质气体对同一固体求得的比表面积值应相同，这可由表 7-1 中所列实验结果得到证实。

表 7-1 不同气体测定多种固体比表面积结果　　　　单位：m^2/g

固体	N$_2$ −195 ℃	Ar −195 ℃	O$_2$ −183 ℃	CO −183 ℃	CH$_4$ −161 ℃	CO$_2$ −78 ℃	C$_2$H$_2$ −78 ℃	NH$_3$ −33 ℃
标准锐钛矿（TiO$_2$）	13.8	11.6	—	14.3	—	9.6	—	—
Spheron 6（一种炭黑）	116	—	—	—	—	—	110	116[①]
未还原钼粉	0.55	0.46	0.48	—	—	—	—	—
钴催化剂	217	—	—	—	—	—	—	238
孔性玻璃	232	217	—	—	—	164	159	207
硅胶	560	477[②]	464	550	—	455	—	—
卵清蛋白	11.9	10.5	9.9	—	10.3	—	—	—

①−46 ℃；②−183 ℃。

BET 二常数公式中的 C 是与吸附热相关的常数。假设第一层吸附热 E_1 和气体凝聚热 E_L 均与温度无关（在温度间隔不大时，这种假设是合理的），可根据一个温度点下的吸附等温线实验结果求出 C 值，得到相应的 ΔE（$\Delta E = E_1 - E_L$），再用 ΔE 计算出该体系不同吸附温度下的 C 值，对不同温度下的吸附等温线进行预测。图 7-13 所示为碘在硅胶上的吸附等温线，由 178.4 ℃ 实验等温线求得 $E_1 - E_L = 14.6$ kJ/mol，预测其他温度下的吸附等温线如图中实线所示，线上各点为实测数据。可以看出，预测等温线与实验结果相当一致。

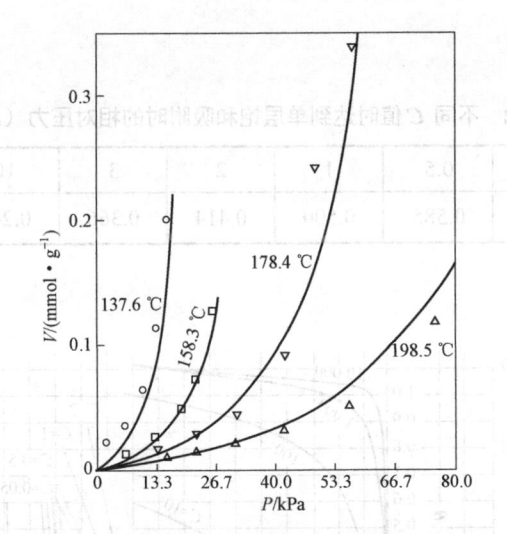

图 7-13 不同温度下碘在硅胶上的吸附等温线

3. BET 公式讨论

目前，BET 公式仍是研究固气物理吸附时应用最广的等温式，这是因为它可以描述多种类型的吸附等温线，对应图 7-4 中的 Ⅰ、Ⅱ、Ⅲ 型吸附等温线。当常数 $C \gg 1$，且 P/P_0 不大时，BET 二常数公式可变换成 Langmuir 方程，即 $V = V_m Cx/(1+Cx)$，可描述 Ⅰ 型等温线。当 $E_1 \gg E_L$，即 $C \gg 1$ 时，在吸附等温线起始阶段，即相对压力 P/P_0（x 值）不大时，可由式（7-51）得

$$\frac{dV}{dx} = \frac{V_m C}{(1+Cx)^2} > 0 \tag{7-57}$$

$$\frac{d^2 V}{dx^2} = -\frac{2V_m C^2}{(1+Cx)^3} < 0 \tag{7-58}$$

即等温线凸向吸附量 V 纵轴，是第 Ⅰ 类吸附等温线的起始阶段。当 $E_1 \ll E_L$，即 $C \ll 1$ 时，在等温线起始段

$$\frac{dV}{dx} = \frac{V_m C}{(1-2x)^2} > 0 \tag{7-59}$$

$$\frac{d^2 V}{dx^2} = -\frac{4V_m C}{(1-2x)^3} > 0 \tag{7-60}$$

即吸附等温线凸向相对压力 P/P_0 横轴，是第 Ⅲ 类吸附等温线的起始阶段。

常数 C 和 Langmuir 方程中的常数 K 有相似的意义，和吸附热有关。当 C 值由大变小时，吸附等温线的形状由 Ⅱ 型转向 Ⅲ 型，如图 7-14 所示。C 值也可反映达到单层饱和吸附量时相对压力 $(P/P_0)_m$ 的大小。根据二常数公式，当 $V = V_m$ 时

$$\left(\frac{P}{P_0}\right)_m = \frac{1}{C^{1/2}+1} \tag{7-61}$$

由上式可知，C 值越大，$(P/P_0)_m$ 越小。表 7-2 中列出不同 C 值时的 $(P/P_0)_m$ 值。对大多数气体吸附质，达到单层饱和吸附时相对压力为 0.05～0.35，由表 7-2 可知在此范围内 C

值为 3~1 000。

表 7-2　不同 C 值时达到单层饱和吸附时的相对压力 $(P/P_0)_m$

C	0.05	0.5	1	2	3	10	100	1 000
$(P/P_0)_m$	0.817	0.585	0.500	0.414	0.366	0.240	0.090 9	0.030 6

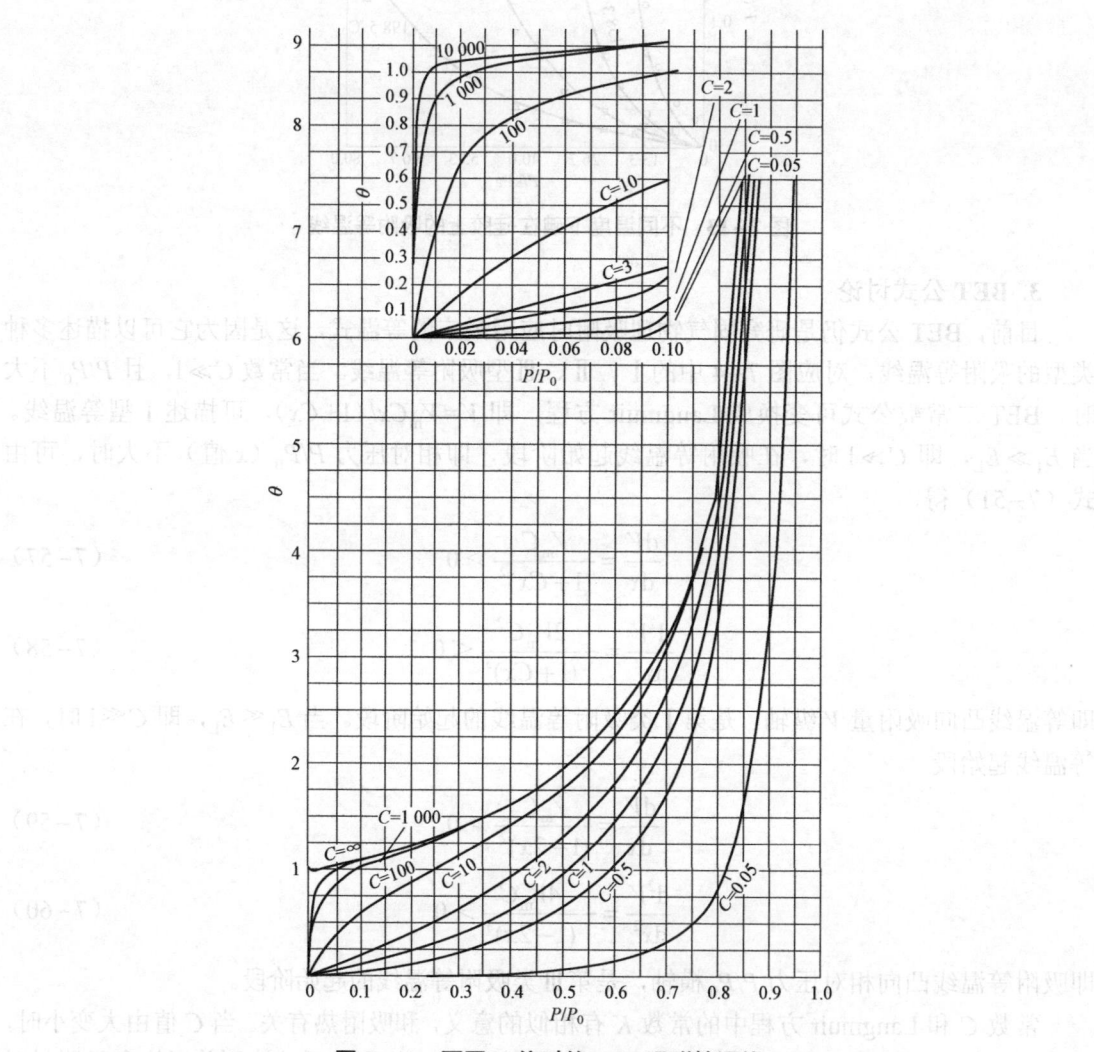

图 7-14　不同 C 值时的 BET 吸附等温线

在推导 BET 二常数公式时并未对吸附层数作限制,即原则上可以是无限多层。对于孔性固体,吸附层数必受孔大小的限制,即使在无孔固体上实际吸附层数也不可能是无限多,若增加吸附层数 n 限制,便可得到 BET 三常数公式:

$$\frac{V}{V_m} = \frac{Cx}{1-x} \cdot \frac{1-(n+1)x^n + nx^{n+1}}{1+(C-1)x - Cx^{n+1}} \tag{7-62}$$

式中 $x=P/P_0$。当 $n=1$ 时，上式简化为 Langmuir 单分子吸附方程式，当 $n=\infty$ 时，可变为二常数方程式，三常数公式的适用范围可扩展到 $P/P_0=0.5\sim0.6$。之后，Brunauer、Deming 夫妇和 Teller 引入新的参数导出了复杂的四常数公式，可对Ⅳ、Ⅴ型气体吸附等温线以定性或半定量描述，但该公式过于复杂，没有太大实用价值。

鉴于 BET 理论假设中包含了表面均匀、吸附分子间无相互作用等内容，自然造成了理论与实验结果的偏差。实验结果表明，低压时实验吸附量较理论值偏高，而高压时又偏低。

7.5.4 Polanyi 吸附势能理论和 D-R 公式

1. 吸附势模型发展历程

1814 年 de Saussure 提出吸附质和吸附剂具有相互吸引力，距固体表面越近引力越大，吸附质的密度也越高；1914 年 Euken 将这种引力引申为吸附势；Polanyi 则以定量的方式描述了这种吸附势。这一理论的特点是不对吸附质做任何假设、限制，不涉及固体表面是否均匀等因素。

早期吸附势理论研究主要包括三个方面：

（1）如同地球引力场使空气包裹成大气层一样，吸附剂表面附近一定空间内也存在引力场，气体分子一旦落入此范围内即被捕获吸附。引力场起作用的空间称为吸附空间（图 7-15），在吸附空间内被吸附气体的密度随距离表面高度的增加而减小，吸附空间最外缘处的吸附气体与外部气体密度已无差别，引力场起作用的最大空间称为极限吸附空间。

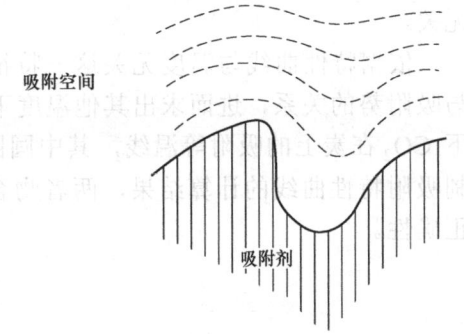

图 7-15 吸附空间剖面示意图

（2）在吸附空间内各处都存在吸附势 μ，其定义是将 1 mol 气体从无限远处（即吸引力不起作用的外部空间）吸引到某点时系统所做的功。吸附势相等的各点构成等势面，各等势面与固体表面间所夹体积为吸附体积。某点处的吸附势也是该点与吸附剂表面距离的函数，亦即吸附体积函数。

（3）吸附势与温度无关，即吸附势 μ 与吸附体积 V 的关系对任何温度都是相同的，μ 与 V 的关系曲线称为吸附特性曲线。

对于吸附势的定量研究，Polanyi 和 Berenyi 做了开创性工作。Polanyi 认为吸附分为三种情况：

（1）当吸附温度 T 远低于吸附质气体的临界温度 T_c 时，吸附膜为液态。

（2）当 T 略低于 T_c 时，吸附膜为液态和压缩气态混合。

（3）当 $T>T_c$ 时，吸附膜为压缩气态。

当 $T<T_c$ 时，从吸附等温线计算吸附特性曲线最为简单。假设吸附质气相为理想气体，吸附相为不可压缩的液态，则吸附空间中 i 点的吸附势 μ_i 应为 1 mol 吸附质理想气体从气相平衡压力 P 压缩到吸附质对应吸附温度 T 时的饱和蒸气压所需做的功，即

$$\mu_i = -\Delta G = \int_P^{P_0} V_m \mathrm{d}P = \int_P^{P_0} \frac{RT}{P} \mathrm{d}P = RT \ln \frac{P_0}{P} \tag{7-63}$$

式中，P 为在固气界面吸附平衡时吸附质在气相中的分压；P_0 为温度 T 时吸附质液态的饱和蒸气压；V_m 为吸附质的气体摩尔体积。上式没有考虑形成固气吸附膜界面能，但不会给计算结果带来很大误差。

在吸附空间内，相同吸附势点连接成的面称为等势面。设距固体表面 x 处的等势面与其表面所夹体积为 V_x（吸附体积），其与实测吸附量 a（单位为 mol）的关系为

$$V_x = aM/\rho = a\overline{V} \tag{7-64}$$

式中，M 为吸附质分子量；ρ 为实验温度下液态吸附质密度；$\overline{V}$ 为液态吸附质摩尔体积。式（7-63）和式（7-64）是吸附势理论的基本公式。

不同温度的吸附势 μ 与吸附体积 V 的关系都是相同的。依据某一温度下的吸附等温线，就可得到相应的吸附势 μ_i 和 V_x 值，绘出 μ_i 与 V_x 的关系曲线，该曲线称为该吸附质-吸附剂体系的特性曲线（characteristic curve）。图 7-16 所示为 5 个温度点下 CO_2 在炭上的吸附特性曲线，可以看出不同温度下吸附势 μ_i 与吸附体积 V_x 关系相同，可见吸附特性曲线与温度无关。

依据特性曲线与温度无关这一特征，可从一个温度点的吸附等温线数据获得吸附量与吸附势的关系，进而求出其他温度下的平衡压力和吸附量。图 7-17 所示为不同温度下 CO_2 在炭上的吸附等温线，其中圆圈为实验实测数据，实线为由 273.1 K 实验结果绘制吸附特性曲线的计算结果，两者吻合良好，验证了由吸附特性曲线预测吸附等温线的正确性。

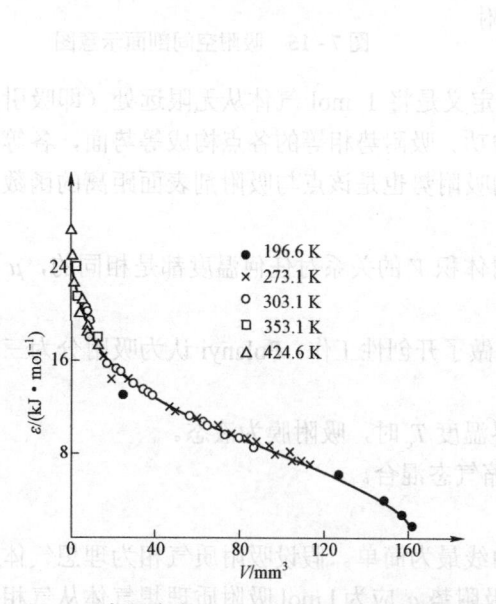

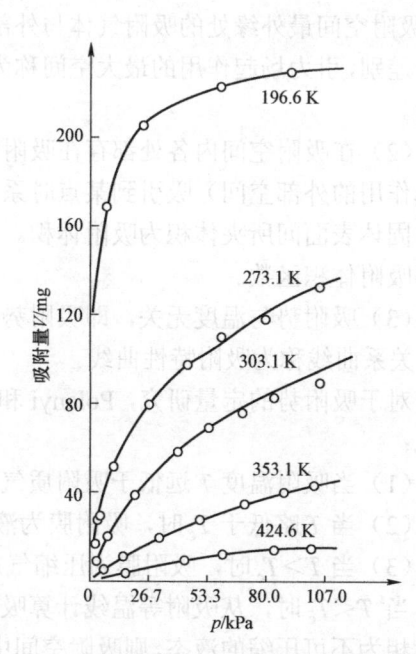

图 7-16　5 个温度点下 CO_2 在炭上的吸附特性曲线　　图 7-17　不同温度下 CO_2 在炭上的吸附等温线

2. 不同吸附质特性曲线相关性

吸附特性曲线与温度无关意味着气体在固体表面吸附的驱动力是色散力，即吸附势理论尤其适用于色散力物理吸附。对同一吸附剂（以 2 表示），应用 London 色散力作用势能关系，

A、B两种吸附质分子在距吸附剂表面 x 处的吸附势 μ_A 和 μ_B 可表示为

$$\mu_A = -\frac{3}{2}\alpha_A\alpha_2 \frac{I_A \cdot I_2}{I_A + I_2} x^{-6} \tag{7-65}$$

$$\mu_B = -\frac{3}{2}\alpha_B\alpha_2 \frac{I_B \cdot I_2}{I_B + I_2} x^{-6} \tag{7-66}$$

式中，α 和 I 分别为相应分子或原子的极化率和电离势。比较上述两式，可得

$$\frac{\mu_A}{\mu_B} = \frac{\alpha_A}{\alpha_B} \frac{I_A(I_B + I_2)}{I_B(I_A + I_2)} \tag{7-67}$$

对于同一吸附剂，I_2 为定值，吸附质分子之 α 和 I 为常数，故

$$\frac{\mu_A}{\mu_B} = \beta = \text{constant} \tag{7-68}$$

β 称为亲和系数（coefficient of affinity）。此式表明，对同一吸附剂不同吸附质的吸附特性曲线间存在内在联系，β 是不同吸附质的吸附特性曲线间的相关因子。

由于多种气体的电离势 I 近于一常数，故

$$\beta = \alpha_A / \alpha_B \tag{7-69}$$

鉴于分子的极化率正比于吸附质的液态摩尔体积，因此

$$\beta = \frac{\overline{V}_A}{\overline{V}_B} \tag{7-70}$$

以苯在活性炭上吸附时，β 值为1，表7-3列出了其他蒸气在活性炭上吸附时的 β 实验值和由式（7-70）根据吸附质液态摩尔体积求得的 β 值，实验值与计算值基本一致。因此，当吸附剂一定时，只要测定一种吸附质在一个温度下的吸附等温线，利用吸附特性曲线和亲和系数，就可以得到其他吸附质在该吸附剂上任何温度时的吸附等温线。

表7-3 β 实验值与计算值

蒸气	$\beta_{实验}$	$\overline{V}/\overline{V}_{苯}$	蒸气	$\beta_{实验}$	$\overline{V}/\overline{V}_{苯}$
C_6H_6	1.00	1.00	C_2H_5Cl	0.78	0.80
C_5H_{12}	1.12	1.28	CH_3OH	0.40	0.46
C_6H_{12}	1.04	1.21	C_2H_5OH	0.61	0.65
C_7H_{16}	1.50	1.65	$HCOOH$	0.60	0.63
$C_6H_5CH_3$	1.28	1.19	CH_3COOH	0.97	0.96
CH_3Cl	0.56	0.59	$(C_2H_5)_2O$	1.09	1.17
CH_2Cl_2	0.66	0.71	CH_3COCH_3	0.88	0.82

续表

蒸气	$\beta_{实验}$	$\bar{V}/\bar{V}_{苯}$	蒸气	$\beta_{实验}$	$\bar{V}/\bar{V}_{苯}$
$CHCl_3$	0.88	0.90	CS_2	0.70	0.68
CCl_4	1.07	1.09	NH_3	0.28	0.30

3. D-R 公式

经典吸附势理论并不能给出吸附等温式，若将吸附量与其化学势关联，则可导出吸附等温线。苏联科学家 Dubinin 基于多种活性炭对气体的吸附研究，从吸附特性曲线形状出发，提出了描述吸附体积 V 与吸附势 μ 的关系式如下：

$$V = V_0 e^{-K\mu^m} \tag{7-71}$$

式中，V_0 为极限吸附体积，K 为与孔结构有关的常数。对于活性炭、分子筛等微孔吸附剂 $m=2$，粗孔吸附剂 $m=1$。

对于微孔吸附剂，将式（7-63）代入式（7-71）则得到 Dubinin-Radushkevich 方程：

$$V = V_0 e^{-KR^2T^2\left(\ln\frac{P_0}{P}\right)^2} \tag{7-72}$$

若式（7-72）中 V 为每克吸附剂上吸附吸附质的体积，V_0 则为每克吸附剂吸附吸附质体积的上限，对于微孔吸附剂即比孔容。将上式两侧除以吸附质的液态摩尔体积，得

$$a = a_0 e^{-KR^2T^2\left(\ln\frac{P_0}{P}\right)^2} \tag{7-73}$$

式中，a 为压力 P 下每克吸附剂吸附吸附质气体的摩尔数；a_0 为每克吸附剂充满微孔时所需吸附质的摩尔数。将上式两边取自然对数

$$\ln a = \ln a_0 - KR^2T^2\left(\ln\frac{P_0}{P}\right)^2 \tag{7-74}$$

令

$$D = KR^2T^2$$

则

$$\ln a = \ln a_0 - D\left(\ln\frac{P_0}{P}\right)^2 \tag{7-75}$$

或

$$\ln V = \ln V_0 - D\left(\ln\frac{P_0}{P}\right)^2 \tag{7-76}$$

$\ln a$ 或 $\ln V$ 和 $[\ln(P_0/P)]^2$ 呈线性关系，由直线截距和斜率可求得 $\lg a_0$（或 $\lg V_0$）和 D。一般来说，微孔吸附剂的直线线性关系较好，由其截距得到的微孔体积值与实测值相符。图 7-18 所示为 293 K 时苯蒸气在几种活性炭上的吸附等温线。由图可见，P/P_0 为 0~0.01 时线性关系较好，P/P_0 较高时偏离直线，这与吸附剂中除微孔外还有中孔和大孔结构有关。

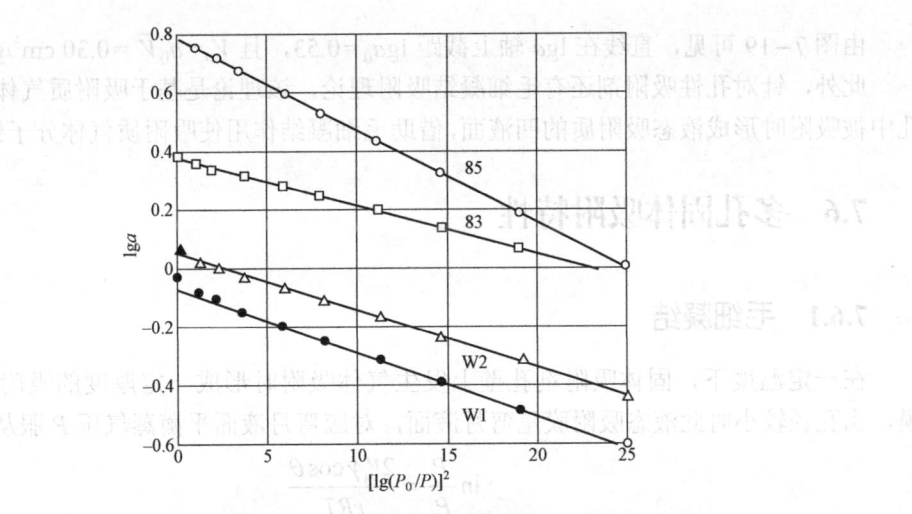

图 7−18 293 K 时苯蒸气在几种活性炭（图中数字、字母为其编号）上的吸附等温线（单位：mmol/g）

【例】已知 323 K 时苯在某种活性炭上的吸附数据如下，求该炭的孔体积，已知苯的摩尔体积为 89×10^{-6} m^3/mol。

P/P_0	1.33×10^{-6}	8.93×10^{-6}	1.03×10^{-4}	4.53×10^{-4}	4.13×10^{-3}	1.24×10^{-2}	0.046 9	0.119	0.247
$a/$(mmol·g^{-1})	0.32	0.45	1.01	1.45	2.10	2.54	3.15	3.61	4.13

解：将数据做如下处理：

$(\lg P_0/P)^2$	34.52	25.49	15.90	11.18	5.684	3.635	1.766	0.855	0.369
$\lg a$	−0.495	−0.347	4.32×10^{-3}	0.161	0.322	0.405	0.498	0.558	0.616

对 $\lg a \sim (\lg P_0/P)^2$ 作图，如图 7−19 所示。

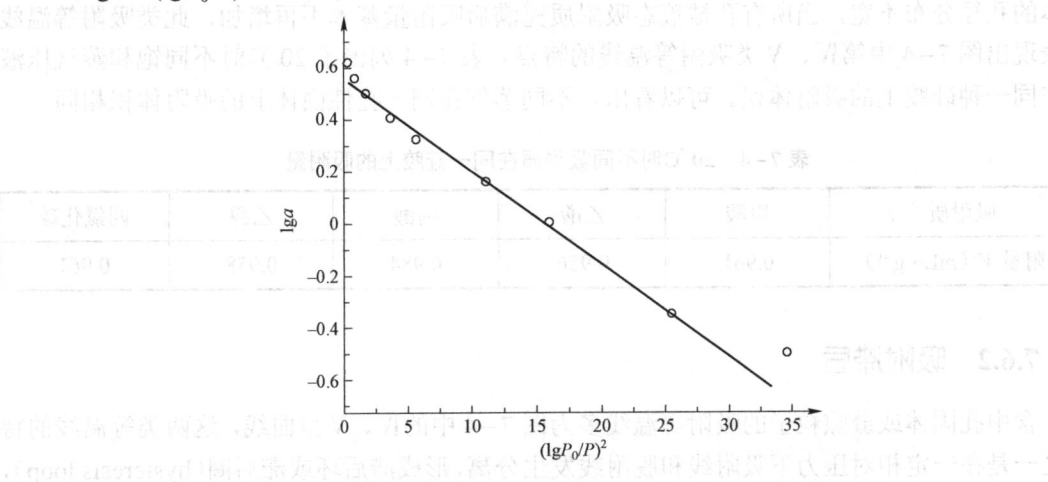

图 7−19 323 K 时苯在活性炭上的吸附 $\lg a \sim (\lg P_0/P)^2$ 图

由图 7-19 可见，直线在 $\lg a$ 轴上截距 $\lg a_0=0.53$，且 $V_0=a_0\overline{V}=0.30\ \text{cm}^3/\text{g}$。

此外，针对孔性吸附剂还有毛细凝结吸附理论，该理论是基于吸附质气体在吸附剂毛细孔中被吸附时形成液态吸附质的凹液面，借助毛细凝结作用使吸附质气体分子继续发生凝聚。

7.6 多孔固体吸附特性

7.6.1 毛细凝结

在一定温度下，固体吸附剂孔壁上发生气体吸附时形成一定厚度的吸附膜，当孔径较小时此液态吸附膜呈弯月液面，对应弯月液面平衡蒸气压 P 服从 Kelvin 公式：

$$\ln\frac{P}{P_0}=\frac{2V_1\gamma\cos\theta}{rRT} \tag{7-77}$$

式中，P_0 为温度 T 时，吸附质平面液面对应的饱和蒸气压；γ 为液态吸附质的表面张力；V_1 为液态吸附质的摩尔体积；θ 为液态吸附质与孔壁的接触角，完全润湿时 θ 取 0°；r 为弯月液面的曲率半径。根据此式，毛细孔中弯月液面的平衡蒸气压小于相同温度下平面液面的饱和蒸气压。在尚未达到平面液体饱和蒸气压 P_0 时，气体就可以在一些毛细孔的弯月液面上发生凝结，随着气体压力增加，可以发生气体凝结的毛细孔径也越来越大，这种现象是孔性吸附剂特殊的吸附现象。

根据 Kelvin 公式，在一定平衡压力 P 下，吸附质气体在相应半径和比此半径小的毛细孔中可发生毛细凝结，在比此孔半径大的孔中不发生毛细凝结，但有一定厚度的吸附层。式 (7-77) 中的 r 是弯月液面的曲率半径，只有在接触角 $\theta=0°$ 时，r 才是吸附剂的孔半径，称为 Kelvin 半径 r_K。r_K 与真实孔半径 r_p 间相差一个吸附层的厚度 t，即 $r_p=r_K+t$，吸附层厚度 t 是气体平衡压力的函数。应当强调的是，Kelvin 公式对微孔和大孔都不太适用，因为微孔孔径一般与分子尺寸量级相同，吸附质在微孔吸附剂中的曲率半径含义已不是很清楚，而大孔的孔半径 r 很大，吸附膜表面又可视为水平面。

发生毛细凝结常使吸附等温线在某一压力范围内吸附量随压力升高而快速增加。若孔性固体的孔径分布不宽，当所有孔被液态吸附质充满后吸附量基本不再增加，此类吸附等温线即表现出图 7-4 中第Ⅳ、Ⅴ类吸附等温线的特点。表 7-4 列出了 20 ℃时不同饱和蒸气压液体在同一种硅胶上的吸附体积。可以看出，不同蒸气在同一孔性固体上的吸附体积相同。

表 7-4 20 ℃时不同吸附质在同一硅胶上的吸附量

吸附质	甲酸	乙酸	丙酸	乙醇	四氯化碳
吸附量 $V/(\text{mL}\cdot\text{g}^{-1})$	0.961	0.956	0.984	0.958	0.961

7.6.2 吸附滞后

含中孔固体或缝隙粒子的吸附等温线多为图 7-4 中的Ⅳ、Ⅴ型曲线，这两类等温线的特点之一是在一定相对压力下吸附线和脱附线发生分离，形成滞后环或滞后圈（hysteresis loop），这种现象称为吸附滞后（adsorption hysteresis）。在相对压力趋于 1 时吸附量有饱和值，此值相当于吸附质液态充满吸附剂孔的体积。图 7-20 所示为乙酸蒸气在硅胶上的吸附等温线，空心点为吸附线，实心点为脱附线。由图可见明显的滞后环，且在中等相对压力时吸附量随吸附质压力升高快速上升。

Zsigmondy 对吸附滞后的解释为：吸附质在孔壁上发生吸附和脱附时的接触角不同。吸附是液态吸附质填充孔隙的过程，接触角是前进角；脱附则是将孔隙中的吸附质抽去的过程，接触角是后退角。前进角总是大于后退角，故根据 Kelvin 公式，对同一孔径中的液体，气相平衡压力在脱附时比吸附时要小。

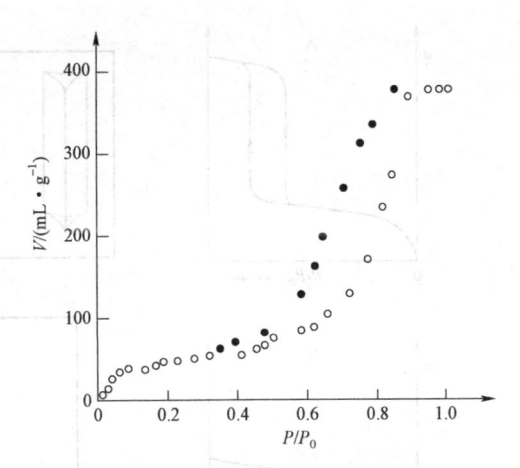

图 7-20　乙酸蒸气在硅胶上的吸附等温线
（空心点为吸附线，实心点为脱附线）

McBain 将孔腔假设成口小腔大的墨水瓶形，当吸附质气体分压大到相应孔腔半径的平衡压力时，气体在腔体内发生凝结直至逐渐充满腔体至孔口。脱附过程从孔口开始，孔口半径小于腔体半径，只有在较低压力时方能开始脱附，并形成吸附滞后圈。

Cohan 假设孔是直径均匀、两端开口的圆筒状。初始发生的毛细凝结是在孔壁的环状吸附膜液面上进行的，此弯月液面的一个主曲率半径为∞，若设 $\theta=0°$，则此时发生吸附的平衡压力 $P_{吸}$ 可写作

$$\ln \frac{P_{吸}}{P_0} = -\frac{V_1 \gamma}{rRT} \tag{7-78}$$

式中，P_0 为温度 T 时液态吸附质水平面对应的饱和蒸气压；γ 为液态吸附质的表面张力；V_1 为液态吸附质的摩尔体积；r 为弯月液面的曲率半径。开始脱附时孔已被液态吸附质充满，脱附是从孔口的球形弯月液面开始的，与孔口半径 r 相应的脱附平衡压力 $P_{脱}$ 为

$$\ln \frac{P_{脱}}{P_0} = -\frac{2V_1 \gamma}{rRT} = 2\ln \frac{P_{吸}}{P_0} \tag{7-79}$$

因此 $P_{吸} > P_{脱}$，吸附等温线滞后。

7.6.3　孔结构与滞后圈形状

孔径形状、大小及分布不同，其吸附量随吸附质气体平衡压力变化的增减趋势也不相同，因而滞后圈的形状及位置可反映孔的结构特点。de Boer 将吸附滞后圈分为五种类型，它们分别代表不同的孔形状，如图 7-21 所示。

A 类滞后圈的特点是吸附和脱附线在中等相对压力区域内，且吸附、脱附曲线变化均很陡。两端开口的毛细孔是此类滞后圈的典型反映，两端开口的不规则筒形、棱柱形孔也可呈现此类滞后圈。这类孔的半径均匀，当吸附质平衡压力上升到与孔半径相应的压力值时发生毛细凝结，并使所有的孔迅速充满，此时吸附量急剧增加。由于孔半径均匀，发生脱附时在某压力点吸附质很快从孔中排出，此时吸附曲线急剧下降。

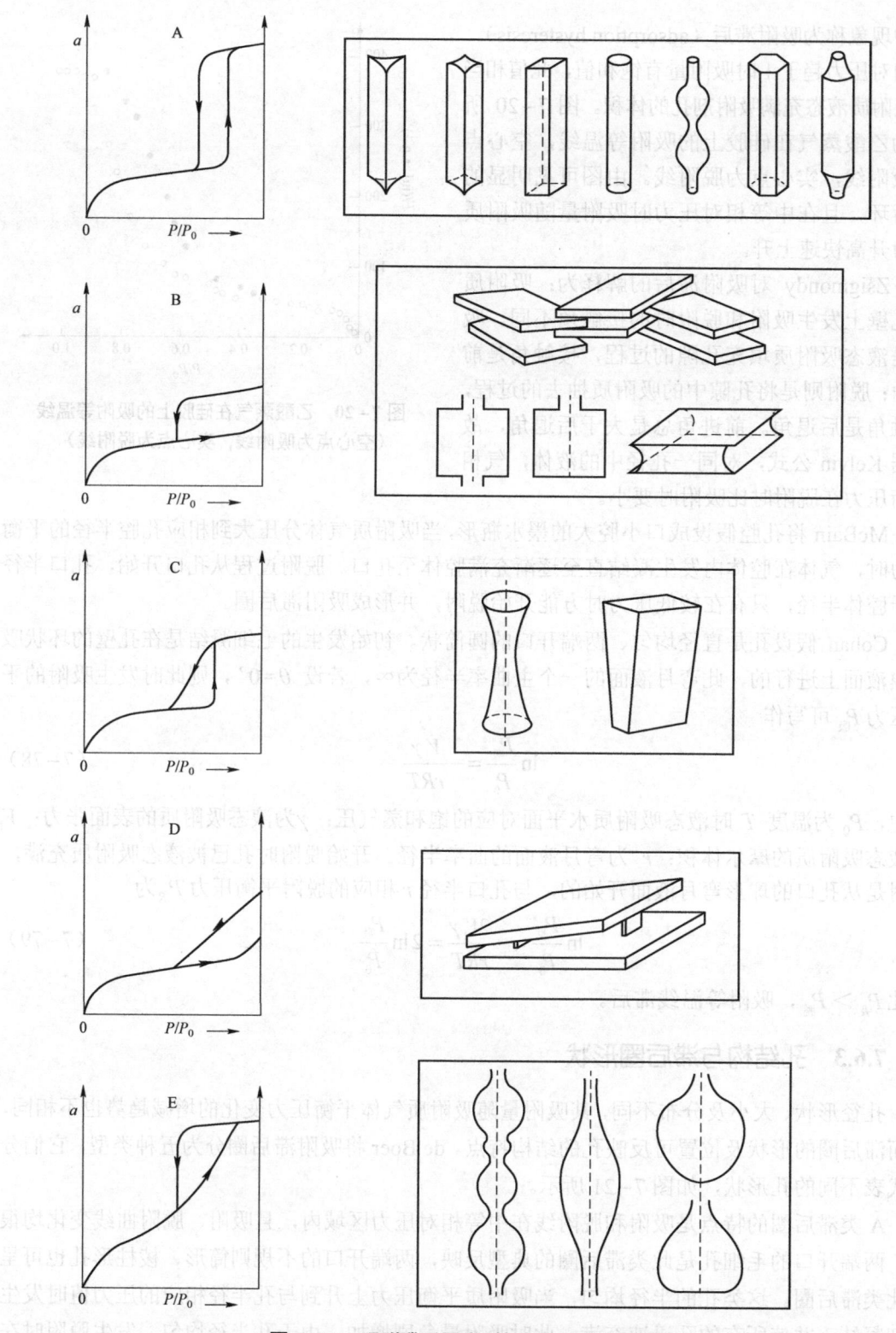

图 7-21 吸附滞后圈类型与相应的孔的形状

B 类滞后圈的特点是在吸附质压力接近于饱和蒸气压 P_0 时吸附线急剧上升，脱附线在中等相对压力时才迅速下降。与其相应的典型孔结构是平行板狭缝，这些孔隙难以形成弯月液面，只有在吸附质相对压力接近于 1 时才能发生毛细凝结。脱附过程只有在低于狭缝宽度弯月液面的饱和蒸气压时才能发生，脱附过程发生在压力较低的区域。

C 类滞后圈的吸附线在中等压力时很陡，脱附曲线则变化平缓。它反映的典型孔结构是锥形或双锥形孔，这是因为吸附时类似于 A 类孔，而脱附时则是从大口处开始的，故曲线变化缓慢。

D 类滞后圈的吸附线特征与 B 类相似，脱附曲线则一直呈现平缓下降趋势。其相应的孔结构是四周开放的倾斜板交错重叠缝隙。这类孔吸附时与 B 类相似，因无弯月液面形成，只有当吸附质蒸气压力 P 趋近于 P_0 时才能发生毛细凝结，此时吸附量陡增。脱附时因板壁不平行，吸附量不会陡然下降，而是缓慢变化。

E 类滞后圈的吸附线特征是变化缓慢，而脱附曲线陡直下降，其相应的典型孔结构是口小腔大形状。吸附时弯月液面曲率半径逐渐变化，故吸附曲线变化缓慢。而脱附过程是从曲率半径最小的孔口开始的，由于蒸气压力较低，一旦此时发生脱附腔体内的吸附质则骤然逸出，表现为曲线陡然下降。

以上 5 种滞后圈类型中，A、B、E 类最常见，C、D 类较少见。

7.7 吸附法测定固体表面特性

7.7.1 比表面

单位质量固体吸附剂的总表面积称为比表面（specific surface area）。比表面是吸附剂、催化剂的重要参数，与其吸附能力和催化性能直接相关，有应用价值的吸附剂大都有大的比表面。测定固体比表面的方法很多，其中以气体吸附法应用最为广泛。

气体吸附法测定比表面的方法通常是先测得吸附质对该吸附剂的吸附等温线或测出某条件下的吸附量，借助吸附等温式处理得到单层饱和吸附量，然后辅以其他数据计算出固体比表面。用于测定固体比表面的气体主要有氮气、氩气、氪气、正丁烷和苯，常规方法如下。

（1）BET 二常数法

根据 BET 二常数公式对 $P/V(P_0-P) \sim P/P_0$ 作图，由直线斜率和截距，通过式 (7-80) 求出 V_m，将 V_m 换算成每克吸附剂吸附气体的体积或物质的量，并校正至标准状态，从而获得比表面 S。此法也称作多点法。

$$V_m = 1/(斜率 + 截距) \tag{7-80}$$

若 V_m 为每克吸附剂吸附气体的毫升数（mL），则

$$S = \frac{V_m}{22\,400} N_A \sigma \tag{7-81}$$

若 V_m 为每克吸附剂吸附气体的物质的量（mol），则

$$S = V_m N_A \sigma \tag{7-82}$$

式中，N_A 为 Avogadro 数，σ 为吸附分子截面积。应用 BET 二常数公式求算比表面时，需将

P/P_0 范围控制在 0.05～0.35，对不同的体系，这一范围可能有所不同。

（2）BET 一点法

由 BET 二常数公式可知，当 $C \gg 1$ 时，式（7-56）可简化为

$$\frac{P}{V(P_0-P)} = \frac{1}{V_m}\frac{P}{P_0} \tag{7-83}$$

以 $P/[V(P_0-P)]$ 对 P/P_0 作图可得一通过原点的直线，该直线斜率即 $1/V_m$，将上式改写为

$$V_m = V\left(1-\frac{P}{P_0}\right) \tag{7-84}$$

比表面 S 即 $S = V(1-P/P_0)N_A\sigma$。其中 V 为在 P/P_0 时，每克固体吸附气体物质的量，单位为 mol。

为比较一点法和多点法之误差，由 BET 二常数公式可得

$$V_m = V\left(\frac{P_0}{P}-1\right)\left[\frac{1}{c}+\frac{c-1}{c}\left(\frac{P}{P_0}\right)\right] \tag{7-85}$$

用式（7-85）减去式（7-84），再除以式（7-85），可得出两种方法的相对误差：

$$\frac{(V_m)_{多点法}-(V_m)_{一点法}}{(V_m)_{多点法}} = \frac{1-\dfrac{P}{P_0}}{1+(c-1)\dfrac{P}{P_0}} \tag{7-86}$$

由上式可知，两种方法之相对误差是 P/P_0 和 C 值的函数。表 7-5 中列出了不同相对压力下一点法的相对误差。

表 7-5　不同 P/P_0 下一点法的相对误差

C	$P/P_0=0.1$	$P/P_0=0.2$	$P/P_0=0.3$	$P/P_0=(P/P_0)_m^a$
1	0.90	0.80	0.70	0.50
10	0.47	0.29	0.19	0.24
50	0.17	0.07	0.04	0.12
100	0.08	0.04	0.02	0.09
1 000	0.009	0.004	0.002	0.03

注：$(P/P_0)_m^a$ 是采用多点法测出的在单分子层覆盖时的相对压力。

（3）层厚法

de Boer 等人证实 N_2 在多种不同固体表面吸附时其吸附层数 V/V_m 与 P/P_0 关系重合，即以覆盖度 $\theta = V/V_m$ 表示吸附量时，θ 与 P/P_0 的吸附等温线重合，如图 7-22 所示。由于这种吸附等温线可以表示 N_2 在多种固体上的吸附，具有标准化意义，故又称为标准吸附等温线（standard isotherm）。标准吸附等温线的存在表明 θ 与 P/P_0 存在函数关系：

$$V/V_m = f(P/P_0) \tag{7-87}$$

若 V 和 V_m 分别表示 1 g 吸附剂吸附 N_2 的液态体积和单层饱和吸附时的液态体积（mL），由于 1 mL 液氮铺成单分子层时面积为 4.36 m^2，因此固体的比表面可表示为 $S=4.36V_m$。

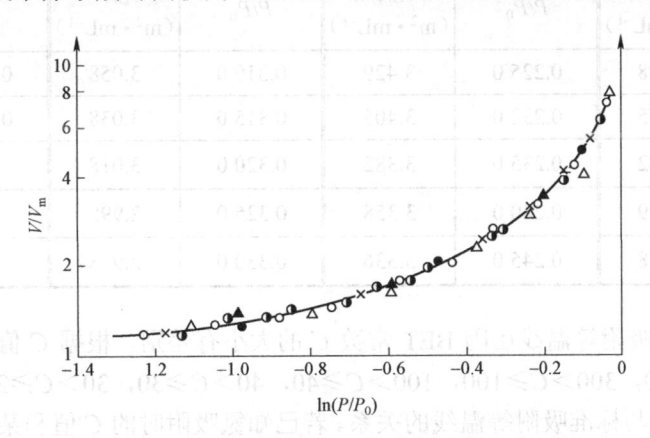

图 7-22 氮气在多种固体上的吸附等温线（78 K）
○RCl-1；△卵清蛋白 61，×二氧化钛；◐石墨化炭黑；▲卵清蛋白 59；●聚乙烯

结合式（7-87），可得

$$V/S = f'(P/P_0)$$

或

$$S/V = 1/f'(P/P_0) \tag{7-88}$$

根据大量实验数据，获得了氮气的 P/P_0 与 S/V 的对应关系，见表 7-6。只要测出某一平衡压力下 1 g 未知物固体样品吸附氮气的体积 V，便可从表中查出相应压力下的 S/V 值，并可算出固体比表面积 S。

表 7-6 氮吸附时 P/P_0 与 S/V 关系表（-195 ℃）

P/P_0	$(S/V)/$ $(m^2 \cdot mL^{-1})$	P/P_0	$(S/V)/$ $(m^2 \cdot mL^{-1})$	P/P_0	$(S/V)/$ $(m^2 \cdot mL^{-1})$	P/P_0	$(S/V)/$ $(m^2 \cdot mL^{-1})$
0.080 0	4.412	0.165 0	3.748	0.250 0	3.313	0.335 0	2.958
0.085 0	4.361	0.170 0	3.718	0.255 0	3.291	0.340 0	2.939
0.090 0	4.313	0.175 0	3.689	0.260 0	3.269	0.345 0	2.920
0.095 0	4.266	0.180 0	3.661	0.265 0	3.247	0.350 0	2.900
0.100 0	4.221	0.185 0	3.633	0.270 0	3.225	0.355 0	2.881
0.105 0	4.177	0.190 0	3.606	0.275 0	3.204	0.360 0	2.862
0.110 0	4.134	0.195 0	3.579	0.280 0	3.182	0.365 0	2.843
0.115 0	4.094	0.200 0	3.553	0.285 0	3.161	0.370 0	2.825
0.120 0	4.055	0.205 0	3.527	0.290 0	3.140	0.375 0	2.806
0.125 0	4.016	0.210 0	3.502	0.295 0	3.119	0.380 0	2.788
0.130 0	3.979	0.215 0	3.477	0.300 0	3.099	0.385 0	2.769
0.135 0	3.943	0.220 0	3.456	0.305 0	3.078	0.390 0	2.751

续表

P/P_0	$(S/V)/$ $(m^2 \cdot mL^{-1})$	P/P_0	$(S/V)/$ $(m^2 \cdot mL^{-1})$	P/P_0	$(S/V)/$ $(m^2 \cdot mL^{-1})$	P/P_0	$(S/V)/$ $(m^2 \cdot mL^{-1})$
0.1400	3.098	0.2250	3.429	0.3100	3.058	0.3950	2.733
0.1450	3.875	0.2300	3.405	0.3150	3.038	0.4000	2.715
0.1500	3.842	0.2350	3.382	0.3200	3.018	—	—
0.1550	3.809	0.2400	3.358	0.3250	2.998	—	—
0.1600	3.778	0.2450	3.336	0.3300	2.978	—	—

实际上，标准吸附等温线还因 BET 常数 C 的大小有差别，根据 C 值大小标准等温线可分为 5 类：$C \geqslant 300$，$300 > C \geqslant 100$，$100 > C \geqslant 40$，$40 > C \geqslant 30$，$30 > C \geqslant 20$。表 7-7 是氮吸附时不同 C 值大小与标准吸附等温线的关系。若已知氮吸附时的 C 值和某一 P/P_0 时 1 g 吸附剂固体上的吸附量 V，即可由表 7-7 得到相应的 V/V_m，求出 V_m，可计算出固体比表面积。

表 7-7　氮吸附标准等温线随 BET 常数 C 的变化（$n = V/V_m$）

P/P_0	$C \geqslant 300$ V/V_m	$300 > C \geqslant 100$ V/V_m	$100 > C \geqslant 40$ V/V_m	$40 > C \geqslant 30$ V/V_m	$30 > C \geqslant 20$ V/V_m
0.02	0.972	0.805	0.593	0.503	0.401
0.03	0.992	0.853	0.669	0.575	0.489
0.04	1.017	0.893	0.718	0.635	0.545
0.05	1.034	0.920	0.763	0.686	0.602
0.06	1.048	0.946	0.802	0.730	0.647
0.07	1.062	0.966	0.839	0.768	0.692
0.08	1.076	0.992	0.870	0.804	0.729
0.09	1.090	1.011	0.901	0.838	0.768
0.10	1.102	1.037	0.929	0.868	0.808
0.12	1.127	1.068	0.983	0.924	0.872
0.14	1.155	1.105	1.028	0.976	0.932
0.16	1.184	1.136	1.071	1.022	0.983
0.18	1.209	1.167	1.113	1.066	1.034
0.20	1.234	1.203	1.153	1.110	1.082
0.22	1.260	1.234	1.192	1.154	1.127
0.24	1.285	1.263	1.232	1.195	1.175
0.26	1.311	1.297	1.266	1.235	1.218
0.28	1.339	1.325	1.305	1.275	1.257
0.30	1.367	1.356	1.339	1.320	1.299
0.32	1.395	1.384	1.373	1.370	1.342

续表

P/P_0	$C \geqslant 300$ V/V_m	$300 > C \geqslant 100$ V/V_m	$100 > C \geqslant 40$ V/V_m	$40 > C \geqslant 30$ V/V_m	$30 > C \geqslant 20$ V/V_m
0.34	1.427	1.415	1.407	1.407	1.384
0.36	1.452	1.452	1.444	1.444	1.424
0.38	1.480	1.480	1.472	1.472	1.460
0.40	1.511	1.511	1.508	1.508	1.497
0.42	—	—	1.536	—	—
0.44	—	—	1.565	—	—
0.46	—	—	1.596	—	—
0.48	—	—	1.630	—	—
0.50	—	—	1.667	—	—
0.55	—	—	1.757	—	—
0.60	—	—	1.864	—	—
0.65	—	—	1.983	—	—
0.70	—	—	2.127	—	—
0.75	—	—	2.280	—	—
0.80	—	—	2.528	—	—
0.85	—	—	2.853	—	—
0.90	—	—	3.588	—	—
0.95	—	—	5.621	—	—

【例】 77 K 时测定某催化剂对 N_2 的吸附数据见下表。分别用 BET 多点法、一点法和层厚法计算该催化剂的比表面。已知 N_2 分子截面积为 $0.162~nm^2$。

P/P_0	0.06	0.10	0.20	0.30	0.40	0.50
$V(STP)/(mL \cdot g^{-1})$	48.6	52.9	61.2	67.7	74.1	81.7

解：（1）BET 多点法求算：

根据 BET 二常数公式处理得下表：

P/P_0	0.06	0.10	0.20	0.30	0.40	0.50
$(P/P_0)/[V(1-P/P_0)]$	0.001 31	0.002 10	0.004 08	0.006 33	0.009 00	0.012 20

对 $(P/P_0)/[V(1-P/P_0)] \sim P/P_0$ 作图，如图 7-23 所示。由图中直线的斜率和截距求出 V_m 和 C。

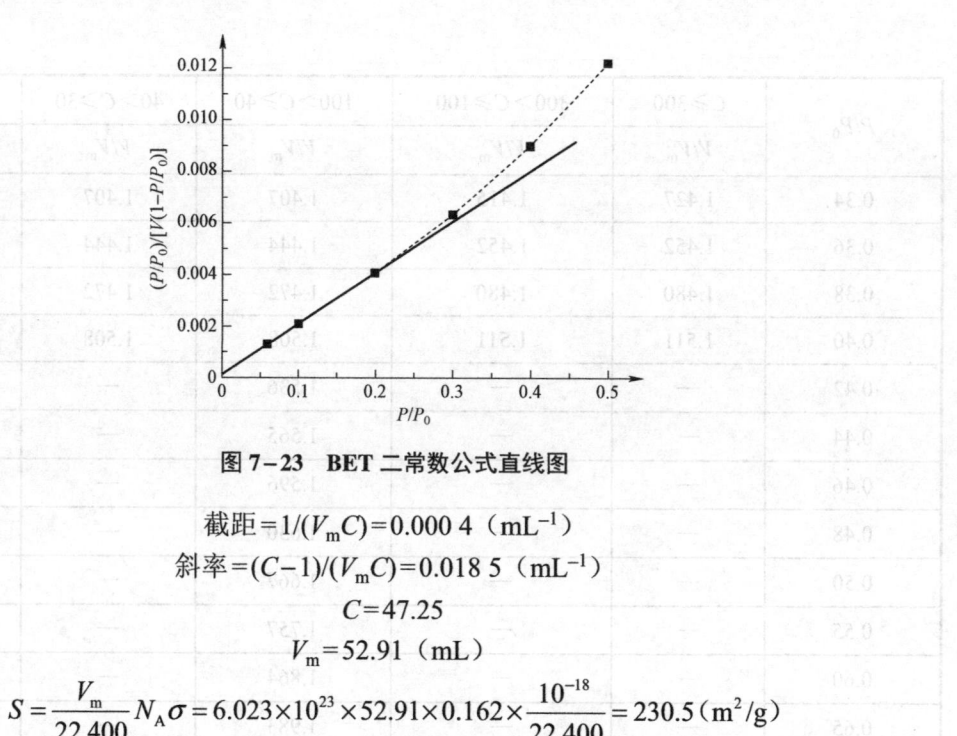

图 7-23 BET 二常数公式直线图

$$\text{截距} = 1/(V_m C) = 0.000\ 4\ (\text{mL}^{-1})$$
$$\text{斜率} = (C-1)/(V_m C) = 0.018\ 5\ (\text{mL}^{-1})$$
$$C = 47.25$$
$$V_m = 52.91\ (\text{mL})$$

$$S = \frac{V_m}{22\ 400} N_A \sigma = 6.023 \times 10^{23} \times 52.91 \times 0.162 \times \frac{10^{-18}}{22\ 400} = 230.5\ (\text{m}^2/\text{g})$$

由图 7-23 可以看出，若压力选 0.05～0.35 作直线，截距可能为负值，对于本体系 P/P_0 为 0.06～0.20 时更恰当，截距为正值。所以采用 BET 直线法求解时，P/P_0 适用范围要具体分析，不易确定时应参照其他方法。

(2) 一点法求解：
由 BET 二常数公式可知，当 $C \gg 1$ 时可简化为

$$V_m = V\left(1 - \frac{P}{P_0}\right)$$

将 $P/P_0 = 0.20$ 时吸附量 $V = 61.2$ mL/g，代入上式得
$$V_m = 61.2 \times (1 - 0.20) = 48.96\ (\text{mL/g})$$
$$S = 6.023 \times 10^{23} \times 48.96 \times 0.162 \times 10^{-18}/22\ 400 = 213.2\ (\text{m}^2/\text{g})$$

(3) 层厚法（标准等温线法）求解：
利用表 7-6 查出 $P/P_0 = 0.20$ 时 $S/V = 3.553$，故
$$S = 3.553 \times 61.2 = 217.4\ (\text{m}^2/\text{g})$$
或利用表 7-7，查出 $P/P_0 = 0.20$ 和 $100 > C \geq 40$ 时 $V/V_m = 1.153$，
$$V_m = 61.2/1.153 = 53.08\ (\text{mL/g})$$
$$S = \frac{V_m}{22\ 400} N_A \sigma = 6.023 \times 10^{23} \times 52.91 \times 0.162 \times \frac{10^{-18}}{22\ 400} = 231.2\ (\text{m}^2/\text{g})$$

以上方法所求该催化剂的比表面误差均小于 7%。

(4) 吸附质分子截面积
吸附质分子截面积是指其单层饱和吸附时每个吸附质分子占有的平均面积 σ，最常用的计算方法有两种。

1)相对计算法

先用显微镜法、沉降法等绝对方法测出无孔均匀固体粒子的大小,计算出其比表面积;再用这种样品吸附某种气体,测出单层饱和吸附量,反推吸附质气体分子的截面积。或用已知截面积的气体和未知截面积的气体在同一吸附剂固体上进行吸附,通过测得单层饱和吸附量之比计算吸附质分子的截面积。

2)液体密度法

假设处于吸附层的吸附质为液态六方密堆积结构,每个分子为球形,则分子的截面积 σ 为

$$\sigma = 1.091 \times \left(\frac{M}{\rho N_A}\right)^{2/3} \tag{7-89}$$

式中,M 为吸附质分子量;ρ 为液态吸附质密度;N_A 为 Avogadro 常数。在 77 K 时液氮的密度 $\rho = 0.808$ g/cm^3,可得 $\sigma = 0.162$ nm^2。表 7-8 列出了几种常用气体的分子横截面积。

表 7-8 几种常用气体分子的横截面积

气体	温度/℃	分子横截面积/nm²	气体	温度/℃	分子横截面积/nm²
N$_2$	-183	0.170	CO$_2$	-56.6	0.170
	-195.8	0.162	CH$_4$	-140	0.181
O$_2$	-183	0.141	n-C$_4$H$_{10}$	0	0.321
Ar	-183	0.144	NO	-150	0.125
	-195.8	0.138	N$_2$O	-80	0.168
CO	-183	0.168	SO$_2$	0	0.190

液态密度法求算分子横截面积有不足之处,气体在固体表面的吸附态与常规液态不同,分子为球形的假设对许多各向异性的分子不恰当。对于表面不均匀的吸附剂固体,吸附分子占有面积与其分子横截面积也不相同。

7.7.2 孔径

(1)平均孔半径 $\bar{r}$

已知孔性固体的比孔容 V_P(每克吸附剂固体的孔体积)和比表面积 S 时,若孔为均匀的圆柱形,不难得出

$$\bar{r} = 2V_P / S \tag{7-90}$$

平均孔半径反映了孔径的大致状况,在不需要详细了解孔性固体的孔径大小分布时,平均孔半径具有重要的参考价值。许多实验结果证明,平均孔半径与孔径分布曲线的最大峰对应的半径相符或接近。

(2)孔径分布的简单计算原理

孔径分布的计算原理是利用 Kelvin 公式,在图 7-4 中第Ⅳ和Ⅴ类吸附等温线滞后环部分的脱附曲线上以适当间隔选点,根据所选点对应的 P/P_0 值,用 Kelvin 公式计算相应的孔半

径 r 值，即在相应压力 P/P_0 处发生毛细凝结的孔半径，称为 Kelvin 半径或临界半径，以 r_K 表示。由于在发生毛细凝结前孔壁上有吸附层，其厚度为 t，故孔的真实半径 r_P 应为 r_K 与 t 之和，即 $r_P = r_K + t$。

每个压力选择点 P/P_0 均对应一定的吸附量，将各吸附量换算为吸附体积，计算出 r_K 孔的吸附体积 V_r，即所有孔半径小于 r_K 的总孔体积。V_r 对 r 的关系曲线称为孔径分布积分曲线，在积分曲线上选择合适的间隔，求出相应点处的切线斜率（dV_r/dr 或 $\Delta V_r/\Delta r$），将 dV_r/dr 或 $\Delta V_r/\Delta r$ 对 r 作图，即得孔径分布的微分曲线。图 7-24 和图 7-25 所示为一种细孔硅胶孔径的积分和微分曲线图。

图 7-24 一种细孔硅胶孔径积分曲线

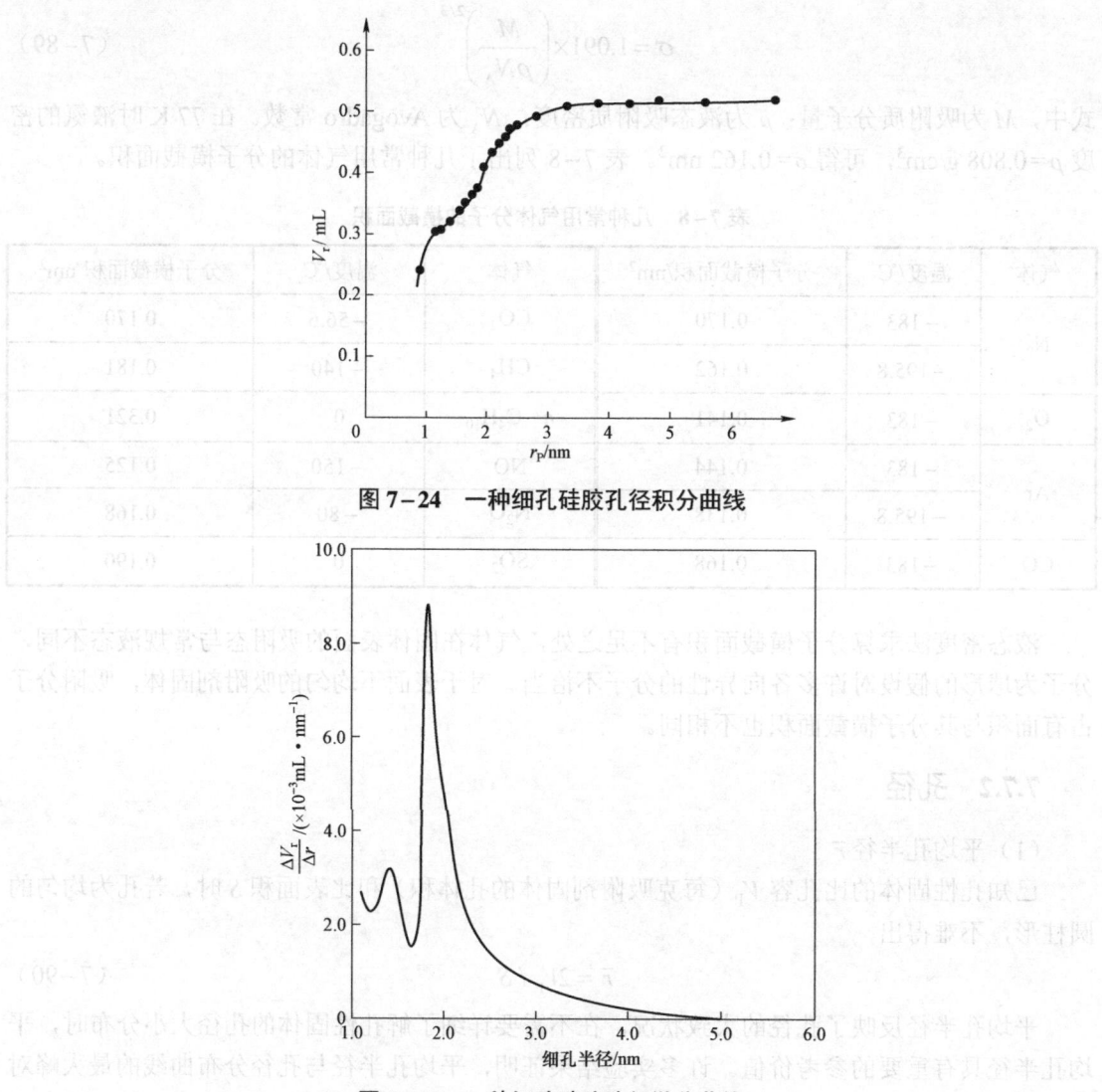

图 7-25 一种细孔硅胶孔径微分曲线

还应当说明两点：计算孔径分布采用吸附曲线还是脱附曲线尚无定论，普遍认为，用脱附曲线好，原因是脱附等温线对应的吸附状态更稳定，所得孔径分布结果也与其他方法相近。另外，未发生毛细凝结的孔中吸附层厚度 t 与吸附质分压 P/P_0 有关。Halsey 经验公式为

$$t = -\left[\frac{5}{\ln(P/P_0)}\right]^{1/3} t_m \tag{7-91}$$

式中，t_m 为单分子吸附层的平均厚度，对于 N_2，$t_m = 0.43$ nm。

7.7.3 表面分数维

由分形几何可知，粗糙平面可用 2～3 的分数维来描述。对于固体表面，分数维是表面粗糙性的参数。测定固体表面分数维 D 的方法有吸附法、热力学法和电化学法等，其中，以吸附法应用较多，吸附法中又有气相吸附法和液相吸附法。现介绍气体单层饱和吸附法。

若吸附质分子的半径为 r，截面积为 σ，对于绝对平整的表面，单层饱和吸附量 $n_m \propto r^{-2}$。对于分数维为 D 的粗糙表面，$n_m \propto r^{-D}$ 或 $n_m \propto \sigma^{-D/2}$。即

$$\lg n_m = (-D/2)\lg \sigma + 常数 \tag{7-92}$$

由于吸附剂的表面积 $A = n_m \sigma$，故可得

$$\lg A = (1 - D/2)\lg \sigma + 常数 \tag{7-93}$$

因此，只要测出不同气体在同一固体上的吸附等温线，应用适当的方程求出单层饱和吸附量 n_m，并根据分子截面积 σ，根据式 (7-92) 或式 (7-93)，即可求出该固体表面的分数维值 D。

表 7-9 中列出了氮气和几种芳香性化合物蒸气在某种炭黑上的单层饱和吸附量 n_m 和由式 (7-93) 求出的分子截面积 σ。图 7-26 所示为相应的 $\lg n_m \sim \lg \sigma$ 图，根据式 (7-92)，由图中直线斜率求得的分数维 D 为 2.25。

表 7-9 氮气和苯、萘、蒽、菲蒸气在炭黑上的 n_m 和分子截面积 σ

吸附质	氮气	苯	萘	蒽	菲
$n_m/(\text{mmol}\cdot\text{g}^{-1})$	3.33	1.30	0.80	0.65	0.65
σ/nm^2	0.162	0.352	0.529	0.707	0.688

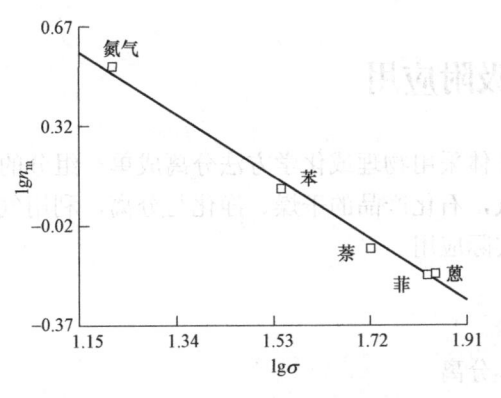

图 7-26 氮气、苯、萘、蒽、菲蒸气在炭黑上的 n_m 与 σ 对数关系

采用气体单层饱和吸附量法，表 7-10 所示给出了一些常见固体表面的分数维值。

表 7-10 一些常见固体表面的分数维值

序号	吸附剂	吸附质	D 值
1	活性炭（椰壳粒状）	氮气等 12 种有机分子	2.71
2	孔性椰壳炭	氮气、乙炔、乙烯、甲烷、乙烷、丙烷、正丁烷、异丁炔	2.67
3	炭黑-1	氮气、苯、萘、蒽、菲	2.25
4	弱活化孔性椰壳炭-1	氮气、乙炔、乙烯、甲烷、乙烷、丙烷、正丁烷、异丁炔	2.54
5	弱活化孔性椰壳炭-2	氮气、乙炔、乙烯、甲烷、乙烷、丙烷、正丁烷、异丁炔	2.30
6	石墨	氮气、正构烷烃	2.07
7	非孔性椰壳炭-1	氮气、乙炔、乙烯、甲烷、乙烷、丙烷、正丁烷、异丁炔	2.04
8	非孔性椰壳炭-2	氮气、乙炔、乙烯、甲烷、乙烷、丙烷、正丁烷、异丁炔	1.97
9	炭黑-2	氮气	2.12
10	炭黑-3	氮气	2.04
11	活性炭-1	氮气	2.96
12	SiO_2-ZrO_2 气凝胶-1	氮气	2.15
13	SiO_2-ZrO_2 气凝胶-2	氮气	2.52
14	硅胶-1	氮气	2.44
15	硅胶-2	甲酸、乙酸、丙酸、四氯化碳	2.06
16	硅胶-2	甲酸、乙酸、丙酸、四氯化碳	2.06

7.8 固气界面吸附应用

气体分离是将混合气体采用物理或化学方法分离成单一组分的过程。在日常科研生产中，利用空气制备氧气和氮气，石化产品的干燥、净化与分离，利用气相色谱法分析混合物成分等过程均为气体分离的实际应用。

7.8.1 分子筛

（1）孔径大小与气体分离

天然和合成的分子筛有严格的晶体结构，孔腔大小均一，可将吸附质按其分子大小进行分离。这种方法特别适用于那些常规蒸馏、结晶、升华途径难以分离提纯的物质，如同分异构体混合物的分离等。根据分子筛孔径大小，可绘制分子筛对常见化合物的吸附特性。例如，

3A 分子筛孔径约为 0.3 nm，只能有效吸附水；5A 分子筛孔径为 0.5 nm，正戊烷和异戊烷的临界直径分别为 0.49 nm 和 0.56 nm，因此 5A 分子筛可将二者分离。图 7-27 给出了部分沸石分子筛与相应吸附值分子的关系。

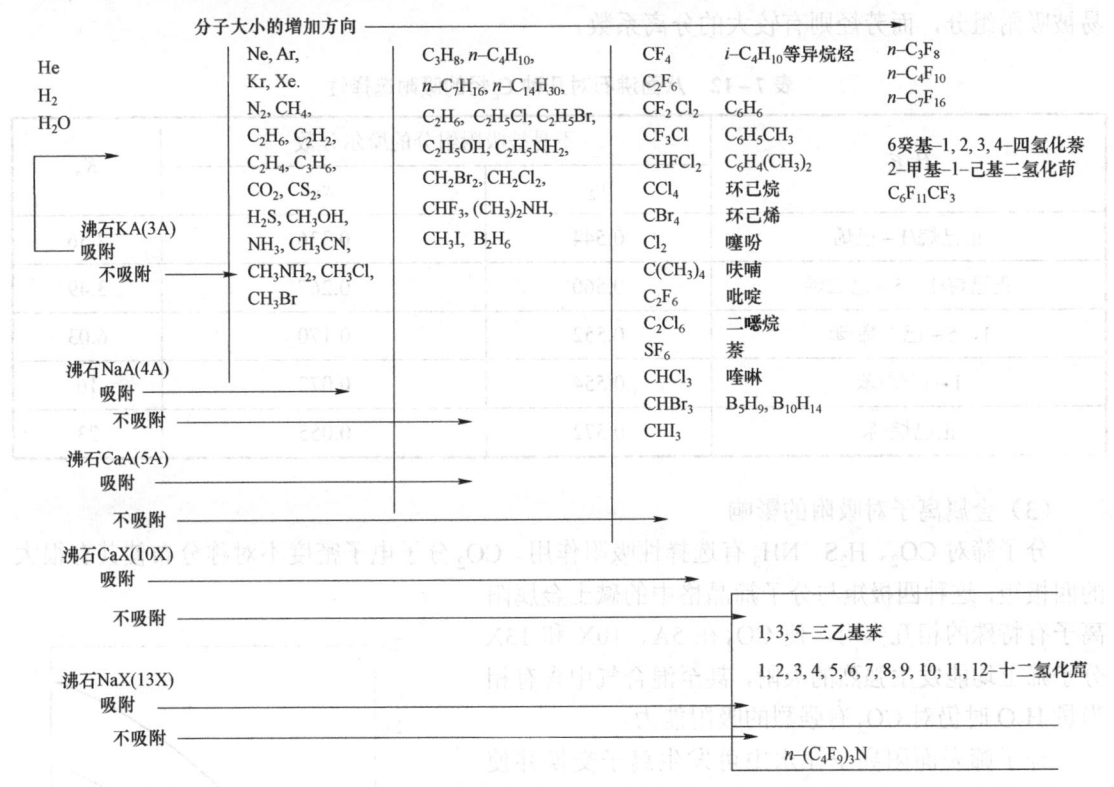

分子大小的增加方向 →

沸石	吸附	不吸附
沸石 KA(3A)	He, H_2, H_2O	Ne, Ar, Kr, Xe, N_2, CH_4, C_2H_6, C_2H_2, C_2H_4, C_3H_6, CO_2, CS_2, H_2S, CH_3OH, NH_3, CH_3CN, CH_3NH_2, CH_3Cl, CH_3Br
沸石 NaA(4A)	上列 + Ne,Ar,Kr,Xe,N_2,CH_4,C_2H_6,C_2H_2,C_2H_4,C_3H_6,CO_2,CS_2,H_2S,CH_3OH,NH_3,CH_3CN,CH_3NH_2,CH_3Cl,CH_3Br	C_3H_8, n-C_4H_{10}, n-C_7H_{16}, n-$C_{14}H_{30}$, C_2H_6, C_2H_5Cl, C_2H_5Br, C_2H_5OH, $C_2H_5NH_2$, CH_2Br_2, CH_2Cl_2, CHF_3, $(CH_3)_2NH$, CH_3I, B_2H_6
沸石 CaA(5A)	上列 + C_3H_8,n-C_4H_{10},…	CF_4, C_2F_6, CF_2Cl_2, CF_3Cl, $CHFCl_2$, CCl_4, CBr_4, Cl_2, $C(CH_3)_4$, C_2F_6, C_2Cl_6, SF_6, $CHCl_3$, $CHBr_3$, CHI_3
沸石 CaX(10X)	上列 + CF_4,C_2F_6,…	i-C_4H_{10} 等异烷烃, C_6H_6, $C_6H_5CH_3$, $C_6H_4(CH_3)_2$, 环己烷, 环己烯, 噻吩, 呋喃, 吡啶, 二噁烷, 萘, 喹啉, B_5H_9, $B_{10}H_{14}$
沸石 NaX(13X)	上列 + i-C_4H_{10}等	1,3,5-三乙基苯, 1,2,3,4,5,6,7,8,9,10,11,12-十二氢化䓛, n-$(C_4F_9)_3N$

右侧最后一列: n-C_3F_8, n-C_4F_{10}, n-C_7F_{16}, 6癸基-1,2,3,4-四氢化萘, 2-甲基-1-己基二氢化茚, $C_6F_{11}CF_3$

图 7-27 沸石分子筛类型与吸附质分子大小关系

（2）不饱和烃吸附分离

分子筛从混合气态烃中的选择性吸附顺序是：炔烃＞烯烃＞烷烃。这是由于各种烃类化合物在分子筛上发生吸附时除色散作用驱动外，烃类化合物中的 π 键还与分子筛中的杂原子晶格存在特殊的相互作用，这种吸附能力的差异明显地反映在吸附热上。表 7-11 所示为丙烯、丙烷在几种吸附剂上的吸附热。由表中数据可见，石墨化炭黑对二者的吸附热接近，甚至丙烷的吸附热还略大于丙烯。这是因为石墨化炭黑是完全非极性的表面，其与有机物分子间只存在着色散力作用。5A 和 13X 分子筛对丙烯的吸附热远大于丙烷，此即为分子筛对不饱和烃选择性吸附的结果。分子筛对不饱和烃的选择性吸附能力与其分子中不饱和键数目有关，不饱和键越多，选择性吸附能力就越强。

表 7-11 丙烯、丙烷在几种吸附剂上的吸附热   kJ/mol

吸附剂	石墨化炭黑[①]	硅胶[①]	5A[①]	5A[②]	13X[②]
丙烯	26.0	31.0	50.8	57.6	45.2
丙烷	27.2	21.0	42.3	39.5	32.7

① 覆盖度 $\theta=0.5$ 的数据。
② 气相色谱法测定结果。

对混合物中不同组分的选择性吸附程度可用分离系数表征。两组分混合气体达到吸附平衡后，气相中组分 1 和 2 的摩尔分数 y_1、y_2 和在吸附相中相应摩尔分数 x_1、x_2 之比称为分离系数，$K_p = y_2 x_1/(y_1 x_2)$。八面沸石对几种 C_6 烃的吸附选择性见表 7-12。由表可见，烯烃为不易被吸附组分，而芳烃则有较大的分离系数。

表 7-12　八面沸石对几种 C_6 烃的吸附选择性

体系	不易被吸附组分的摩尔分数		K_p
	y_2	x_2	
正己烷/1-己烯	0.544	0.336	2.36
正己烷/1,5-己二烯	0.560	0.267	3.49
1,5-己二烯/苯	0.552	0.170	6.03
1-己烯/苯	0.554	0.072	16
正己烷/苯	0.572	0.055	23

（3）金属离子对吸附的影响

分子筛对 CO_2、H_2S、NH_3 有选择性吸附作用。CO_2 分子电子密度不对称分布使其有很大的四极矩，这种四极矩与分子筛晶格中的碱土金属阳离子有特殊的相互作用，使 CO_2 在 5A、10X 和 13X 分子筛上均能发生强烈的吸附，甚至混合气中含有相当量 H_2O 时仍对 CO_2 有强烈的吸附能力。

分子筛表面阳离子在水中可发生离子交换并使其表面带电，是极性吸附剂，可以吸附极性分子。分子筛对 H_2O 强烈的吸附能力即源于此。

7.8.2　硅胶

硅胶表面存在的硅羟基在水中带负电荷。硅胶对吸附质气体的吸附除色散力作用外，还有因硅胶表面带电而引发的诱导作用。与分子筛相似，硅胶对不饱和烃有更强的吸附能力。图 7-28 所示为 25 ℃时同一种硅胶对乙炔、乙烯、丙烷、丙烯的吸附等温线。由图可见，对相同碳原子数的烃，吸附量顺序是：炔烃＞烯烃＞烷烃，此规律与沸石相同。

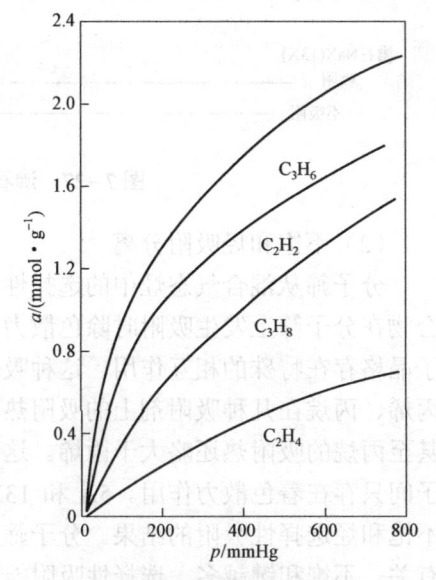

图 7-28　乙炔、乙烯、丙烷、丙烯在硅胶上的吸附等温线（25 ℃）

7.8.3　变温吸附

变温吸附（Temperature Swing Adsorption，TSA）是最早实现气体分离的循环工艺过程。其基本原理是低温时固体吸附剂对气体吸附质大量吸附，由于吸附剂对混合气体组分吸附能力的不同，吸附有先后；达到吸附平衡后，升温，吸附力弱的气体首先脱附，吸附力强的气体后脱附，从而实现混合气体分离。脱附完成后吸附剂可以再生。变温吸附工艺分为固定床和移动床两大类。图 7-29 所示为固定床双床变温吸附流程示意图。当吸附床流出气体与进料气体成分接近时，说明吸附已达平衡；切换阀门，吸附床变为再生床；吸附床与再生床交替应用完成吸附-脱附过程。在图 7-29 中，三种流程的区别是气体脱附和吸附剂再生的方法不同：图（a）是用进料气再生和脱附，图（b）是用吸附床流出气再生和脱附，图（c）是减压处理。固定 TSA 设备简单，吸附剂装填后不再移动，但能耗高，效率低。

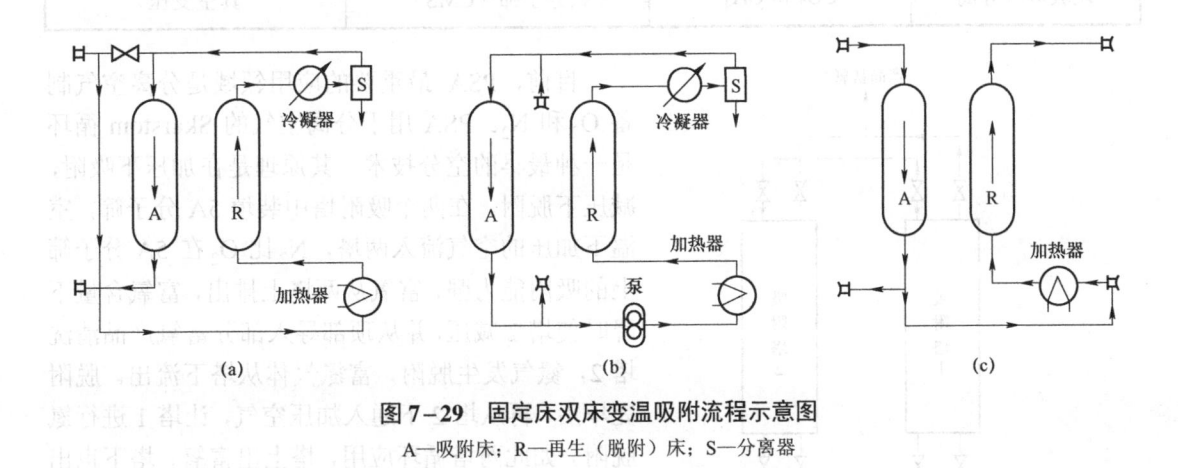

图 7-29 固定床双床变温吸附流程示意图
A—吸附床；R—再生（脱附）床；S—分离器

移动床 TSA 的基本原理类似于顶替色谱分离，即在吸附床层内发生连续吸附-脱附过程，混合气依各组分在吸附剂上吸附能力的不同沿床层高度规律分布，吸附能力强的先吸附，弱的后吸附；脱附时则按相反顺序进行，脱附时分段回收。这种工艺可在温度和压力均不太高的条件下进行，省时且省能耗，缺点是吸附剂损耗大。

7.8.4 变压吸附

变压吸附（Pressure Swing Adsorption，PSA）是一种固定床分离技术，原理是在恒定温度下周期性改变体系压力，增压时吸附，减压时脱附。基于混合气体中各组分在吸附剂上吸附能力和分离系数的不同完成气体分离。

PSA 的核心技术是选用高选择性的吸附剂，对于不同的应用体系，吸附剂的种类及类型也不尽相同。因此，研制新型、高效、适用于分离特定气体和 PSA 工艺的吸附剂是 PSA 工艺的核心技术。表 7-13 列出了 PSA 工艺的主要应用领域。

表 7-13 PSA 工艺的主要应用领域

过程	产物	吸附剂	体系类型
由可燃气分离 H_2	超纯 H_2	活性炭或沸石	多床体系
无热干燥	干燥空气	活性 Al_2O_3	双床 Skarstom 循环
空气分离	O_2（+Ar）	SA 沸石	双床 Skarstom 循环
空气分离	N_2（+Ar）	碳分子筛（CMS）	双床自吹扫循环

续表

过程	产物	吸附剂	体系类型
空气分离	N_2 和 O_2	5A 沸石或 CaX	真空变压
烃分离	直链烃、异构烃	5A 沸石	真空变压
垃圾废气分离	CO_2 和 CH_4	碳分子筛（CMS）	真空变压

目前，PSA 最重要的应用领域是分离空气制备 O_2 和 N_2。PSA 用于分离空气的 Skarstom 循环是一种最早的空分技术，其原理是在加压下吸附，减压下脱附。在两个吸附塔中装填 5A 分子筛，室温下加压的空气流入两塔，N_2 比 O_2 在 5A 分子筛上的吸附能力强，富氧从两塔上排出，富氧含量下降时使塔 2 减压，并从顶部导入部分富氧产品清洗塔 2，氮气发生脱附，富氮气体从塔下流出。脱附完毕后，再从塔 2 下通入加压空气，让塔 1 进行氮脱附。如此两塔循环应用，塔上出富氧，塔下也出富氮。这种方法只能得到中等浓度的 O_2（或 N_2），该方法尤其适用于干燥的空气。Skarstom 循环如图 7-30 所示。

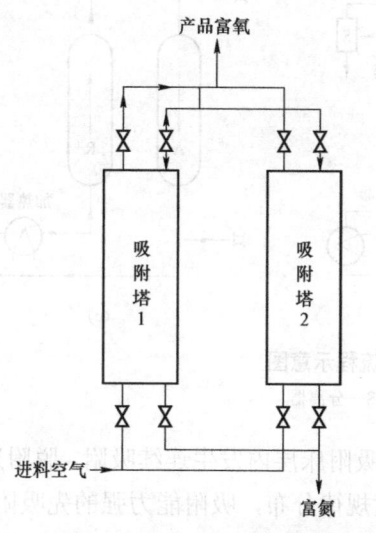

图 7-30 空气分离用 Skarstom 循环示意图

PSA 空分制氧设施的核心是选择对氮气吸附能力优于对氧气的吸附剂。适用于 PSA 空分制氧应用的吸附剂有 5A 分子筛、13X 分子筛、丝光沸石、锂离子交换的低硅铝比 X 型分子筛（LiLSX）4 种。这 4 种分子筛对 O_2 和 N_2 的吸附量见表 7-14。由表中数据可知，对 N_2 的吸附能力顺序为：LiLSX＞丝光沸石＞5A 分子筛＞13X 分子筛，可利用上述 4 种分子筛对空气进行分离。

表 7-14 20 ℃常压下 4 种分子筛对 O_2 和 N_2 的吸附量

分子筛	$N_2/(mL \cdot g^{-1})$	$O_2/(mL \cdot g^{-1})$	分子筛	$N_2/(mL \cdot g^{-1})$	$O_2/(mL \cdot g^{-1})$
5A 分子筛	10.9	3.2	丝光沸石	21.8	8.6
13X 分子筛	6.7	2.1	LiLSX	约 22.2	约 3.1

党的二十大报告强调实施积极应对人口老龄化国家战略，发展养老事业和养老产业、优化孤寡老人服务、推动实现全体老年人享有基本养老服务。这一战略部署旨在应对我国人口老龄化加速的形势，确保老年人的基本生活需求得到满足，以提高他们的生活质量。人口老龄化导致心血管、中风等患者增多，人民生活水平的提高以及对医疗保健的重视也大大增加了对保健用氧的需求，各种简便的家用 PSA 空分制氧方法应运而生。图 7-31 所示为一种家用 PSA 空分制氧流程。由图可见，空气经过滤器净化后进入无油空气压缩机，加压后的空气进入冷却器冷却，再进入装沸石分子筛的吸附塔内进行吸附分离。分离后的气体

一部分进入储气罐，经流量计流出，另一部分对另一吸附塔进行反吹清洗。一般情况下，制氧机中均配备有加湿空气的加湿器。

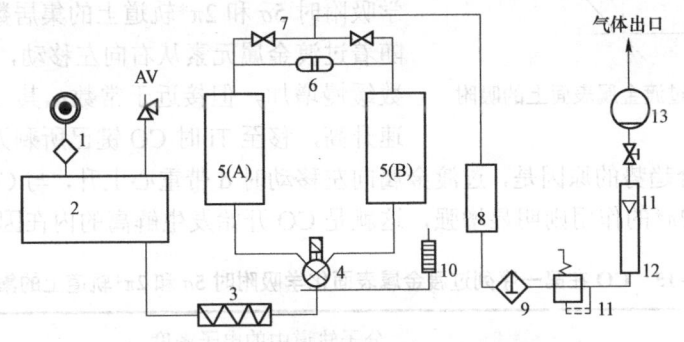

图 7-31 一种家用 PSA 空分制氧流程

1—过滤器；2—无油空气压缩机；3—冷却器；4—五位电磁阀；5—吸附塔；6—节流孔；7—单向阀；
8—缓冲罐；9—粉尘过滤器；10—消声器；11—调压阀；12—流量计；13—加湿器

空分制氮也是 PSA 常规用途之一。用于空分制氮的吸附剂主要是碳分子筛（Carbon Molecular Sieve，CMS）。碳分子筛为无定形结构，其分离氮与氧的主要原因是二者分子大小不同，气体分子在其中的扩散速率差别大，氧气达到最大平衡吸附小于 30 min，氮气却高于 100 min；扩散常数方面，O_2 为 1.7×10^{-4} s^{-1}，N_2 为 7.0×10^{-6} s^{-1}（扩散常数 $=D/r^2$，D 为扩散系数，r 为分子半径）。用碳分子筛 PSA 空分制氮流程如图 7-32 所示。流程为简单的吸附和逆流真空脱附两步循环，每步持续 1 min，吸附压力为 300～500 kPa，脱附压力为 9 kPa。产品 N_2 纯度可达 95%～99.9%，脱附气中含 35% O_2、65% N_2 以及少量的 CO_2、H_2O 等。

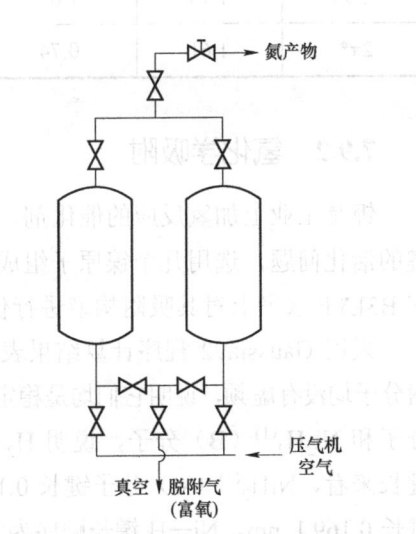

图 7-32 碳分子筛 PSA 空分制氮流程

7.9 化学吸附

7.9.1 CO 化学吸附

CO 在过渡金属表面表现为解离型化学吸附。一般来说，靠前和中间过渡金属可使一氧化碳键断裂，而靠后的过渡金属则与 CO 以分子的形式相结合。CO 是怎样被过渡金属元素打断的，还无法从实验上得到证实。尽管表面上常见的配位方式是通过碳原子，类似分子配合物，但显然在 CO 断键过程的某一时刻其分子中的氧端必然与金属原子发生作用。在研究 CO 解离途径问题上，研究表明其在某些金属表面上呈平行构象（图 7-33），这引起了大家的兴趣，这种几何构型也许是 CO 双原子分子借助化学吸附分裂为原子的

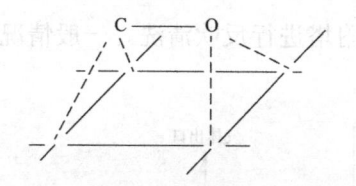

图 7-33 CO 在过渡金属表面上的吸附

一个重要途径。

表 7-15 给出了 CO 在第一序列过渡金属表面化学吸附时 5σ 和 $2\pi^*$ 轨道上的集居数。从表中可见，随着过渡金属元素从右向左移动，CO 上 5σ 的集居数缓慢增加，但接近于常数；其 $2\pi^*$ 的集居数却快速升高，移至 Ti 时 CO 键已所剩无几，即将发生解离。产生这些键合趋势的原因是，过渡金属向左移动时 d 带重心上升，与 CO 上的 5σ 能级差逐渐增大，而与 $2\pi^*$ 的作用则明显增强，这就是 CO 开始发生解离的内在因素。

表 7-15 CO 在第一序列过渡金属表面化学吸附时 5σ 和 $2\pi^*$ 轨道上的集居数

轨道	分子轨道中的电子密度					
	Ti (001)	Cr (110)	Fe (110)	Co (001)	Ni (100)	Ni (111)
5σ	1.73	1.67	1.62	1.60	1.60	1.59
$2\pi^*$	1.61	0.74	0.54	0.43	0.39	0.40

7.9.2 氢化学吸附

镍是工业上加氢反应的催化剂。为了解 H_2 在催化剂 Ni 上可能的吸附方式以及对 H—H 键的活化问题，选用几个镍原子组成原子簇作为表面活性部位，利用密度泛函（DFT）理论在 B3LYP 水平上对其吸附构型进行优化。

采用 Gaussia92 程序计算结果表明，$NiH_2^{(1)}$（A）、$Ni_2H_2^{(1)}$（A）和 $Ni_2H_2^{(1)}$（B）三种吸附分子均没有虚频，说明它们均是稳定的分子构型。$NiH_2^{(1)}$（A）分子的结合能大于 $Ni_2H_2^{(1)}$（A）分子和 $Ni_2H_2^{(1)}$（B）分子，说明 H_2 分子更易吸附在单个镍原子上。从这三种分子的 Ni—H 键长来看，$NiH_2^{(1)}$（A）分子键长 0.162 4 nm，$Ni_2H_2^{(1)}$（A）键长 0.156 5 nm，$Ni_2H_2^{(1)}$（B）键长 0.169 1 nm，Ni—H 键长顺序为 $Ni_2H_2^{(1)}$（A）＜$NiH_2^{(1)}$（A）＜$Ni_2H_2^{(1)}$（B）；Ni—H 键键级顺序为 $Ni_2H_2^{(1)}$（B）＜$NiH_2^{(1)}$（A）＜$Ni_2H_2^{(1)}$（A）（即 0.105 2＜0.143 7＜0.221 0）。从键长、键级顺序可知，$Ni^{(1)}$ 比 $Ni_2^{(1)}$ 对 H_2 的吸附更强烈，即 $Ni_2^{(1)}$ 相对于 $Ni^{(1)}$ 活化 H_2 分子的过程产生的热量较少，这正是化学反应所需要的。

因为对于一个催化反应，吸附过强和吸附过弱均是不利的。吸附过强一方面导致难以脱附，使活性和选择性下降，另一方面可能放出大量的热，导致反应温度过高、结炭、催化剂失活等严重后果。吸附过弱则不能使反应物分子充分活化，也不利于反应的进行，因此理想的催化剂应是对反应分子产生中等强度的吸附。从 $NiH_2^{(1)}$（A）、$Ni_2H_2^{(1)}$（A）和 $Ni_2H_2^{(1)}$（B）分子的 H—H 键的键长和键级数据可知，$Ni_2H_2^{(1)}$（A）分子构型是最有利于 H_2 分子活化的结构，既实现了 H—H 键最大限度的削弱，同时结合能又低于 $NiH_2^{(1)}$（A）分子。$Ni_2H_2^{(1)}$（A）构型是最佳的构型,每个 H_2 分子中的两个氢原子在镍催化剂表面上各自与一个镍原子发生较强吸附，既有利于 H_2 分子的活化，也有利于体系的稳定。

7.9.3 CO_2化学吸附

地球上 CO_2 的含碳量约为石油、煤炭、天然气三大能源总含碳量的 10 倍，是碳家族中最为廉价和丰富的资源。近年来，大气中 CO_2 浓度不断增加导致温室效应，CO_2 的控制和有效利用已引起人们的广泛关注。

CO_2 活化方式主要有生物活化、光化学活化、电化学活化、热解活化以及化学吸附活化等，其中化学吸附活化是最重要的活化方式之一。利用 Cu 基催化剂制甲醇的反应是碳化学中极为重要的工业催化过程之一，研究 CO_2 表面化学以及探索 CO_2 加氢合成甲醇的路径已成为当前表面化学研究的一个热点。从能量角度看，CO_2 的第一电离能为 13.79 eV，较难给出电子，不易形成 CO_2^+；但由于 CO_2 具有较低能量的空轨道 $2\pi_u$，容易获得 1 个电子形成 CO_2^-，CO_2^- 在能量上仅比基态 CO_2 高 0.6 eV，故以适当的方式输入电子就可将 CO_2 活化。

采用 UBI–QEP（Unity Bond Index-Quadratic Exponential Potential）方法对 CO_2 表面吸附热计算表明：在 Cu（111）、Pd（111）、Fe（111）和 Ni（111）表面上，CO_2 的吸附热分别是 22 kJ/mol、16 kJ/mol、29 kJ/mol 和 27 kJ/mol；CO_2^- 的吸附热依次为 99 kJ/mol、73 kJ/mol、125 kJ/mol 和 120 kJ/mol。在这 4 种过渡金属表面上，相对稳定性顺序为 Fe＞Ni＞Cu＞Pd。普遍认为，CO_2 从 Cu 表面获得 1 个电子形成化学吸附态 CO_2^-，再由 CO_2^- 通过加氢反应生成 HCO_2。HCO_2 通常被认为是合成甲醇的重要中间体，CO_2 在 Cu 基催化剂表面的活化过程可能是通过 $CO_2 \rightarrow CO_2^- \rightarrow HCO_2$ 途径进行的。计算给出 CO_2^- 加氢反应活化能仅为 27 kJ/mol，比其直接解离的活化能 50 kJ/mol 还低，说明在 Cu 表面上 CO_2^- 加氢反应是更为有利的活化途径。

对 Pd 计算结果表明，Pd 表面上的 CO_2^- 吸附态在能量上很不稳定，CO_2 不易被 Pd 表面所活化；CO_2 在 Fe、Ni 表面容易生成 CO_2^-，也容易进一步发生解离反应：在 Fe 表面 CO_2 会离解成 C 和 O 的吸附原子，而在 Ni 表面上解离的最终产物为 CO 和 O_2。

习题与问题

1. 固体表面进行气体吸附的驱动力有哪些？
2. 物理吸附与化学吸附的本质区别是什么？
3. 固体表面进行气体吸附的典型等温线类型有哪些？吸附曲线能反映吸附剂和吸附质的哪些信息？
4. 固–气吸附等温线的测定方法有哪些？
5. 影响固–气界面吸附的因素有哪些？
6. 推导 BET 吸附方程，并举例说明 BET 吸附方程在现实中的应用。
7. 0 ℃时，不同压力下氮气在 1 g 活性炭上的吸附体积（标准状态）如下：

压力/Pa	57.2	161	523	1 728	3 053	4 527	7 484	10 310
吸附体积/mL	0.111	0.298	0.987	3.043	5.082	7.047	10.31	13.45

用 Langmuir 公式求出单层饱和吸附量和吸附常数 K。

8. 0 ℃时，丁烷在 6.602 g 二氧化钛粉末上的吸附数据如下：

压力/mmHg	53	85	137	200	328	570
吸附体积/mL	2.94	3.82	4.85	5.89	8.07	12.65

设 0 ℃时丁烷的饱和蒸气压为 777 mmHg，每个丁烷分子的截面积为 0.321 nm^2。计算：
(1) 在二氧化钛粉末表面形成单层饱和吸附时的丁烷体积。
(2) 用 BET 二常数公式求出二氧化钛粉末的比表面和吸附常数 C。
(3) 若已知二氧化钛密度为 4.26 g/cm^3 且粉末为均匀的球形粒子，求粒子平均直径。

9. 二氧化碳在活性炭上的吸附数据如下：

压力/($\times 10^2$ Pa)	9.9	49.7	99.8	200	299.0	398.5
吸附量/(mg·g^{-1})	32.0	70.0	91.0	102.0	107.3	108.1

做吸附等温线，并用 Langmuir 公式表征等温线。

10. -197 ℃下测得氮气不同相对压力时在硅胶上的吸附体积（标准状态）如下：

相对压力（P/P_0）	0.008	0.025	0.034	0.067	0.075	0.083
吸附体积/(mL·g^{-1})	44	52	57	61	64	65

相对压力（P/P_0）	0.142	0.183	0.208	0.275	0.333	0.375	0.425	0.505
吸附体积/(mL·g^{-1})	70	77	78	83	90	96	100	109

相对压力（P/P_0）	0.558	0.592	0.633	0.692	0.733	0.775	0.792	0.852
吸附体积/(mL·g^{-1})	117	122	130	143	165	194	204	248

用 BET 公式处理数据，求单层饱和吸附量、吸附常数、硅胶比表面。已知氮的分子截面积为 0.162 nm^2。

11. 用 BET 二常数公式处理 77 K 氮在某固体上的吸附数据，得到截距为 0.005 和斜率为 1.5（单位均为 g/cm^3）。设氮分子的截面积为 0.162 nm^2，求算单层饱和吸附量、固体的比表面积（已知氮气在固体表面的第一层吸附凝聚热为 1.3 kcal/mol）。若截距为 0、斜率不变，问单层饱和吸附量有多大变化？说明所得结果的意义。

12. 293 K 时甲醇在硅胶上的吸附数据见下表，计算并绘出硅胶孔半径的积分和微分分布曲线。已知甲醇摩尔体积为 40.6 cm^3/mol，饱和蒸气压为 12 760 Pa，表面张力为 22.6 mN/m。

平衡压力 P/Pa		1 585	3 190	6 381	7 876	9 570	10 996	12 760
吸附量 a/ (mmol·g^{-1})	吸附分支	2.5	3.5	4.8	6.3	13.0	19.0	22.5
	脱附分支	2.5	3.5	4.8	6.5	17.5	21.2	22.5

13. 举例说明固-气界面吸附在现实生活中的实际应用。

14. 催化加氢是含能材料合成过程中的常见环节。查阅相关文献，从固-气界面吸附角度简述催化剂在加氢反应过程中的作用。

15. 77 K 时，氮气在三氧化二铝粉末表面的吸附量见下表，计算样品的比表面积。已知样品质量为 2.00 g，大气压力为 101.3 kPa，每个氮分子在表面上占据的面积为 0.162 nm^2。

平衡压力/kPa	吸附量/mol	相对压力（P/P_0）	平衡压力/kPa	吸附量/mol	相对压力（P/P_0）
0.13	0.90	0.001	18.71	2.89	0.179
2.13	1.88	0.021	21.13	3.01	0.209
7.99	2.37	0.078	22.53	3.08	0.222
14.26	2.71	0.141	25.99	3.24	0.257

参 考 文 献

[1] 赵振国, 王舜. 应用胶体与界面化学 [M]. 北京: 化学工业出版社, 2018.

[2] 傅献彩, 沈文霞, 姚天扬. 物理化学 [M]. 北京: 高等教育出版社, 1994.

[3] 颜肖慈, 罗明道. 界面化学 [M]. 北京: 化学工业出版社, 2005.

[4] 刘洪国, 孙德军, 郝京诚. 新编胶体与界面化学 [M]. 北京: 化学工业出版社, 2016.

[5] 沈钟, 赵振国, 康万利. 胶体与表面化学 [M]. 北京: 化学工业出版社, 2018.

[6] 朱珧瑶, 赵振国. 界面化学基础 [M]. 北京: 化学工业出版社, 1996.

[7] LOI Q K, DO D D. Effects of the adsorbate-gas interface at the pore opening on the lower closure point in gaseous adsorption in porous solids [J]. Journal of Colloid and Interface Science, 2024, 654: 592-601.

[8] ZHANG R, LI L J, TANG B, et al. Photogenerated carrier behavior at a gas-solid interface for CO_2 adsorption on $Cs_2AgBiBr_6$ nanocrystals [J]. Dalton Transactions, 2022, 51 (47): 17938.

[9] GE M, XU M M, YUAN Y X, et al. Surface-enhanced Raman spectroscopic investigation on adsorption kinetic of carbon monoxide at the solid-gas interface [J]. The Journal of Chemical Physics, 2020, 153 (23): 234704.

[10] VERA B. Fundamentals in adsorption at the solid-gas interface. Concepts and

thermodynamics [J]. Springer Series in Materials Science, 2013, 154: 3-50.
[11] KONDO S, TAMAKI T, OZEKI Y. Selective adsorption by ultra-microporous silica glass at gas-solid and liquid-solid interfaces [J]. Langmuir, 1987, 3 (3): 349-353.
[12] PERRET A, STOECKLI F. The gas-solid interface physical adsorption of simple molecules in slot-like micropores [J]. Helvetica Chimica Acta, 1975, 58 (8): 2318-2321.
[13] STOECKLI F. The gas-solid interface heats of adsorption of simple molecules on microporous carbons and on graphitized carbon blacks, at low surface coverage [J]. Helvetica Chimica Acta, 1974, 57 (7): 2192-2195.
[14] ENGSTROM J R, ENGEL T. Atomic versus molecular reactivity at the gas-solid interface: The adsorption and reaction of atomic oxygen on the Si (100) surface [J]. Physical Review B, 1990, 41 (2): 1038-1041.
[15] VILLIÉRAS F, MICHOT L J, BERNARDY E, et al. Assessment of surface heterogeneity of calcite and apatite: From high resolution gas adsorption to the solid-liquid interface [J]. Colloids and Surfaces A: Physicochemical and Engineering Aspects, 1999, 146(1): 163-174.
[16] BEREZKIN V G, KOROLEV A A, MALYUKOVA I V. Some aspects of n-alkanes adsorption on interfaces of PEG-20M with carrier gas and solid support in capillary gas-liquid chromatography [J]. Journal of Microcolumn Separations, 1997, 9 (1): 43-47.
[17] SOLLBERGER F, STOECKLI F. Gas-solid interface-adsorption of nitrogen, argon, neopentane, sulfur-dioxide, carbon-dioxide and sulfur hexafluoride on rhombic sulfur [J]. Helvetica Chimica Acta, 1974, 57 (8): 2327-2331.

第8章
固液界面吸附

固体表面与液体接触时会发生许多现象，前面讨论的固液界面润湿是其中的一种。本章介绍溶液组分在固液界面上的吸附现象及其一般规律。

固液界面吸附或称固体自溶液中吸附、液相吸附、溶液吸附（adsorption at the solid/liquid interface）的应用可追溯到几千年前的天然纤维着色，如今更是渗透到工农业生产和日常生活的各领域之中，如色谱分离、三次采油、生物膜、脂质体以及纤维蛋白吸附等。由于固液界面吸附的复杂性，有关固液吸附的一些理论均有一定的局限性。针对不同体系探索固液界面吸附的普遍规律，寻求描述固液界面吸附等温线方程，以期了解固液界面吸附机制、指导实际应用是研究固液界面吸附的主要内容。

8.1 固体自溶液吸附机理和特性

8.1.1 吸附机理

固液界面能够产生吸附现象的根本原因是溶液组分在界面富集吸附可使固液界面能减小。当液体与固体表面接触时，由于固体表面粒子（分子、原子或离子）对液体分子的作用力大于液体分子间的作用力，液体分子将向固液界面聚集，同时固液界面能降低，这种聚集现象即吸附。较固气界面吸附而言，这种吸附要复杂得多，因为固液吸附体系中至少存在三种相互作用，即固体-溶质、固体-溶剂、溶质-溶剂的相互作用，哪种组分易于在固液界面吸附取决于上述相互作用的相对强弱。

溶液组分在固液界面的吸附基本上是物理吸附，即吸附是可逆的。当固体-溶质相互作用比固体-溶剂相互作用强时，溶质被吸附。例如，非极性吸附剂总是易于从极性溶剂中优先吸附非极性组分，而极性吸附剂总是易于从非极性溶剂中优先吸附极性组分。溶质-溶剂相互作用的强弱亦影响固液吸附，同一溶质在不同溶剂中时，溶解度小的体系易被固体吸附。此外，还可从对固液界面张力影响的角度来考虑固液界面吸附特性。

除上述一般物理吸附外，固液界面吸附中还存在着一些化学作用。

离子交换吸附：溶液中电解质离子与固体吸附剂中的离子进行交换。例如，某阳离子交换剂 R−Na 吸附溶液中 H^+ 进行的交换反应为

$$R-Na + H^+ \rightarrow R-H + Na^+$$

离子晶体对电解质离子选择性吸附：此种吸附亦称离子对吸附，一些带电晶体将优先吸附电解质溶液中带相反电荷的离子组分。

氢键吸附：固体表面极性基团与被吸附组分通过氢键形成吸附。

电子极化吸附：富含电子的芳香性化合物易于在吸附剂表面带正电荷的位置发生吸附。

8.1.2 溶液吸附特性

（1）吸附复杂性

固体自溶液中进行吸附比自气相吸附复杂得多，这是因为溶液至少有溶剂与溶质两个组分，固体在溶液中吸附需要同时考虑固体表面与溶质、固体表面与溶剂，以及溶剂与溶质之间的相互作用力。当比表面积大的固体在溶液中发生吸附时，存在着溶质与溶剂竞争性地优先吸附或顶替吸附。一般而言，固体对溶液中的溶质和溶剂均能吸附，其吸附层可看作是溶质与溶剂分子的二维溶液。不过，由于固体表面对溶剂、溶质相互作用的差异，溶液在界面吸附层中的浓度与体相浓度不同。

（2）吸附平衡时间

固体自溶液中吸附的另一个特点，首先是吸附速率比固气吸附要慢得多。这是因为吸附质分子在溶液中的扩散速率比在气相中小；其次，溶液中固体表面总有一层液膜，溶质分子必须通过这层液膜才能被吸附；再者，吸附剂孔径大小也是影响吸附速率的主要因素之一。这就意味着固体在溶液中吸附的平衡时间往往很长。

（3）吸附量

固体自溶液吸附的吸附量 $\varGamma$ 为单位质量的吸附剂吸附溶质的物质的量，其单位为 mol/kg。固气吸附的吸附量可以直接通过测定吸附前后吸附剂质量的变化而求得，对于固液吸附，吸附量常要根据吸附前后溶液体相中浓度变化的差值来计算。在某温度下将一定质量 m 的固体吸附剂加到体积 V 及浓度 c_0 已知的溶液中，不断搅拌，达到吸附平衡后再测定溶液的浓度 c，则固体表面对溶质的吸附量定义为

$$\varGamma = \frac{x}{m} = \frac{(c_0 - c)V}{m} \tag{8-1}$$

由式（8-1）所得吸附量通常称为表观吸附量，因为该公式没有考虑溶剂组分在固液界面的吸附，只是一种相对值。若是稀溶液，表观吸附量与真实吸附量接近，但对浓溶液则必须了解溶质表观吸附量与真实吸附量之间的关系。若溶质在吸附层的浓度大于其在体相的浓度，则对溶质是正吸附，对溶剂为负吸附；反之对溶质为负吸附，对溶剂为正吸附。

8.2 二元溶液吸附

对于由组分 1 和组分 2 在其整个浓度范围均互溶的溶液，若吸附前溶液中组分 1 和组分 2 物质的量分别为 n_1^0 和 n_2^0，则溶液总物质的量 $n_0 = n_1^0 + n_2^0$；若以摩尔分数 x 表示组分浓度时，则有 $x_1^0 + x_2^0 = 1$。将 m 克固体吸附剂加入溶液中，吸附平衡后分别以 n_1^s 和 n_2^s 表示每克固体表面吸附组分 1 和组分 2 物质的量，以 n_1^b 和 n_2^b 表示溶液体相中组分 1 和组分 2 物质的量，则

$$n_1^0 = n_1^b + mn_1^s \tag{8-2}$$

$$n_2^0 = n_2^b + mn_2^s \tag{8-3}$$

若吸附平衡后溶液体相中组分 1 和组分 2 的摩尔分数分别为 x_1 和 x_2，则

$$\frac{x_1}{x_2} = \frac{n_1^b}{n_2^b} \quad \text{或} \quad n_1^b x_2 = n_2^b x_1 \tag{8-4}$$

将 $n_1^b = n_2^b x_1 / x_2$，$n_2^b = n_1^b x_2 / x_1$ 分别代入式（8-2）、式（8-3），整理后得

$$m n_1^s x_2 + n_2^b x_1 = n_1^0 x_2 \tag{8-5}$$

$$m n_2^s x_1 + n_1^b x_2 = n_2^0 x_1 \tag{8-6}$$

式（8-6）减式（8-5），结合式（8-4），得

$$m(n_2^s x_1 - n_1^s x_2) = (n_2^0 x_1 - n_1^0 x_2) \tag{8-7}$$

因为 $x_1 = 1 - x_2$，$n_1^0 = n^0 x_1^0$，$n_2^0 = n^0 x_2^0$，将这些关系代入式（8-7）中，则

$$m(n_2^s x_1 - n_1^s x_2) = n^0 (x_2^0 x_1 - x_1^0 x_2) = n^0 (x_2^0 - x_2) = n^0 \Delta x_2 \tag{8-8}$$

即

$$\frac{n^0 \Delta x_2}{m} = n_2^s x_1 - n_1^s x_2 \tag{8-9}$$

式中，Δx_2 表示吸附前后液相中组分 2 浓度的变化，其值可用一般分析方法测出。以 $n^0 \Delta x_2 / m$ 对 x_2 作图得到的是复合吸附等温线。由 $\Delta x_2 = x_2^0 - x_2$ 可知，当：

(1) $x_2^0 > x_2$ 时，$n^0 \Delta x_2 / m$ 为正值，表示对组分 2 正吸附。
(2) $x_2^0 < x_2$ 时，$n^0 \Delta x_2 / m$ 为负值，表示对组分 2 负吸附。
(3) 对纯液体，$x_2^0 = x_2 = 1$，故 $\Delta x_2 = 0$，即没有吸附。

式（8-9）还可以写成

$$\frac{n^0 \Delta x_2}{m} = n_2^s (1 - x_2) - n_1^s x_2 = n_2^s - (n_1^s + n_2^s) x_2 \tag{8-10}$$

由式（8-10）可知，$n^0 \Delta x_2 / m$ 表示的是吸附剂固体表面对溶质吸附的过剩量，即组分 2 在固体表面的总吸附量减去吸附总量 $n_1^s + n_2^s$ 与溶液中组分 2 摩尔分数 x_2 的乘积。即 $\frac{n^0 \Delta x_2}{m} - x_2$ 曲线是表面过剩等温线，是组分 1 和组分 2 综合吸附的结果，故称为复合吸附等温线。复合吸附等温线主要有三种类型：U 型、S 型和直线型。

8.2.1 U 型复合吸附等温线

U 型复合吸附等温线反映了固体吸附剂在整个溶液浓度范围内对某一组分均是优先吸附，而另一组分则表现为完全负吸附，如图 8-1 所示。图 8-1（a）所示为水软铝石（γ-AlOOH）自苯-环己烷溶液中对苯的吸附曲线，对苯表现为完全正吸附。图 8-1（b）所示为木炭自氯仿-四氯化碳溶液中对氯仿的吸附，氯仿表现为完全负吸附，负吸附表示该组分在固体表面的浓度小于其在溶液体相的浓度。

8.2.2 S 型复合吸附等温线

S 型复合吸附等温线是较为常见的一种情况。图 8-2 所示为活性炭自甲醇-苯混合溶液中吸附甲醇的结果。由图可见，当甲醇浓度达到某一值时表观吸附量为零。这并不是说固液表面上不存在甲醇分子，而是甲醇在活性炭表面的浓度与其在溶液本体中的浓度相等，当甲醇浓度再大时，表现为负吸附。

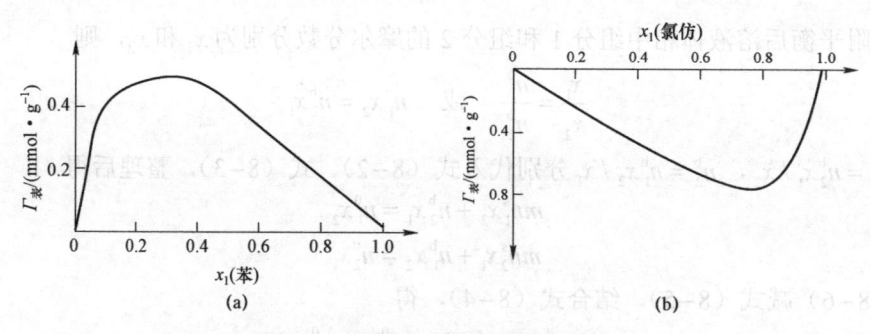

图 8-1 典型 U 型复合吸附等温线

(a) 水软铝石自苯–环己烷中吸附苯；(b) 木炭自氯仿–四氯化碳中吸附氯仿

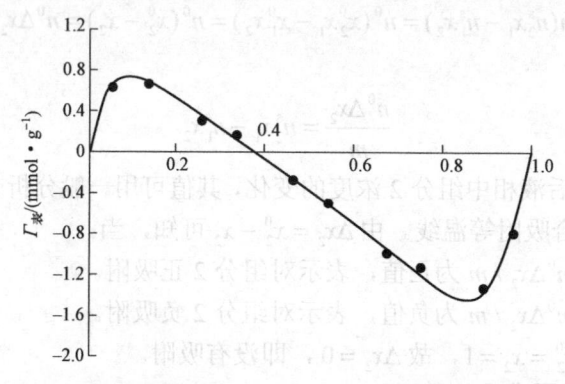

图 8-2 活性炭自甲醇–苯混合溶液中吸附甲醇的复合吸附等温线

8.2.3 直线型复合吸附等温线

若固体吸附剂为微孔结构，且二组分溶液中有一组分不能进入微孔（如组分 1），即式（8-9）中 $n_1^s = 0$，于是

$$\frac{n^0 \Delta x_2}{m} = n_2^s(1-x_2) = n_2^s - n_2^s x_2 \tag{8-11}$$

则 $n^0 \Delta x_2 / m - x_2$ 为直线关系，该情况下复合吸附等温线为直线型，直线的截距是 $x_2 = 0$ 时的表观吸附量 n_2^s。

直线型吸附等温线是微孔型吸附剂自二元溶液中吸附的典型特征。图 8-3 所示为 5A 分子筛自正己烷–苯二元溶液中的吸附曲线。由于苯分子临界直径为 0.65 nm，大于 5A 分子筛孔径 0.5 nm，不能被吸附，对正己烷的吸附等温线表现为直线型。

若微孔型吸附剂自二元溶液中的吸附可应用微孔填充机制，则 $x_2 = 0$ 时的表观吸附量 n_2^s 应为微孔的饱和吸附量，即图 8-3 中直线在纵坐标上的截距。若已知组分 2 的摩尔体积，即可获得吸附剂的微孔体积，这也是测定多孔吸附剂或多孔电极孔体积的方法。正己烷的摩尔体积为 130.6 cm³/mol，图 8-3 中的截距

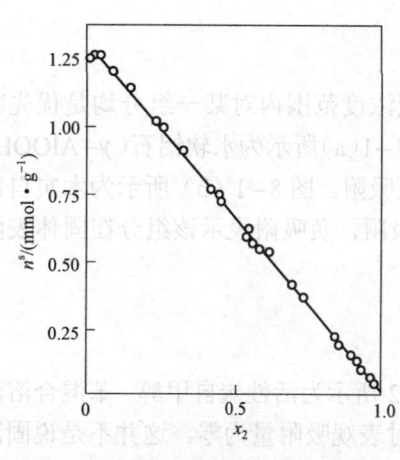

图 8-3 5A 分子筛自正己烷–苯二元溶液中的吸附曲线

约为 -1.29 mmol/g，则 5A 分子筛微孔体积为 0.168 cm^3/g。由 5A 分子筛在氯代正丁烷–苯和水–糠醇体系中的吸附等温线截距所求其微孔体积分别为 0.164 cm^3/g 和 0.170 cm^3/g，三者非常接近。

由上述可见，复合吸附等温线的形状与吸附剂表面、溶液中各组分的性质相关。若吸附剂表面均匀，溶液是二元理想溶液，则常会得 U 型曲线；若吸附剂表面不均匀，溶液是非理想的，则常常是 S 型曲线；在微孔吸附剂上吸附时则为直线型吸附等温线。

若溶液很稀，即 x_2 很小（如 $x_2 \leqslant 0.01$），则式（8–10）可改写为

$$\frac{n^0 \Delta x_2}{m} = n_2^s \tag{8-12}$$

该式说明吸附剂在稀溶液中的表观吸附量近似等于其真实吸附量，这就是式（8–1）用于计算稀溶液吸附量的理论基础。

对于二元混合液，当需知组分 1 和组分 2 各自在固液界面的吸附等温线时（又称单个吸附等温线），需求出式（8–9）中的 n_1^s 和 n_2^s。用混合蒸气法等实验以及理论模拟可得到单个吸附等温线，如图 8–4 所示。由图 8–4（a）可见，复合吸附等温线中的表观吸附量可能出现负值；而各组分真实吸附量随其浓度变化而变化，但吸附量不会出现负值，如图 8–4（b）所示。

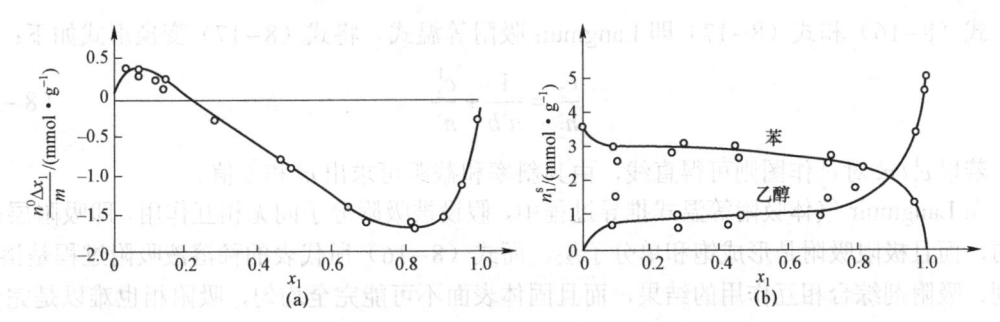

图 8–4　活性炭自乙醇（1）–苯（2）二元溶液中吸附等温线
（a）复合吸附等温线；（b）单个吸附等温线

8.2.4　稀溶液吸附

实际应用和研究较多的是固体吸附剂从稀溶液中进行吸附，这不仅是因为实际问题大多遇到的是稀溶液，而且也是受溶液理论发展制约所致。

1. 吸附等温式

假设溶液中溶质和溶剂分子在固体表面吸附时占有同样大小的面积，吸附过程则可看作是"被吸附溶质＋液相中溶剂 ↔ 被吸附溶剂＋液相中溶质"间的平衡。若以 1 表示溶剂，2 表示溶质，l 表示液相，s 表示表面相，则上述平衡过程可写作

$$(1)^l + (2)^s \leftrightarrow (1)^s + (2)^l$$

此过程平衡常数为

$$K = \frac{x_1^s a_2^l}{x_2^s a_1^l} \tag{8-13}$$

式中，a_1^l、a_2^l 分别是溶剂和溶质在液相中的活度，x_1^s、x_2^s 分别是溶剂和溶质在吸附剂固体表面相或吸附相中的摩尔分数。对于稀溶液，a_1^l 近似为常数，令 $1/b = K a_1^l$，则上式变为

$$1/b = x_1^s a_2^l / x_2^s \tag{8-14}$$

因为 $x_1^s + x_2^s = 1$，所以

$$x_2^s = \frac{b a_2^l}{1 + b a_2^l} \tag{8-15}$$

稀溶液中溶质的活度近似于其浓度 c_2^l。若吸附剂固体表面的总吸附位数为 n^s mol/g，则溶质在固体表面的覆盖分数或表面覆盖度 θ 为 n_2^s / n^s，溶剂在固体表面的覆盖度为 $1 - \theta = n_1^s / n^s$。n_1^s 和 n_2^s 分别为溶剂和溶质在固体表面的吸附量，并且 $n^s = n_1^s + n_2^s$。由于 $n_2^s = n^s x_2^s$，故式（8-15）可写作

$$n_2^s = \frac{n^s b c_2^l}{1 + b c_2^l} \tag{8-16}$$

或

$$\theta = \frac{n_2^s}{n^s} = \frac{b c_2^l}{1 + b c_2^l} \tag{8-17}$$

式（8-16）和式（8-17）即 Langmuir 吸附等温式。将式（8-17）变换形式如下：

$$\frac{c_2^l}{n_2^s} = \frac{1}{n^s b} + \frac{c_2^l}{n^s} \tag{8-18}$$

若以 c_2^l / n_2^s 对 c_2^l 作图则可得直线，由其斜率和截距可求出 n^s 和 b 值。

在 Langmuir 气体吸附等温式推导过程中，假设被吸附分子间无相互作用，即吸附层是理想的，而且极限吸附是形成饱和单分子层。而式（8-16）所代表的稀溶液吸附过程是溶质、溶剂、吸附剂综合相互作用的结果，而且固体表面不可能完全均匀，吸附相也难以是完全理想的，因而，自稀溶液吸附的 Langmuir 方程具有经验公式的性质。且对于不均匀固体表面吸附剂，Langmuir 方程中参数 b 也不为常数，其随覆盖度而变化。

有关固体吸附剂自稀溶液吸附的等温线方程还有 Freundlich 等温式、Temkin 等温式、BET 等温式和 Henry 定律等。

2. 吸附等温线

依据等温线起始斜率及变化趋势，稀溶液吸附等温线可大致分为 4 类 18 种，如图 8-5 所示。

（1）"S" 型等温线。该类型等温线的特点是起始部分斜率小，凹向浓度轴。当溶剂组分对吸附剂固体表面有强烈的竞争吸附且其以一端近似垂直构象定向吸附于固体表面时，可出现这类吸附等温线。随着平衡浓度增大，吸附等温线有一较快上升区域，这是被吸附的溶质分子对液相中的溶质分子吸引的结果。

（2）"L" 型等温线（Langmuir 型）。这是稀溶液吸附最常见的吸附等温线型之一。这种类型表示在稀溶液中溶质比溶剂更易被吸附，即溶剂分子在吸附剂固体表面没有强烈的吸附竞争能力。溶质是线性或平面分子时，若其以长轴或平面平行的构象吸附于表面，也常呈现这类等温线。

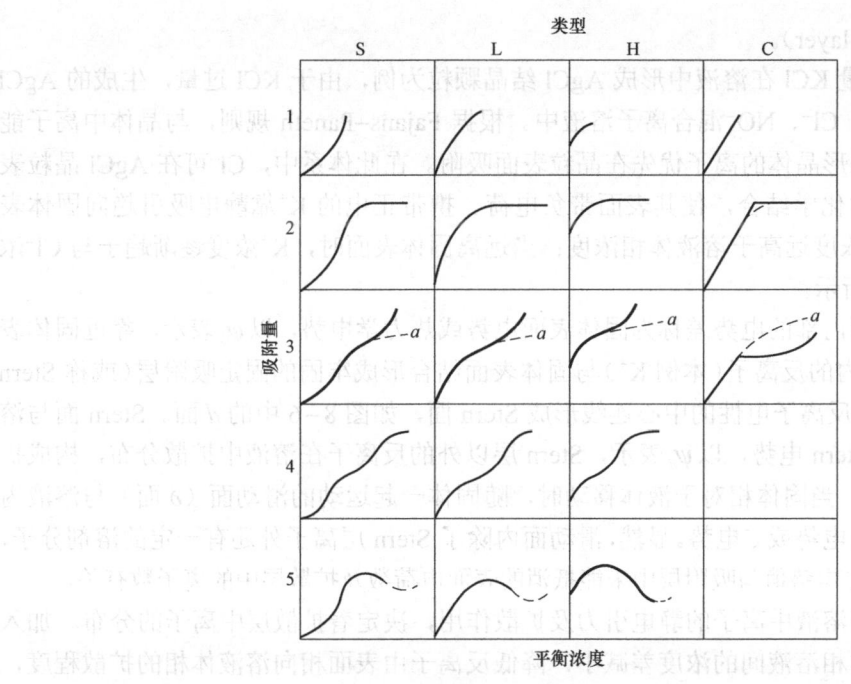

图 8-5 吸附剂自稀溶液吸附等温线类型

(3)"H"型等温线（High affinity 型）。溶质在极低浓度时就有很大的吸附量，表示溶质与吸附剂间有强烈的亲和力，类似于发生化学吸附。离子交换吸附及大分子和某些离子型表面活性剂的吸附也呈现这种形式。

(4)"C"型等温线（Constant partition 型）。该类型吸附等温线起始段呈直线型，表示溶质在吸附剂表面相和溶液中的分配是恒定的。某些物质在纺织品及半结晶聚合物上的吸附有时出现这种情况，其机理可能是吸附质最初吸附在无定形区中较大的孔内，由于吸附作用使其他部位发生膨胀形成新的吸附位，从而可继续发生吸附，直至结晶区时该吸附机理不再继续起作用。

上述 4 类吸附等温线中，随着平衡浓度升高，吸附量都有一较为平缓的变化区域，这表示固体吸附剂表面对溶质和溶剂的单层吸附已达饱和，再增加浓度，吸附量再次升高，可能与吸附分子的更紧密排列或发生多层吸附有关。对于高浓度时有些吸附等温线出现最高点的情况尚不能给出合理的解释。

8.3 电解质溶液吸附

8.3.1 离子吸附与双电层

固体吸附剂存在于电解质溶液中时，由于溶液各组分在溶液体相和固液界面的化学势不同，发生离子迁移、吸附，使固体表面带荷电。当固体表面带有可解离基团时，随介质 pH 值变化表面基团还可发生不同程度的解离，也导致表面荷电。这些都是固体表面在液体介质中带电的原因。基于固体和液体电中性原理，液相中的反离子必靠近吸附剂固体表面，形成双电层结构（double layer）。

以 $AgNO_3$ 与过量 KCl 在溶液中形成 AgCl 结晶颗粒为例，由于 KCl 过量，生成的 AgCl 结晶颗粒处于含 K^+、Cl^-、NO_3^- 混合离子溶液中。根据 Fajans-Paneth 规则，与晶体中离子能生成难溶化合物或同形晶体的离子优先在晶粒表面吸附。在此体系中，Cl^- 可在 AgCl 晶粒表面吸附并形成牢固的化学结合，使其表面带负电荷。携带正电的 K^+ 靠静电吸引趋向固体表面，固体表面的 K^+ 浓度远高于溶液体相浓度；当远离固体表面时，K^+ 浓度逐渐趋于与 Cl^- 浓度相等，如图 8-6 所示。

固体表面与液相内部的电势差称为固体表面电势或热力学电势，以 ψ_0 表示。靠近固体表面 1~2 个分子尺度内的反离子（本例 K^+）与固体表面结合形成牢固的固定吸附层（或称 Stern 层，Stern layer），该反离子电性的中心连线形成 Stern 面，如图 8-6 中的 d 面。Stern 面与溶液内部电势差称为 Stern 电势，以 ψ_d 表示，Stern 层以外的反离子在溶液中扩散分布，构成扩散层（diffuse layer）。当固体相对于液体移动时，随固体一起运动的滑动面（δ 面）与溶液内部的电势差称为电动电势或 ζ 电势。显然，滑动面内除了 Stern 层离子外还有一定的溶剂分子，故 δ 面在 d 面之外。ζ 电势值与吸附层中未能抵消的表面电荷数及扩散层中的离子数有关。

电解质可以改变溶液中离子的静电引力及扩散作用，决定着扩散层中离子的分布。加入电解质使扩散层与体相溶液间的浓度差减小，降低反离子由表面相向溶液体相的扩散程度，更多的反离子进入固定层，从而使 ζ 电势下降（图 8-7）。处于扩散层中的离子还可被电解质中带相同电性的离子所取代（离子交换），这种离子交换能力与离子价数及其水化作用有关。离子半径大，水化体积小，半径大的离子比半径小的离子更能较强地在表面吸附，这种离子交换也将导致双电层减弱和 ζ 电势降低。

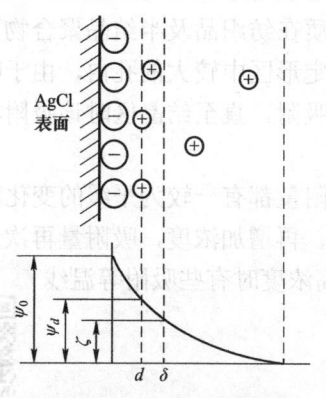

图 8-6 双电层结构与电势随距离变化的关系 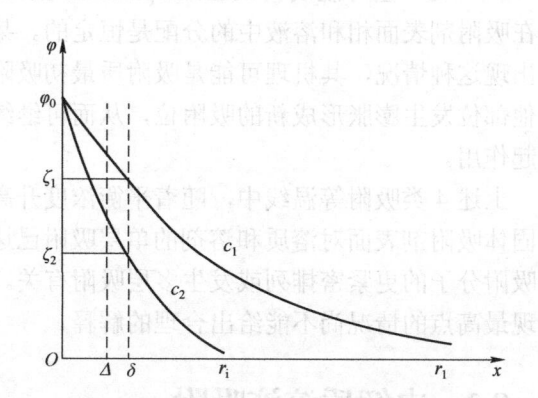　　图 8-7 离子浓度对双电层的影响（$c_2 > c_1$）

高价离子不仅能降低 ζ 电势，而且有可能改变固体表面荷电性质。对这种现象的解释是，高价反离子具有很强的吸附能力，在吸附剂固体表面可能超量吸附。例如，玻璃在水中因其表面基团解离而带负电荷，与反离子 Na^+ 可形成正常的扩散双电层 [图 8-8（a）]；加入 Al^{3+} 与扩散层中 Na^+ 发生交换，强烈的静电吸引使 Al^{3+} 取代固定层中的 Na^+，表面带过剩正电荷。表面固定层呈正电性，与作为反离子的阴离子形成新的扩散双电层 [图 8-8（b）]。在新的双电层中 ψ_0 没有变化，而新的 ψ_d 和 ζ 电势均为正号。

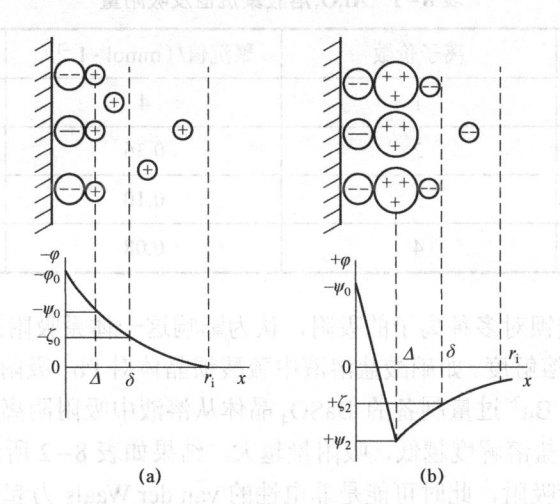

图 8-8 玻璃在水中的双电层结构

(a) 未加 Al^{3+} 时；(b) 加 Al^{3+} 后

8.3.2 电解质离子在固液界面吸附

除特殊条件电解质以分子状态在固液界面吸附外，大多数情况下电解质是以离子形式在固液界面进行吸附的，而其反离子则形成扩散层。电解质发生固液吸附可大致分为三种情况：① 电解质离子被强烈吸附构成 Stern 层；② 与扩散层中的离子交换吸附；③ 电解质型的两亲性大分子既能发生电性吸附也能发生疏水作用的吸附。

1. Stern 层吸附

某些电解质离子可依靠强烈的静电引力作用而吸附到固液界面，形成 Stern 面。这种吸附方式可用 Langmuir 固液吸附等温式描述：

$$\theta / (1-\theta) = bc \tag{8-19}$$

$$b = b_0 \exp[(ze\psi_d + \Phi)/(RT)] \tag{8-20}$$

若 $b_0 = 1$，则

$$\frac{\theta}{1-\theta} = c \exp\left(\frac{ze\psi_d + \Phi}{kT}\right) \tag{8-21}$$

式中，θ 为覆盖度；c 为溶液体相中离子平衡浓度；z 为离子价数；e 为单位电荷；ψ_d 为 Stern 表面电势；Φ 为吸附势能。由此可知，决定电解质离子在固体吸附剂表面的吸附量不仅有静电作用 $ze\psi_d$，而且还有非静电作用吸附势能 Φ。某些固体氧化物对离子的吸附能力与介质的 pH 值有关，当 pH 值大于固体氧化物等电点时其表面带负电，对电解质阳离子表现出强烈的吸附能力；当 pH 小于氧化物等电点时，则对阳离子不吸附。结果表明，静电作用在吸附中起主导作用。静电作用对吸附起主导作用的另一重要实例是描述聚沉规律的 Schulze-Hardy 规则。表 8-1 列出了不同阴离子对带正电 Al_2O_3 溶胶的聚沉值（flocculation value）和吸附量。由表 8-1 可见，Al_2O_3 对反离子的吸附量越大，聚沉值越小，该离子的聚沉能力就越高。

表 8-1　Al_2O_3 溶胶聚沉值及吸附量

阴离子	离子价数	聚沉值/(mmol·L^{-1})	吸附量/(mmol·g^{-1})
苦味酸根	1	4	0.28
草酸根	2	0.36	2.26
铁氰根	3	0.10	5.04
亚铁氰根	4	0.08	7.00

Weiser 研究了硫酸钡对多种离子的吸附，认为影响这一体系吸附的主要因素并不是离子电荷数，而是相应盐的溶解度。如硝酸盐溶液中硫酸钡晶体对 Pb^{2+} 吸附高于 Cu^{2+}，因为 $PbSO_4$ 的溶解度小于 $CuSO_4$；Ba^{2+} 过量制备的 $BaSO_4$ 晶体从溶液中吸附阴离子 $Fe(CN)_6^{4-}$、NO_3^-、Cl^- 和 Br^- 时，相应的钡盐溶解度越低，吸附量越大，结果如表 8-2 所示。也有离子在带电符号相同的固体表面进行吸附，此时可能是非电性的 van der Waals 力起主导作用。

表 8-2　25℃ 时硫酸钡晶体对部分阴离子的吸附量

吸附离子	吸附量/(mmol·g^{-1})	钡盐溶解度/[g·(100 mL 水$^{-1}$)]
$Fe(CN)_6^{4-}$	2.24	0.07
NO_3^-	0.36	0.40
Cl^-	0.076	1.8
Br^-	0.036	3.6

2. 离子交换吸附

离子交换吸附是指某些吸附剂在电解质溶液中吸附时，同等电荷的离子从固体吸附剂上发生脱附。若发生交换的离子是阳离子称为阳离子交换剂，若发生交换的是阴离子则称为阴离子交换剂。这种交换是按化学计量方式进行的。

阳离子交换剂：
$$2NaX(s) + CaCl_2(aq) = CaX_2(s) + 2NaCl(aq) \quad (8-22)$$

阴离子交换剂：
$$2XCl(s) + Na_2SO_4(aq) = X_2SO_4(s) + 2NaCl(aq) \quad (8-23)$$

式中，X 表示离子交换剂中对应的反离子；aq 表示水溶液。式（8-22）是硬水软化的例子，若离子交换剂中 Na^+ 完全被 Ca^{2+} 取代后，还可用 NaCl 溶液对其进行再生，即式（8-22）的逆过程。再生后的离子交换剂可以重复使用。

土壤的主要成分是硅酸盐，向土壤施肥时往往也会发生离子交换：黏土·Ca^{2+} + $2NH_4^+$ → 黏土·$2NH_4^+$ + Ca^{2+}，这是土壤储存肥料的一种方式。黏土的离子交换能力可用离子交换容量来衡量，即 pH=7 时每 100 g 土能交换被吸附阳离子的物质的量（mmol）。例如，分散程度较好的膨润土阳离子交换容量为 80~100 mmol/100 g，而高岭土约为 15 mmol/100 g。

离子交换吸附的广泛应用使得各种人工合成离子交换树脂快速发展。离子交换树脂通常是具有网状结构的高聚物，其网状结构骨架上含有许多可以与溶液中离子起交换反应的活性基团，如将高聚物磺化引入 RSO_3^- 基团则成为强酸性阳离子交换树脂。这种树脂在酸性、中性和碱性溶液中都能与阳离子进行交换，若交换树脂上的活性基团为 $R-NH_2$，加酸后形成 $RNH_3^+X^-$，则阴离子可与 X^- 发生交换，这就是阴离子交换树脂。

离子交换吸附不仅仅限于离子交换树脂，普通的硅胶也具有离子交换吸附的能力。硅胶表面含有羟基，可以和 Fe^{3+}、Co^{2+}、Ni^{2+}、Cu^{2+} 等许多无机离子进行交换，也可以和 $Pt(NH_3)_4^{2+}$ 等贵金属元素的络合离子进行交换，释放出 H^+，降低溶液的 pH 值。交换的金属离子被牢固地附载在硅胶表面而不易被水洗脱，这已成为浸渍法制备金属附载催化剂的一种方法。

8.4 大分子溶液吸附

了解固体在大分子溶液中的吸附特性对研究胶体的分散与聚沉、固体表面处理、涂层和膜技术等都具有重要意义。因为是溶液吸附，这里讨论的大分子化合物大多是线性可溶的合成橡胶、纤维、聚乙烯等，溶剂为有机溶剂，吸附剂为炭材料。

8.4.1 大分子吸附形态

大分子化合物在分子量和柔顺性上存在差异，研究大分子溶液吸附比小分子溶液要复杂得多。通常，大分子化合物结构中含有一定数量的活性基团，这些基团使其在固体表面发生吸附时呈现特有的形态。一般认为大分子化合物吸附形态有 6 种，如图 8-9 所示。

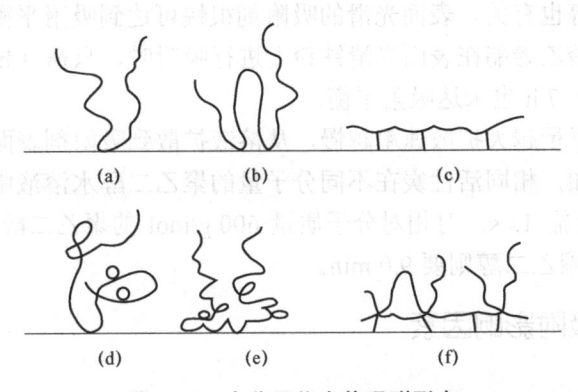

图 8-9 大分子化合物吸附形态

图 8-9（a）为大分子一端吸附在固体表面上，其余部分伸展到溶液中；图 8-9（b）为大分子结构中 2~3 个活性基团吸附在固体表面上，形成环状吸附形态；图 8-9（c）为大分子所有活性基团都吸附在固体表面上，整个分子平躺在固体表面；图 8-9（d）为分子量较大或溶解度较小时，大分子在溶液中呈线团构象，此时吸附分子保持其在溶液中的形态，吸附层厚度为线团直径；图 8-9（e）为高分子结构中不均匀链节分布，与固体表面作用力强的在固体表面吸附；图 8-9（f）为多层吸附。

8.4.2 吸附等温式

高分子链由多个链节组成。大分子化合物在固液界面吸附的简化模型是：假定大分子化合物的一个分子链发生吸附时，其中的 ν 个链节直接与固体表面接触，考虑大分子化合物链节在固体表面吸附时与溶剂分子是竞争关系，ν 个链节与固体表面直接接触就有 ν 个溶剂分子发生脱附。吸附平衡时，利用质量作用定律可导出

$$\frac{\theta}{\nu(1-\theta)^\nu} = Kc \tag{8-24}$$

式中，θ 为被吸附的分子在吸附剂表面的覆盖度；c 为吸附平衡时大分子在溶液体相的浓度；K 为吸附平衡常数；ν 为与固体表面直接接触的链节数。

若 $\nu=1$，即高分子在固液界面发生吸附时其与固体表面只有 1 个接触点，式（8-24）可还原为 Langmuir 吸附等温式。有许多高分子溶液体系在固液界面的吸附属于 Langmuir 型吸附。

大（高）分子在固液界面上的吸附在国防领域中应用广泛。目前，在硝酸酯增塑聚醚高能固体复合推进剂的制备过程中，通常会加入一种叫作"中性聚合物键合剂（Neutral Polymeric bonding agent, NPBA）"的化学组分。NPBA 键合剂是一种由多烯类单体无规共聚生成的线型高分子化合物，其主链结构中含有丙烯腈、丙烯酰胺等官能团，这些官能团在硝酸酯增塑聚醚环境中可以有效吸附在硝胺化合物固体填料表面，并在固体填料与硝酸酯增塑聚醚高分子溶液界面处进行富集，这样可以提高硝酸酯增塑聚醚高能固体复合推进剂的界面粘接强度，从而显著改善其宏观力学的性能。

8.4.3 吸附速率

固体自大分子溶液进行吸附的速率主要与吸附剂和大分子性质有关，还与体系温度及溶液是否处于搅拌状态等也有关。表面光滑的吸附剂很快可达到吸附平衡，而多孔性吸附剂则需很长时间。如聚醋酸乙烯酯在表面光滑铁粉上进行吸附时，只需 1 h 就可达到吸附平衡，而在多孔氧化铝粉末上 7 h 也未达吸附平衡。

大分子化合物分子量越大扩散速率越慢，从溶液扩散到吸附剂表面或孔隙中进行吸附所需的时间也越长。例如，相同活性炭在不同分子量的聚乙二醇水溶液中吸附达到平衡吸附量 90% 时，对单体来说只需 15 s，对相对分子质量 600 g/mol 的聚乙二醇需 2.5 min，对相对分子质量 6 000 g/mol 的聚乙二醇则要 9.0 min。

8.4.4 大分子吸附影响因素

（1）分子量

对多孔性固体吸附剂而言，其吸附量一般随分子量的增加而减少，这可能与孔的屏蔽效应相关。在大孔或无孔性固体表面上，吸附量以 g/g 表示，其饱和吸附量 Γ_m 与吸附质分子量 M 有如下关系：

$$\Gamma_m = kM^\alpha \tag{8-25}$$

式中，k 与 α 为常数，α 为 0～1。当大分子在固体表面只有一个吸附点时，$\alpha=1$，吸附量与分子量成正比 [图 8-9（a）]；当大分子完全平躺在固体表面上时，$\alpha=0$，吸附量与吸附质大分子的分子量无关 [图 8-9（c）]；其他情况下 α 为 0～1。反过来，也可根据 α 值大小判断大分子在固液界面的吸附形态。

（2）溶剂

大分子在良溶剂中溶解度大，吸附量小。例如，石墨化炭黑从不同溶剂中吸附丁苯橡胶

的吸附量顺序是：90%苯+10%乙醇＞苯＞氯仿＞四氯化碳＞甲苯＞二甲苯，该顺序正好与其溶解度次序相反。此外，溶剂与吸附剂固体表面性质相近时也降低大分子吸附质在固体表面的吸附量。

（3）吸附剂性质

吸附剂表面物化性质、比表面、孔径大小均对大分子吸附质的吸附量有重要影响。例如，不同温度和气氛下对炭黑进行处理，其比表面相差不大，但表面氧化程度不同。在 α-异丁烯中吸附聚异丁烯时，氧化程度低的炭黑比氧化程度高的炭黑具有较大的吸附量，而在亲水性的氧化硅表面上则对其完全不吸附。

孔性固体吸附剂的孔径对大分子吸附质的吸附量影响很大。分子量小的大分子可以进入孔径内而分子量大的则不能，表现出吸附量随分子量减小而增加的现象。活性炭自丁酮中吸附聚苯乙烯、自丙酮中吸附硝化纤维素、自水中吸附葡聚糖等均属此类情况。

吸附质在吸附剂上的吸附大都遵循相似相吸的原则，故非极性大分子化合物易被活性炭等非极性吸附剂吸附，极性大分子化合物易被极性吸附剂吸附。

8.5 表面活性剂溶液吸附

表面活性剂在固液界面的吸附与其在溶液表面的吸附相似，都引起界面自由能降低，并形成吸附层，从而赋予体系相应的特性和应用功能。表面活性剂通过固液界面吸附的应用广泛，如矿物/颗粒浮选、工业吸附剂活性炭再生、废纸和塑料薄膜上的油墨脱除、超细颗粒的过滤以及洗涤去污等，在电子陶瓷、光电印刷、超导材料、复合材料、智能材料和生物工程等领域也发挥着重要作用。

8.5.1 吸附驱动力

（1）吸附机理

固体表面按极性特征可分为极性表面和非极性表面，前者属于高能表面，后者属于低能表面。在水介质中，非极性固体表面与表面活性剂的作用主要是范德华力作用。对于极性固体表面，其在水介质中与水分子有强烈的相互作用，极性固体表面的官能团可与水形成氢键，并在 pH 值较低条件下通过结合一个质子（H^+）而携带正电荷，pH 值较高条件下则结合氢氧根离子（OH^-）而携带负电荷。例如，无机化合物二氧化硅在水中有如下两种缔合作用，其等电点为 pH=2~3，即在 pH=4~10 时，表面明显带负电荷。

$$SiOH + H^+ \leftrightarrow SiOH_2^+$$
$$SiOH + OH^- \leftrightarrow SiO^- + H_2O$$

由于极性固体表面带电，极性表面与表面活性剂之间会产生多种不同性质的相互作用，导致其在固液界面有明显的吸附现象。此外，溶液体相中的表面活性剂分子与界面上已吸附的分子间还会产生相互作用，导致更复杂的吸附行为。大量研究表明，表面活性剂在固液界面吸附的主要驱动力包括以下 6 个方面。

1）静电相互作用

若表面活性剂离子所带电荷与固体吸附剂表面电荷相反，将通过静电吸引作用吸附到固体表面，形成离子配对吸附或离子交换吸附。后者情况下，表面活性剂离子与固体表面电荷之间的作用强于离子型表面活性剂本身离子对之间的相互作用,从而取代反离子。

2）色散力作用

表面活性剂长链烷基和非极性或弱极性固体表面之间,因范德华引力作用而导致固液界面吸附。

3）氢键作用

固体表面的某些基团和表面活性剂分子中的某些基团可以形成氢键,从而引起吸附,如非离子型表面活性剂中的醚键。

4）疏水作用

当表面活性剂浓度较高时,吸附在固体表面的表面活性剂疏水基和溶液体相中表面活性剂疏水基可以通过疏水效应形成二维表面胶束,增加其在界面的吸附量。

5）化学作用

对某些特定体系,固体吸附剂表面与表面活性剂分子之间可形成共价键。例如,脂肪酸在氟石或赤铁矿表面可通过化学键而产生吸附。

6）π电子极化作用

表面活性剂分子结构中含负电子的苯环结构时,遇带正电荷的固体表面可产生静电吸引,引发表面活性剂在其固体表面吸附。

影响吸附的因素还有脱溶剂化作用。通常,体相（水）中表面活性剂的极性端是水化的,一旦极性端转移至固液界面,极性端水化层中的外围水分子将发生脱离。与上述6种相互作用不同,脱溶剂化阻碍吸附的进行。

（2）吸附热力学

表面活性剂在固液界面的吸附可看作其在溶液体相和固液界面相的分配过程,如果表面活性剂分子处于界面相时,体系能量更低,吸附即可发生。表面活性剂在固液界面的吸附量Γ通常用单位质量或单位面积吸附剂吸附表面活性剂的物质的量来表示,即 mol/g 或 mol/m^2。实际测试时,一般通过测定吸附前后溶液中浓度的变化求得吸附量Γ。

表面活性剂在固液界面发生吸附的标准吸附自由能$\Delta \bar{G}_{ads}^{\ominus}$是衡量其吸附驱动力的量化值,各种吸附驱动力大小对吸附自由能的贡献可用下式来表示。

$$\Delta \bar{G}_{ads}^{\ominus} = \Delta G_{elec}^{\ominus} + \Delta G_{chem}^{\ominus} + \Delta G_{c-c}^{\ominus} + \Delta G_{c-s}^{\ominus} + \Delta G_{H}^{\ominus} + \Delta G_{H_2O}^{\ominus} + \cdots \qquad (8-26)$$

第一项$\Delta G_{elec}^{\ominus}$为静电吸引作用对吸附自由能的贡献。

第二项$\Delta G_{chem}^{\ominus}$为化学吸附对吸附自由能的贡献,只有在特定体系中出现。

第三项$\Delta G_{c-c}^{\ominus}$为表面活性剂疏水链侧向作用力的贡献（疏水作用）,通常在表面活性剂吸附量达到一定阈值后才起作用,形成表面胶束,吸附量急剧增加。由于吸附使烷基链脱离水,类似于表面活性剂在溶液中形成胶束的自由能。

第四项$\Delta G_{c-s}^{\ominus}$为表面活性剂烷基链和固体表面疏水部位相互作用的贡献。通常吸附开始时,烷基链平躺于固体表面,在吸附量较大时改为直立于表面,形成两条台阶式的吸附等温线。

第五项$\Delta G_{H}^{\ominus}$为氢键作用对吸附自由能的贡献。当表面活性剂含有羟基、羧基、氨基以及聚氧乙烯基时,与表面形成氢键而导致吸附。聚氧乙烯类和烷基葡萄糖苷类非离子型表面活性剂大多通过这一机理吸附在极性固体表面,这种氢键作用比固体表面与水分子形成的氢键要强。

最后一项 $\Delta G_{H_2O}^{\ominus}$ 是表面活性剂极性端脱溶剂化的贡献，通常阻碍吸附的进行。

虽然上述 5 个相互作用有利于吸附发生，但对特定表面活性剂体系，一般仅有 1~2 项发挥主导作用。

8.5.2 吸附等温线和理论吸附模型

表面活性剂在固液界面吸附等温线依其形状可分为三种类型，即 L 型、S 型以及双平台 LS 型，如图 8-10 所示。其中，L 型最为简单，可以用 Langmuir 吸附等温式表示，该表达式包含饱和吸附量 Γ^{∞} 和吸附常数 K 两个重要参数，后者与吸附自由能相关。表面活性剂在非极性固体表面的吸附等温线符合 Langmuir 关系，一些表面活性剂在极性吸附剂表面的吸附曲线形状上可能也符合 L 型，但不一定是单分子层吸附。S 型和 LS 型曲线在机理上比 L 型要复杂得多。

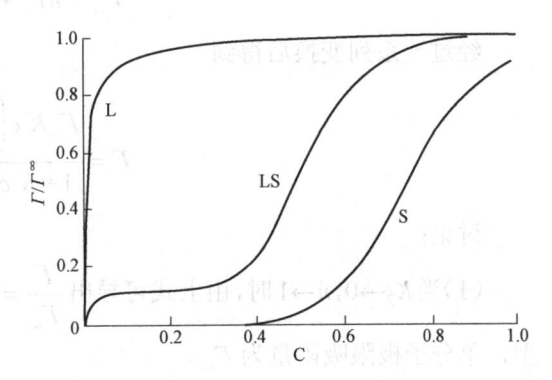

图 8-10 表面活性剂在固液界面的典型吸附等温线

顾惕人和朱珧瑶将上述三种曲线和质量作用定律相结合，推导出了可描述这些吸附等温线的吸附等温式。假设表面活性剂在固液界面的吸附过程分为以下两个阶段。

第一阶段：个别表面活性剂分子或者离子通过范德华力或者静电引力与固体表面相互作用而被吸附，其平衡时有

$$空白吸附位 + 表面活性剂单体 \rightarrow 吸附单体$$

该反应平衡常数 K_1 可表示为

$$K_1 = \frac{a_1}{a_s a} \tag{8-27}$$

式中，a_1、a_s 以及 a 分别为被吸附的单体、吸附剂固体表面空白吸附位和表面活性剂单体的活度。

第二阶段：表面活性剂分子或离子通过活性剂分子链的链节相互作用在表面形成表面胶束，第一阶段生成的吸附单体则成为形成表面胶束的活性中心，有

$$(n-1)表面活性剂单体 + 吸附单体 \rightarrow 表面胶束$$

其反应平衡常数 K_2 可表示为

$$K_2 = \frac{a_{hm}}{a_1 a^{n-1}} \tag{8-28}$$

式中，a_{hm} 为半胶束活度；n 为胶束聚集数。将 a_1、a_{hm} 和 a_s 分别近似用单体的吸附量 Γ_1、表面胶束的吸附量 Γ_{hm} 和固液界面的吸附位数 Γ_s 代替，表面活性剂在溶液中的活度 a 用其浓度 c 代替，则

$$K_1 = \frac{\Gamma_1}{\Gamma_s a} \approx \frac{\Gamma_1}{\Gamma_s c} \tag{8-29}$$

$$K_2 = \frac{\Gamma_{hm}}{\Gamma_1 a^{n-1}} \approx \frac{\Gamma_{hm}}{\Gamma_1 c^{n-1}} \tag{8-30}$$

在任意浓度时，表面活性剂在固液界面的总吸附量 Γ 为

$$\Gamma = \Gamma_1 + n\Gamma_{hm} \tag{8-31}$$

高浓度时，总饱和吸附量为

$$\Gamma_\infty = n\Gamma_s + n\Gamma_1 + n\Gamma_{hm} \tag{8-32}$$

经过一系列变换后得到

$$\Gamma = \frac{\Gamma_\infty K_1 c\left(\dfrac{1}{n} + K_2 c^{n-1}\right)}{1 + K_1 c(1 + K_2 c^{n-1})} \tag{8-33}$$

讨论：

（1）当 $K_2 \to 0, n \to 1$ 时，由上式可导出 $\dfrac{\Gamma}{\Gamma_\infty} = \dfrac{K_1 c}{1 + K_1 c}$，此时不形成半胶束，等温线为 Langmuir 型，单分子极限吸附量为 Γ_∞。

（2）当 $n > 1$，$nK_2 c^{n-1} \ll 1$ 时，$\dfrac{\Gamma}{\Gamma_\infty} = \dfrac{K_1 c}{n(1 + K_1 c)}$，此时形成半胶束，等温线仍为 Langmuir 型。该式变形为 $\dfrac{\Gamma}{\Gamma_\infty / n} = \dfrac{K_1 c}{1 + K_1 c}$ 时，极限吸附量为 Γ_∞ / n。

（3）当 $n > 1$，$K_2 c^{n-1} \gg 1$ 时，可得到 $\dfrac{\Gamma}{\Gamma_\infty} = \dfrac{K_1 K_2 c^n}{1 + K_1 K_2 c^n}$，吸附等温线为 S 型。

8.5.3 单一表面活性剂吸附

表面活性剂在非极性固体表面的吸附相对简单，其推动力主要是疏水作用，吸附自由能主要包括 $\Delta G_{c-s}^\ominus$ 和 $\Delta G_{c-c}^\ominus$，吸附往往是单分子层的。表面活性剂分子以烷基链朝向固体表面，极性端朝向水，使原本疏水的固体表面亲水性增强，易被水润湿。对疏水性颗粒，这种吸附促进了颗粒在水中的分散性，提高了分散液的稳定性。

对于单一表面活性剂在极性表面的吸附，由于促进吸附的作用力众多，这类吸附具有多样性。通常表面活性剂在空气-水界面的吸附是单分子层，将表面活性剂在固液界面的饱和吸附量与其在空气-水界面的饱和吸附量相比，可估计出表面活性剂在固液界面的吸附层数 n。

$$n = \frac{\Gamma_{s/w}^\infty}{\Gamma_{a/w}^\infty} \tag{8-34}$$

1. 离子型表面活性剂

图 8-11 所示为十二烷基硫酸钠（SDS）在氧化铝表面的吸附等温线以及氧化铝表面疏水性随 SDS 平衡浓度变化趋势。在 pH 为 6.5 的水介质中，氧化铝表面带正电荷，这是一种典型的离子型表面活性剂在带相反电荷表面的吸附，其吸附等温线称为"Somasundaran–Fuerstenau"等温线，曲线分为 4 个阶段。

第 I 阶段：低浓度下，表面活性剂分子离子端受吸附剂固体表面电荷静电吸引在固体表面发生吸附，吸附量服从 Gouy–Capman 方程。恒定离子强度下，吸附等温线斜率为 1。吸附层中表面活性剂分子以头吸式构象（head-on）在吸附剂表面定向吸附，即形成极性端头基朝

向固体表面、烷基链朝向水的单分子层，如图 8-12（a）所示，固体表面疏水性增强。

第Ⅱ阶段：溶液体相中，表面活性剂分子与已吸附的表面活性剂分子通过链-链间相互作用吸附到表面，形成表面聚集体，包括半胶束（hemi-micelle）或预胶束（pre-micelle）、双层（bi-layer）及表面胶束（surface micelle）等，如图 8-12（d）～图 8-12（f）所示，导致吸附量急剧增加。在此阶段，静电吸引仍起主导推动作用。

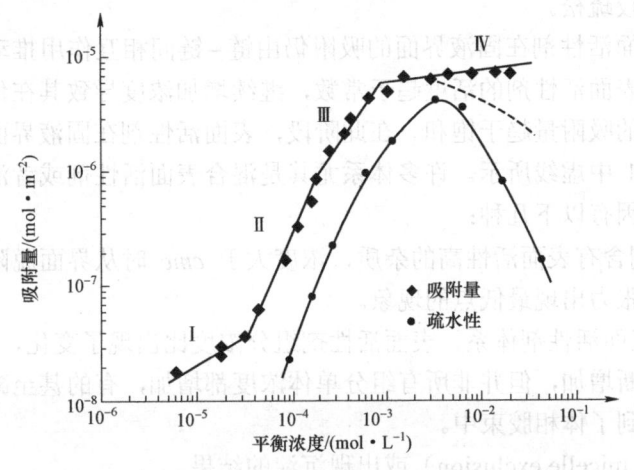

图 8-11　pH=6.5 时十二烷基硫酸钠在氧化铝表面的吸附

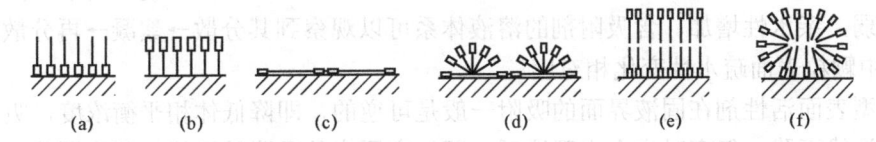

图 8-12　表面活性剂在固液界面分子构型和表面胶束结构示意图

第Ⅲ阶段：固体表面电荷完全被中和，吸附由链-链间相互作用推动，继续形成表面胶束，但吸附等温线斜率下降，吸附量增加速度放缓。图 8-13 给出了采用荧光探针法测定的

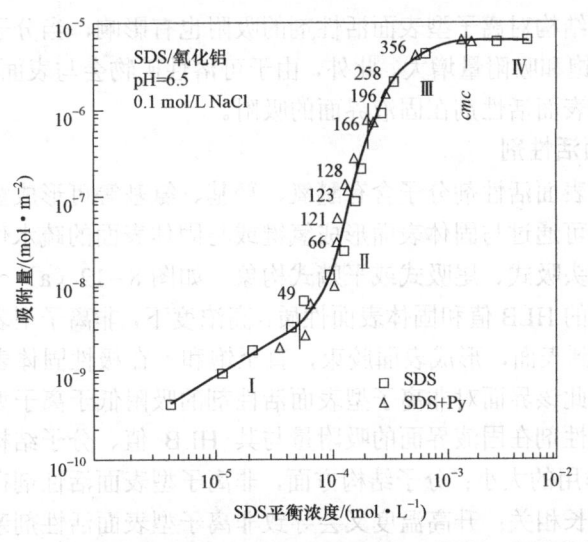

图 8-13　表面胶束聚集数和吸附量随体相表面活性剂平衡浓度的变化

表面胶束聚集数随体相平衡浓度的变化趋势，可见在第Ⅱ阶段起始点，胶束聚集数即达到50左右，随后聚集数急剧增加，第Ⅱ阶段结束时胶束聚集数接近200，第Ⅲ阶段结束时达到350左右。由于表面胶束中表面活性剂极性离子端电荷被固体表面电荷部分中和，削弱了离子端间的静电排斥作用，与体相胶束聚集数相比，表面胶束聚集数要大得多。对于阳离子型表面活性剂在带负电荷固体表面的吸附，第Ⅲ阶段有时不明显，这是因为阳离子型表面活性剂在表面胶束中的排列较疏松。

第Ⅳ阶段：表面活性剂在固液界面的吸附仍由链-链间相互作用推动，但随着表面活性剂浓度接近 cmc，表面活性剂的活度趋于常数，继续增加浓度导致其在体相形成胶束，表面活性剂在固液界面的吸附量趋于饱和。在此阶段，表面活性剂在固液界面的吸附量可能出现最高点，如图8-11中虚线所示。许多体系尤其是混合表面活性剂或者混合同系物体系都有这一现象，究其原因有以下几种：

1）表面活性剂含有表面活性高的杂质，浓度大于 cmc 时从界面脱附，被增溶到溶液胶束中，类似于表面张力出现最低点的现象。

2）对于混合表面活性剂体系，表面活性剂组分浓度比出现了变化，达到混合 cmc 后，虽然体相总浓度不断增加，但并非所有组分单体浓度都增加，有的甚至减小，因为更多高表面活性的分子转移到了体相胶束中。

3）胶束排斥（micelle exclusion）或出现沉淀的结果。

在第Ⅲ和第Ⅳ阶段，吸附层中的表面活性剂分子构型颠倒，极性端朝向水，固体表面的疏水性减弱，亲水性增加。含吸附剂的溶液体系可以观察到其分散→絮凝→再分散现象，与图8-11中颗粒表面疏水性变化相对应。

离子型表面活性剂在固液界面的吸附一般是可逆的，即降低体相平衡浓度，吸附量会沿着吸附等温线下降，但有时也会出现滞后，即偏离原来的吸附等温线。因为固体表面所带电荷与pH值有关，pH值对离子型表面活性剂的吸附有较大影响，一般在等电点以下，表面带正电，对阴离子型表面活性剂有较大吸附，在 pH 值高于等电点时表面带负电，能够强烈吸附阳离子型表面活性剂。

表面活性剂分子结构对离子型表面活性剂的吸附也有影响，当分子结构有利于形成紧密排列的表面胶束时，饱和吸附量增大。此外，由于可溶性矿物会与表面活性剂作用生成沉淀，其会显著影响离子型表面活性剂在固液界面的吸附。

2. 非离子型表面活性剂

大多数非离子型表面活性剂分子含有醚氧、羟基、氨基等可形成氢键的基团，低浓度下非离子型表面活性剂可通过与固体表面形成氢键或与固体表面的疏水作用而被吸附。吸附层中表面活性剂分子有头吸式、尾吸式或平躺式构象，如图8-12（a）~图8-12（c）所示，这取决于表面活性剂的HLB值和固体表面性质。高浓度下，非离子型表面活性剂分子可继续通过链-链作用吸附到表面，形成表面胶束，直至饱和。在极性固体表面，由于氢键作用比静电作用弱得多，因此该界面对非离子型表面活性剂的吸附低于离子型表面活性剂。

非离子型表面活性剂在固液界面的吸附量与其 HLB 值、分子结构以及温度紧密相关。HLB值决定了疏水作用的大小；分子结构方面，非离子型表面活性剂在固液界面的吸附量与其烷基链长和 EO 链长相关；升高温度又会导致非离子型表面活性剂亲水性下降。当烷基链长相同时，吸附量随EO链长增长而降低，每个氧乙烯在界面所占面积从2个EO时的0.46 nm^2

增加到 40 个 EO 时的 $1.04\ nm^2$。类似地，糖苷类表面活性剂的吸附量也与其亲水基聚合度存在同样趋势。

3. 两性表面活性剂吸附

两性表面活性剂的亲水基中含有正、负离子，带正电荷的多为季铵阳离子，负电荷一般为羧基或磺基阴离子。对于极性表面，固体表面的电荷对两性表面活性剂分子中的相反电荷有静电吸引作用，称为离子-偶极作用。两性表面活性剂在极性表面的吸附过程中，由离子-偶极作用和疏水作用共同推动，其吸附等温线总体上类似于聚氧乙烯型非离子表面活性剂，但饱和吸附量高于非离子型而低于离子型表面活性剂。

在带负电荷固体表面，低浓度下的两性表面活性剂分子在吸附层中以季铵阳离子朝向固体表面定向吸附，烷基链和阴离子部分伸向水相。随着浓度升高，两性表面活性剂形成表面胶束，类似于非离子和离子型表面活性剂。溶液中电解质的存在既可以增加也可以抑制两性表面活性剂在固液界面的吸附，取决于电解质浓度的大小。通常在低浓度下，电解质可降低两性表面活性剂与界面电荷间的静电作用，导致吸附量下降；在高浓度时，导致表面活性剂疏水作用的增强而使表面胶束聚集数增加，从而增加吸附量。

研究表明，两性表面活性剂在固液界面的吸附量对温度及分子中两个相反电荷之间 CH_2 数目不太敏感；当 pH 值不足以改变两性表面活性剂分子荷电特性时（例如，强酸性条件下转变成阳离子或强碱性条件下转变为阴离子），对其吸附量影响也不大。

8.5.4 混合表面活性剂吸附

现实生活中，人们常常使用混合表面活性剂，因为混合表面活性剂体系具有多种协同效应。有关混合表面活性剂在固液界面的吸附也已有许多报道。

由于静电吸引作用，阴离子-阳离子混合体系具有最强的协同效应，但也容易生成沉淀。研究表明，阴离子-阳离子混合体系在极性表面的吸附具有协同效应，即混合体系中各组分的吸附量高于相同平衡浓度下单组分体系的吸附量。例如，在带负电荷的二氧化硅表面单一阴离子几乎不吸附，但对阳离子有显著吸附，而混合体系中对阴离子和阳离子表面活性剂的吸附量都增大，并且各自的增量部分相当，这表明吸附量增加的部分是以离子对吸附的形式存在的。

上述协同效应还与吸附的具体过程有关。例如，考察十二烷基苯磺酸钠（NaDBS）与十六烷基三甲基溴化铵（CTAB）在带负电荷的纤维素-水界面吸附时，如果将纤维素预先吸附 CTAB，再吸附 NaDBS，则后者的吸附量显著增加，预先吸附的阳离子量越多，相应对阴离子的吸附量也越多。但如果将干净的纤维素放在混合表面活性剂的溶液中，则对阴离子的吸附增量明显减少，因为体相中阴离子-阳离子形成离子对，由于没有净电荷，吸附仅仅靠疏水作用推动，造成离子对在纤维素/水界面的吸附量大大减小。

阴离子-非离子混合体系的吸附也具有增效作用。带正电荷的氧化铝/水和高岭土/水界面对阴离子型表面活性剂有较强的吸附，对单一非离子型表面活性剂的吸附量不大；但在阴离子和非离子型表面活性剂混合体系中，对非离子型表面活性剂的吸附量显著增加，而对阴离子的吸附量仅有微小下降。另一个现象是随着混合体系中非离子型表面活性剂配比的增加，达到阴离子型表面活性剂饱和吸附时所需的浓度逐渐下降，并且阴离子型表面活性剂在固液界面开始形成表面胶束的浓度也下降，即非离子型表面活性剂提升了阴离子型表面活性剂在低浓度下的吸附驱动力。

类似的增效作用也发生在阳离子-非离子混合体系、带负电荷固液界面的混合吸附中。总体而言，混合吸附通常是一个组分表现为"主动"，另一个组分则表现为"被动"。例如，在带负电荷的吸附剂表面，阳离子型表面活性剂在表面吸附过程中呈现主动，非离子型表现为被动；在带正电荷吸附剂表面，阴离子型表面活性剂的表面吸附为主动，非离子型表现为被动，可产生协同效应。某些情况下，混合表面活性剂在固液界面的吸附也可能产生对抗效应，取决于表面活性剂的分子结构和分子间的相互作用。

8.6 混合溶液吸附

实际情况中，液相吸附多为混合溶液吸附。混合溶液体系可以是一种溶剂多种溶质，也可以是一种溶质多种溶剂，溶液组分越多给研究带来的困难也就越大。本节简要介绍一种溶剂多种溶质（混合溶质）和一种溶质多种溶剂（混合溶剂）的吸附。

8.6.1 混合溶质吸附

混合溶液中常见的溶质吸附等温线为 Langmuir 型，考虑将 Langmuir 混合气体吸附公式应用于溶液混合溶质的吸附：

$$n_i^s = \frac{n_{i,m}^s b_i c_i}{1+\sum b_i c_i} \quad (8-35)$$

式中，n_i^s 为溶质 i 组分在其平衡浓度 c_i 时在界面的吸附量；$n_{i,m}^s$ 和 b_i 分别为溶质 i 单独存在于溶液中时用 Langmuir 等温式求出的单层极限吸附量和吸附常数，可根据溶质单独存在时的 Langmuir 参数描述对混合溶质的吸附等温线。

当溶液中含有多种溶质时，任意两种溶质 1 和 2 的吸附量 n_1^s 和 n_2^s 之比应为

$$\frac{n_1^s}{n_2^s} = \frac{n_{1,m}^s b_1 c_1}{n_{2,m}^s b_2 c_2} = K \frac{c_1}{c_2} \quad (8-36)$$

由于 $n_{1,m}^s$、$n_{2,m}^s$、b_1、b_2 是溶质 1、2 单独存在时所得值，故 K 为定值。换言之，多组分溶质中任意两种溶质的吸附量之比对其浓度比作图应为直线，直线斜率由各溶质单独存在时的 n_m^s、b 值决定。硅胶自四氯化碳的正戊醇、正辛醇二元溶质溶液和正丁醇、正戊醇、正辛醇三元溶质溶液中进行吸附，图 8-14 实线是根据正戊醇、正辛醇单独存在时的 Langmuir 参数值绘制，数据点为实验结果所得，由图

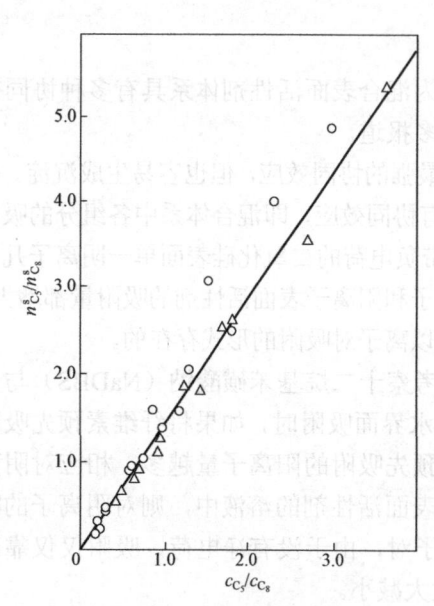

图 8-14 Langmuir 混合吸附公式溶液应用
○—正戊醇、正辛醇二元溶质；△—正丁醇、正戊醇、正辛醇三元溶质

可见式（8-32）对此体系基本符合。可以推断，当溶剂中的溶质稳定、不发生解离，吸附剂表面均匀、孔较大、无微孔填充效应、满足单层吸附条件时，Langmuir 混合吸附公式有很好的适用性。

混合溶质吸附常见的另一种情况是多个溶质中一种溶质含量较其他溶质量大得多，且吸附剂对该溶质具有相当强的吸附能力（b_1 较大）。若含量高的组分以 1 表示，其他组分用 i

表示，由于 $c_1 \gg c_i$，c_1 吸附前后变化不大，故 $b_1c_1 \gg 1$，则式（8-35）可变为

$$n_i^s = \frac{n_{m,i}^s b_i}{b_1 c_1} c_i = H_i c_i \tag{8-37}$$

式中，H_i 称为溶质 i 的 Henry 系数：

$$H_i = \frac{n_{m,i}^s b_i}{b_1 c_1} \tag{8-38}$$

显然，H_i 由主要组分 1 的 b_1、浓度 c_1 和次要组分 i 单独存在时的 Langmuir 参数 $n_{m,i}^s$ 和 b_i 所决定。由式（8-37）可知，主要组分确定之后某次要组分的吸附等温线为通过原点的直线，直线的斜率 H 仅由该次要组分和主要组分决定，与其他次要组分无关。活性炭自水中吸附多种有机物组分的实验结果验证了此结论，如图 8-15 所示。

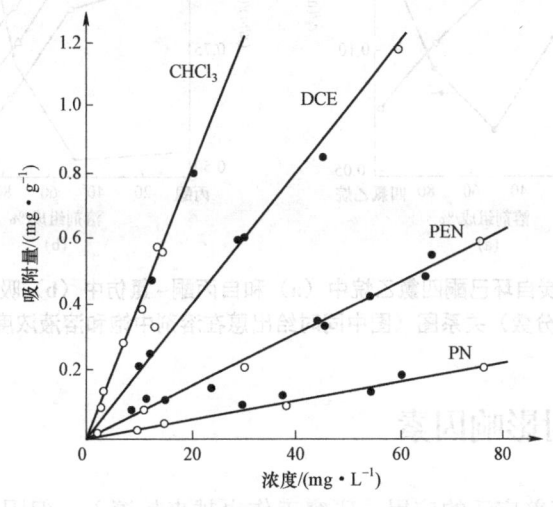

图 8-15 活性炭自浓度为 12 g/L 对硝基苯酚水溶液中吸附三氯甲烷（$CHCl_3$）、1,2-二氯乙烷（DCE）、正戊醇（PEN）和丙腈（PN）的吸附等温线

8.6.2 混合溶剂吸附

混合溶剂有许多重要应用，如洗涤用的干洗剂、消毒用的 75%乙醇水溶液。高压液相色谱应用的洗脱剂（eluant）就常要根据被分离物的极性大小选择适当的混合溶剂。混合溶剂极性参数是各组分极性参数与其体积分数乘积之和，这就意味着在一定组成的混合溶剂中某种组分在色谱柱固定相上的吸附量最小。

自混合溶剂中吸附溶质的情况分为两类：

（1）溶质在某配比混合溶剂中溶解度有最大值，吸附量有最小值。例如，炭自甲苯-苯混合溶剂中吸附苏丹Ⅱ（图 8-16），这表明溶解度是决定吸附量大小的主要因素。

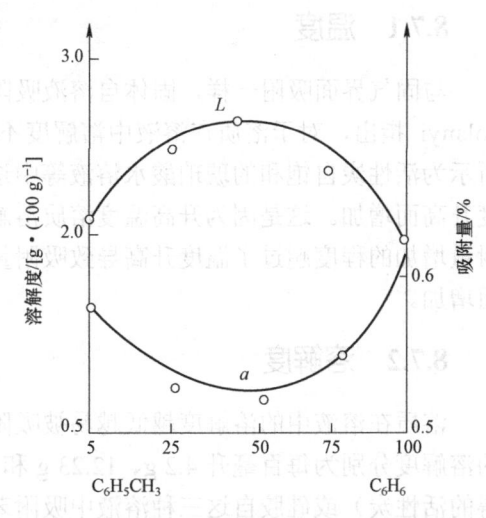

图 8-16 炭自甲苯-苯混合溶剂中吸附苏丹Ⅱ的吸附量（a）及苏丹Ⅱ的溶解度（L）与溶剂组成关系

（2）在某混合溶剂组成时对溶质吸附量有最小值，但与其溶解度大小无明显关系；也存在某一溶剂组成时溶质吸附量有最大值，如图 8-17 所示，原因可能是溶剂组成竞争吸附的结果，或溶剂中不同组分分子间的作用强于相同分子间的作用（常有最高恒沸点），使得混合溶剂竞争吸附能力降低，溶质吸附量增大。

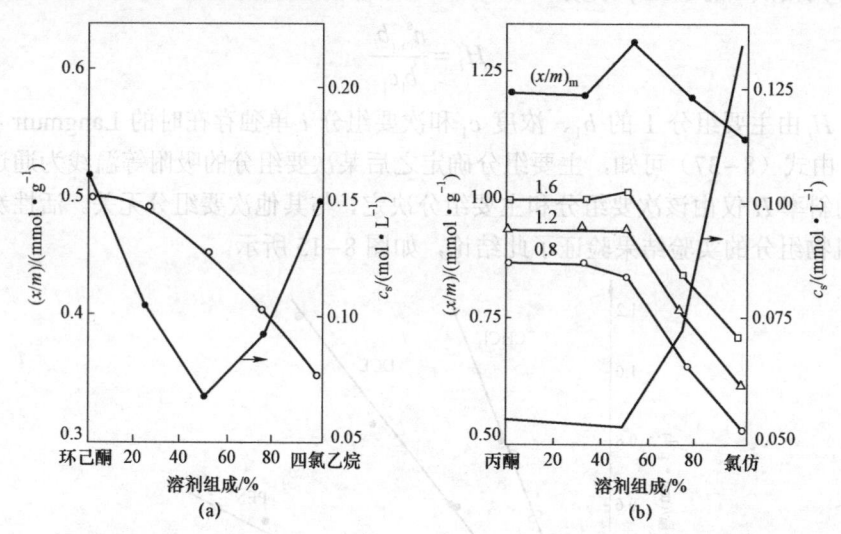

图 8-17 活性炭自环己酮-四氯乙烷中（a）和自丙酮-氯仿中（b）吸附蒽的吸附量与溶剂组成（体积分数）关系图（图中同时给出蒽在溶剂中饱和溶液浓度 c 的关系曲线）

8.7 固液吸附影响因素

固体自溶液吸附有着广泛的应用，研究工作也越来越深入。但因体系的复杂性，至今尚没有完善的理论。基于大量实验结果，下面对一些经验规律作简要介绍。

8.7.1 温度

与固气界面吸附一样，固体自溶液吸附是放热过程，一般吸附量随温度升高而减少。但 Polanyi 指出，对于溶质在溶液中溶解度不高的情况还需考虑溶解度与温度的关系。表 8-3 所示为活性炭自饱和的琥珀酸水溶液等中进行吸附的结果。由表中数据可见，吸附量皆随温度升高而增加。这是因为升高温度溶质溶解度增大，溶质饱和溶液浓度增高。该因素所致吸附量增加的程度超过了温度升高导致吸附量减少的不利因素，总体效果是吸附量随温度升高而增加。

8.7.2 溶解度

溶质在溶液中的溶解度越低越易被吸附剂吸附。例如，苯甲酸在四氯化碳、苯、乙醇中的溶解度分别为每百毫升 4.2 g、12.23 g 和 36.9 g，以糖炭（一种将蔗糖炭化后再经活化而制得的活性炭）或硅胶自这三种溶液中吸附苯甲酸时，吸附量大小次序均为：四氯化碳＞苯＞乙醇。

表 8-3 温度对活性炭在饱和溶液中吸附的影响

溶液	温度/℃	吸附量/(mmol·g^{-1})	溶液	温度/℃	吸附量/(mmol·g^{-1})
琥珀酸水溶液	0	3.00	苯甲酸水溶液	0	1.70
	25	3.80		25	2.00
	50	4.94		50	2.20
琥珀酸乙醇溶液	−21.3	0.84	酚水溶液	0	5.18
	0	1.10		25	6.04
	25	1.36		50	6.40

溶解度规则在其他条件相同或相近时才适用，若两种溶剂对吸附剂的亲和力差别很大，此规则不成立。例如，苯甲酸在四氯化碳中的溶解度比其在水中大得多，而硅胶分别自苯甲酸水溶液与苯甲酸四氯化碳溶液中吸附时对后者的吸附量大。这是因为硅胶对水的亲和力远大于四氯化碳，在硅胶-水-苯甲酸体系中，硅胶优先吸附水，苯甲酸难以将水顶替。在硅胶-四氯化碳-苯甲酸体系中，四氯化碳与硅胶的亲和力比水小得多，甚至比苯甲酸还小，苯甲酸易将硅胶吸附的四氯化碳从其表面顶替下来。

8.7.3 吸附剂、溶质和溶剂三者性质

吸附剂对溶质的吸附服从相似相吸的原则，即极性吸附剂易吸附极性溶质，非极性吸附剂易吸附非极性溶质。应用此规则时，要同时考虑吸附剂、溶质和溶剂三者间的关系。通常，极性物易溶于极性溶剂，非极性物易溶于非极性溶剂，从溶解度角度来看，极性溶质易于从非极性的溶剂中被吸附，非极性溶质易于从极性的溶剂中被吸附。综上可得：极性吸附剂易于从非极性溶剂中吸附极性的溶质，非极性吸附剂易于从极性溶剂中吸附非极性的溶质。图 8-18 和图 8-19 所示为上述规则的典型例子，其中，硅胶是极性吸附剂，活性炭是非极性吸附剂。由此得到有关极性有机同系物吸附规律，图 8-18 所示是吸附量随碳氢链增长而有规律地增加，称为 Traube 规则；图 8-19 所示是吸附量随碳氢链增长而有规律地减少，称为反 Traube 规则。

图 8-18 400 ℃时活化的糖炭自水中吸附脂肪酸

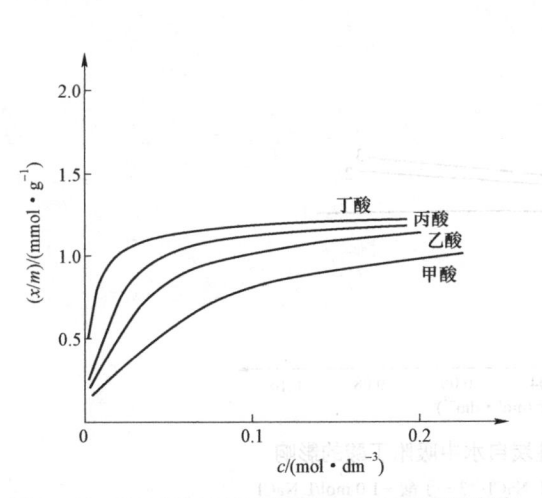

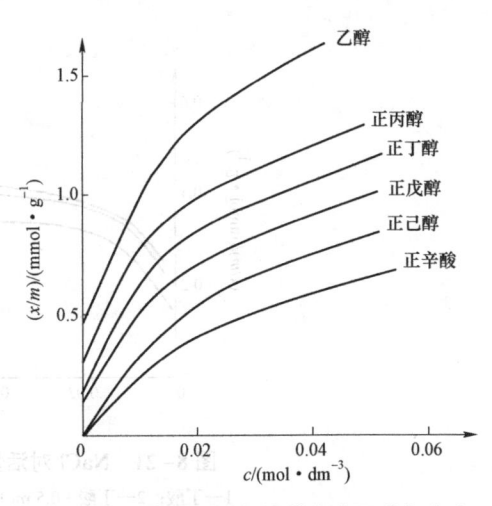

图 8-19 硅胶自四氯化碳溶液吸附脂肪醇

有关吸附剂的极性与非极性还应注意其相对性。例如，活性炭自水溶液中吸附时是非极性吸附剂，但自四氯化碳中吸附时，活性炭则表现出极性吸附剂的性质，如图 8-20 所示。这是因为活性炭表面覆盖有极性氧化物，在强极性水中吸附时，这些表面氧化物极性不能明显地显示出来，活性炭表现为非极性吸附剂的特征；但在非极性四氯化碳溶液中吸附时，其表面氧化物极性就凸显了出来。

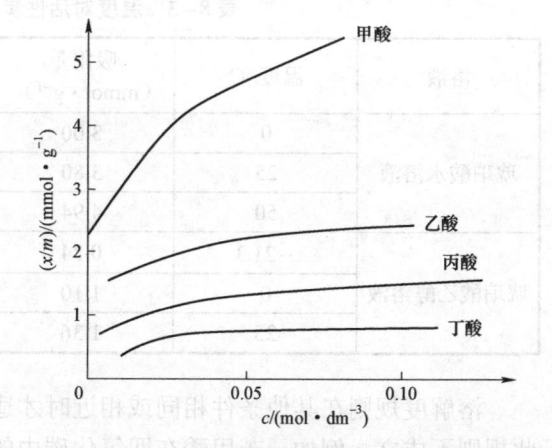

图 8-20 400 ℃活化的糖炭自四氯化碳中吸附脂肪酸

8.7.4 吸附孔

多孔吸附剂的孔径大小不仅影响吸附速率，还影响吸附平衡规律。研究发现，800 ℃活化的糖炭自水中吸附脂肪酸时，低浓度下吸附次序是：丁酸＞丙酸＞乙酸＞甲酸；高浓度下吸附次序则相反，为甲酸＞乙酸＞丙酸＞丁酸；处于中间浓度时吸附次序无一定规律。

对上述现象的解释是：高温活化糖炭的表面含许多小孔，低浓度溶液中，糖炭表面只有一小部分被溶质分子所覆盖，糖炭表面的非极性部分对吸附起主导作用，碳氢链长的丁酸极性最小，吸附量最大；浓度增大时，糖炭表面被溶质分子覆盖的程度增加，吸附剂小孔被溶质分子填充，因此碳氢链最短、分子体积最小的甲酸吸附得最多；在中等浓度时，吸附次序是表面效应与体积效应权衡的结果。

8.7.5 盐效应

电解质盐可影响固体自溶液中的吸附特性。盐能使溶质活度系数增大或溶解度减小，吸附剂对溶质的吸附量随盐的加入而增加，如图 8-21 所示。若盐使溶质活度系数减小或溶解度增加，则吸附剂对溶质的吸附量随盐的加入而减少，如图 8-22 所示。

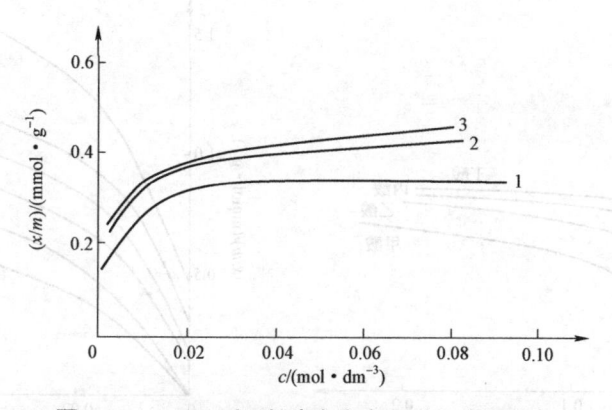

图 8-21 NaCl 对活性炭自水中吸附丁酸的影响

1—丁酸；2—丁酸 + 0.5 mol/L NaCl；3—丁酸 + 1.0 mol/L NaCl

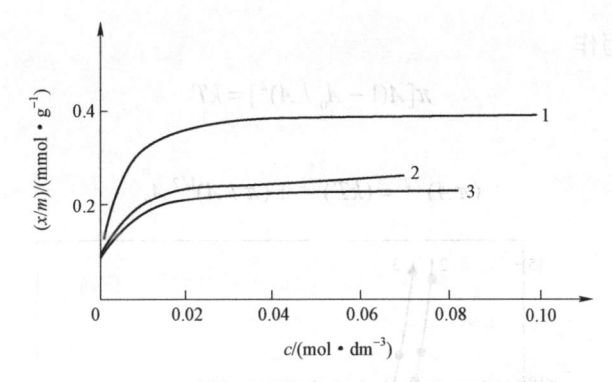

图 8-22　丁酸钠对活性炭自水中吸附丁酸的影响
1—丁酸；2—丁酸 + 0.5 mol/L 丁酸钠；3—丁酸 + 1.0 mol/L 丁酸钠

8.8　稀溶液吸附热力学

8.8.1　Gibbs 吸附公式应用

Gibbs 吸附公式是研究各种界面吸附现象最基本的热力学公式，其基本表达式为

$$\Gamma = -\frac{1}{RT}\frac{d\gamma}{d\ln a} \quad (8-39)$$

式中，Γ 为单位面积的吸附量，mol/m^2；γ 为表面张力，N/m；a 为溶质在溶液中的活度，mol/L。根据表面压的物理意义，上式可写作

$$\pi = -\int_{\gamma_0}^{\gamma} d\gamma = RT\int_0^a \Gamma d\ln a \quad (8-40)$$

式中，π 为吸附前后单位界面自由能的变化值。对于固体自稀溶液的吸附可根据实验测定的吸附量研究吸附量与 π 的关系。

由于 Γ 为单位界面上的吸附量，上式又可写作

$$\pi = RT\int_0^c \frac{n^s}{S} d\ln c \quad (8-41)$$

式中，n^s 为平衡浓度为 c 时每克固体上的吸附量，S 为固体比表面。溶液浓度很低时，n^s 与 $\ln c$ 视为直线关系，用图解积分法求出不同吸附量时的 π 值。根据实测的 n^s 和已知固体比表面值 S，可计算出每个吸附分子占有的面积 A（$A = S/n^s$），得到 π-A 等温线。图 8-23 所示为戊醇、苯甲醛、苯甲醚、乙酸正丙酯在硅胶-环己烷界面吸附的 π-A 曲线，可以看出它们都具有液态扩张膜特点。

在研究空气-水界面不溶物扩张膜时，Smith 设想吸附质分子的亲水端固定于水面上，憎水链的—CH_2—彼此间有 van der Waals 力作用，得出

$$[\pi + m\varepsilon A_0/A^2][A(1-A_0/A)^2] = kT \quad (8-42)$$

式中，A_0 为分子截面积；A 为分子平均占有面积；m 为分子中碳原子数；ε 为相邻 CH_2 的作用能；k 为 Boltzmann 常数；T 为实验温度。此式用于具有液态扩张膜特点的固液界面吸附膜时可作进一步简化。由于溶剂为典型非极性物质，相邻吸附质分子碳氢链间的作用能可视为

零。式（8-42）可写作

$$\pi[A(1-A_0/A)^2] = kT \tag{8-43}$$

上式变换可得

$$(\pi A)^{1/2} = (kT)^{1/2} + (\pi/A)^{1/2} A_0 \tag{8-44}$$

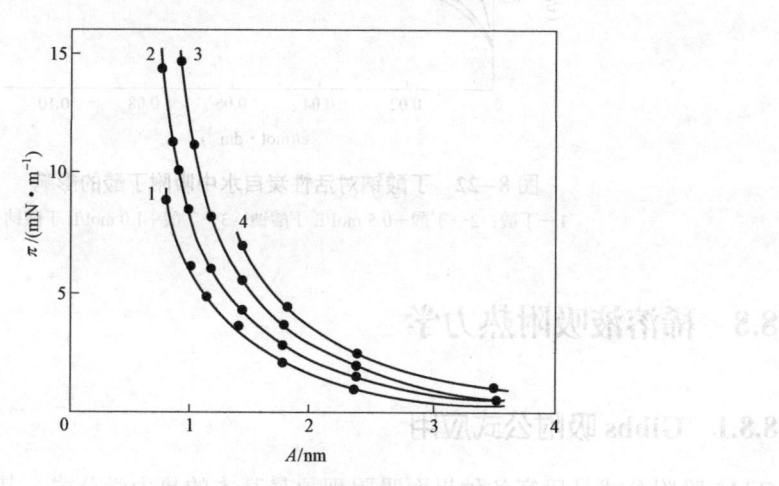

图 8-23 硅胶-环己烷界面吸附膜 π-A 曲线
1—戊醇（10 ℃）；2—苯甲醛（20 ℃）；3—苯甲醚（20 ℃）；4—乙酸正丙酯（10 ℃）

根据此式，以 $(\pi A)^{1/2}$ 对 $(\pi/A)^{1/2}$ 作图可得一条直线，其斜率为 A_0，截距为 $(kT)^{1/2}$。由图 8-23 数据依上述方法处理所得结果如图 8-24 所示，几种体系均为直线，截距为 $(kT)^{1/2}$。由各直线斜率求出的分子截面积分别为：戊醇 0.20 nm^2，苯甲醚 0.37 nm^2，苯甲醛 0.29 nm^2，乙酸正丙酯 0.47 nm^2，这些结果都可得到合理的解释。

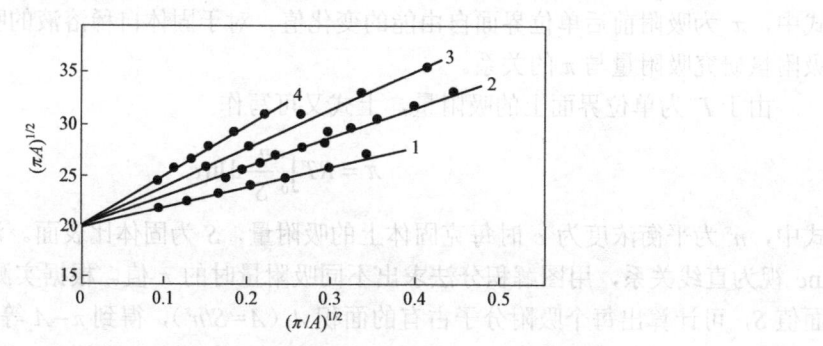

图 8-24 硅胶-环己烷界面吸附膜 $(\pi A)^{1/2}$-$(\pi/A)^{1/2}$ 曲线
1—戊醇；2—苯甲醛；3—苯甲醚；4—乙酸正丙酯

8.8.2 标准吸附自由能

研究固液界面吸附热力学可以了解吸附过程进行的趋势、程度和驱动力，根据吸附数据计算标准热力学函数变化值是吸附热力学研究的重要内容。

液相中组分 i 从液相迁移至固体表面相，发生了固液界面吸附，达到吸附平衡时组分 i 在液相和吸附相中的化学势 μ、μ_s 相等，即

液相中

$$\mu = \mu^{\ominus} + RT\ln(x_i f_i) \qquad (8-45)$$

吸附相中

$$\mu_s = \mu_s^{\ominus} + RT\ln(x_i^s f_i^s) \qquad (8-46)$$

式中，$\mu^{\ominus}$ 和 $\mu_s^{\ominus}$ 分别为组分 i 在液相和吸附相标态下的化学势；x_i 和 x_i^s 分别为其在液相和吸附相中的摩尔浓度；f_i 和 f_i^s 分别为其相应的活度系数。达到吸附平衡时 $\Delta G=0$，故

$$\Delta G = U_s^{\ominus} + RT\ln(x_i^s f_i^s) - \mu^{\ominus} - RT\ln(x_i f_i) = \Delta G^{\ominus} + RT\ln[x_i^s f_i^s/(x_i f_i)] = 0 \qquad (8-47)$$

所以

$$\Delta G^{\ominus} = -RT\ln[x_i^s f_i^s/(x_i f_i)] \qquad (8-48)$$

由于是稀溶液且假设吸附相是理想的，则 $f_i = f_i^s = 1$，x_i 和 x_i^s 可分别用相应的浓度 c 和 c^s 代替。因而

$$\Delta G^{\ominus} = -RT\ln(c^s/c) = -RT\ln[n^s/(Sc)] \qquad (8-49)$$

式中，n^s 为 1 g 固体吸附剂上的溶质吸附量；S 为固体的比表面；$\Delta G^{\ominus}$ 为 1 mol 溶质从浓度为 1 mol/L 的理想溶液中吸附到假想浓度为 1 mol/m² 理想表面溶液时自由能的变化值。

对正吸附，在溶液浓度 c 很低时，c^s 可能也相当大，难以满足 $c^s = a^s$，即 $f^s \neq 1$，可利用吸附等温线起始段的极限斜率 $(n^s/c)_{c \to 0}$ 代替 n^s/c，求出 $\Delta G^{\ominus}$。但这种作法是用在极低浓度条件下的实验结果，误差较大，并且表面不均匀性的影响也不可忽略，所得 $\Delta G^{\ominus}$ 难以反映实际的吸附性质。赵振国、顾惕人等人提出引入 Langmuir 参数计算 $\Delta G^{\ominus}$ 的方法。如果吸附等温线可用 Langmuir 方程描述，则当浓度 c 很小时，Langmuir 方程可简化为

$$n^s = n_m^s bc \qquad (8-50)$$

此即 Langmuir 等温线起始的直线段。将此式代入式（8-49），得

$$\Delta G^{\ominus} = -RT\ln\left(\frac{n_m^s b}{S}\right) \qquad (8-51)$$

此式应用的前提是吸附等温线为 L 型。这一处理方法所用参数 n_m^s、b 是由宽浓度范围的实验数据经 Langmuir 方程处理得到的，避免了低浓度时表面吸附不均匀带来的影响。

表 8-4 列出了活性炭自水中吸附芳香性化合物的标准热力学函数变化值，表 8-5 列出了硅胶自环己烷中吸附醇、酮和酯的标准热力学函数变化值。由表 8-4 和表 8-5 数据可知，无论是非极性吸附剂自极性溶剂中吸附还是极性吸附剂自非极性溶剂中吸附，对各类有机物吸附的 $\Delta G^{\ominus}$ 值均为较大的负值，故吸附过程是自发进行的。活性炭自水中吸附芳香性化合物的 $\Delta H^{\ominus}$ 有正有负，不过数值较小，无明显规律，但 $\Delta S^{\ominus}$ 均为较大的正值。这是由于芳香性化合物在活性炭表面上以苯环平躺方式进行吸附，且芳香性化合物分子体积较溶剂水分子大得多，故一个芳香性化合物分子的吸附必伴随多个水分子的脱附，溶剂脱附引起体系的熵增加值远大于溶质吸附引起熵的减小值，使得吸附过程的总熵变为大的正值。因此，熵效应是该吸附过程进行的主要驱动力，大分子在固液界面的吸附也属于这类情况。

表8-4　活性炭自水中吸附芳香性化合物的标准热力学函数变化值

吸附质	$-\Delta G^{\ominus}/(kJ \cdot mol^{-1})$		$-\Delta H^{\ominus}/(kJ \cdot mol^{-1})$	$-\Delta S^{\ominus}/(J \cdot K^{-1} \cdot mol^{-1})$
	25 ℃	35 ℃		
苯甲酸	26.8	27.5	6.93	66.9
邻苯二甲酸	27.9	28.8	−0.75	96.1
邻羟基苯甲酸	30.4	32.0	−16.9	159
间羟基苯甲酸	28.0	29.0	0.63	96.1
对羟基苯甲酸	26.6	27.5	−0.5	87.8
苯酚	24.8	25.0	18.6	20.9
邻苯二酚	24.7	25.4	4.77	66.9

表8-5　硅胶自环己烷中吸附醇、酮和酯的标准热力学函数变化值

吸附质	$-\Delta G^{\ominus}/(kJ \cdot mol^{-1})$		$-\Delta H^{\ominus}/(kJ \cdot mol^{-1})$	$-\Delta S^{\ominus}/(J \cdot K^{-1} \cdot mol^{-1})$
	30 ℃	10 ℃		
环己醇	21.6	22.5	35.1	−44.7
正辛醇	21.6	22.5	35.1	−44.7
异丁基甲酮	20.3	20.6	25.5	−17.1
环己酮	21.2	21.8	30.1	−29.3
乙酸正丙酯	19.3	20.0	30.1	−35.5
乙酸正戊酯	19.3	20.0	30.1	−35.5

硅胶自环己烷溶液中吸附单极性官能团的醇、酮和酯时，$\Delta H^{\ominus}$ 为较大负值，$\Delta S^{\ominus}$ 为负值，焓效应是此吸附过程进行的主要驱动力。由表 8-5 还可以看出，醇和酯的同系物吸附时其标准热力学函数变化值完全相同，即与碳氢链长短无关，这就说明，在稀溶液中只有极性基团吸附到硅胶表面上，而疏水基以某种定向方式留在了有机溶剂相中。

8.9　固液吸附应用

液相吸附最常见的应用是液态物质的分离、提纯和净化，如有机溶剂和合成产物的脱水干燥、脱色精制等，精细化工中的异构体分离，石油馏分中正构烷烃的分离和液相脱蜡，各行业污水的净化处理，生物化学中抗生素提取和蛋白质分离，湿法冶金中稀土元素的分离与提纯，金属表面的润滑与防腐蚀等。

8.9.1　抑制金属腐蚀

金属表面在水或其他介质中会因化学作用等而腐蚀，加入缓蚀剂可在金属和溶液界面上形成吸附层，将水、腐蚀介质与金属隔开，达到防腐的目的。缓蚀剂大多为含有 N、S 等元素的两亲性物质，在金属表面发生物理吸附，也可以发生化学吸附。

以物理吸附方式存在时，烷基胺阳离子吸附于金属表面使其带正电，可抑制介质中阳离

子的接近（如溶液中的质子），起到缓蚀的作用。除了电性作用外，缓蚀剂形成的疏水基吸附层对隔离腐蚀介质也有很大作用。

8.9.2 抗静电

抗静电剂常常也是表面活性剂，通过泄漏静电荷或降低摩擦系数等方式抑制静电荷产生。常用抗静电剂种类有：SN 阳离子型防静电剂、PEA 阴离子型防静电剂和 P-75 非离子型防静电剂。

固体表面吸附的表面活性剂层若亲水基朝外，常能降低表面电阻，起到抗静电作用。如纤维材料用表面活性剂水溶液处理时，吸附量越大，表面电阻就越小。离子型表面活性剂吸附层本身具有导电能力，非离子型表面活性剂吸附层通过亲水基对空气中的水吸附使自身极化，在表面形成振荡导电层，构成静电泄漏通道，起到抗静电作用。

8.9.3 制备薄膜

近年来，膜科学技术得到迅速发展。L-B 膜技术是在固体支持体上形成有序结构多层膜的重要方法，但这种方法需特殊的装置和严密复杂的操作。自 20 世纪 80 年代以来，利用液相吸附方法在固体表面形成单层或多层自组装膜（self-assembly film）的研究受到重视。适宜碳链长度的直链脂肪酸在极性固体表面、含硫有机物在多种金属表面均可通过吸附形成稳定的定向密堆积单层膜。选择适宜的两亲性有机物在固体表面进行化学吸附，并在一定介质中，使该化合物上的某些基团进行化学反应可形成紧密定向排列的多层膜。例如，15-十六烯基三氯硅烷中的氯硅烷基与极性固体表面的羟基反应，锚接在固体表面，形成紧密单层；在一定试剂和条件下，单层表面的烯基可再次发生化学反应形成活化单层；活化单层继续与 15-十六烯基三氯硅烷作用形成紧密双层结构，依此原理可得多层自组装膜。利用溶液吸附原理制备自组装膜有望得到仿天然功能材料和微电子器件材料。

8.9.4 水处理

水是生命之源，水对人的生活、生产有着特别重要的意义。我国是世界上 13 个最缺水的国家之一，人均淡水量仅为 2 220 m^3，只为世界平均水平的 1/4，尤其是近年来伴随工业飞速发展而产生的大量工业废水，严重地污染了环境，直接危害了人们的健康。党的二十大报告提出人与自然和谐共生是中国式现代化的本质要求之一。因此，对工业废水，尤其是对含毒废水的处理极为重要。活性炭吸附法是常用方法之一。

生活饮用水质量标准十分明确，除对色、浑浊度、臭、味以及细菌含量、游离性余氯等有明确标准外，对有害、有毒物质有更严格的规定（如 6 价镉、铅、氰化物等）。通过活性炭吸附处理饮用水的方法发展极为迅速。

水处理用活性炭品种甚多，如通过使用活性炭脱除水源中的异臭和异味研制成活性炭净水器。椰壳制成的活性炭孔径小，比表面积大，常用于对气体中的小分子进行吸附；木质活性炭孔径大，适用于从液相中吸附较大的分子；煤基活性炭中，特别是由褐煤制成的活性炭比烟煤制备的活性炭具有更大的中孔，平均孔径较大，能有效地吸附水中大分子有机物。

水处理用活性炭可分为粉状和颗粒状两大类。粒状活性炭价格高，但机械强度大，容易再生，可反复使用，在连续流动吸附体系中都使用粒状炭。目前商品化的活性炭主要有圆柱状炭、球状炭或不规则颗粒炭，但近年来已有高比表面积活性炭纤维问世。表 8-6 中列出了部分水处理用颗粒活性炭的品种。

表 8-6 部分水处理用颗粒活性炭的品种

活性炭型号	ZJ-15	ZJ-25	QJ-20	PJ-20
形状	ϕ1.5 圆柱形	ϕ2.5 圆柱形	ϕ2.0 球形	无定形
材质	无烟煤	无烟煤	烟煤	烟煤
粒度/目数	10~20	6~14	8~14	8~14
机械强度/(kg·cm^{-2})	≥85	≥80	≥80	≥85
含水量（质量分数）/%	≤5	≤5	≤5	≤5
碘值/(mg·g^{-1})	≥800	≥700	≥850	≥850
亚甲蓝值/(mg·g^{-1})	≥100	—	—	≥120
真密度/(g·cm^{-3})	约 2.20	约 2.25	约 2.10	约 2.15
颗粒密度/(g·cm^{-3})	约 0.8	约 0.70	约 0.72	约 0.80
堆积密度/(g·L^{-1})	450~530	约 520	约 450	约 400
总孔容积/(cm^3·g^{-1})	约 0.80	约 0.80	约 0.90	约 0.80
大孔容积/(cm^3·g^{-1})	约 0.30	—	约 0.40	约 0.30
中孔容积/(cm^3·g^{-1})	约 0.10	约 0.10	约 0.10	约 0.10
微孔容积/(cm^3·g^{-1})	约 0.40	—	约 0.40	约 0.40
比表面积/(cm^3·g^{-1})	约 900	约 800	约 900	约 1 000
主要用途、特点	用于生活饮水的净化、工业用水的前处理、污水的深度净化	具有良好的大孔，能有效去除污水中各有机物和臭味，适宜于工业废水的深度净化	易于滚动，床层阻力小，用于液相吸附、城市生活用水净化、工业废水深度净化	饮用水及工业用水净化、脱氯、除油异味

8.9.5 液相色谱

液相色谱的基本原理是利用固定相吸附剂对混合溶液流动相中各组分的吸附能力存在差异，吸附能力强的先吸附后脱附，从而使各组分分离的过程。固液界面吸附在这方面的应用已发展成为专门的研究领域，此处不再赘述。

尽管固液界面吸附的应用领域十分广阔，但目前在理论和应用基础研究上还处于大量数据积累、寻求理论突破的阶段。在应用研究方面尚需不断开阔思路，解决与液相吸附有关的实际问题。

习题与问题

1. 简述固-液界面吸附机理，以及与固-气界面吸附相比固-液界面吸附具有的特点。
2. 简述在电解质溶液中，固-液界面形成双电层结构的原因。

3. 简述大分子吸附质在固–液界面发生吸附时的形态特征。

4. 影响大分子吸附质在固–液界面吸附的因素有哪些？

5. 将 2 g 活性炭放入不同浓度的醋酸溶液中，25 ℃吸附平衡后测得各溶液浓度值 c 如下：

c_0/(mol·L^{-1})	0.177	0.239	0.330	0.496	0.785	1.151	1.709
c/(mol·L^{-1})	0.018	0.031	0.062	0.126	0.268	0.471	0.882

根据上述数据，画出吸附等温线，并写出描述该等温线的方程。

6. 自溶液中吸附染料可估计粉末固体的比表面。将 1 g 活性炭放入 100 mL 初始浓度为 1×10^{-4} mol/L 的亚甲基蓝水溶液中，吸附平衡后染料浓度为 0.6×10^{-4} mol/L。若用 2 g 活性炭进行此实验，平衡浓度为 0.4×10^{-4} mol/L。若吸附结果服从 Langmuir 方程，试计算该活性炭的比表面。设单分子层中亚甲基蓝分子的截面积为 0.65 nm^2。

7. 利用活性炭自水溶液中吸附苯胺的实验数据如下。作吸附等温线，并利用 Langmuir 方程求出极限吸附量和吸附常数 b 值。

c_0/(mmol·L^{-1})	0.3	0.5	1.0	1.5	2.0
c/(mmol·L^{-1})	0.1	0.4	0.75	1.25	1.75
吸附量 n^s/(μmol·m^{-2})	0.3	0.58	0.70	0.87	0.90

8. 活性炭从溶液中吸附某溶质可用 Langmuir 方程处理，其极限吸附量 n_m^s = 4.2 mmol/g，吸附常数 b = 2.8 mL/mmol。若将 5 g 活性炭加入此溶质浓度为 0.2 mol/L 的 200 mL 溶液中，求吸附平衡时的浓度。

9. 实验测得 2 g 骨炭与初始浓度为 0.1 mmol/L 的 100 mL 亚甲基蓝水溶液达到吸附平衡后，亚甲基蓝的浓度为 0.04 mmol/L。4 g 骨炭进行上述实验，亚甲基蓝的平衡浓度为 0.02 mmol/L。假设骨炭对亚甲基蓝的吸附服从 Langmuir 公式，计算此骨炭的比表面。亚甲基蓝在碳质固体表面的分子面积为 0.65 nm^2。

10. 已知二氧化锆的等电点 pH 约为 5.4，24 ℃时测得二氧化锆自 pH=10.0 的 TPB 水溶液中吸附结果如下。作吸附等温线并解释其形状。

浓度/(mmol·L^{-1})	0.40	0.80	1.00	1.10	1.70	2.20	2.55	4.50	5.40
吸附量/(mmol·g^{-1})	0.96	5.95	18.9	34.1	44.4	52.7	60.5	60.1	60.6

11. 举例说明溶液吸附的 Traube 规则。

12. 硅胶自环己烷中吸附同系物脂肪醇得到与 Traube 规则相反的结果，说明其原因。

13. 为什么说固液界面吸附比固气界面吸附更为复杂？

14. 在浓溶液吸附中，什么情况下可能出现 S 型吸附等温线？为什么？

15. 为什么活性炭既可从极性水中也可从非极性有机溶剂中吸附，而硅胶却很难从水中吸附有机物？

16. 在含能复合材料制备过程中，为提高固体填料与黏合剂基体界面粘接强度，通常会加入一种称为"键合剂"的物质。查阅相关文献，简述键合剂的加入方式及其优缺点。

参 考 文 献

[1] 沈钟，赵振国，康万利. 胶体与表面化学 [M]. 北京：化学工业出版社，2018.

[2] 赵振国. 应用胶体与表面化学 [M]. 北京：化学工业出版社，2008.

[3] 颜肖慈，罗明道. 界面化学 [M]. 北京：化学工业出版社，2004.

[4] 朱珧瑶，赵振国. 界面化学基础 [M]. 北京：化学工业出版社，1996.

[5] 赵国玺. 表面活性剂物理化学 [M]. 修订版. 北京：北京大学出版社，1991.

[6] GEORGE D, STEPHEN R E. Molecular simulation of protein adsorption and conformation at gas-liquid, liquid-liquid and solid-liquid interfaces[J]. Current Opinion in Colloid & Interface Science, 2019, 41: 1-10.

[7] KONDO S, TAMAKI T, OZEKI Y. Selective adsorption by ultra-microporous silica glass at gas-solid and liquid-solid interfaces [J]. Langmuir, 1987, 3(3): 349-353.

[8] MIKHAIL M S, GIULIANO S, DANILO R, et al. Modelling the adsorption of proteins to nanoparticles at the solid-liquid interface [J]. Journal of Colloid and Interface Science, 2022, 605: 286-295.

[9] MUHAMMAD S, HARIMAN H D, KARNA W, et al. Toward advanced QM/MM MD simulations of solid-liquid interfaces-adsorption and proton transfer of multilayer water on R-TiO$_2$(001) [J]. Journal of Physical Chemistry C, 2024, 128(23): 9766-9775.

[10] XUE J L, JI M Y, LU Y Y, et al. The impact of chemical properties of the solid-liquid-adsorbate interfaces on the entropy-enthalpy compensation involved in adsorption [J]. Physical Chemistry Chemical Physics, 2024, 26(11): 8704-8715.

[11] LI J H, SHAO Y H, XIAO W, et al. Adsorption behavior and selective regulation of tartaric acid at solid-liquid interface: For ilmenite flotation separation [J]. Colloids and Surfaces A: Physicochemical and Engineering Aspects, 2024, 702(2): 135122.

[12] MARKALE I, VELÁSQUEZ-PARRA A, JIMÉNEZ-MARTÍNEZ A A J. Mixing controlled adsorption at the liquid-solid interfaces in unsaturated porous media[J]. Transport in Porous Media, 2023, 146(1): 159.

[13] RAJASI S, SHIKHA B, USMAN H, et al. Thermodynamic modeling of adsorption at the liquid-solid interface [J]. Fluid Phase Equilibria, 2022, 563: 113573.

[14] ROSSELLA MIGLIORE, IDA G G, PAOLA M, et al. Adsorption of calixarene-based supramphiphiles at the solid-liquid interface monitored by QCM-D [J]. Supramolecular Chemistry, 2022, 33(8): 1-12.

[15] KHAZAEI M A, BASTANI D, MOHAMMADI A, et al. Adsorption dynamics of surface-modified silica nanoparticles at solid-liquid interfaces [J]. Langmuir: The ACS Journal of Surfaces and Colloids, 2022, 38(41): 12421-12431.

第 9 章
吸 附 剂

能有效从气相或液相中吸附一种或几种组分的固体物质称为吸附剂（adsorbent）。吸附剂的共同特点是：具有大的比表面积和适宜的孔结构，物理化学性质稳定，对被吸附物吸附质（adsorbate）有选择性吸附能力，易再生，价格低廉，机械强度良好，对设备无腐蚀等。吸附剂常可作为催化剂或催化剂的载体。

吸附剂没有统一的分类标准。通常按吸附剂的表面性质、孔径大小、颗粒形状、化学成分、用途等进行分类。最常用的吸附剂有硅胶、分子筛、活性炭、碳分子筛、活性氧化铝等。

9.1 吸附剂常规物理参数

9.1.1 比表面（积）

由于吸附是发生在表、界面上的行为，对任一吸附质在无孔屏蔽效应吸附剂上的吸附量与该吸附剂表面积大小相关。比表面（积）通常定义为 1 g 吸附剂的总表面积，单位为 m^2/g。

无孔和粒度均匀的吸附剂可通过测量粒径大小来计算比表面。常用的孔性吸附剂通常采用气体或蒸气吸附法测定其比表面，有时也采用液相吸附法。

9.1.2 孔结构

比表面大的吸附剂通常含有丰富的孔结构。孔结构内涵包括：孔径大小及分布、孔形状、孔体积及孔隙率（孔体积与吸附剂总体积之比，porosity）、比孔容（单位质量吸附剂的孔体积，specific volume）。国际纯粹与应用化学联合会（IUPAC）对孔大小的分类标准为：孔宽度小于 2 nm 为微孔（micro-pores），孔宽度为 2~50 nm 为中孔（meso-pores），大于 50 nm 为大孔（macro-pores）。

孔径分布是指孔体积与孔半径的关系。孔体积与孔半径关系曲线称为孔径积分曲线，孔体积随孔半径的变化率与孔半径的关系称为孔径微分分布曲线。吸附剂孔径分布曲线可由吸附气体的脱附曲线求出。

平均孔半径是指在假定孔形状前提下，根据吸附剂比表面和比孔容计算的、反映孔等量大小的值。例如：设孔为圆筒形，比表面为 S，比孔容为 V_{sp}，则平均孔半径 $\bar{r} = 2V_{sp}/S$，$\bar{r}$ 是对孔大小的粗略表征，该值常与孔径微分分布曲线的最大值相对应。

比孔容 V_{sp} 可用固体表观密度 ρ' 与真密度 ρ 求出

$$V_{sp} = \frac{1}{\rho'} - \frac{1}{\rho} \qquad (9-1)$$

测定真密度 ρ 的常用方法有汞取代法。鉴于汞进入小孔需施加较大的压力，有些微孔还很难进入，故依式（9-1）求解 V_{sp} 具有一定的局限性。

采用 CCl_4 蒸气凝聚法测定比孔容的原理是 Kelvin 公式：

$$\gamma = \frac{-2\gamma \overline{V} \cos\theta}{RT \ln(P/P_0)} \qquad (9-2)$$

由式（9-2）可以看出，相对饱和蒸气压力 P/P_0 越大，可发生毛细凝结的孔半径 r 也越大。以 CCl_4 为吸附质，设其与吸附剂表面的接触角 θ 为 $0°$，用 25 ℃时相应的 P/P_0 值代入可得相应 r 值，见表 9-1。由表中数据可以看出，当 $P/P_0 = 0.95$ 时，可使孔半径小于 40 nm 的孔全部发生毛细凝结，此时测得 CCl_4 在吸附剂中的吸附体积即孔半径小于 40 nm 全部孔的孔体积。

表 9-1 CCl_4 相对压力 P/P_0 与发生毛细凝结最大孔半径 r 的关系

P/P_0	r/nm	P/P_0	r/nm	P/P_0	r/nm
0.990	203.6	0.750	7.13	0.500	2.96
0.970	67.2	0.725	6.37	0.475	2.75
0.950	40.0	0.700	5.74	0.450	2.56
0.925	26.3	0.675	5.21	0.425	2.39
0.900	19.4	0.650	4.76	0.400	2.24
0.875	15.3	0.625	4.36	0.375	2.09
0.850	12.6	0.600	4.01	0.350	1.95
0.825	10.6	0.575	3.70	0.325	1.82
0.800	9.18	0.550	3.43	0.300	1.70
0.775	8.04	0.525	3.18	—	—

9.1.3 密度

单位体积物质的质量称为密度（density），即 $d = m/V$，d 为密度，m 和 V 分别为物质的质量与体积。对于孔性或粉状物体，有表观密度、堆积密度和真密度之分。

表观密度 $d_{apparent}$（apparent density）也称颗粒密度，是指单位体积吸附剂本体质量或吸附剂颗粒质量与其体积之比。吸附剂本身体积包括吸附剂物质体积及其孔隙体积。对于含微孔的吸附剂，可采用汞取代法进行体积测定，其依据是常压下汞液很难进入微孔，只能进入大的孔径或颗粒间隙，通过测定一定质量的吸附剂所能取代汞液的体积可获得吸附剂的表观体积。对于孔径或间隙较大的吸附剂，可采用比重瓶法进行测定。测定前，预先在吸附剂颗粒表面涂一薄层石蜡，防止液体渗入孔中。比重瓶法是在比重瓶中称取一定质量的吸附剂，在真空条件下使某种液体渗入颗粒间隙。根据渗入液体的质量和密度，可计算得到渗入液体的体积，从而得到吸附剂颗粒的体积及其相应 $d_{apparent}$。

堆积密度 $d_{packing}$（packing density）也称假密度或堆密度，表示单位体积吸附剂堆积层的质量。量筒中，振动条件下倒入吸附剂至总体积不再改变时得到体积 $V_{packing}$，称其质量 m，通过式 $d_{packing}=m/V_{packing}$ 计算 $d_{packing}$。

真密度 d_{true}（true density）也称骨架密度，表示构成吸附剂化学物质的骨架密度。以上三种密度的大小顺序为：$d_{true}>d_{apparent}>d_{packing}$。

9.1.4 粒度

粒度（particle size 或 mesh size）也称颗粒度或粒子大小。关于粒子的大小，有所谓的一次粒子（primary particle）、二次粒子（secondary particle）和粒片（granule 或 tablet）等。通过化学反应得到的由若干个原子、分子或离子组成的原粒子称为一次粒子，这种粒子尺寸一般小于 100 nm。由若干个一次粒子聚集而成的聚集体称为二次粒子。粒度是指颗粒在空间范围内的线性尺度，球形颗粒的粒度即其直径，非球形颗粒的粒度可用等效的球形直径表示。对于远非球形的颗粒，有时也用其宽度、长度、周长、长短轴等表示其粒度。测试粒度常用的方法有：

（1）筛分分析法

筛分分析法（简称筛分法）适用于测定 20 μm 以上较粗粒子的粒度。将一套适当目数的筛子上下相叠，网孔由上至下逐层变小。将称量的样品倒入最上层的筛子，在电动振动机上进行筛分，为防止样品在筛子上黏连，测定时必须保证样品湿度符合要求。振动一定时间后称量每级筛子里样品的质量，算出粒度百分数。美国 ASTM 标准筛目数与网孔直径的对应关系见表 9-2。

表 9-2 美国 ASTM 标准筛目数与网孔直径的对应关系

目数	粒度/μm	目数	粒度/μm	目数	粒度/μm
2#	8 000	35#	500	400#	37.4
3#	6 700	40#	425	500#	25
4#	4 750	45#	355	600#	23
5#	4 000	50#	300	800#	18
6#	3 350	60#	250	1000#	13
7#	2 800	70#	212	1250#	10
8#	2 360	80#	180	1500#	8.3
10#	2 000	100#	150	2000#	6.3
12#	1 700	120#	125	2500#	5
14#	1 400	140#	106	4000#	3.1
16#	1 180	170#	90	5000#	2.6
18#	1 000	200#	75	6000#	2.1
20#	850	230#	63	8000#	1.6
25#	710	270#	53	10000#	1.3
30#	600	325#	45	—	—

（2）显微镜法

显微镜法包括用光学显微镜、扫描电子显微镜、透射电镜等对颗粒进行观察，并对观察拍摄的照片进行测量。对于较大的颗粒可直接用光学显微镜观测，光学显微镜通常可测定1 μm以上颗粒的大小。为准确测量粒度，在显微镜目镜中装有显微刻度标尺（graticle），显微镜放大倍数不同时，刻度标尺中每一格代表的长度也不同。应用显微镜法测量粒度时，必须制备出具有代表性的样品。由于实际应用的吸附剂粒子都不会太小，故电子显微镜技术在研究吸附剂表面时多用于观察粒子形貌，测定晶粒大小。

（3）沉降分析法

若吸附剂粒子密度大于液体分散介质，在重力场作用下处于液体分散介质中的粒子将发生沉降，沉降使粒子在介质中浓集，而粒子在介质中的扩散又使其趋于均匀分布。对于吸附剂粒子较大的粗分散体系，粒子的沉降作用起主导作用，粒子越大沉降越快，对于多分散粒度的悬浮体粒子可因其粒子大小不同而进行沉降分级。

（4）气体透过法

对于非孔型吸附剂，可通过多种方法测定其比表面，进而计算粒子直径。气体透过法是测定无孔粉体比表面的一种方法。恒温下，气体通过横截面积为 A、长度为 L 的粉体床层，通过测定气体进出口压力、气体体积流量，可获得单位粉体的比表面。若粉末粒子为球形，可得相应的等效直径。用气体透过法可测定直径为几微米至几十微米的粒子。

9.1.5 强度

吸附剂应用的形式主要有固定床和流化床两种，因而吸附剂的力学强度包括静态负荷和动态负荷。静态下的力学强度主要用吸附剂抗压强度表征，动态时的力学强度则以耐磨性进行表征。

（1）抗压强度

抗压强度是指单个吸附剂颗粒用特殊结构的压力机进行挤压，不断增大负荷，直至颗粒被压碎时的负荷，通常取多次试验的平均值。分子筛颗粒的抗压强度通常为 $0.4\sim0.5\ \mathrm{kg/mm^2}$。

（2）磨碎率

磨碎率用于表征动态负荷条件下，粒状吸附剂的力学强度。磨损率试验装置主要由磨耗转筒、转筒内装有的钢芯研磨件或挡板、带动转筒旋转的电动机构成。试验前将吸附剂经干燥、过一定目数的筛子，除去碎粉并称重，倒入磨耗转筒中；经一定时间磨耗，用相同目数的筛子过筛，除去磨耗形成的碎粉；根据磨耗前后吸附剂样品的质量差，计算磨碎率。

（3）磨损率

磨损率用于表征流化床用吸附剂的力学强度。流化床工艺中，吸附剂的磨损主要源于高速气流的冲击。将流化床微球吸附剂置于一气体提升管中，用高压气体冲击吸附剂微粒沿玻璃管向上运动，撞击顶部后返回。如此反复冲击数小时后，将吸附剂过筛，低于某尺寸粒子的质量分数即磨损率。

9.2 硅胶

硅胶（silica gel）是一种无定形的硅酸干凝胶，具有丰富的孔结构和较大的比表面积。

9.2.1 硅胶制备

(1) 工业制备

工业制造硅胶的方法众多,最主要的是采用碱金属硅酸盐与硫酸等无机酸反应制得。这种方法包括原料配制、成胶(胶凝)、老化(熟化)、干燥、活化等步骤。反应式如下:

$$Na_2O \cdot 3SiO_2 + H_2SO_4 \rightarrow 3SiO_2 + H_2O + Na_2SO_4$$

硅酸盐　　　　　　　无定形氧化硅(硅胶)　　　　　(9-3)

在一定 pH 值条件下硅酸盐与酸反应生成硅酸,硅酸通过分子间缩合形成多聚硅酸和硅溶胶,然后再通过凝胶作用形成硅酸水凝胶,此时,SiO_2 结构单元相互键结、形成网状,水填充于网状间隙中。随后,对该凝胶进行老化处理,SiO_2 骨架间作用继续加强,用水洗去过量的酸、碱及产物盐,干燥,得到含有大量孔结构的硅酸干凝胶(硅胶)。

(2) 实验室制备

采用高纯原料并精确控制工艺条件,实验室可制得杂质少、孔径一定的硅胶。例如,取模数(SiO_2/Na_2O)为 2.12 的水玻璃与水混合,调节混合液密度约为 1.02;剧烈搅拌下加入 3 mol/L 硝酸溶液,调至混合液 pH 值为 4.5,静置 1 天胶凝,老化 10~12 天;80 ℃烘干后,用去离子水洗涤,再用 6 mol/L 硝酸溶液处理 1 天,洗涤至洗液呈弱酸性,干燥,可得比表面为 400~500 m^2/g、平均孔半径为 4~5 nm 的硅胶。

9.2.2 硅胶结构与物化性质

硅胶化学结构简式为 $mSiO_2 \cdot nH_2O$,其基本结构单元是硅氧四面体。硅氧四面体若规则联结则形成 SiO_2 晶体;若无规堆积则为类似玻璃态的 SiO_2 胶粒,为硅凝胶骨架。硅氧四面体形成的孔隙被水填充时为水凝胶,被空气填充则为干凝胶。图 9-1 所示为硅氧四面体联结成结晶态 SiO_2 和玻璃态 SiO_2 时的结构示意图。硅凝胶结构类似于玻璃态的 SiO_2。

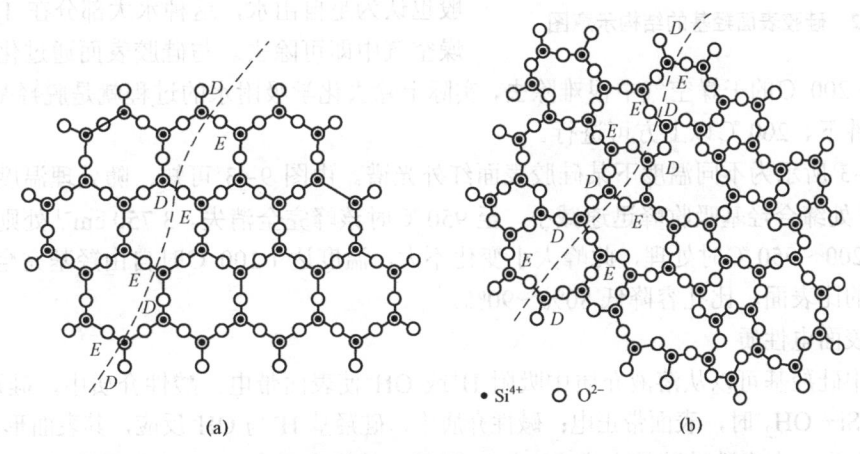

• Si^{4+}　○ O^{2-}

(a)　　　　(b)

图 9-1　硅氧四面体联结成结晶态 SiO_2 和玻璃态 SiO_2 时的结构示意图
(虚线表示可能破裂之处)
(a) 结晶态;(b) 玻璃态

硅胶耐酸，不耐碱，耐热性好。在低于 700 ℃对高纯硅胶进行热处理时，其比表面和孔结构无明显变化。硅胶没有统一的分类标准，依颗粒状态分为粉状、粒状、球状硅胶；按密度可分为高、中、低密度硅胶。表 9-3 所示为一些国产硅胶的性能。

表 9-3 一些国产硅胶的性能

类别	SiO_2 含量/%	比表面/$(m^2 \cdot g^{-1})$	比孔容/$(cm^3 \cdot g^{-1})$	堆密度/$(g \cdot cm^{-3})$	平均孔半径/nm
粗孔块状硅胶	>98	300~400	>0.90	0.4~0.5	4~10
细孔块状硅胶	>99	>600	0.35~0.45	>0.6	1~3
粗孔微球硅胶	>99	300~400	0.8-1.1	0.4~0.5	4~10
球形硅胶	>99	>500	>0.35	0.6~0.7	2~4

9.2.3 表面结构

（1）表面羟基

与水接触时，硅胶表面硅原子与水发生化学吸附生成硅羟基，生成的硅羟基又可以通过氢键与水分子形成物理吸附。硅胶表面羟基主要有三种形式：自由羟基（free or isolated silanol group）、缔合羟基（associated hydroxyl group，surface hydrogen-bonded silanol group）和双生羟基（geminal hydroxyl group），如图 9-2 所示。研究表明，硅胶的吸附和催化性能与其表面羟基浓度和类型有关。

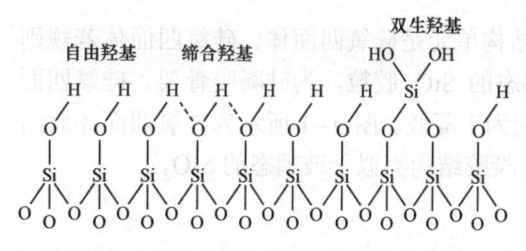

图 9-2 硅胶表面羟基的结构示意图

（2）硅胶表面水

二氧化硅水凝胶体系中，颗粒缝隙间通过毛细凝结的水为自由水，硅胶表面物理吸附的水一般也认为是自由水，这种水大部分在 120 ℃的干燥空气中即可除去。与硅胶表面通过化学吸附的水在 100~200 ℃的干燥空气中很难除去，实际上除去化学吸附水的过程就是脱羟基过程，需在真空条件下、200 ℃以上方可进行。

图 9-3 所示为不同温度下某硅胶表面红外光谱。由图 9-3 可知，随处理温度升高，在 3 500 cm^{-1} 处缔合羟基吸收峰迅速减小，至 950 ℃时该峰完全消失。3 750 cm^{-1} 处则为自由羟基峰，在 200~950 ℃时处理，此峰大小变化不大，温度达 1 100 ℃时自由羟基完全消失，此时，硅胶的比表面、比孔容降低 80%~90%。

（3）表面电性质

在水中硅羟基可以从溶液介质中吸附 H^+ 或 OH^- 使表面带电。酸性介质中，硅羟基与 H^+ 缔合形成 $Si—OH_2^+$ 时，表面带正电；碱性介质中，硅羟基 H^+ 与 OH^- 反应，其表面形成 $Si—O^-$ 结构而带负电。大多数硅胶等电点在 pH=2 附近，故当介质 pH<2 时表面带正电，pH>2 时表面带负电。实验测定时，仅当 pH>7 时硅胶表面 ζ 电势的绝对值才明显增大，即表面负电荷密度明显增大，因此，在 pH=7~8 时硅胶粒子间斥力不大，其胶凝速率也最快。硅胶表面带电特性也是其能吸附某些特定离子的一个重要原因。

9.2.4 吸附性质

（1）气体吸附

硅胶具有丰富的孔结构，同时其表面带有硅羟基，是理想的极性吸附剂。小分子极性化合物、芳香性气体分子均可与硅胶表面的羟基通过氢键而吸附，这种吸附量与硅胶表面羟基浓度有关。同时，硅胶中的孔结构又能使吸附质分子在一定压力下发生毛细凝结现象，增大其吸附量。毛细凝结与吸附剂的孔径大小有关，孔径很大时毛细凝结不明显或无毛细凝结发生；孔径很小时吸附质填充整个孔空间，最大吸附量即孔的体积，只有中孔类吸附剂才能因毛细凝结而发生吸附滞后现象。$P/P_0=1$ 时吸附量为吸附剂的全部孔体积。图 9-4 所示为大孔、微孔和中孔硅胶对氮气的吸附等温线。

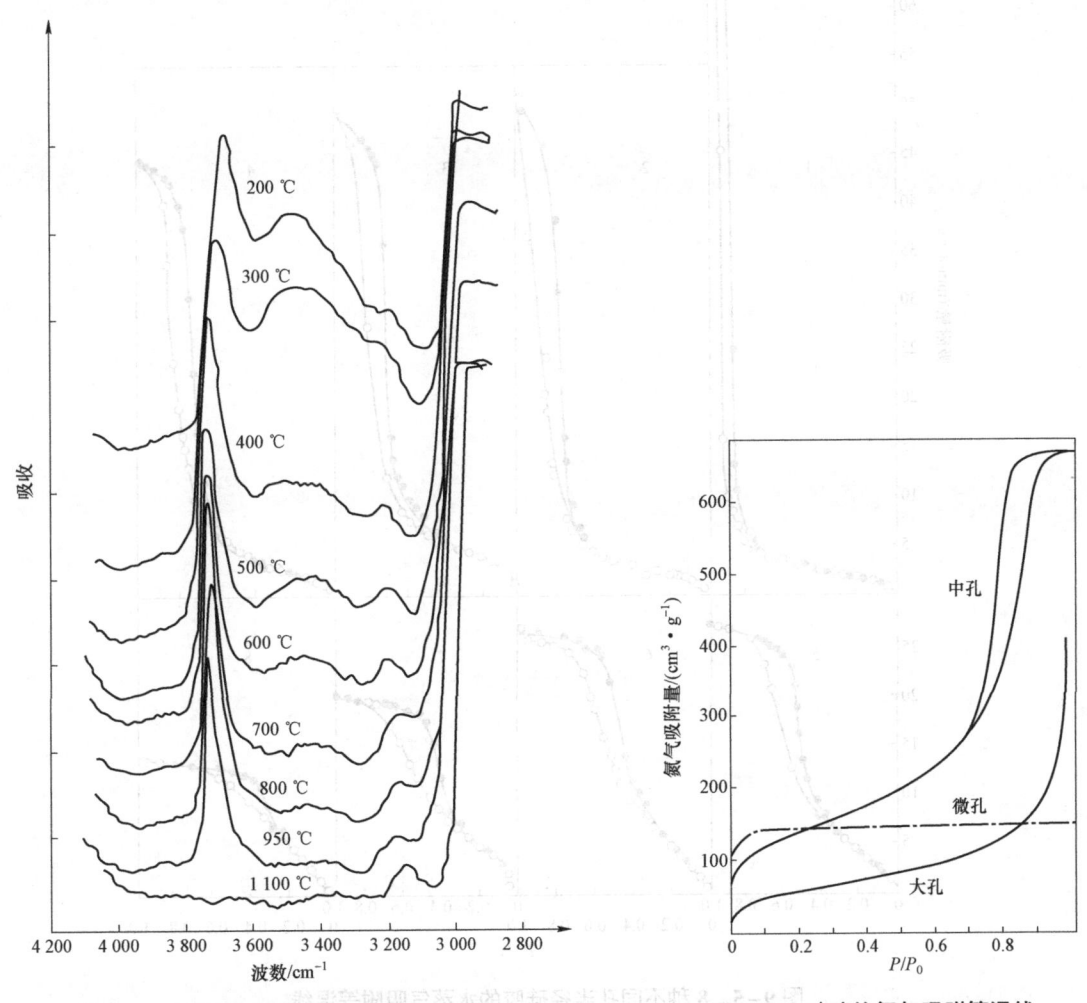

图 9-3 不同温度下某硅胶表面红外光谱

图 9-4 硅胶的氮气吸附等温线

图 9-5 所示为不同规格硅胶对水蒸气的吸附（空心），脱胶（实心）等温线。由图 9-5 可见，吸附等温线均有滞后环，属Ⅳ型吸附等温线（参见图 7-4），由于 2 和 3，5 和 6 号硅

胶样品的比孔容相等，在 $P/P_0=1$ 时吸附量也相等。8 号硅胶孔半径较小，其值为 2.2 nm，滞后环不明显。研究表明，硅胶表面自由羟基与吸附质分子形成氢键是发生吸附的重要原因，因此硅胶表面第一层吸附量与其表面自由羟基浓度相关。

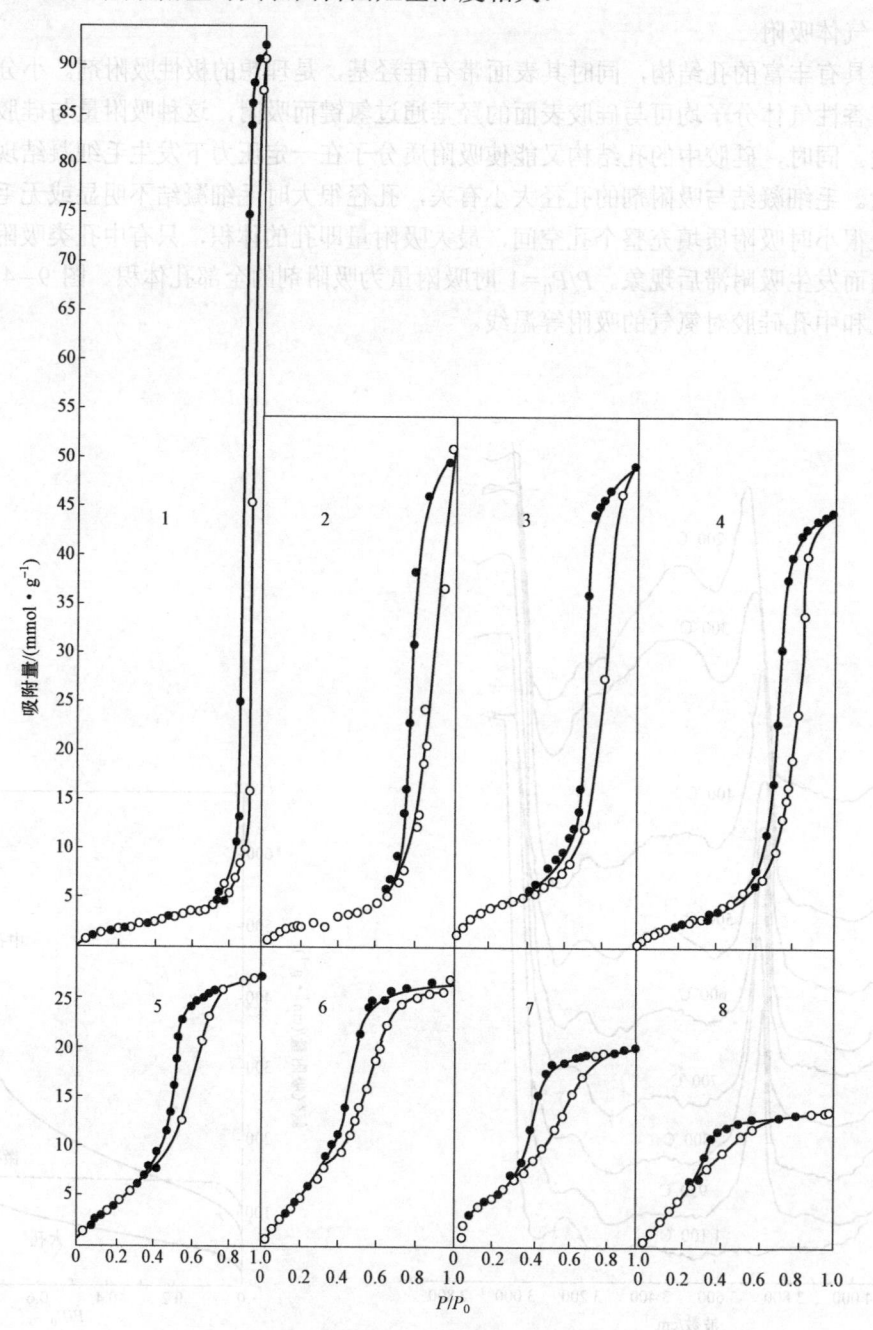

图 9-5 8 种不同孔半径硅胶的水蒸气吸附等温线
孔半径：1—21.0 nm；2—10.2 nm；3—8.2 nm；4—7.5 nm；5—3.8 nm；6—3.1 nm；7—2.9 nm；8—2.2 nm

2. 液相吸附

作为极性吸附剂，硅胶易自非极性溶剂中吸附极性物质，如吸附水和乙醇等有机小分子极性化合物。硅胶自非极性溶剂中吸附极性有机物时，其吸附量随溶剂极性的增大而减小。

硅胶自水溶液中吸附有机分子的情况比较复杂：既要考虑有机分子与硅胶表面的相互作用，还要考虑水与硅胶强烈的亲和作用，以及硅胶表面在水介质中可能的荷电情况。例如，硅胶自醇水混合液中吸附醇时，水在硅胶表面形成富水相，随着溶液中水含量增加对醇的吸附量减小。

与气相吸附类似，硅胶在液相中的吸附也是表面自由羟基起主导作用。证据之一是：保持硅胶表面自由羟基浓度不变，改变其缔合羟基浓度，硅胶自非极性环己烷中吸附极性环己酮的极限吸附量不变；降低自由羟基浓度，对环己酮的极限吸附量也随之相应下降。有机物与硅胶表面羟基形成氢键能力的大小是衡量其极限吸附量的重要因素之一，形成氢键能力越大，越容易被硅胶吸附。影响化合物与硅胶表面羟基形成氢键能力的因素有很多，其中氢键强度无疑是最重要的；此外，还涉及有机物分子结构中极性和非极性官能团的相对大小、分子中给电子结构的原子数目等。硅胶自水溶液中吸附含氮的胺类有机物比吸附含氧的醇、酮有机物更容易。

9.2.5 其他 SiO_2 类吸附剂

（1）气相二氧化硅

气相二氧化硅由气态 $SiCl_4$ 在水蒸汽中水解而成，一般无孔，粒径为几十纳米，粒径分散度较窄，比表面通常低于 200 m^2/g，常用作无孔性的极性吸附剂或液体的增稠剂。

（2）白炭黑

白炭黑是在高温下边搅拌边将硫酸加入水玻璃溶液中，形成微米级孔径的二氧化硅微粉。其表观密度小，仅 0.128 g/cm^3，比表面大，碱离子杂质多。白炭黑可作为吸附剂、橡胶填充剂、塑料填充剂，也可用作润滑剂、粉体增流剂等。

（3）硅溶胶

硅溶胶是硅酸多分子聚合形成的胶体溶液，SiO_2 粒子在 7～20 nm，分散介质多为水，又称为硅酸水溶胶。硅溶胶可通过中和可溶性的硅酸盐制得。实验室常用四氯化硅水解法和正硅酸酯水解法进行制备。硅溶胶多为单分散、非孔、大比表面的氧化硅粒子，常作为黏合剂、涂覆剂、催化剂载体。

正硅酸乙酯水解法制备硅溶胶步骤如下：取正硅酸乙酯 2 mL，将其加到 50 mL、95%的乙醇中，混合均匀，边搅拌边滴加 0.03 mol/L NaOH 溶液 3 mL，可得粒径较均匀的硅溶胶。粒径大小与搅拌速率和滴加 NaOH 溶液的速度有关。国产催化剂载体用硅溶胶的性能指标见表 9-4。

表 9-4 国产催化剂载体用硅溶胶的性能指标

项目	指标	项目	指标
外观	蓝白色半透明液体	pH	9～9.5
相对密度	1.28～1.29	SiO_2 含量/%	39.5～41
粘度/(Pa·s)	10^{-2}	Cl^- 含量/%	0.02
粒径/nm	18～22	SO_4^{2-} 含量/%	0.02
Na^+ 含量/%	0.1	—	—

(4) 多孔玻璃

以硼硅酸钠为主的熔融态玻璃缓慢冷却时可发生偏析，生成氧化硼和氧化硅两相。用酸浸蚀除去氧化硼生成细孔，再用碱浸蚀除去孔中残留的无定形氧化硅，制得多孔玻璃。该方法可用于制备滤膜。

9.2.6 硅胶应用

硅胶生产工艺简单，价格低廉，广泛用于食品、药品、衣物、美术品、居室地板、壁柜等的干燥保护，也应用于酒类、调料等液态食品选择性去除蛋白质。

硅胶还用于色谱柱固定相、催化剂载体和催化剂等。硅胶表面的极性使其对不饱和烃和芳烃拥有选择性吸附能力，可用于对饱和烃与碳原子数相同的不饱和烃混合物的分离。不饱和烃在硅胶和活性炭上的吸附性能不同。图 9-6 所示为比表面为 705 m^2/g 的活性炭和比表面为 750 m^2/g 的硅胶在 25 ℃时对丙烷和丙烯的吸附等温线。硅胶对丙烷的吸附能力弱，对丙烯则强得多，二者可用硅胶进行分离。相比之下，活性炭对二者的吸附能力则很接近。该结论也可用丙烷、丙烯分别在硅胶和活性炭上的吸附热得到验证。丙烯与丙烷在活性炭上的吸附热分别为 26.0 kJ/mol 和 27.2 kJ/mol，二者相差不大；在硅胶上分别为 30.6 kJ/mol 和 20.9 kJ/mol，丙烯具有比丙烷大得多的吸附热，因而其吸附量也大。类似的，与正己烷、环己烷相比，硅胶在液相中对苯也有更强的吸附能力。

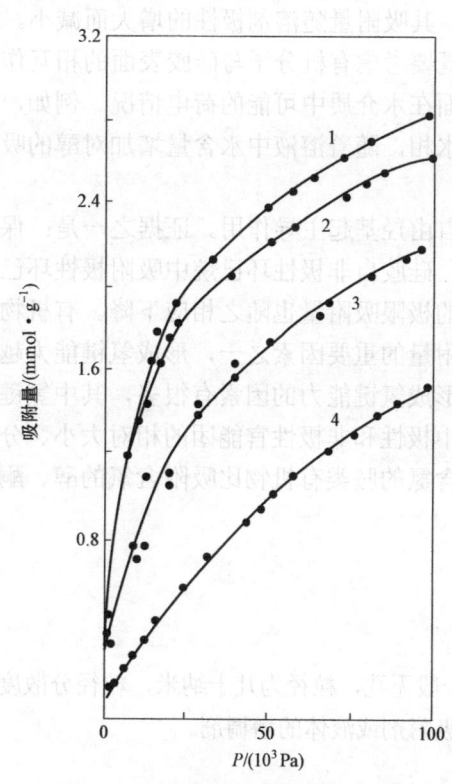

图 9-6 25 ℃时活性炭和硅胶对丙烷和丙烯的吸附等温线
1—丙烯-活性炭；2—丙烷-活性炭；
3—丙烯-硅胶；4—丙烷-硅胶

9.3 分子筛

分子筛的化学结构是结晶的铝硅酸盐，天然结晶的铝硅酸盐称沸石（zeolite），人工合成的称分子筛（molecular sieve）或人造沸石。分子筛有规整的堆积结构和大小不同的孔径，可用于分离尺寸不同的分子，故得名分子筛。常温下天然结晶的铝硅酸盐孔隙中充着水，加热产生水蒸气，又称为沸石——沸腾的石头。

9.3.1 分子筛的化学组成与结构

分子筛的化学组成可写作 $M_{2/n}O \cdot Al_2O_3 \cdot xSiO_2 \cdot yH_2O$。其中，M 为金属阳离子，$n$ 为金属阳离子价数；x、y 为缔合 SiO_2 和 H_2O 的物质的量；$M_{2/n}O$ 与 Al_2O_3 的摩尔比为 1:1；SiO_2 与 Al_2O_3 的摩尔比称为硅铝比。分子筛类型不同，硅铝比也不同；硅铝比越高，分子筛的热稳定性和化学稳定性也就越好。

分子筛的基本结构单元是硅氧四面体和铝氧四面体，硅原子和铝原子分别位于两个四面体的中心，四个硅氧四面体结合成的，其立体结构如图 9-7 所示。

铝氧四面体中因铝为 +3 价，与周围四个氧原子成键后的铝氧四面体携带负电荷（-1），故铝氧四面体周围必有一正电荷离子与其中和，以保持其电中性，如 Na^+。四面体通过氧原子键接形成多边形环；形成四元环的直径为 0.155 nm，六元环为 0.28 nm，八元环为 0.45 nm，十元环为 0.63 nm，十二元环为 0.80 nm。多边形的环又通过桥氧键键接成三维中空的笼结构。笼的形状有简单的六角柱笼、复杂的八面沸石笼等。

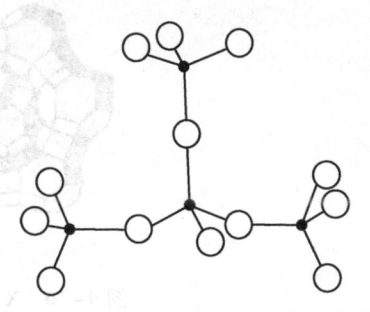

图 9-7 四个硅氧四面体结合的立体结构
●硅原子；○氧原子

在众多形式的笼中以 β、α 和八面沸石笼最为重要。β 笼也称削角八面体笼，即将两个四面体构成八面体的 6 个角削去，形成由 8 个正六边形和 6 个四边形组成的多面体，如图 9-8 所示。β 笼是组成其他分子筛结构的基础，其与四方棱柱体、六方棱柱体等相互连接可构成 A 型、X 型、Y 型等多种类型的分子筛。α 笼是构成 A 型分子筛骨架结构的主要孔穴，它由 12 个四元环、8 个六元环及 6 个八元环形成的二十六面体组成，A 型分子筛的晶体结构及其 α 笼如图 9-9 所示。八面沸石笼是构成 X 型和 Y 型分子筛骨架的主要孔穴，它由 18 个四元环、4 个六元环及 4 个十二元环形成的二十六面体组成，X 型和 Y 型分子筛晶体结构及其八面沸石笼如图 9-10 所示。

图 9-8 β 笼结构

图 9-9 A 型分子筛的晶体结构及其 α 笼
（a）晶体结构；（b）α 笼

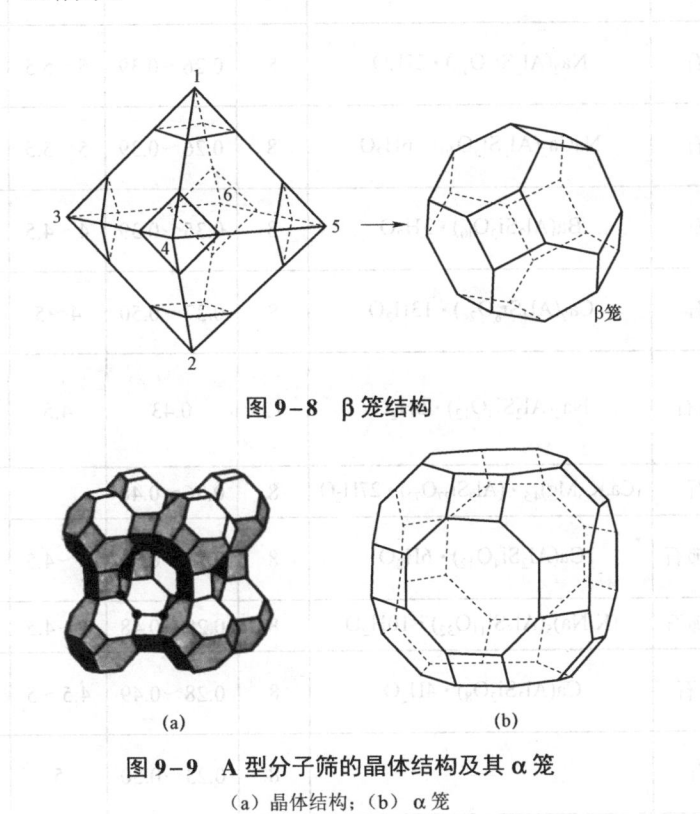

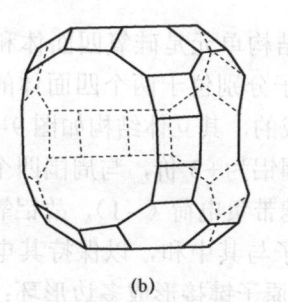

图 9-10　X 型和 Y 型分子筛晶体结构及其八面沸石笼
（a）晶体结构；（b）八面沸石笼

9.3.2　分子筛分类

分子筛分类无统一标准。天然分子筛按其结构分类及其性质见表 9-5。

表 9-5　天然分子筛按其结构分类及其性质

类别	沸石名称	化学组成	形成孔口四面体数	孔直径/nm	硬度	密度/(g·cm^{-3})	颜色
方沸石类	方沸石	$Na(AlSi_2O_6)\cdot H_2O$	8	0.26	5~5.5	2.2~2.3	白、无色
钠沸石类	钠沸石	$Na_2(Al_2Si_3O_{10})\cdot 2H_2O$	8	0.26~0.39	5~5.5	2.2~2.35	白、灰、黄、红
	钙沸石	$NaCa_2(Al_5Si_5O_{20})\cdot 6H_2O$	8	0.26~0.39	5~5.5	2.3~2.4	白、红、绿
	钡沸石	$Ba(Al_2Si_3O_{10})\cdot 3H_2O$	8	0.35~0.39	4~4.5	2.7~2.8	白、绿、粉
菱沸石类	菱沸石	$Ca_2(Al_4Si_8O_{24})\cdot 13H_2O$	8	0.37~0.50	4~5	2.1~2.2	白、红、肉色
	钠菱沸石	$Na_2(Al_2Si_4O_{12})\cdot 6H_2O$	12	0.43	4.5	2~2.1	浅黄、绿、白、红
	毛沸石	$(Ca,K_2,Mg)_{4.5}\cdot(Al_9Si_{27}O_{72})\cdot 27H_2O$	8	0.36~0.48		2.02~2.08	白
	插晶菱沸石	$Ca(Al_2Si_4O_{12})\cdot 6H_2O$	8	0.35~0.51	4~4.5	2.1~2.2	白、灰、黄、粉
钠十字沸石类	钠十字沸石	$(K,Na)_5(Al_5Si_{11}O_{32})\cdot 10H_2O$	8	0.28~0.48	4~4.5	2.15~2.2	白、红
	水钙沸石	$Ca(Al_2Si_2O_8)\cdot 4H_2O$	8	0.28~0.49	4.5~5	2.27	白、红、灰
片沸石类	锶沸石	—	8	0.23~0.50	5	2.1~2.5	白、黄、灰

续表

类别	沸石名称	化学组成	形成孔口四面体数	孔直径/nm	硬度	密度/(g·cm^{-3})	颜色
片沸石类	片沸石	—	8	0.24~0.61	3.5~4	2.1~2.2	白、灰、红、褐
	辉沸石	—	8	0.27~0.57	3.5~4	2.0~2.2	白、黄、红、褐
丝光沸石类	丝光沸石	Na(AlSi$_5$O$_{12}$)·3H$_2$O	12、8	0.67~0.70 / 0.29~0.57	3~4	2.1~2.15	白、浅黄、粉
	环晶石	(Na$_2$,Ca)$_2$(Al$_4$Si$_2$O$_{48}$)·12H$_2$O	10、8	0.37~0.67 / 0.36~0.48	4.5	2.165	—
	柱沸石	—	10、8	0.32~0.53 / 0.37~0.44	4~4.5	2.21	白
	镁碱沸石	—	10、8	0.43~0.55 / 0.34~0.48	3~3.25	2.14~2.21	—
	粒硅铝锂石	—	8	0.32~0.49	6	2.29	—
八面沸石类	八面沸石	(Na$_2$,Ca)$_{30}$(Al·Si)$_{192}$O$_{384}$·260H$_2$O	12	0.74	5	1.92	白
	方碱沸石	—	8	0.39	5	2.21	—

人工合成分子筛种类众多，对合成分子筛也有不同的表示方法，达到规模生产并有工业应用的分子筛主要有 A 型、X 型、Y 型等。表 9-6 列出了常见合成分子筛类型及其一些性质。常见合成分子筛的化学组成如下：

3A 型：$K_2O·Al_2O_3·2SiO_2·4.5H_2O$；

4A 型：$Na_2O·Al_2O_3·2SiO_2·4.5H_2O$；

5A 型：$0.66CaO·0.33Na_2O·Al_2O_3·2SiO_2·6H_2O$；

13X 型：$Na_2O·Al_2O_3·2.5SiO_2·6H_2O$；

Y 型：$Na_2O·Al_2O_3·5SiO_2·9.4H_2O$；

丝光沸石型：$Na_2O·Al_2O_3·10SiO_2·5H_2O$；

ZSM-5：$(0.9±0.2)Na_2O·Al_2O_3·(5~100)SiO_2·(0~40)H_2O$。

表 9-6 常见合成分子筛类型及其一些性质

型号	3A KA	4A NaA	5A CaA	13X NaX	10X CaX	Y	ZSM（高硅型沸石）
孔直径/nm	0.3	0.4	0.5	0.8~1.0	0.8~0.9	1.0	长轴 0.70 短轴 0.50
极限吸附体积/(cm^3·g^{-1})	—	0.205	0.223	0.238	0.235	—	—

9.3.3 吸附性质

分子筛有大的比表面和微孔体积。其孔径分布均匀且接近于普通分子大小，分子筛内部表面高度极化，与金属离子可发生阳离子交换。因此，分子筛是优良的吸附剂，特别是对水等极性小分子有强烈的吸附能力。对不饱和度大、极性强、直径小于孔径的有机小分子也具有较强的选择性吸附能力，对个别极性分子还有化学吸附能力。一般来讲，分子筛对吸附质的吸附以物理吸附为主。

（1）筛分作用

硅胶、活性炭等吸附剂孔径分布较宽，对不同吸附质的吸附量，只与其平衡压力、浓度及吸附剂的表面积大小有关；难以对不同体积大小的吸附质分子进行选择性吸附。分子筛孔径规则均匀，对吸附质吸附时只有尺寸比孔径小的吸附质分子才能被吸附。如 5A 分子筛孔直径为 0.5 nm，正丁烷和异丁烷的分子直径分别为 0.49 nm 和 0.56 nm，故 5A 分子筛只能吸附正丁烷，对异丁烷的吸附量则很少。

Barrer 从 1948 年即开始了对分子筛的合成及应用研究，完成了丝光沸石、菱沸石、方沸石、钠十字沸石、八面沸石、锶沸石、钡沸石等的合成，并得出以下结论。

1）3A 型分子筛只能吸附水。

2）4A 型分子筛可吸附 H_2S、CS_2、CO_2、NH_3、低级二烯烃、炔烃、乙烷、乙烯、丙烯，低温下还可吸附甲烷、氪、氩、氖、氙、氮、CO。

3）5A 型分子筛可吸附饱和的烃和醇类化合物，能吸附直径为 0.49 nm 的正己烷，对直径为 0.51 nm 的环己烷和 0.60 nm 的苯不具有吸附能力。

4）X、Y 型分子筛孔径较大，可吸附各类烃、有机含硫和含氮化合物（如硫醇、噻吩、呋喃、吡啶等）、卤代烃（如氯仿、四氯化碳、氟利昂）、戊硼烷等。10X 和 13X 型分子筛虽然孔径大小接近，但由于所含阳离子不同，10X（CaX）分子筛对芳烃及其支链衍生物无明显的吸附作用。分子筛基于孔径大小进行吸附的特性，并未涉及分子筛本身的表面性质。表 9-7 列出了部分分子的临界直径 d 和长度 l。

表 9-7　部分分子的临界直径 d 和长度 l

物质	d/nm	l/nm	物质	d/nm	l/nm
氦	0.20	—	乙烯	0.40	0.46
氩	0.39	—	丙烯	0.40	0.65
氪	0.44	—	乙炔	0.24	—
氮	0.37	0.41	苯	0.60	—
氢	0.24	0.31	甲苯	0.67	—
氧	0.34	0.39	甲醇	0.40	—
一氧化碳	0.28	0.41	乙醇	0.47	0.59
二氧化碳	0.31	0.41	正丁醇	0.58	—
氨	0.36	—	乙酸	0.51	

续表

物质	d/nm	l/nm	物质	d/nm	l/nm
水	0.27	—	乙醚	0.51	—
甲烷	0.38	—	环氧乙烷	0.42	—
乙烷	0.40	0.46	四氯化碳	0.69	0.71
丙烷	0.49	0.65	氯	0.82	0.85
正丁烷	0.49	0.78	1,3,5-三乙基苯	0.82	—
正戊烷	0.49	0.90	三丙胺	0.87	—
异丁烷	0.56	—	六乙苯	1.00	—
异戊烷	0.56	—			

（2）选择性吸附

水溶液中，分子筛表面的金属阳离子可发生离子交换使表面携带电荷，具有较高的极性。分子筛属于极性吸附剂，对极性分子和不饱和烃分子的吸附质具有更强的吸附能力。

分子筛对炔烃，特别是乙炔具有较强的选择性吸附能力。实验表明，对于乙炔与乙烯混合气体，即使在乙炔含量很低的情况下 5A 型分子筛也能对其进行富集。这是由于乙炔分子具有较大的平面四极矩，其与分子筛中的阳离子有较强的相互作用。图 9-11 所示为 20 ℃时 5A 型分子筛、硅胶、活性炭对乙炔的吸附等温线。由图可见，低压条件下，乙炔在 5A 型分子筛上的吸附量已接近最大吸附量，分子筛对乙炔的吸附能力较活性炭、硅胶具有更大的优势。对乙炔含量较低的混合气体，分子筛对乙炔的吸附能力比细孔活性炭高 1~2 倍。在多种工业混合气体中，5A 型分子筛都能对乙炔进行优先吸附；对于 CO_2-乙炔混合气，虽然 CO_2 分子也具有很大的四极矩，但分子筛对乙炔的富集特性并不显著。0 ℃时多种气体在 4A 型分子筛上的吸附等温线如图 9-12 所示。

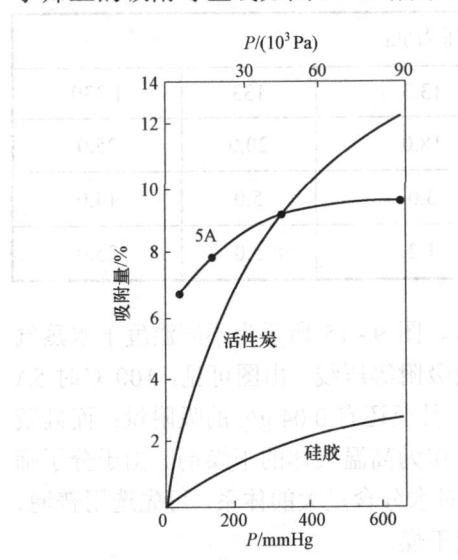

图 9-11　20 ℃时 5A 型分子筛、硅胶、活性炭对乙炔的吸附等温线

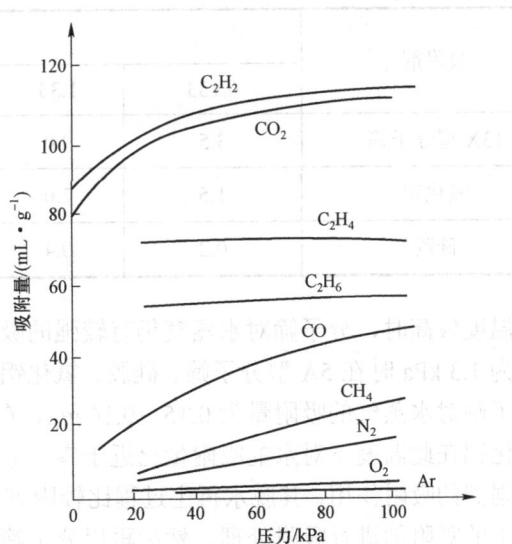

图 9-12　0 ℃时多种气体在 4A 型分子筛上的吸附等温线

图 9-13 25 ℃时苯的环己烷稀溶液中吸附剂对苯的吸附等温线

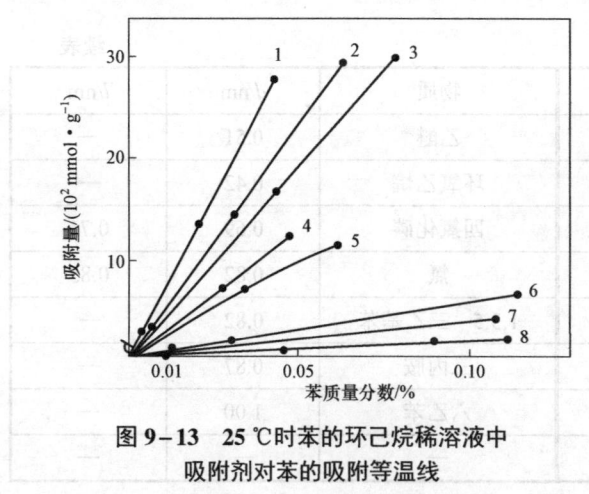

1—细孔活性炭；2—13X 型分子筛；3—10X 型分子筛；4—活性炭；
5—炭；6—硅胶-1；7—4A 型分子筛；8—硅胶-2

分子筛对芳烃化合物也具有选择性吸附能力。例如，20 ℃、266 Pa 条件下 13X 型分子筛对气相中的苯吸附量为 0.175 g/g，环己烷仅为 0.05 g/g。利用分子筛对芳烃的选择性吸附特性，已成为溶剂提纯的一种有效手段。图 9-13 所示为 25 ℃时，X 型分子筛、不同活性炭和硅胶从苯的环己烷稀溶液中对苯的吸附等温线。由图可见，13X 型和 10X 型分子筛的吸附等温线斜率较高，吸附能力与细孔活性炭相当，而硅胶较 X 型分子筛弱得多。

利用分子筛吸附分离芳烃具有重要的现实意义。例如，在苯加氢制备的环己烷产物中通常含有微量的苯，苯和环己烷沸点接近，精馏法难以分离。在直径 1 cm、长 25 cm 的圆柱内装填粒径为 0.5～1 mm 的 13X 型分子筛，使苯浓度分别为 0.5%、1%、5%的环己烷溶液流过，流出液中的环己烷纯度可高达 99.999%。

（3）吸附水

分子筛对水的吸附特点是低压下呈现较大的吸附量。分子筛对水的吸附等温线低压下呈急剧上升趋势，水蒸气压力在 100～300 Pa 时，接近最大吸附量。图 9-14 所示为 4A 型、5A 型、13X 型分子筛对水蒸气的吸附等温线。表 9-8 列出了 25 ℃时 13X 型分子筛、氧化铝、硅胶对水蒸气吸附能力的对比数据，可以看出，低压下分子筛对水蒸气吸附量具有显著的优势。

表 9-8 25 ℃时 13X 型分子筛、氧化铝、硅胶对水蒸气吸附量 单位：%

吸附剂	压力/Pa				
	0.133	1.33	13.3	133	1 330
13X 型分子筛	3.5	9.0	18.0	20.0	25.0
氧化铝	1.5	2.0	3.0	5.0	14.0
硅胶	0.2	0.4	1.2	5.0	25.0

温度较高时，分子筛对水蒸气仍有较强的吸附能力。图 9-15 所示为不同温度下水蒸气压力为 1.3 kPa 时在 5A 型分子筛、硅胶、氧化铝表面的吸附等压线。由图可见，100 ℃时 5A 型分子筛对水蒸气的吸附量为 0.15～0.16 g/g，在 200 ℃甚至还有 0.04 g/g 的吸附量；而硅胶和氧化铝在此温度下对水的吸附量已近于零。分子筛可作为高温气体的干燥剂。由于分子筛对水强烈的吸附作用，其脱水再生过程比较困难，因此对水分含量大的体系，可先选用普通、易再生的吸附剂进行吸附处理，然后再用分子筛做深度干燥。

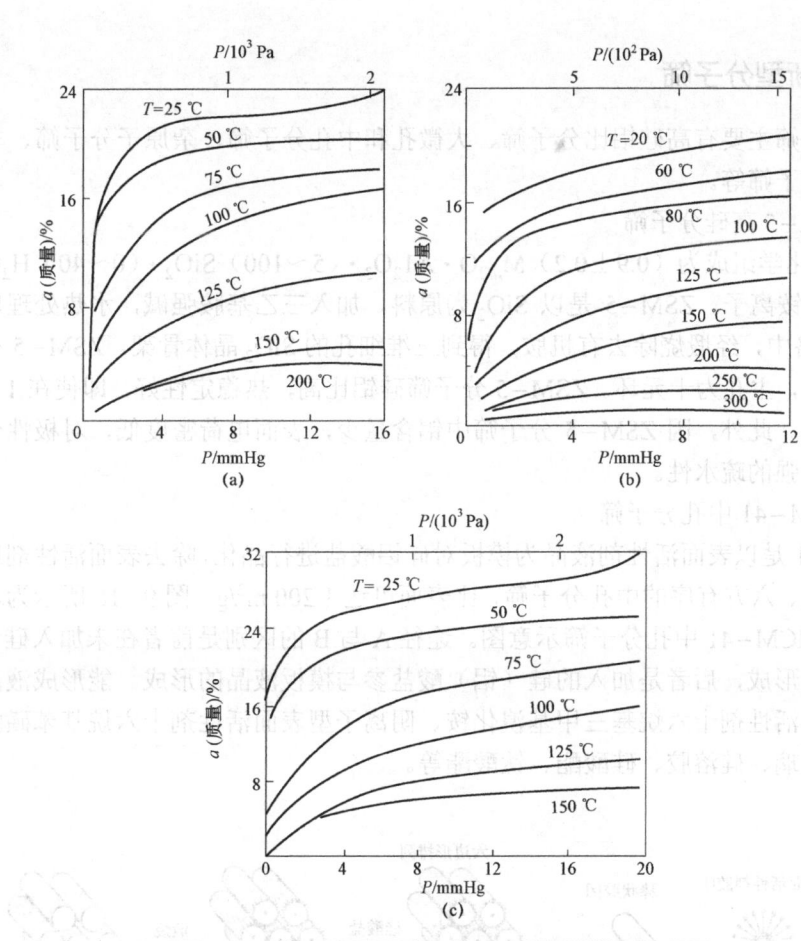

图 9-14 低压下不同分子筛对水的吸附等温线
(a) 4A 型分子筛；(b) 5A 型分子筛；(c) 13X 型分子筛

（4）离子交换吸附

分子筛中含有 Na^+、K^+、Ca^{2+}、Mg^{2+} 等可交换的金属阳离子，经适当离子交换可使其孔径大小、热稳定性、表面电性质、吸附性质、催化性质等发生改变，调节其实际应用性能。

分子筛进行阳离子交换一般均在水溶液中进行，交换离子的能力取决于离子性质（离子水合作用和离子价数）、分子筛类型、被交换离子在分子筛中的位置。离子交换对分子筛影响最明显的是分子筛孔径和催化性质的改变。如 4A 型分子筛与 K^+ 交换可得 3A 型分子筛、与 Ca^{2+} 交换可得 5A 型分子筛。13X 型和 10X 型分子筛直接作为裂解催化剂时选择性和热稳定性均不好，若用 H^+、多价阳离子特别是稀土金属离子交换后可大大提高其对裂解反应的催化活性和选择性，催化剂的热稳定性也显著提高。

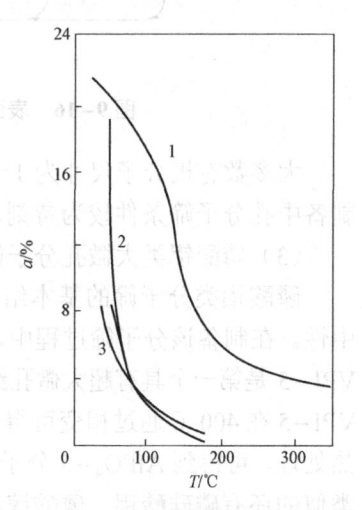

图 9-15 1.3 kPa 时水蒸气在不同吸附剂上的吸附等压线
1—5A 型分子筛；2—硅胶；3—氧化铝

9.3.4 新型分子筛

新型分子筛主要有高硅铝比分子筛、大微孔和中孔分子筛、杂原子分子筛、非晶态物质分子筛和碳分子筛等。

(1) ZSM-5 高硅分子筛

ZSM-5 化学组成为 $(0.9\pm0.2) M_{n/2}O \cdot Al_2O_3 \cdot (5\sim100) SiO_2 \cdot (0\sim40) H_2O$，其中 M 为 Na^+ 或有机铵离子。ZSM-5 是以 SiO_2 为原料，加入三乙基胺强碱，水热处理后三乙基胺夹于 SiO_2 晶格中，经煅烧除去有机胺，得到三维细孔的 SiO_2 晶体骨架。ZSM-5 有椭圆形和直筒形孔结构，主孔为十元环。ZSM-5 分子筛硅铝比高，热稳定性好，即使在 1 100 ℃ 时结构也不易破坏。此外，因 ZSM-5 分子筛中铝含量少，表面电荷密度低，对极性分子吸附量小，故具有较强的疏水性。

(2) MCM-41 中孔分子筛

MCM-41 是以表面活性剂液晶为模板对硅铝酸盐进行晶化，除去表面活性剂后得到孔径为 $1.5\sim30$ nm、六方有序的中孔分子筛，比表面可达 1 200 m^2/g。图 9-16 所示为表面活性剂模板法制备 MCM-41 中孔分子筛示意图。途径 A 与 B 的区别是前者在未加入硅（铝）酸盐前模板液晶已形成，后者是加入的硅（铝）酸盐参与模板液晶的形成。能形成液晶模板的有阳离子型表面活性剂十六烷基三甲基溴化铵、阴离子型表面活性剂十六烷基苯磺酸钠等；无机底物有水玻璃、硅溶胶、硅酸酯、钛酸酯等。

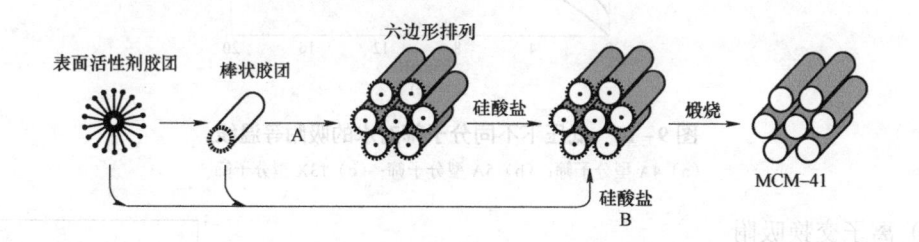

图 9-16 表面活性剂模板法制备 MCM-41 中孔分子筛示意图

大多数有机分子尺寸为 $1\sim2$ nm，研制中孔分子筛主要源自对催化剂的实际需要。不过，制备中孔分子筛条件较为苛刻。

(3) 磷酸铝类大微孔分子筛

磷酸铝类分子筛的基本结构单元是磷氧四面体（PO_4^+）和铝氧四面体（AlO_4^-），骨架呈中性。在制备该分子筛过程中，通过调节溶液 pH 值、控制压力和温度可制得大微孔的结构。VPI-5 是第一个具有超大微孔结构的磷酸铝分子筛，孔径 $1.2\sim1.3$ nm，能吸附苯溶液中的 C_{60}；VPI-5 在 400 ℃ 通过相变可得到 $AlPO_4$-8 分子筛，孔径变小。JDF-20 磷酸铝分子筛在 300 ℃ 热处理，可得到 $AlPO_4$-5 分子筛。部分磷酸铝分子筛孔结构特点见表 9-9。与磷酸铝分子筛类似的还有磷硅酸铝、磷酸镓、磷酸锆、磷酸钒等三维细孔结构分子筛。

表 9-9 部分磷酸铝分子筛孔结构特点

分子筛	孔径/nm	孔口形状	环大小
$AlPO_4$-11	0.39~0.63	椭圆	10 或 12 皱环
$AlPO_4$-5	0.73	圆	12
$AlPO_4$-8	0.79~0.87	椭圆	—
VPI-5	1.21	圆	18
JDF-20	0.62~1.45	椭圆	20

9.4 活性炭

活性炭（active carbon）是具有高比表面积、多孔、黑色的碳质吸附剂，主要由无定形碳及少量的氢、氧、氮、硫元素和无机灰分组成。活性炭作为吸附剂有以下特性：

（1）大比表面积和发达的微孔结构。每克活性炭表面积通常可达几百至上千平方米，比孔容为 0.2~0.6 cm^3/g。在微孔活性炭中，吸附质分子受毛细吸附和大比表面的双重效应，对吸附质具有较大的吸附量。

（2）活性炭中同时含有由平面六角形网状结构组成的微晶碳和无规则碳，对吸附质分子有强烈的色散力作用。活性炭表面还存在不同类型的含氧基团和杂原子，对某些极性分子可产生强烈的极性诱导力。因此，活性炭虽然一般归为非极性吸附剂，但实际上活性炭既可吸附非极性吸附质，也可吸附极性吸附质。

（3）活性炭化学稳定性好，耐酸、耐碱，但机械强度差，高温易燃。常常加入某些辅料来弥补其不足。

9.4.1 活性炭的制备

原则上任何能变成炭的物质均可作为制备活性炭的原料。工业上主要用植物性原料（木材、木屑、果壳及核、农作物秸秆和籽壳及农作物加工后废渣等）、矿物类原料（各种煤、油页岩、沥青、石油焦炭等）、有机聚合物（塑料、橡胶等）和其他富含碳的物质（动物的血、骨等）等来制备活性炭。

工业制备活性炭的方法主要有气体活化法和化学药品活化法两种。

气体活化法是先将原料在隔绝空气条件下加热炭化，使有机物发生热解和热缩聚反应，形成有初始孔隙的炭化物质，再在高温下用水蒸气（或 CO_2、氧、空气等）对炭化物质进行活化，使炭化物质中残留的焦油、无定形碳氧化分解，打开被堵塞的孔隙（称为开孔作用）。活化气体不同，所需活化温度和反应活化产率也不同。例如，采用水蒸气对炭化物质进行活化的温度为 750 ℃，产率约 40%；采用 CO_2 时活化温度为 850 ℃；采用空气活化时产率仅为 25%~30%，大部分原料被燃烧。一般来说，活化产率越低孔径越大。

化学药品活化法是将某些化学试剂与原料混合均匀、充分浸渍后加热处理，使原料发生脱水、炭化反应，形成多孔结构的碳骨架。常用化学药品有氯化锌、磷酸、硫酸钾、硫化钾等。此法制备的活性炭结构均匀，但化学药品本身和活性炭活化过程中产生的一些物质对设备有腐蚀性、对环境有污染，生产工艺复杂，成本高。

将实验室自制的活性炭或市售活性炭进行再处理，可得到纯净、低灰分的活性炭。例如，将市售蔗糖重结晶几次，除去杂质，在坩埚中加热成黑炭。然后在带盖坩埚中加热至1 000 ℃，再在石墨管、通氯气条件下，加热至1 000 ℃，使产物中的H形成HCl逸出。然后，用稀碱水洗涤至中性，真空干燥得到糖炭。

市售粒状活性炭低灰分处理方法为：取市售三级粒状活性炭置于烧瓶中，加入比炭体积多一倍的冰醋酸，加热回流10 h，倒出醋酸液，更换新的冰醋酸重复回流2次；倒出醋酸液后用去离子水洗涤至pH值为3～4，抽滤；然后，将活性炭移至大口塑料瓶中，加入活性炭2倍体积的20%氢氟酸，室温下振荡10～14 h；倒出氢氟酸，用去离子水洗涤至洗液呈弱酸性，抽滤，120 ℃烘干，可得灰分低于0.1%的活性炭。

9.4.2　活性炭的组成及性质

表9-10列出了一些活性炭的元素组成质量百分比含量。由表中数据可知，活性炭的元素组成90%以上为碳，此外还有氧、氢、硫、氮及灰分。次要组分含量虽少，但对活性炭的吸附和催化作用有重要影响。活性炭的一些物理性质见表9-11。

表9-10　一些活性炭的元素组成质量百分比含量

活性炭	C	H	O	灰分
水蒸气活化炭	93.31	0.93	3.25	2.51
水蒸气活化炭	91.12	0.68	4.18	3.70
氯化锌活化炭	93.88	1.71	4.37	0.05

表9-11　活性炭的一些物理性质

性质	数值	性质	数值
真密度/(g·cm^{-3})	1.9～2.2	孔隙率	33～43（粒状）
颗粒密度/(g·cm^{-3})	0.6～0.9		45～75（粉状）
堆积密度/(g·cm^{-3})	0.3～0.6（粒状） 0.2～0.4（粉状）	比热容/(J·g^{-1}·℃$^{-1}$)	0.62～1.00
比表面/(m^2·g^{-1})	500～1 800	磨碎率/%	68～89（粒状）
平均孔半径/nm	1～2	吸附量/(g·(100 g)$^{-1}$)	
比孔容/(mL·g^{-1})	0.6～1.1	丙烷	9～14.2（粒状）
		正庚烷	16.2～26.1

9.4.3　活性炭结构

碳质材料中同时存在与石墨类似、由碳原子六边形堆积的结晶结构，以及脂肪链状的无定形碳结构。活性炭、炭黑均属无定形碳。无定形碳高温处理时可形成微晶，转化为石墨型结构；转化难易程度与原料性质和热处理条件有关。如石油沥青、聚氯乙烯等炭化材料容易石墨化，而纤维素、聚偏二氯乙烯等炭化物则不易石墨化，为无定形碳。不易石墨化的活性炭材料在炭化初期微晶间即生成强烈的架桥结构，即使高温处理也难以再发生取向、排列成规整的结晶结构，微晶排列杂乱。大部分活性炭均为不易石墨化的炭材料。

易石墨化和不易石墨化炭原料高温石墨化处理时，微晶石墨层厚度和直径增幅不同。例如，易石墨化聚氯乙烯在1 700 ℃处理后微晶石墨层层数可达33，微晶区直径达6.3 nm；不易石墨化的聚偏二氯乙烯在2 700 ℃处理后，石墨层层数仅有5～6，微晶区直径为4.0 nm。

活性炭在活化过程中，微晶间许多炭化物及无定形碳被氧化除去，形成许多孔隙。活性炭既有微孔结构，也有中孔和大孔结构。活性炭和碳分子筛中不同孔径尺寸的比孔容见表 9-12。一般来讲，延长活化时间微孔增加，比表面增大；但活化时间过长，微孔则变为中孔，比表面反而减小。因此，活化方法有最佳活化工艺。一般活性炭的最大比表面积约为 1 500 m²/g。

表 9-12 活性炭和碳分子筛中不同孔径尺寸的比孔容   单位：mL/g

类别	微孔	中孔	大孔
大孔活性炭	0.1～0.2	0.6～0.8	约 0.4
微孔活性炭	0.6～0.8	约 0.1	约 0.3
碳分子筛	约 0.25	约 0.05	约 0.1

图 9-17 所示为几种活性炭孔径分布曲线。其中，以煤、椰壳为原料，通过水蒸气活化法制得的活性炭几乎全是孔径低于 2 nm 的微孔结构，这类活性炭具有很好的吸附性能。

9.4.4 表面性质

1. 表面基团

活性炭制备过程中，炭化和活化阶段的氧化性气体（如 O_2、H_2O、CO_2 等）及氧化性液体（硝酸、硫酸及其混合酸液，氯水，过硫酸铵，高锰酸钾溶液等）与炭表面作用可生成多种类型的含氧基团。研究表明，活性炭表面的主要含氧基团有：羧基、酚羟基、醌型羰基、内酯基、酯基、酸酐基、环状过氧化物等，如图 9-18 所示。这些基团的种类及含量可引起活性炭表面亲水性、酸(碱)

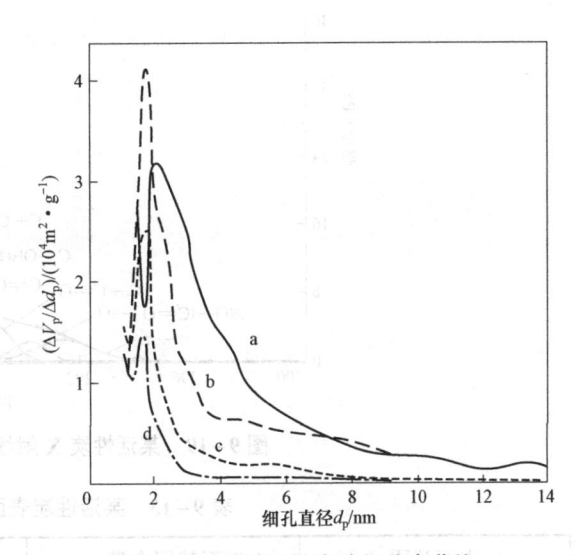

图 9-17 几种活性炭孔径分布曲线

a—氯化锌活化的木炭；b—水蒸气长时间活化的煤基活性炭；
c—水蒸气活化的煤基活性炭；d—水蒸气活化的椰壳活性炭

性的不同，也会导致表面电性发生改变。例如，不同 pH 介质中，活性炭的表面带电性质、电荷密度、电动势也不同，从而影响吸附质的吸附特性。

图 9-19 所示为某活性炭 X 射线光电子能谱（XPS）。通过对图中曲线分峰，由分峰面积可计算出某活性炭表面不同基团的含量，结果见表 9-13。

图 9-18 活性炭表面主要的含氧基团

(a) 羧酸基；(b) 羧酚羟基；(c) 羧醌型羰基；(d) 羧内脂基；
(e) 羧二氢荧光素型内脂基；(f) 羧酸酐基；(g) 羧环状过氧化物

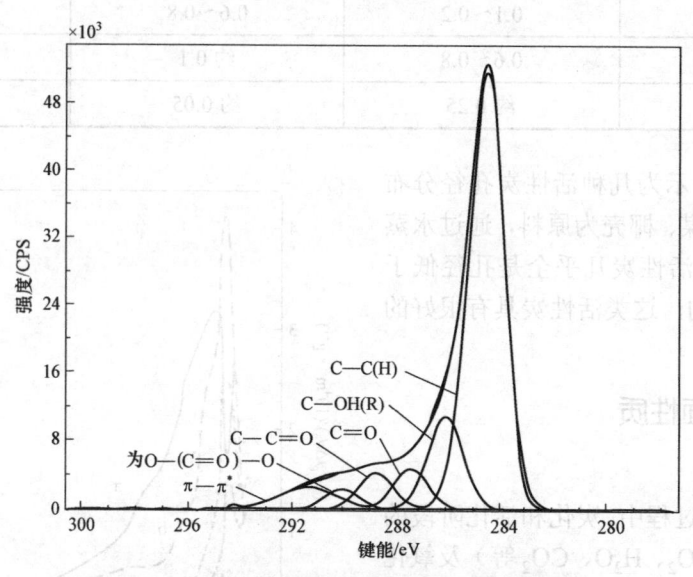

图 9-19 某活性炭 X 射线光电子能谱（XPS）

表 9-13 某活性炭表面不同基团的含量

表面基团	表面基团含量/%	氧含量/%	碳含量/%
石墨结构 C—C	65.5	表面 6.8	—
C—O—H	13.9	体相 6.2	—
C=O	6.1	—	—
HO—C=O	5.6	—	—
O—(C=O)—O	3.1	—	表面 93.2
π—π*	5.8	—	体相 88.45

(2) 表面电性

活性炭中的灰分杂质常使活性炭结构产生缺陷。液相中，活性炭表面对某些无机或有机离子的吸附，以及其表面含氧基团的解离都可使其表面荷电。

活性炭处理前（1）、后（2）电泳淌度（mobility）与介质 pH 值的关系如图 9-20 中曲线 1 所示。电泳淌度为 0 时 $\zeta=0$，该活性炭等电点 pH 约为 2.5。曲线 2 是该活性炭经过硫酸铵处理后的结果，等电点略有下降。可见活性炭表面电性质受处理条件影响。两种活性炭在介值 pH 值为 5~7 的电泳淌度趋于稳定，pH>7 时表面负电性随 pH 增加而明显增加。活性炭表面的带电性质对离子吸附有一定的影响。活性炭表面主要是通过色散力作用对有机分子或大离子进行吸附，静电诱导作用是次要的。

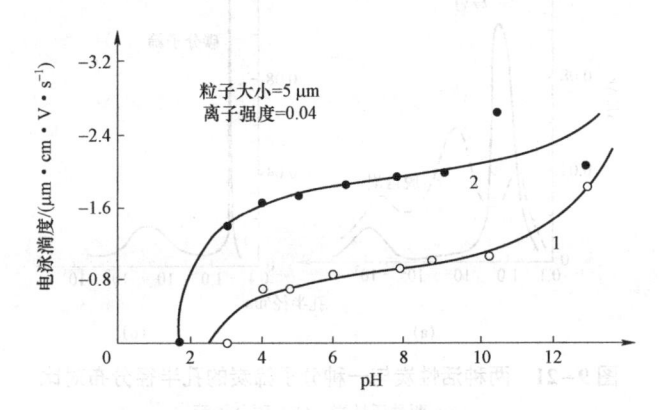

图 9-20　活性炭处理前（1）、后（2）电泳淌度与介质 pH 值的关系

9.4.5　吸附性质

活性炭是非极性吸附剂，对吸附质的吸附主要是借助物理 van der Waals 力，可选择性地吸附非极性物质。活性炭有大的比表面和发达的微孔结构。受毛细凝结效应，在吸附质较低压力（或较低浓度）时就有较大的吸附量。无论是对气相还是液相进行吸附，活性炭对吸附质的最大吸附量相当于活性炭的孔体积，即其吸附机制可视为对活性炭微孔的填充，又称微孔填充理论。

活性炭吸附等温线多为 Langmuir 型，但由该公式求得的 n_m^s 和 V_m 并不一定是单层饱和吸附量。采用 Freundlich 等温式对活性炭吸附数据处理也能得到满意的结果，但其等温式中的常数物理意义不明确。用 D-R 公式处理也可求出活性炭的微孔体积。

活性炭表面的含氧基团和杂原子使其对某些极性分子也有一定的吸附能力，因此活性炭是既能吸附非极性物质也能吸附极性物质的"广谱"吸附剂。有时在活性炭表面还可产生化学吸附，使其对某些反应具有催化作用，如活性炭可用于光气、硫酰氯制备，以及一些卤化、氧化脱氢反应的催化剂，也可用于醋酸乙烯、卤化、氧化、异构化、聚合等反应的催化剂载体。

9.4.6　其他碳质吸附剂

（1）碳分子筛

碳分子筛又称为分子筛炭，全部为微孔，孔径接近于分子大小，为 0.4~0.5 nm。碳分子筛孔腔形状为平板夹缝状。图 9-21 所示为两种活性炭与一种分子筛炭的孔半径分布对比。相比活性炭，碳分子筛具有更窄的孔径分布。碳分子筛对分子直径或厚度小于 0.5 nm 的非极性分子具有优先吸附的能力，对 O_2 吸附能力优于 N_2，可借助碳分子筛通过变压吸附从空气中分离氧气。图 9-22 所示为一种碳分子筛对 O_2 和 N_2 的吸附等温线及吸附因子（饱和吸附度）与时间的关系（吸附动力学）曲线。由图 9-22 可见，该碳分子筛对 O_2 吸附达到平衡时仅需 30 min，而对 N_2 吸附时，90 min 才达平衡吸附量的一半。用碳分子筛对空气进行分离，可获得纯度为 99.995% 的 N_2。

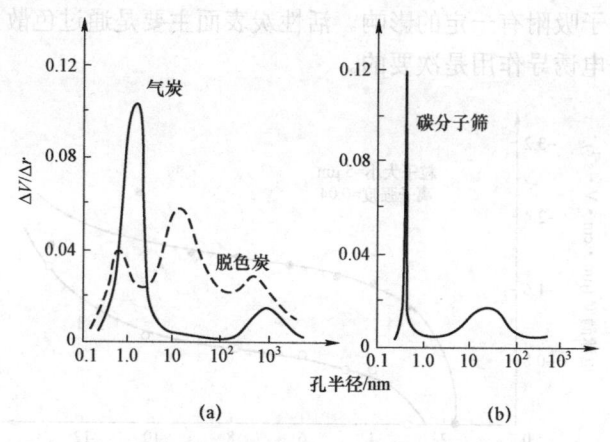

图 9-21　两种活性炭与一种分子筛炭的孔半径分布对比
(a) 两种活性炭；(b) 碳分子筛

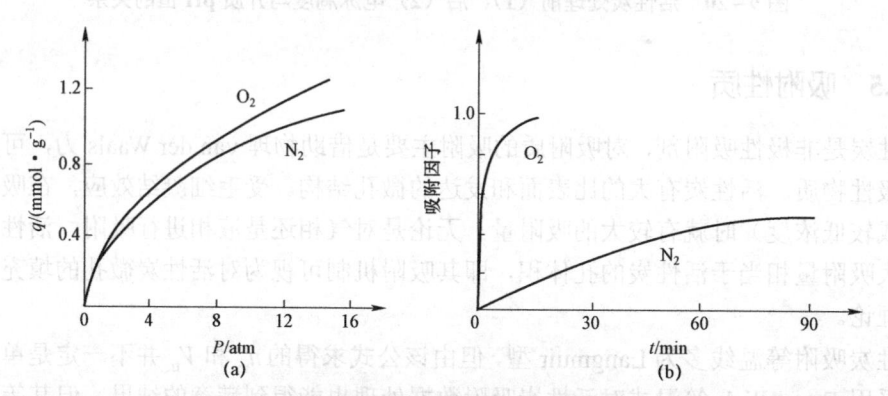

图 9-22　一种碳分子筛对 O_2 和 N_2 的吸附等温线及吸附因子与时间的关系曲线（1 atm = 101.3 kPa）
(a) 吸附等温线；(b) 吸附动力学曲线

（2）碳纳米管

碳纳米管可看作是由一层或多层石墨卷曲而成的笼状"纤维"，其中由单层石墨卷曲而成的碳纳米管称为单壁碳纳米管，其结构模型如图 9-23 所示，而多于单层的统称为多壁碳纳米管。碳纳米管直径为 0.4～20 nm，长度几十纳米到几毫米，密度仅为钢的 1/6，强度却是钢的 100 倍。碳纳米管有特殊的电子结构，是很好的一维导线。碳纳米管侧壁由六边形的碳环构成，两端由正五边形碳环封口，五边形碳环化学性质活泼。往碳纳米管腔体中加入某些化学物质可形成复合纤维或纳米级丝状物。碳纳米管空腔还具有吸附和储氢功能，是具有发展前途的储氢材料。

图 9-23 单壁碳纳米管结构模型

（3）活性碳纤维

碳纤维研发很早，但工业生产却是 20 世纪 50 年代的事。作为新型非金属材料，碳纤维具有相对密度小、耐热、耐化学腐蚀、强度高等优点。工业制备碳纤维均采用高分子有机纤维碳化而成，如人造纤维、聚丙烯腈纤维、聚乙烯醇纤维、聚酰亚胺纤维、沥青纤维等，其中，以聚丙烯腈制备碳纤维工艺最为成熟。典型碳纤维的生产过程如图 9-24 所示。

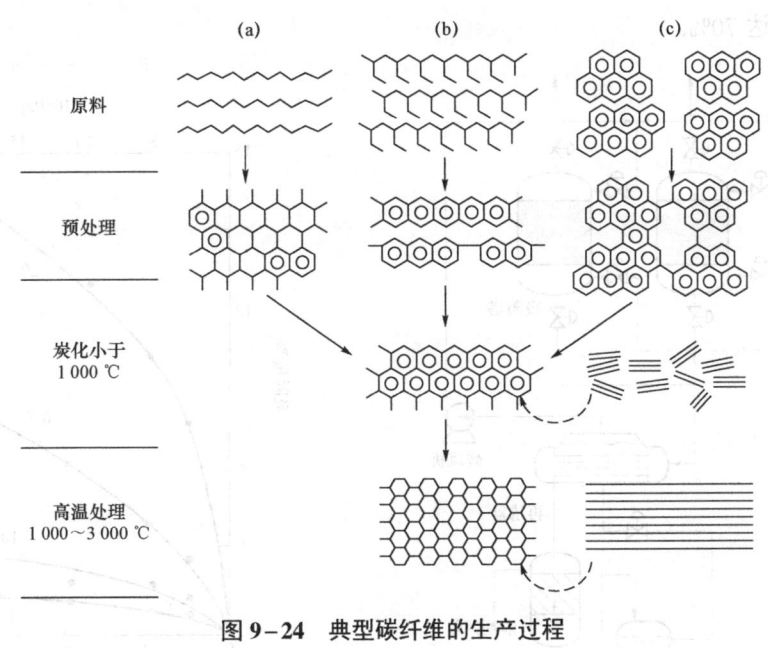

图 9-24 典型碳纤维的生产过程
（a）纤维素；（b）聚丙烯腈；（c）沥青

采用多孔性原料制成的碳纤维，或普通碳纤维经 800 ℃水蒸汽加热处理的产物，具有比表面积大、吸附能力和吸附速率均高于粒状活性炭的特性，称为活性碳纤维。活性碳纤维吸附有机溶剂、硫氧化物和氮氧化物的能力比普通活性炭高 1.5～2.0 倍，对硫醇吸附能力高于普通活性炭 40～50 倍。

9.4.7 活性炭应用

(1) 溶剂回收

溶剂回收不仅具有经济效益，而且对保护环境、改善人类生存条件也具有重要意义。有机溶剂中以丙酮、汽油、苯、甲苯、二甲苯、低碳醇、短链烷烃、二硫化碳、乙醚等应用最为广泛，对其回收也最为重要。节能型溶剂回收工艺流程如图9-25所示。将待回收的溶剂蒸气通入内装粒状活性炭的吸附塔内，吸附完成后通入100℃水蒸气进行脱附，冷却脱附混合气，使水和溶剂分离，并进行溶剂回收。利用脱附混合气冷却时的液化热进行加热再次产生低压水蒸气，加压后再次作为脱附用水蒸气。为提高溶剂回收过程中的吸附、脱附效率，也可以采用活性碳纤维作为吸附剂。

(2) 脱除二氧化硫（SO_2）

SO_2是热电站、黑色和有色冶金工业、化学工业、石油加工工业的主要污染物，其既有氧化性也有还原性（以还原性为主），是造成大气污染的主要污染物之一。全球每年约有7.2×10^7 t的硫以SO_2形式排入大气。吸附法是回收和消除SO_2污染物的重要方法之一。活性炭对SO_2的吸附热为44 kJ/mol，远大于其他吸附剂（硅胶对SO_2的吸附热为23 kJ/mol，石墨对SO_2的吸附热为30 kJ/mol）。某活性炭对SO_2的吸附等温线如图9-26所示。在有氧气条件下，碳质吸附剂还是SO_2转化为SO_3的催化剂；有水存在时，SO_3会继续形成H_2SO_4，生成硫酸（H_2SO_4）的浓度与反应条件相关。100℃空气中，水蒸汽浓度为10%时，吸附相内的硫酸浓度可达70%。

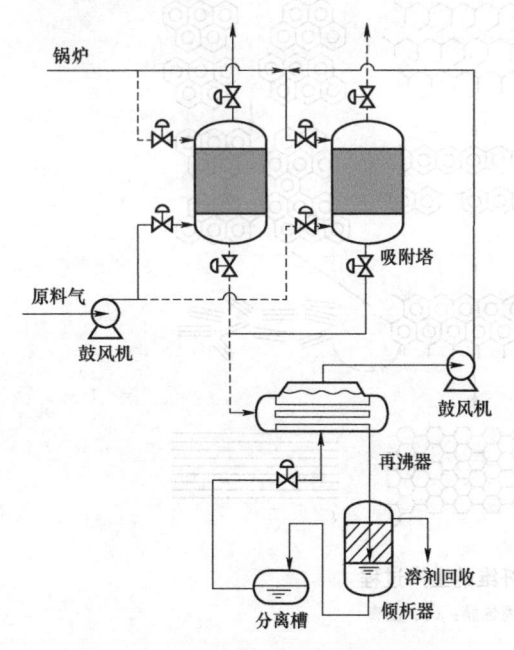

图9-25 节能型溶剂回收工艺流程

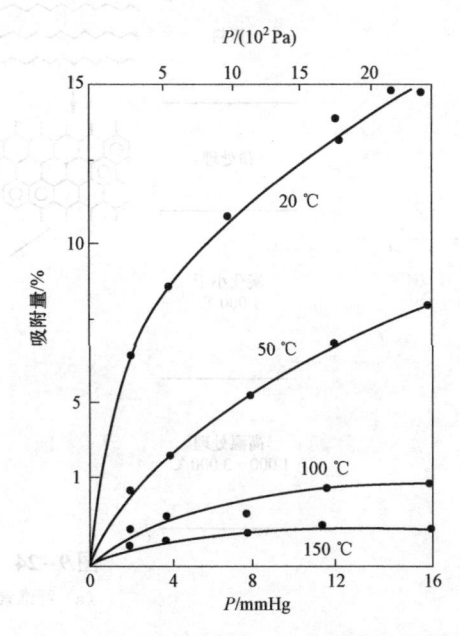

图9-26 某活性炭对SO_2的吸附等温线

(3) 水处理

工业废水和生活污水经絮凝剂处理后，必须经活性炭深度处理，去除水中残留的芳香类有机物和部分显色有机物。净水处理大多采用活性炭去除霉臭和水中的其他臭气。家用净水器中使用的活性炭主要为除去水中残留的氯和三卤甲烷等。

活性炭是环境保护和治理中应用最为广泛的吸附剂。除上述三个主要应用领域外，去除垃圾焚烧厂产生的二噁英也是活性炭应用的又一主要领域。将粉末状活性炭和石灰经鼓风送入焚烧炉烟道气流中，活性炭可迅速吸附二噁英，并能同时除去汞和其他酸性气体。因采用贫汞矿冶炼有色金属，汞对大气的污染日趋严重。用 $AgNO_3$、$FeCl_3$ 等化学药剂处理后的活性炭，可以提高其对汞的吸附效率。

9.5 活性氧化铝

作为吸附剂的氧化铝又称活性氧化铝（activated aluminum oxide）。Al_2O_3 晶型有 α、β、γ、δ、χ、κ、θ、ρ、η 等 9 种，复杂多样，其中只有 γ-Al_2O_3 及 χ-、η- 和 γ-Al_2O_3 的混合物为活性氧化铝。活性氧化铝通常经氢氧化铝 $Al(OH)_3$ 煅烧而成。氢氧化铝有多种类型，如三水氧化铝，也称三水铝石、诺水铝石、拜耳石、湃铝石等；一水氧化铝，也称薄水铝石、一水软铝石、勃姆石；低结晶氧化铝水合物，也称假一水软铝石、假拜耳石等。这些不同类型的氢氧化铝，在一定温度下处理，即可生成具有大比表面、孔结构丰富的活性氧化铝。如：

$$三水氧化铝 \xrightarrow{250\ ℃} \chi\text{-}Al_2O_3$$
$$\downarrow 200\ ℃$$
$$一水氧化铝 \xrightarrow{450\ ℃} \gamma\text{-}Al_2O_3$$
$$假一水软铝石 \xrightarrow{450\ ℃} \gamma\text{-}Al_2O_3$$

9.5.1 表面性质

（1）表面酸性

氢氧化铝脱水时能产生接受电子对的 Lewis 酸中心点和能给出电子对的 Lewis 碱中心点，Lewis 酸中心点与水结合可形成能给出质子的 Bronsted 酸结构。实验表明：氢氧化铝脱水产生的 Lewis 酸比相应 Bronsted 酸的酸性强。Al_2O_3 表面的酸性结构主要是 Lewis 酸性中心，其吸附水可使表面生成羟基，表面羟基浓度高于硅胶表面，每平方纳米可达 10 个。Al_2O_3 表面酸性和表面羟基浓度对其催化和吸附性质有重要影响。

（2）表面电性

水溶液中 Al_2O_3 表面带有电荷，带电类型及表面电荷密度与介质 pH 值有关。不同方法

测得的 Al_2O_3 等电点 pH 在 8~9 之间。Al_2O_3 等电点还与其处理方法有关，如在 600~1 000 ℃ 处理后陈化 1 天，其等电点 pH 值为 6.4~6.7，而上述物料在水中陈化 7 天后，其等电点 pH 值变为 9.1~9.5。图 9-27 所示为 Al_2O_3 表面 ζ 电势与介质 pH 值关系图。由图可见，中性水中 Al_2O_3 带正电荷，只有水溶液大于其等电点的 pH 值时，Al_2O_3 表面才能荷负电。

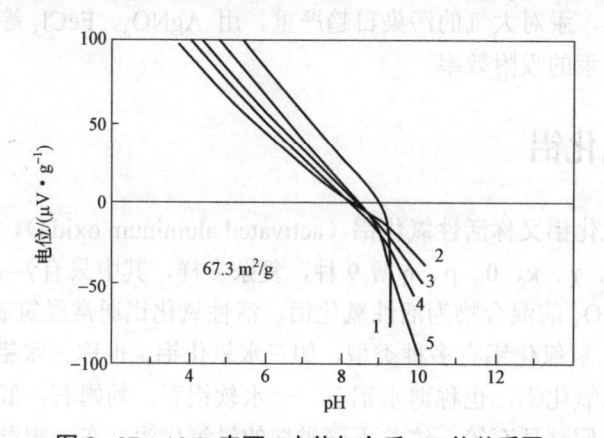

图 9-27 Al_2O_3 表面 ζ 电势与介质 pH 值关系图

KCl 浓度（mol/L）：1—1×10^{-4}；2—1×10^{-3}；3—1×10^{-2}；4—11×10^{-1}；5—1×10^{0}

9.5.2 吸附性质

氧化铝表面羟基浓度是常见固体氧化物中最高的，其表面羟基与水分子形成氢键是其对水进行物理吸附的主要原因。活性氧化铝对水和极性气体都具有良好的吸附能力。其对水的吸附能力优于硅胶，但低于分子筛。常用于气体干燥的水蒸气脱水剂性质见表 9-14。

表 9-14 常用于气体干燥的水蒸气脱水剂性质

干燥剂	空气中残留水量/$(g\cdot m^{-3})$	干燥剂	空气中残留水量/$(g\cdot m^{-3})$
P_2O_5	2×10^{-5}	$CuSO_4$	1.4
熔融 KOH	0.002	BaO	6.5×10^{-4}
100%H_2SO_4	0.003	$Mg(ClO_4)_2$	5×10^{-4}
$CaSO_4$	0.004	$Mg(ClO_4)_2\cdot3H_2O$	0.002
CaO	0.2	4A 型分子筛	1×10^{-4}
熔融 $CaCl_2$	0.36	Al_2O_3	3×10^{-3}
熔融 NaOH	0.16	硅胶	3×10^{-2}
95.1%H_2SO_4	0.3	—	—

Al_2O_3 表面的氧、铝原子与水发生化学吸附生成的羟基可促使某些反应进行。实验证明，硅铝催化剂对裂解反应和丙烯聚合反应速率的影响均与其总酸度有关。同样，Al_2O_3 表面的酸性也影响其对碱性气体的吸附：增大 Al_2O_3 表面酸性，可增加对氨的吸附量。低于 500 ℃ 时，Al_2O_3 表面酸性随温度升高而增大，对碱性氨的吸附量在 500 ℃ 达到最大值。

由于 Al_2O_3 等电点 pH 约为 9，故在介质 pH>9 时，Al_2O_3 表面带负电，而 pH<9 时，表面带正电。自溶液中吸附无机或有机离子时，吸附量大小与介质 pH 相关。例如，溶液 pH 值为 5.9 时，Al_2O_3 能有效地从介质中吸附阴离子型表面活性剂十二烷基苯磺酸钠（SDBS）；pH 值为 10.4 时可吸附阳离子型表面活性剂十四烷基氯化吡啶（TPC）。图 9-28 和图 9-29 所示分别是 Al_2O_3 粒子自不同 pH 值水溶液中吸附表面活性剂的吸附等温线及 Al_2O_3 粒子表面电势与表面活性剂浓度关系曲线。

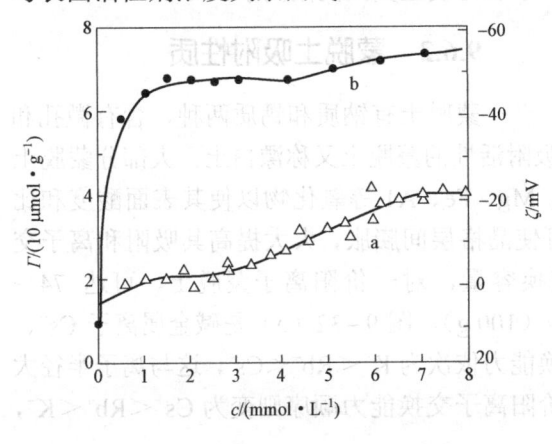

图 9-28　pH 为 5.9 时 Al_2O_3 粒子自水溶液中吸附 SDBS 的吸附等温线（a，21 ℃）和粒子表面电势与 SDBS 浓度关系曲线（b）

图 9-29　pH 为 10.4 时 Al_2O_3 粒子自水溶液中吸附 TPC 等温线（a，24 ℃）和粒子表面电势与 TPC 浓度关系曲线（b）

9.6　黏土

黏土（clay）是硅酸盐矿物在地球表面风化后形成的产物，其成分和结构都很复杂，但主要为氧化硅与氧化铝。有些黏土具有较大的比表面和孔隙结构，可作为吸附剂应用。这类吸附剂价格低廉，经过后处理可大大提高其应用价值。

按结构特点黏土可分为三类：① 以蒙脱土为代表的、具有膨胀晶格的层状矿物（montmorillonite，也称膨润土、班脱土）；② 以海泡石（sepiolite）、石棉（mountain cork）、凹凸棒土（attapulgite）等为代表的纤维状结构矿物；③ 以高岭土（kaolinite，也称陶土）、滑石（talc）为代表的刚性晶格层状矿物。在这些黏土中只有蒙脱土和海泡石等具有吸附能力。

9.6.1　蒙脱土和海泡石

蒙脱土为层状结构，两层硅氧四面体夹一层铝氧四面体构成晶层单元，晶层厚度约为 1 nm，其晶体结构示意如图 9-30 所示。当水进入晶层后，蒙脱土可发生晶层膨胀，厚度可增大

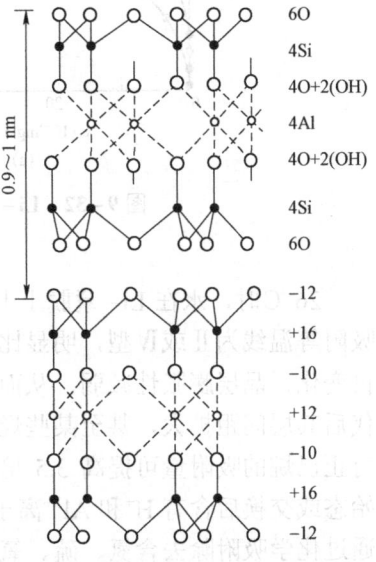

图 9-30　蒙脱土晶体结构示意

一倍；其晶层间还可吸附阳离子，并发生阳离子交换。

海泡石晶体结构示意如图 9-31 所示。海泡石由两层硅氧四面体夹一层镁（或铝）氧四面体的晶层构成，孔径中含有结晶水分子和可发生交换的阳离子。

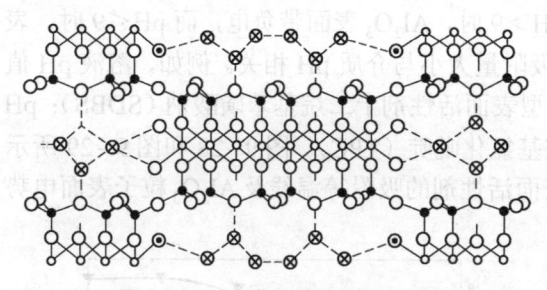

图 9-31 海泡石晶体结构示意
○—氧；•—硅；◉—镁或铝；⊙—结晶水；⊗—沸石水

9.6.2 蒙脱土吸附性质

蒙脱土有钠质和钙质两种，含有微孔和中孔，比表面积为几十至 300 m²/g，具有天然吸附活性的蒙脱土又称漂白土。大部分蒙脱土需用无机酸进行处理，去除部分或全部的 Ca、Mg、Fe、Al 等氧化物以使其表面酸度和比表面增大。层间可交换的离子被 H^+ 取代后，可使晶格层间膨胀，大大提高其吸附和离子交换能力。蒙脱土和海泡石都有很大的离子交换容量，对一价阳离子蒙脱土，可达 74~140 mmol/（100 g）、海泡石可达 20~45 mmol/（100 g）。图 9-32（a）是碱金属离子 Cs^+、Rb^+、K^+ 在 Li^+ 蒙脱土上的离子交换等温线，交换能力依次为 $K^+ < Rb^+ < Cs^+$，这与离子半径大小顺序一致。若对 Li-蒙脱土热处理，其对一价阳离子交换能力顺序则变为 $Cs^+ < Rb^+ < K^+$，如图 9-32（b）所示。

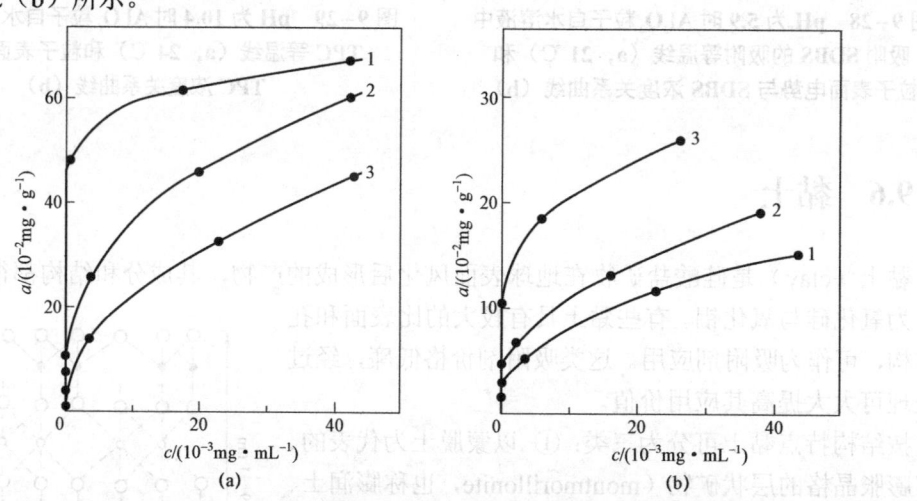

图 9-32 Li-蒙脱土热处理前（a）、后（b）离子交换等温线
1—Cs^+；2—Rb^+；3—K^+

26 ℃时，水在 Li-蒙脱土上的吸附等温线如图 9-33 所示。未经热处理的蒙脱土对水的吸附等温线为 Ⅱ 或 Ⅳ 型，明显比加热处理后的吸附量大。这是因为加热处理后晶层间距不易再变化，晶层膨胀性减弱，从而影响其吸附交换能力。蒙脱土的阳离子被体积大的阳离子取代后其层间距扩大，甚至某些烃类化合物分子也能进入。如采用大体积阳离子交换的蒙脱土对正己烷的吸附量可提高 3.5 倍。原始蒙脱土中阳离子交换容量越大，漂白能力也越强。原始态或交换后含有 H^+ 和 Al^{3+} 离子的蒙脱土吸附活性最好，因为它们是吸附剂的酸性中心，可通过化学吸附除去含氮、硫、氧的化合物。

天然黏土类吸附剂主要用于各种油品、液体燃料的净化，也用于各种酒水、植物油以及水的净化、精制。黏土吸附剂价格便宜，经开采、略加处理后即可应用。为了改进黏土类吸附剂自水溶液中吸附有机物的能力，常用吸附阳离子型表面活性剂的方法对其表面改性。如利用十六烷基三甲基溴化铵改性后的蒙脱土可使其对芳烃的吸附能力提高10～20倍。党的二十大报告强调区域协调发展的重要性，指出要构建优势互补、高质量发展的区域经济布局和国土空间体系。我国西北高原黄土等天然土壤，对有机物和金属离子也有一定的吸附能力。由此可发挥地域优势，推动区域协调发展战略。

9.7 吸附树脂

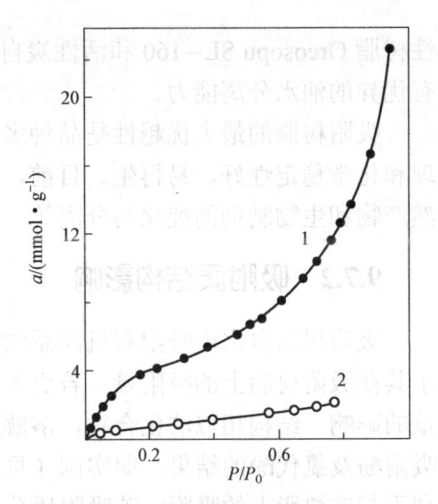

图 9-33 Li-蒙脱土 26 ℃时热处理前（1）、后（2）对水蒸汽吸附等温线

吸附树脂（adsorption resin）是人工合成的高分子聚合物吸附剂，有丰富的分子大小的通道。吸附树脂一般不含离子交换基团，这是其与离子交换树脂的不同之处。吸附树脂按其有机基团的极性特征可分为非极性、中极性、极性和强极性四种类型，见表 9-15。

表 9-15 吸附树脂类型

类型	实例
非极性	聚苯乙烯、聚芳烃、聚甲基苯乙烯等
中极性	聚甲基丙烯酸酯等
极性	聚丙烯酰胺、聚乙烯吡咯烷酮等
强极性	聚乙烯吡啶等

吸附树脂多制成直径不到 1 mm 的白色小颗粒，比表面积在每克几十至几百平方米，孔直径为几纳米至几十纳米不等，孔隙率可达 40%～70%。

9.7.1 吸附性质

吸附树脂主要依靠 van der Waals 力进行吸附脱色、除臭，从水中吸附有机物的能力与活性炭相似。由于吸附树脂的孔结构多为中孔和大孔，可发生多层吸附和毛细凝结，对带有芳环、分子尺寸较大有机物的吸附能力有时优于微孔活性炭。总体而言，吸附树脂与活性炭有许多相似之处，可以利用活性炭的吸附规律推测吸附树脂。

非极性树脂有良好的吸油性，不吸水，可方便地从混合体系中进行油水分离，这与活性炭的吸附平衡型分离方法不同。图 9-34 所示为 20 ℃时一种非极

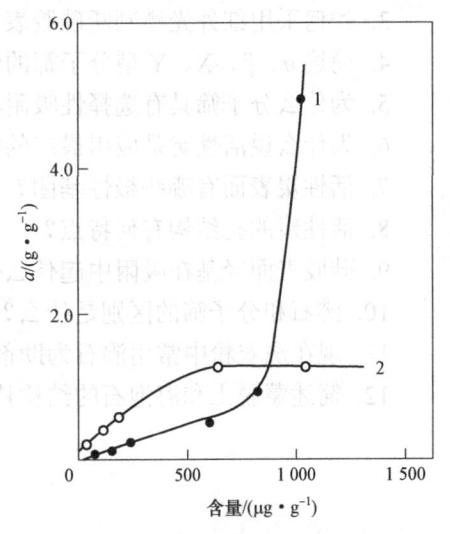

图 9-34 树脂 Oreosopu SL-160
（1）和活性炭（2）自水中
吸附三氯乙烷的对比等温线

性树脂 Oreosopu SL-160 和活性炭自水中吸附三氯乙烷的对比等温线。可以看出，吸附树脂有优异的油水分离能力。

吸附树脂的最大优越性是品种多，吸附树脂作为吸附剂时不受介质中无机盐的影响，物理和化学稳定性好，易再生。目前，吸附树脂主要用于药物提取、试剂纯化、色谱载体、天然产物和生物制剂的纯化与分离等。

9.7.2 吸附质结构影响

吸附树脂自水中吸附有机同系物时，服从 Traube 规则。若在吸附质中引入亲水基团将减小其在吸附树脂上的吸附量；若引入电负性基团将提升其吸附量，这均归因于溶解度对吸附量的影响。结构相似的化合物，溶解度大的吸附量小，如非极性的聚苯乙烯树脂分别自水中吸附酚及氯代酚的结果，即实例（见表 9-16）。若吸附质在介质中能发生分子间缔合，常有利于其在树脂上的吸附；若吸附质分子发生解离，则不利于其在树脂上的吸附。

表 9-16 非极性的聚苯乙烯树脂自水中吸附酚及氯代酚的结果

项目	苯酚	间氯代酚	2,4-二氯苯酚	2,4,6-三氯苯酚
溶解度/(mg·L^{-1})	82 000	26 000	4 500	900
起始浓度/(mg·L^{-1})	250	350	430	510
吸附量/(g·L^{-1})	12.5	38.5	81.8	121.0

习题与问题

1. 作为吸附剂需要具备哪些基本性质？
2. 简述硅胶的结构及其物理化学性质。
3. 如何采用红外光谱判断硅胶表面通常含有水分子？
4. 简述 α、β、X、Y 型分子筛的结构特征。
5. 为什么分子筛具有选择性吸附特性？
6. 为什么说活性炭是应用最广的吸附剂？
7. 活性炭表面有哪些极性基团？石墨化炭黑表面有何特点？
8. 活性炭的孔结构有何特点？
9. 硅胶表面羟基在吸附中起什么作用？去羟基化会如何影响硅胶的吸附能力？
10. 沸石和分子筛的区别是什么？作为吸附剂可利用分子筛的哪些特性？
11. 现在洗衣粉中常用沸石为助剂，为什么？其可能起什么作用？有何利弊？
12. 简述蒙脱土和海泡石的结构特征，并说明其为什么具备吸附剂的特性？

参 考 文 献

[1] 赵振国. 吸附作用应用原理 [M]. 北京：化学工业出版社，2005.
[2] 赵振国，王舜. 应用胶体与界面化学 [M]. 北京：化学工业出版社，2018.

[3] 沈钟，赵振国，王果庭. 胶体与表面化学[M]. 第三版. 北京：化学工业出版社，2004.
[4] 童祜嵩. 颗粒粒度与比表面测量原理[M]. 上海：上海科学技术文献出版社，1989.
[5] 王曾辉，高晋生. 碳素材料[M]. 上海：华东化工学院出版社，1991.
[6] 朱洪法. 催化剂载体制备及应用技术[M]. 北京：石油工业出版社，2002.
[7] 徐如人，庞文琴，屠昆岗，等. 沸石分子筛的合成与结构[M]. 长春：吉林大学出版社，1987.
[8] POURAN P, MOHSEN T, ALI T, et al. Adsorbent[J]. Interface Science and Technology, 2021, 33: 71-210.
[9] SRIVASTAVA V, LASSI U. Green adsorbents for resource recovery[J]. Current Opinion in Green and Sustainable Chemistry, 2024, 46: 100890.
[10] LIU Y J, BHABANANDA B, RAVI N. Novel adsorbents for environmental remediation[J]. Processes, 2024, 12(4): 2227-9717.
[11] WIŚNIEWSKA M, NOWICKI P. Research on green adsorbents[J]. Molecules, 2024, 29(8): 1855.
[12] BERILLO D, ERMUKHAMBETOVA A. The review of oral adsorbents and their properties [J]. Adsorption, 2024, 30(6): 1505-1527.
[13] LI Q, GE C B, MA J G, et al. MXenes-based adsorbents for environmental remediation [J]. Separation and Purification Technology, 2024, 342: 126982.
[14] NOUJOUD B, FOUED M. Adsorbate-adsorbent interaction potential: Water-zeolite 13X [J]. Moroccan Journal of Chemistry, 2023, 11(2): 371-382.
[15] MICHAEL H, ZHANG L D, HYUNCHUL O. Nanoporous adsorbents for hydrogen storage [J]. Applied Physics A: Materials Science & Processing, 2023, 129(2): 1-10.
[16] YOU F T, URREGO-ORTIZ R, PAN S S W, et al. Adsorbate coverage effects on the electroreduction of CO to acetate[J]. Applied Catalysis B: Environment and Energy, 2024, 352: 124008.

[3] 天津大学物理化学教研室. 物理化学 [M]. 第三版. 北京: 化学工业出版社, 2004.
[4] 近藤精一. 吸附科学与应用面面测量技术 [M]. 上海: 上海科学技术文献出版社, 1989.
[5] 王曾. 活性炭工业 [M]. 上海: 重大工学院出版社, 1991.
[6] 朱洪法. 催化剂载体制备及应用技术 [M]. 北京: 石油工业出版社, 2002.
[7] 杨小A. 陈文森, 崔国忠, 等. 物理吸附的含原理与实验 [M]. 长春: 吉林大学出版社, 1987.
[8] POURAN R, MOUSEN T, ALI T, et al. Adsorbent [J]. Interface Science and Technology, 2021, 33: 71-210.
[9] SRIVASTAVA V, LASSI U. Green adsorbents for resource recovery [J]. Current Opinion in Green and Sustainable Chemistry, 2024, 46: 100890.
[10] LIU Y, BHABANANDA B, RAVI N. Novel adsorbents for environmental remediation [J]. Processes, 2024, 12(4): 7227-9717.
[11] WISNIEWSKA M, NOWICKI P. Research on green adsorbents [J]. Molecules, 2024, 29(8): 1855.
[12] BERLIT O, ERMUKHAMBETOVA A. The review of eral adsorbents and their properties [J]. Adsorption, 2024, 30(6): 1505-1527.
[13] HE Q, GE C R, MA T G, et al. MXenes-based adsorbents for environmental remediation [J]. Separation and Purification Technology, 2024, 342: 126982.
[14] NOUIOUD B, FOUDI M. Adsorbate-adsorbent interaction potential: Water-zeolite 13X [J]. Moroccan Journal of Chemistry, 2023, 11(2): 371-382.
[15] MICHAEL H, ZHANG T D, HYUNCHUL O. Nanoporous adsorbents for hydrogen storage [J]. Applied Physics A. Materials Science & Processing, 2023, 129(2): 1-10.
[16] YOU F T, URREGO-ORTIZ R, PAN S S W, et al. Adsorbate coverage effects on the electroreduction of CO_2 to acetate [J]. Applied Catalysis B: Environment and Energy, 2024, 352: 124008.